量子材料序参量和电子显微学

朱 静 等 著

科学出版社

北 京

内 容 简 介

量子材料是 21 世纪凝聚态物理的研究热点,其各种物相及宏观性能与材料中多个序参量(包括点阵、电荷、自旋、轨道及拓扑)密切相关。现代先进电子显微学为在原子尺度表征量子材料的诸序参量及其关联机制提供了强有力的工具。本书在介绍电子显微学原理的基础上,系统介绍了如何采用电子显微学方法测量和研究量子材料序参量,并总结了对铁性材料、磁光材料、高温超导材料等进行序参量测量和协同性研究的成果。

本书适合凝聚态物理、材料科学、电子显微学等专业的研究生、本科生、教师与科技工作者阅读。

图书在版编目(CIP)数据

量子材料序参量和电子显微学/朱静等著.—北京:科学出版社,2024.3
ISBN 978-7-03-077979-3

Ⅰ.①量… Ⅱ.①朱… Ⅲ.①量子-材料②电子显微学 Ⅳ.①O4②TN27

中国国家版本馆 CIP 数据核字(2024)第 003501 号

责任编辑:刘凤娟 孔晓慧 / 责任校对:杨聪敏
责任印制:张 伟 / 封面设计:无极书装

科学出版社 出版
北京东黄城根北街 16 号
邮政编码:100717
http://www.sciencep.com
北京建宏印刷有限公司印刷
科学出版社发行 各地新华书店经销
*
2024 年 3 月第 一 版 开本:720×1000 1/16
2024 年 7 月第二次印刷 印张:22
字数:431 000
定价:188.00 元
(如有印装质量问题,我社负责调换)

前　　言

　　量子材料是指具备电子强关联体系的材料，量子材料序参量包括点阵、电荷、自旋、轨道和拓扑；电子显微学是测量和研究具有一定能量的电子和物质交互作用后产生的各种信号的学说。把这三点联系起来，就是这本书的书名。

　　1983~1984 年，朱静、叶恒强、王仁卉、温树林和康振川撰写了《高空间分辨分析电子显微学》一书，1987 年由科学出版社出版。当时处于中年的这五位作者，得益于国家改革开放政策，从国外留学深造回国。20 世纪 60 年代中期至 70 年代末，我国科技和生产力遭到严重破坏；国际上电子显微学领域在这十余年期间迅速发展的相位衬度成像的原理和技术、扫描透射电子显微术（STEM）的理论和技术、电子能量损失谱仪和电子能量损失谱 (EELS) 等在国内几乎空白。这五位作者负起了义不容辞的责任，撰写了《高空间分辨分析电子显微学》一书。

　　从 1983 年到 2023 年，这四十年中，我国的电子显微学领域和我国工农业、科技、国防等领域一样，获得了健康和迅猛的发展。感谢时代和环境给了我们机遇，近十年，我有幸接触了一些量子材料和先进的电子显微镜装备及技术，还有可爱的、聪明的、努力的年轻学生做伴，快快乐乐地在量子材料序参量和电子显微学的世界里漫游。我们写本书就是要将我们中国电子显微学工作者发展起来的"量子材料序参量的测量和关联性研究的电子显微学方法"总结出来，希望有助于推动相关领域的进一步发展。值得欣慰的是，这次我们是站在神州大地上，自豪地讲述我们自己的故事。

　　本书由较多的作者集体编写，尽管在编写过程中大家付出了相当的努力，但书中仍无法避免在阐述的形式和深度上，以及各章节中的符号不完全一致。敬请读者原谅。

　　本书各章节的作者绝大部分是在清华大学材料学院北京电子显微镜中心获得学位的、如今在祖国各个岗位上工作的同仁们，目前少量的还在国外做博士后。他们的聪明才智、青春活力，会使读者阅读本书时，感到生机盎然、充满新意。特别感谢叶恒强院士，我们俩是《高空间分辨分析电子显微学》一书在国内仅剩的两位作者；叶院士参与了第 3 章点阵序参量的部分写作，并协助我对第 3 章及相关章节写作的文字、格式和内容进行修饰、改善。感谢近期回国的陈震博士，他参与了本书第 2 章、第 3 章和第 5 章的部分写作。谢谢赵惠娟和司文龙同学，帮助出版事务和第 3 章的公式录入。感谢北京电子显微镜中心的全体工作人员，本书中涉及的绝大部分实验工作都是在北京电子显微镜中心的设备上及同事们的支持下完成的。

电子显微学是联系物质性质与显微结构的桥梁。希望本书能够展现量子材料序参量的电子显微学测量和研究这一领域当前发展的景象，能有助于读者通向物质科学的微观世界。

谨以此书献给养育我的祖国和人民。

朱 静

2023 年 8 月于北京

目　　录

第 1 章 量子材料序参量

1.1 量 子 材 料

什么是量子材料 (quantum material)？早期的报道往往将其和尺寸小联系在一起。20 世纪 80 年代末 90 年代初，一些研究人员使用包含氟代硅酮共聚物的材料制备非球面隐形眼镜，因其具有很高的氧透过率，1991 年在眼科刊物上的一篇文章还将这种材料称为 "quantum material"。2012 年，加利福尼亚大学伯克利分校的一位学者 Orenstein 在 *Physics Today* 发表文章 [1] 直接指出 "量子材料指的是凝聚态物理中曾经被称为强关联电子体系的那些材料"。2016 年，*Nature Physic* 发表了题为 "The rise of quantum materials"[2] 的 Editorial 评论，其主要理念为：20 世纪 60~70 年代对凝聚态物质研究的主要思路是从对称性出发，来寻找体系中可测量的序参量；而到了 80 年代，则出现了两大里程碑式的进展：其一是以拓扑绝缘体和分数霍尔效应为代表的一系列跳出了朗道–金兹堡理论的体系和现象，其二是高温超导的出现引出了所谓强关联电子体系。

2015 年，在韩国的 "Quantum Materials Symposium" 论坛上设置了如下 4 个方向：① 高温超导；② 多铁材料；③ 强关联体系；④ 拓扑绝缘体。其关注点主要是源于电荷、自旋、晶格关联的新颖量子现象。

2017 年，Tokura 等 [3] 提出将同时具有点阵、电荷、自旋、轨道和拓扑序参量且相互之间有很强相互作用的材料统称为 "量子材料"。

1.2 量子材料序参量的概念

1.2.1 序参量一词来源

20 世纪 30 年代，苏联著名物理学家朗道 [4] 将物质体系相变的本质抽象概括为物质体系对称性的破缺或恢复及其相应有序度的变化，从而首次引入了 "序参量"(order parameter) 一词。对于相变，朗道把从高对称性到低对称性的相变过程概括为 "对称性破缺"，反之则称为 "对称性的恢复"。而相对应地，物质体系的某一自由度会在相变前后发生有序–无序的转变，朗道称此自由度为 "序参量"。物质体系中的 "对称性" 与其序参量所呈现的 "有序度" 通常具有相反的程度，比如，物质体系越具有有序的结构 (高有序度)，其对称性越低；反之，越

具有无序的结构 (低有序度)，其对称性越高。序参量是表征物质体系相变过程中有序化程度的基本参量，其可以是标量、矢量、高阶张量、复数或其他形式的量，描述不同相变类型则需要不同的序参量。在朗道唯象理论模型中，吉布斯自由能可以在相变点附近展开为序参量的幂级数的函数形式，如其在相变点处 $(n-1)$ 阶导数连续，而 n 阶导数不连续，则该系统相应发生 n 级相变。上述朗道唯象理论模型可以从介观尺度对物质体系中的各种类型相变进行很好的描述和解释。

1.2.2　量子材料序参量内涵

　　唯象模型中所描述的各序参量则可以看作是与原子结构中多个自由度相关的特征参量，这些自由度可以包括点阵 (lattice)、电荷 (charge)、自旋 (spin)、轨道 (orbit) 及拓扑 (topology) 等 (图 1.1)。这些序参量 (点阵、电荷、自旋、轨道、拓扑) 及其在相变过程中所发生的有序–无序转变，可以在相当程度上确定材料各种物相及其相变前后的宏观物理性能。

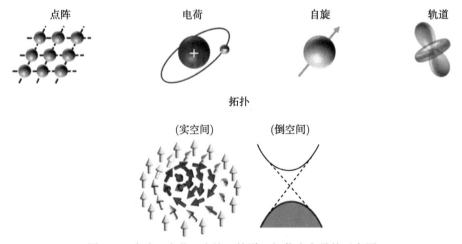

图 1.1　点阵、电荷、自旋、轨道、拓扑序参量的示意图

　　Tokura 等 [3] 将上述多种序参量相互作用与 "量子材料" 建立了关联。在量子材料中，点阵、电荷、自旋、轨道、拓扑等序参量不是作为单独起作用的因素，而是在深层本质机制上相互耦合在一起，集体决定了材料对外场的整体响应，从而使得材料表现出电、磁、光、热、机械等宏观物理性能。比如，可以通过固体中电子间的强相互作用、电子–晶格振动耦合等可能机制，发生突现奇异的宏观量子现象，典型的例子有高温超导性、多铁材料、庞磁阻 (CMR) 材料、拓扑绝缘体等。量子材料所表现出的奇异特性对开发下一代的量子技术至关重要，其可应用于无耗散电子学、光电热电能量收集，以及安全量子计算和通信等多个重要方

面。基于现代量子材料的量子技术可以满足社会发展中对可持续性、高效性和安全性的技术需求。

本节首先对量子材料各种序参量的内涵进行简要的阐述和介绍。

1. 点阵序参量

根据晶体结构的周期性和对称性，可将不同晶体归纳为 14 种布拉维 (Bravais) 点阵，这是表征点阵序参量的晶体学基础。实际材料晶体中存在各种缺陷和对布拉维点阵的偏离。在原子尺度范畴上 ($10^{-10} \sim 10^{-11}$m)，点阵位置的相对位移可以由晶格畸变、电极化、点缺陷等因素引起；在更大特征尺度上 ($10^{-6} \sim 10^{-9}$m)，点阵序参量的变化可以由位错、晶界、层错、畴界、表面等缺陷或应力–应变梯度引起；材料的极化现象则可在原子尺度引起离子相对位移的同时在微纳米尺度上产生极化畴结构。同时需要认识到，点阵序参量是轨道、电荷、自旋、拓扑等其他序参量的载体，其可以对其他序参量产生直接重要的影响。

2. 轨道序参量

孤立原子核外电子的轨道可用量子数 (包括主量子数 n、角量子数 l、磁量子数 m、自旋量子数 s) 来标记。当原子结合形成晶体后，近邻原子核外电子间的交叠作用会引起电子轨道的丰富变化。原子间的不同成键方式 (包括共价键、离子键、金属键、σ 键、π 键、成键、反成键、杂化成键等) 会表现出不同的轨道形式。晶体中在晶体场及晶格畸变作用下，过渡金属阳离子的 d 电子轨道可以发生去简并化和能级分裂现象。晶体中在不同配位条件的作用下，阴离子 (例如氧负离子) 轨道可以具有不同的空态密度和几何构型。对于强关联体系，例如在庞磁阻材料中，轨道序与自旋序可以发生相互关联，产生所谓 "轨道有序" 的空间排布现象。

3. 电荷序参量

电荷序参量描述的是晶体中原子成键后的电荷转移及电荷密度分布情形。晶体中电荷密度的分布一定程度上与晶体中的轨道形式相关，例如，碳原子 sp^2 和 sp^3 杂化轨道所对应的电子电荷密度分布当然会明显不同。但同时材料中电荷密度的分布也会受到能带结构、电场分布、空间电荷界面层等其他因素的影响。对于电荷转移，在一些强关联体系中电子-电子关联作用会引起上下哈伯德 (Hubbard) 带能带的分裂，可以使电荷转移发生在同种原子的不同能带间，并形成所谓的电荷转移能隙现象。在高温超导体中，由于各序参量间的关联作用，也会出现所谓 "电荷密度波" 的电荷密度非公度结构分布现象。

4. 自旋序参量

原子尺度的自旋序参量主要对应于原子所具有的轨道磁矩和自旋磁矩。在晶体中晶体场的作用可引起原子 d 轨道的能级分裂,并由此导致高自旋态或低自旋态的不同自旋排布状态。

晶体学意义下的自旋序参量所指的是晶体的磁结构,即自旋在晶格中的超结构规律性分布,可以有顺磁性、铁磁性、反铁磁性、亚铁磁性、非共线磁性等不同类型磁结构。

微纳米尺度下的自旋序参量对应于材料的磁畴结构 (磁畴大约在 10^{-3}cm 尺度),磁畴的产生主要是由于退磁场能与磁畴壁能间的竞争作用。

宏观尺度下的自旋序参量则对应于材料磁化强度、磁化率等宏观磁性指标。

5. 拓扑序参量

拓扑材料是指在拓扑变换下性质不变的材料,近年来被认定为量子材料中的一种新材料,运用拓扑序参量进行物态分类,为认识物质世界提供了全新的视角。关于材料拓扑相和拓扑相变的研究,在 2016 年获得诺贝尔物理学奖。

"倒空间"意义下的拓扑电子态材料是指在电子能带的倒易空间 (k 空间或动量空间) 中保持拓扑不变的材料。超越于传统能带理论,根据拓扑能带理论和拓扑序参量特征,科学家发现和定义了拓扑绝缘体、拓扑半金属、拓扑超导体等新的材料物性类型。

在实空间中,材料也可以具有一定的电极化/自旋拓扑结构,即具有自发电极化的铁电材料和具有自发磁极化的磁性材料,在一定尺寸效应、界面耦合等因素作用下,可自发出现多种 (电或磁的) 非平庸极性拓扑结构,呈现出包括流量闭合型、涡旋、反涡旋、手性斯格明子 (skyrmion) 等不同拓扑畴结构。

1.3 量子材料序参量的测量

1.3.1 量子材料序参量表征技术

量子材料各序参量在深层机制上相互耦合存在复杂关联,因而表现出奇异的物理特性。那么对于具有重要科学意义和应用价值的量子材料,如何能从原子尺度测量并了解其在原子尺度与多自由度相关的特征序参量,以及它们之间的关联性呢?近代物理学原理和仪器设备制造能力的发展提供了一些有力的测量手段和分析的理论基础。电子显微学方法是其中很重要的一个手段。表征测量量子材料点阵、轨道、电荷、自旋、拓扑等序参量特征以揭示其内在复杂关联性,需要综合运用包括电子显微学方法在内的多种现代先进表征技术。以下简要介绍和比较测量量子材料各种序参量的主要表征技术及其特点。

1. 点阵序参量的测量

X 射线衍射自 1912 年劳厄 (Laue) 通过晶体衍射证实晶体内原子的周期性排列以来，一直是测量各种单晶/多晶材料点阵序参量的最基本常用方法。随着 20 世纪 70 年代以来同步辐射光源技术的发展，现代同步辐射光源相较常规光源具有极高亮度 (常规 X 光机亮度的亿倍以上)、宽频段 (波长连续可调)、高准直、高偏振、高精度的特点，利用同步辐射光源的优势进行高分辨 X 射线衍射，相较常规光源下的 X 射线衍射，其分辨率可提高几倍到一个数量级，而适合于更准确解析量子材料中的精细点阵结构。

中子衍射通过中子与原子核间的相互作用，相较 X 射线衍射，避免了 X 射线与核外电子的强散射作用，能够直接分辨原子元素，而特别适合确定量子材料中的轻元素在晶胞中的占位；同时中子衍射也能够区别同一元素的不同同位素，在研究一些量子材料时，引入不同同位素，可对理解量子材料中的晶格振动模式变化起到重要作用。

扫描隧道显微技术可对量子材料表面进行超高分辨率的实空间成像，扫描隧道显微的横向分辨率可达原子尺度，纵向分辨率可达到亚埃尺度，是揭示量子材料表面局域原子结构的有力工具。

透射电子显微成像/衍射技术则可以选择从实空间或倒空间对量子材料内部进行高分辨率的点阵序参量表征。相较 X 射线衍射和中子衍射，电子衍射可在纳米甚至亚纳米的高精度下对材料进行局域衍射分析。随着 20 世纪末开始的球差校正技术不断发展成熟，(扫描) 透射电子显微镜在实空间成像的空间分辨率不断提高，达到亚埃尺度水平。清华大学在 2008 年开始引入球差校正电镜并普及和发展亚埃尺度材料表征研究，2009 年，谢琳、凌涛、朱静等 [5] 报道了他们运用大肠杆菌制备二十面体铁纳米颗粒的工作，运用球差校正电镜清楚地揭示了二十面体铁纳米颗粒二次轴、三次轴的原子排列图像；2010 年，于荣、朱静等实现了对氧化物表面的亚埃分辨成像 [6]。近年来，差分相位成像技术不断发展成熟，其在扫描透射电子显微模式下可以对 Li 等轻元素进行原子尺度成像 [7,8]；叠层衍射成像技术 (ptychography) 则可进一步提高电子显微学的分辨率，并可从三个维度定位原子的位置和数量 [9]。现代先进电子显微学在上述方面所取得的长足进步，使得电子显微技术在量子材料的点阵序参量表征上成为不可或缺的有力工具。

2. 轨道序参量的测量

在对轨道与能带结构的表征上，角分辨光电子能谱 (ARPES) 能够收集材料被光束照射后所产生光电子的全动量与全能量信息，从而可以对量子材料在动量空间中的轨道和能带结构进行精确的表征。现代 ARPES 具有高能量和高动量分辨率, 甚至能够解析能带色散的重整化信息, 例如电子–电子相互作用、电子–声子相互作用所引起的能带重整化效应, 这些特点对理解量子材料中的多序参量间关联关系具有重要意义。

基于扫描隧道显微镜 (STM) 的扫描隧道谱 (STS) 可探测在材料表面施加电压与隧道电流间的关系, 能够在实空间原子尺度对量子材料表面的费米面附近的电子态密度进行 meV 精度的高能量分辨率探测表征。

在对轨道序参量的探测上, 基于同步辐射光源的 X 射线吸收谱 (XAS) 与分析电子显微学的电子能量损失谱 (EELS) 具有相似性, 其在原理上都可以通过探测内壳层电子到费米能级以上轨道未占据态的跃迁过程来表征材料轨道序参量, 并获得量子材料在配位环境、晶格畸变等因素作用下的轨道序参量信息。二者相比较, 基于同步辐射光源的 X 射线吸收谱一般会具有较高的信噪比, 并且适合于在高能量范围 (大于 2000~3000eV) 的探测。而电子能量损失谱则具有高空间分辨的优势, 可探测量子材料内部原子尺度局域的轨道信息。

3. 电荷序参量的测量

扫描隧道谱可以调节相对费米能级的偏压并观察相应的隧穿电流, 因而对于量子材料表面, 扫描隧道显微镜配合上扫描隧道谱可以在其费米面附近指定能量, 得到对应能量下的电荷密度二维分布图像, 这对于研究探索高温超导、电荷密度波、拓扑涡旋等量子材料和物性具有重要价值 [10−12]。

在电子显微学方面, 会聚束电子衍射、差分相位衬度 (DPC) 成像方法和四维扫描透射电子显微术 (4D-STEM) 可探知材料内的电势、电场和电荷密度分布, 同时像差校正的扫描透射电子显微术可将电子束会聚至亚埃宽度, 扫描透射电子穿过样品成像。两者相结合的扫描透射 DPC 方法或 4D-STEM 方法可在亚埃尺度下获得实空间中样品内部局部电场和电荷密度分布的信息 (见本书第 5 章)。电子显微学在上述方面的进步, 有助于更好地挖掘和发现量子材料内部的电荷密度分布特征。

4. 自旋序参量的测量

关于自旋序参量, 当对量子材料进行宏观磁性测量时, 超导量子干涉仪 (SQUID) 是一种非常灵敏、可测量到 10^{-11}G 微弱磁场的仪器, 其对研究超导、磁性量子材料薄膜或纳米微量样品的磁性质具有重要价值。

基于常规光源的磁光克尔显微成像技术与基于同步辐射光源的 X 射线磁圆二向色性 (XMCD) 技术, 在物理原理上均基于磁圆二向色性。磁光克尔显微镜可通过磁光克尔效应对材料表面的微纳米磁畴成像, 其可用来研究磁性量子材料与自旋电子器件的磁畴动力学过程。XMCD 技术可测量磁性量子材料的磁圆二向色性谱, 以此获得材料元素分辨的定量磁矩和方向。同样基于同步辐射光源的 X 射线磁线性二向色性 (XMLD) 技术则是对材料的磁线性二向色性谱进行测量,可获得与反铁磁结构相关的定量信息。光发射电子显微术 (PEEM) 与 XMCD/XMLD 技术进一步相结合,可实现百纳米尺度较高空间分辨率的磁畴成像。

中子衍射通过中子磁矩与原子磁矩作用下的磁衍射分析,可定量确定材料点阵中磁性原子的磁矩大小与取向,是研究和确定量子材料磁结构的主要工具。

自旋极化光电子能谱 (spin-polarized ARPES) 则可表征关于超导、磁性、拓扑量子材料的自旋分辨能带结构。自旋极化扫描隧道显微镜可对量子材料表面自旋分辨的电子分布进行原子分辨率的实空间成像,可用来观察研究自旋密度波 (SDW) 等重要量子材料奇异现象。

现代电子显微学则发展有多种技术方法可对量子材料从不同尺度和方式上进行自旋序参量的表征。洛伦兹电镜和电子全息技术能够以纳米分辨率对材料内部的磁畴结构进行静态的或动态的原位成像,对于量子材料,其能够观察研究例如斯格明子的微小纳米磁畴结构。借鉴 XMCD 技术,透射电镜中亦发展出了测量材料磁性的电子磁圆二向色性 (EMCD) 技术,清华大学朱静、王自强、钟虓䶮和宋东升等则进一步创新发展出具有占位分辨、面内磁矩测量、原子面分辨等能力的高空间分辨定量 EMCD 磁结构表征新方法 [13-15](详细内容见本书第 6 章),其对多铁、磁光、超导等量子材料的研究具有重要价值。新近发展的 DPC 方法和 4D-STEM 技术则可进一步实现以纳米甚至原子分辨率对材料内部磁信息进行实空间成像,其中日本东京大学柴田直哉 (N. Shibata) 教授研究组 [16] 结合 DPC 技术与无磁场球差校正扫描透射电镜在 2022 年实现了原子尺度的磁结构成像。

5. 拓扑序参量的测量

对于拓扑材料中拓扑电子态的表征,角分辨光电子能谱的能带结构精细表征能力具有不可或缺的价值,其可从能带结构上直接表征验证例如拓扑绝缘体中所存在的无能隙边缘态。

而对于量子材料在实空间所表现出的新颖电极化或自旋拓扑结构,利用亚埃尺度分辨球差校正 (扫描) 透射电镜可对闭合型、涡旋、手性斯格明子等非平庸极性拓扑结构进行直接细致的观察研究,而利用洛伦兹透镜等技术则可从微纳尺度上对磁性斯格明子等自旋拓扑畴结构进行成像和观察 [17,18]。

1.3.2 电子显微技术对量子材料序参量表征的特点与优势

相较于量子材料序参量表征的其他技术和手段,电子显微技术具有如下两个鲜明特点。

1. 综合性

基于电子显微平台的各种技术和方法，对量子材料的点阵、轨道、电荷、自旋、拓扑各种序参量均能够进行表征和测量。因而在一台现代先进电子显微镜上，采用不同电子显微方法就能够对量子材料在小至原子尺度局域中的各序参量特征同时进行综合的表征，电子显微技术所表现出的这种强大综合协同能力，对其他表征技术而言是鲜有企及的。在量子材料的研究探索中，电子显微技术表征的这种综合性具有不可或缺的价值，其能够 (从原子尺度) 深入挖掘和揭示量子材料多种序参量及它们之间的关联性，对理解量子材料中的深层耦合机制具有重要作用。

2. 高空间分辨能力

随着像差校正技术的发展成熟，现代透射电子显微镜对材料内部实空间成像的空间分辨率已经达到亚埃尺度水平。电子显微技术具有的这种高空间分辨成像能力是其他表征技术很难达到的，扫描隧道显微技术具有相近于电子显微技术的空间分辨率，然而其只能对材料表面进行高分辨成像并局限于导电样品。运用电子显微技术的高空间分辨能力可以直观地从原子尺度观察量子材料晶体的点阵结构，以及量子材料在不同制备、缺陷及应力、电场等内外场作用条件下的晶格畸变情况。同时像差校正电镜所具有的亚埃尺度空间分辨能力，可结合其他分析电子显微学手段方法实现对量子材料轨道、电荷、自旋、拓扑其他序参量的原子尺度高空间分辨表征。量子材料的很多重要现象和多序参量耦合深层机制多发生于原子尺度上，因此电子显微技术的亚埃尺度高空间分辨能力对其研究具有不可替代的重要作用。

现代先进电子显微技术所具备的上述强大表征功能得益于近几十年来电子显微学在原理和硬件技术上所取得的长足进步。这些进步大体上包括以下几方面。

(1) 像差校正技术发展所带来的亚埃尺度分辨率实空间成像能力。

(2) 色差校正、直接电子探测等技术的发展对电子能量损失谱在能量分辨率和信噪比上的提高，以及动量分辨电子能量损失谱、EMCD 等技术对材料轨道、自旋序参量表征方面在原理和应用上的突破。

(3) 差分相位衬度成像方法和 4D-STEM 技术发展对轻元素成像能力的提高和空间分辨率的进一步提升，可获得在电子束方向上试样的原子排列信息等，以及其发展出的对电势、电场、电荷密度甚至磁信息的实空间成像能力。

此外，各种原位电镜技术的发展，能够表征和研究量子材料在电、磁、力、热、光等外场条件下，以及气体、液体等不同环境条件下的点阵晶格及其他序参量的变化情况。另外，随着不断引进融入人工智能和机器学习中的新方法，未来电子显微技术也将具有更强大的智能分析能力和自动操作水平。

现代电子显微技术所取得的进步和其具有的先进表征能力，使得其已然并将愈发成为研究量子材料序参量及其关联性的不可或缺的重要工具。

1.4 研究量子材料序参量的意义

2017 年，Tokura 将同时具有多种序参量并且相互之间有很强交互作用的材料统称为 "量子材料"。显然研究量子材料中的各种序参量及其间的关联作用，对于理解量子材料中丰富多彩的奇异现象和揭示其复杂的物理本质具有重要意义。各种序参量间的关联性是量子材料的突出特征。

比如，铜氧化物高温超导和铁基超导是典型的量子材料和强关联电子体系。其所具有的非常规超导电性突破了传统的 BCS(Bardeen-Cooper-Schrieffer) 超导理论。铜基高温超导体的母体为具有反铁磁序的莫特绝缘体，通过掺杂引入载流子可以有效地压制磁有序而诱发超导。并且由于电荷、自旋、轨道和晶格之间的相互作用，在铜氧化物高温超导和铁基超导中存在着多种物态与超导电性的协同或竞争，并表现出电荷密度波、自旋密度波、轨道有序和向列相等复杂的多序参量关联现象。近期，清华大学朱静研究团队，通过在透射电镜中对钇钡铜氧 (YBCO) 高温超导体施加温度场和磁场，确定了该拓扑涡旋磁结构的温度-磁场-空穴掺杂的相图，发现在电荷密度波区域，拓扑磁涡旋结构消失，在超导相中，拓扑磁涡旋结构重新出现。该拓扑磁涡旋序的发现给赝能隙态下异常磁结构提供了微观上的直接图像，为人们进一步理解和研究高温超导铜氧化物中的赝能隙态提供了新思路和新见解 [17]。

量子材料中的多铁材料 (multiferroics) 存在着显著的电磁耦合现象。其中的 (铁电) 极化序参量与自旋序参量的耦合关联可能本征地通过电子的自旋轨道耦合作用而诱发产生，也可能通过比如复合材料中界面处的应力传导而间接产生铁磁–晶格应变–铁电多序参量关联耦合。

在庞磁阻材料中，由于电子间的强关联效应和阴阳离子间的超交换作用，电荷、自旋和轨道的排列和排布方式间存在着耦合协调效应，并造成了电荷序、自旋序、轨道序间的相互关联，而由此能够在居里温度附近产生庞磁阻效应。

拓扑材料中，拓扑序参量并不等同于 "对称性破缺理论" 中所描述的局域序参量的长程有序态，但拓扑序参量与晶格、电荷、轨道、自旋等序参量紧密关联。比如拓扑电子态对应电子的能带轨道在倒易空间中所呈现出的非平庸拓扑结构。材料中的极化/自旋拓扑结构，如铁电涡旋结构、磁性斯格明子等，则为极化、自旋等序参量在实空间中所形成的非平庸拓扑结构 [18]。

量子材料的丰富多样的晶格、电荷、轨道、自旋、拓扑等多序参量间的关联作用，揭示出了量子材料中的深刻物理本质，其关联作用亟需通过先进表征手段在原子尺度的高空间分辨率下进行探测和发现。伴随着电子显微学在方法学上的不断开拓创新，以及硬件装置及软件上的持续发展，包括原位电子显微技术的进步 (在力、电、热、磁、光外场下和特定环境下，物质点阵结构以及其他序参量响应于外场和环境的演变过程)，现代先进电子显微学方法和技术可以为在原子尺度协同表征量子材料中的诸序参量及其关联机制提供强有力的工具 [19]。

　　综上，鉴于电子显微学在原子尺度表征探索量子材料的序参量方面已展现出来的强大能力，以及对量子材料未来深入研究中所具有的重要意义，本书将围绕如何运用现代电子显微学的创新原理和技术，对量子材料的各序参量及其关联性的协同表征和研究展开陈述。

参 考 文 献

[1] Orenstein J. Ultrafast spectroscopy of quantum materials. Physics Today, 2012, 65(9): 44-50.

[2] Editorial. The rise of quantum materials. Nature Physics, 2016, 12: 105.

[3] Tokura Y, Kawasaki M, Nagaosa N. Emergent functions of quantum materials. Nature Physics, 2017, 13(11): 1056-1068.

[4] Landau L D. On the theory of phase transitions. I. Zh. Eksp. Teor. Fiz., 1937, 11: 19.

[5] Ling T, Xie L, Zhu J, et al. Icosahedral face-centered cubic Fe nanoparticles: Facile synthesis and characterization with aberration-corrected TEM. Nano Letters, 2009, 9(4): 1572-1576.

[6] Yu R, Hu L H, Cheng Z Y, et al. Direct subangstrom measurement of surfaces of oxide particles. Physical Review Letters, 2010, 105(22): 226101.

[7] Liu X H, Wang J, Huang S, et al. In situ atomic-scale imaging of electrochemical lithiation in silicon. Nature Nanotechnology, 2012, 7(11): 749-756.

[8] Gu L, Zhu C, Li H, et al. Direct observation of lithium staging in partially delithiated $LiFePO_4$ at atomic resolution. Journal of the American Chemical Society, 2011, 133(13): 4661-4663.

[9] Chen Z, Jiang Y, Shao Y T, et al. Electron ptychography achieves atomic-resolution limits set by lattice vibrations. Science, 2021, 372(6544): 826-831.

[10] Wang D F, Kong L Y, Fan P, et al. Evidence for Majorana bound states in an iron-based superconductor. Science, 2018, 362(6412): 333-335.

[11] Zhu S Y, Kong L Y, Cao L, et al. Nearly quantized conductance plateau of vortex zero mode in an iron-based superconductor. Science, 2020, 367(6474): 189-192.

[12] Ugeda M M, Bradley A J, Zhang Y, et al. Characterization of collective ground states in single-layer $NbSe_2$. Nature Physics, 2016, 12: 92-97.

[13] Wang Z Q, Zhong X Y, Yu R, et al. Quantitative experimental determination of site-specific magnetic structures by transmitted electrons. Nature Communications, 2013, 4: 1395.

[14] Song D S, Tavabi A H, Li Z A, et al. An in-plane magnetic chiral dichroism approach for measurement of intrinsic magnetic signals using transmitted electrons. Nature Communications, 2017, 8: 15348.

[15] Wang Z C, Tavabi A H, Jin L, et al. Atomic scale imaging of magnetic circular dichroism by achromatic electron microscopy. Nature Materials, 2018, 17: 221-225.

[16] Kohno Y, Seki T, Findlay S D, et al. Real-space visualization of intrinsic magnetic fields of an antiferromagnet. Nature, 2022, 602(7896): 234-239.

[17] Wang Z C, Pei K, Yang L T, et al. Topological spin texture in the pseudogap phase of a high-T_c superconductor. Nature, 2023, 615(7952): 405-410.

[18] Cheng S B, Li J, Han M G, et al. Topologically allowed nonsixfold vortices in a sixfold multiferroic material: Observation and classification. Physical Review Letters, 2017, 118(14): 145501.

[19] 朱静, 张扬. 原子尺度多重序参量的协同测量与关联特性研究. 中国科学: 技术科学, 2020, 50(6): 693-715.

第 2 章 电子显微镜和电子显微学

1924 年, 德布罗意 (de Broglie) 提出电子具有波粒二象性的概念。1926 年, 戴维孙 (Davisson)、革末 (Germer) 实验证实了电子可以产生衍射。同年, 布施 (Busch) 发现可以通过磁透镜聚焦电子束。1933 年, 诺尔 (Knoll) 和鲁斯卡 (Ruska) 制造出世界上第一台只有两个透镜的电子显微镜, 只能成像, 不能做衍射。1939 年, 第二次世界大战期间, 德国西门子公司生产了第一批商业化的透射电子显微镜, 将分辨率提高到 10 nm, 放大倍数达到 4 万倍。同期, 荷兰学者普尔 (Le Poole) 研究组, 在鲁斯卡的两个透镜 (物镜、投影镜) 的电子显微镜的基础上, 加了一个中间镜, 使电子显微镜不但能得到图像, 还可以得到衍射像 [1]; 图像和衍射像可以来回切换。最早期的电子显微镜是从观察酵母细胞以及真菌孢子等生物样品开始的。

20 世纪 50 年代, 以赫什 (Hirsch)、豪伊 (Howie)、尼科洛森 (Nicholoson)、帕什利 (Pashley)、惠兰 (Whelan) 为主的剑桥学派, 从量子力学薛定谔方程 (Schrödinger equation) 出发, 建立了衍射衬度成像理论, 并开创了用电镜实验观察位错的技术, 应用于对物质中位错和缺陷的研究; 1965 年出版代表性作品 *Electron Microscopy of Thin Crystal* (《薄晶体电子显微学》) 一书。

相位衬度电子显微学的概念是将所观察的试样看作一个相位体, 电子束 (波) 经过试样时, 试样中原子聚合体对电子波的作用是: 它们形成的势场影响电子波波阵面的形状, 即试样的势场改变了入射电子波的相位。1957 年, 考利 (J. M. Cowley) 和穆迪 (Moodie) 提出了多片层法 (multi-slice) 传播的动力学理论; 试样中的每一片层都是一个相位体。1970 年, 考利和饭岛 (Iijima) 用分辨率 0.35 nm 的 JEM-100B 电子显微镜拍摄得到一系列复杂氧化物的可直接解释的图像; 他们从物理光学出发, 运用相位体成像的概念和理论, 为多光束成像提供了直观性解释。1975 年, 考利出版了代表性作品 *Diffraction Physics* (《衍射物理》)。1981 年, 思朋斯 (Spence) 出版了 *Experimental High-Resolution Electron Microscopy* (《实验高分辨电子显微学》) 一书, 提出和解释了结构像的概念, 以及如何获得结构像的实验和模拟方法。

高分辨电子显微技术迅速发展的同时, X 射线能谱仪以及电子能量损失谱仪等附件的开发使透射电子显微镜具备了高空间分辨分析的能力。赫伦 (Hren)、戈德斯坦 (Goldstein) 和乔伊 (Joy) 于 1979 年在美国出版了 *Introduction to Analytical Electron Microscopy* (《分析电子显微镜导论》) 一书; 我国学者朱静、叶恒强、王仁卉、温树林、康振川于 1987 年出版了《高空间分辨分析电子显微学》一书。高空间分辨分析电子显微学的崛起，扩展了电子显微镜的应用功能，使我们今天有可能利用电子显微学方法来研究量子材料的序参量。

20 世纪 80 年代初，扫描透射电子显微技术发展起来，当时商品化的扫描透射电子显微镜在世界范围内仅有有限的几台。本书作者有幸于 1980~1982 年间在美国亚利桑那州立大学 (Arizona State University) 考利领导的电子显微镜实验室，利用 Vacuum Generators(VG) 公司生产的两台之一的并经考利改造的 HB-5 扫描透射电子显微镜进行了相干电子微衍射的工作 (详见第 3 章)。今天扫描透射电子显微镜 (学) 已成为电子显微镜 (学) 领域的主流了。

20 世纪 90 年代末期，物镜球差校正器研制成功，将透射电子显微镜的分辨率推进到亚埃尺度。后续聚光镜球差校正器的开发，使扫描透射电镜成为更有力的亚埃尺度结构分析和元素分辨的表征手段，以及量子材料序参量的研究工具。最近十年来，随着新的高灵敏度电子探测相机的发展，涌现出了很多新的成像技术，代表性的技术包括差分相位衬度成像和四维扫描透射电子显微术，进一步提高了扫描透射电镜的综合表征能力。

现代电子显微学在材料、生物等领域的应用研究需求，促进了很多原位样品台的发展，包括温度、电场、磁场、环境气氛等原位样品台；本书第 3 章和第 8 章将分别介绍一些利用原位样品台进行研究的实例。此处仅举一例，介绍电子显微镜及其附件如何运用于国家重大需求。20 世纪 60 年代，我国著名女物理学家王承书为第一代铀分离膜的研制单位配备了一台电子显微镜，并为这台电镜订制了 "高分辨率电子衍射装置"，为当时正在研发中的铀分离膜进行了大量的检测工作。

什么是 "高分辨率电子衍射装置"？通常电子显微镜中做选区电子衍射时，中间镜和投影镜把物镜后焦面上形成的电子衍射图像放大，相机常数和斑点尺寸被放大，放大倍数等于中间镜的放大倍数乘以投影镜的放大倍数，所以电子衍射的分辨率不高。作为电子显微镜附件的 "高分辨率电子衍射装置" 把试样放在投影镜附近，试样以上的透镜均参与照明系统，提供细聚焦的平行电子束，试样以下的透镜关闭，因此相机常数与电流无关，相当于一台普通的电子衍射仪。目前电子显微镜的高压稳定度高，精确测定电子波长值后，可得到相对误差优于 10^{-4} 的晶面间距值。

2.1 透射电子显微学

2.1.1 电子的散射与衍射

电子束沿一定方向入射到样品上，在物质内部的局域电磁场作用下方向发生改变，称为散射。根据该过程中电子束的能量是否发生改变，散射可进一步分为弹性散射和非弹性散射。弹性散射中电子束方向改变，能量基本无变化；而发生非弹性散射时，电子束损失能量，该部分能量将转变为热、光、X 射线、二次电子、背散射电子、俄歇电子等形式发射 [2]。

　　电子束与样品中原子集合体相互作用，发生弹性散射时，各原子散射的电子波相互干涉使得合成电子波的强度角分布受到调制，称为衍射。从电子的波粒二象性观点考虑，电子与样品的相互作用可以描述为电子波与试样中带电质点构成的势场相互作用。实验和理论研究表明，在考虑了电子的波长和电子成像过程中像的旋转等特点后，可见光物理光学的方法可以被借鉴来描述电子波的散射、衍射及在电子透镜中的成像过程。因此，电子波的散射、衍射和成像过程可以基于相干波的叠加原理解释。光学的基本理论及公式，如惠更斯 (Huygens) 原理、阿贝 (Abbe) 成像原理以及菲涅耳 (Fresnel) 衍射和夫琅禾费 (Fraunhofer) 衍射公式等也适用于电子光学。

　　电子在自由空间传播的平面波函数为

$$\varphi(\boldsymbol{r}) = \exp\left(\mathrm{i}\boldsymbol{k}\cdot\boldsymbol{r}\right) \tag{2.1}$$

其中，$\boldsymbol{r}$ 为位矢；$\boldsymbol{k}$ 为电子波波矢。从点光源发出的单色波在离光源 R 处 x-y 平面上的波函数为

$$\varphi_p(x,y) = \mathrm{i}(R\lambda)^{-1} \exp\left(\mathrm{i}kR\right) \exp\left[\frac{2\pi\mathrm{i}\left(x^2+y^2\right)}{R\lambda}\right] \tag{2.2}$$

这称为菲涅耳传播，函数 $\exp\left[2\pi\mathrm{i}\left(x^2+y^2\right)/R\lambda\right]$ 称为菲涅耳传播因子。这里使用了小角度近似，在人们感兴趣的大多数情况下都适用。在更普遍的情况下，光源函数为 $\varphi_1(x,y)$，传播到 R 处平面上的波函数为

$$\varphi_2(x,y) = \varphi_1(x,y) * \varphi_p(x,y) \tag{2.3}$$

其中，$*$ 为卷积符号。对于 $R\lambda$ 比 x^2+y^2 大很多的情况，即夫琅禾费衍射情况，上式转变为光源函数的傅里叶变换

$$\Psi_2(u,v) = \Psi_1(u,v) = \mathcal{F}\left[\varphi_1(x,y)\right] = \iint \varphi_1(x,y) \exp[-2\pi\mathrm{i}(ux+vy)]\mathrm{d}x\mathrm{d}y \tag{2.4}$$

其中，$u = 2\sin\theta_x/\lambda \approx x/R\lambda$，$v = 2\sin\theta_y/\lambda \approx y/R\lambda$，这里 θ_x、θ_y 分别对应衍射束与 x-z 及 y-z 平面夹角的一半。

　　因此，单位平面波入射，对于近场问题，可以通过菲涅耳衍射解释，即观察平面上波的振幅、相位以及强度分布可以通过物平面上的透射函数与菲涅耳传播

函数卷积得到；对于远场衍射，即夫琅禾费衍射，观察平面上波的相关信息可以通过透射函数的傅里叶变换得到，这意味着在透射电子显微镜中，当平面波入射时，物镜的后焦面等效于无穷远处，其波函数可以利用夫琅禾费衍射进行描述。

2.1.2 透射电子显微镜的构造

透射电子显微镜 (TEM) 主要由电子光学系统、真空系统和供电系统三部分组成。电子光学系统是透射电子显微镜的核心，由照明系统、成像系统以及观察与记录系统组成 [3]。图 2.1 为透射电子显微镜电子光学系统的剖面图。

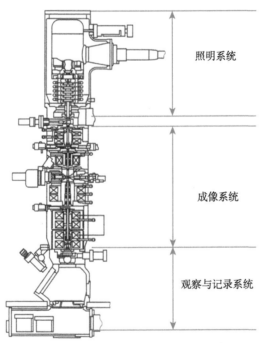

图 2.1 透射电子显微镜电子光学系统的剖面图

照明系统由电子枪、聚光镜、聚光镜光阑，以及相应的电子束平移、倾转和对中装置组成。成像系统由物镜、中间镜、投影镜、物镜光阑和选区光阑组成。观察与记录系统由荧光屏、电荷耦合器件 (CCD) 照相机等组成。此外，现代先进电镜的聚光镜和物镜分别配有像差校正系统。

电子枪提供电子光源，可分为热发射和场发射两种类型。理想的电子光源要求电流密度高、相干性好、稳定性好，且电子枪寿命长。热发射电子枪主要有钨 (W) 灯丝和六硼化镧 (LaB_6) 晶体，通过加热电子枪材料，使电子获得足够高的能量，从而克服表面势垒发射出来，发射电流密度由温度和功函数决定。场发射电子枪分为冷场发射枪和热场发射枪，主要通过在材料尖端施加强电场，使电子溢出的能垒变窄，电子发生量子隧穿现象，从材料尖端溢出，制备场发射电子枪的材料主要为钨针尖，或者表面用 ZrO_2 处理的钨针尖。

　　钨灯丝电子枪的特点是价格便宜，对真空系统的要求不高，一般用在比较老式的电镜中；六硼化镧灯丝的性能要优于钨灯丝，亮度更高，使用寿命比钨灯丝长，需要在较好的真空下工作，现在热发射电子枪一般采用六硼化镧灯丝。场发射电子枪较热发射电子枪电流密度更高，相干性更好，寿命更长，价格也较昂贵。热场发射枪在高温下工作，避免了气体分子吸附在针尖表面，能维持比较稳定的发射电流密度，但电子能量分布比冷场发射电子枪大；冷场发射电子枪亮度更高，能量分布最小，分辨率最佳，但为避免针尖吸附气体分子，对真空的要求也更高，同时也需要经常短暂加热针尖至高温 (flashing) 以消除表面所吸附的气体原子。

　　聚光镜将电子束进行会聚，控制束斑尺寸和照明孔径角。一般电镜采用至少具有两级聚光镜的双聚光镜系统，第一聚光镜将电子束斑尽量缩小，主要改变束斑尺寸，第二聚光镜将电子束进一步会聚到试样上，主要调节束斑尺寸、强度及会聚半角。通过调节聚光镜，可以实现平行束照明和会聚束照明两种方式，其中平行束可用于透射电镜成像及选区电子衍射，而会聚束可用于微区电子衍射、能谱分析以及扫描透射成像中。

　　物镜为强激磁短磁透镜，一般由软铁极靴、铜线圈和水冷装置组成。物镜是透射电子显微镜中最重要的透镜，形成第一级放大像或衍射谱，透射电子显微镜的分辨率主要取决于物镜。中间镜是弱激磁长焦距可变倍率透镜，把物镜形成的一次中间像或衍射谱投射到投影镜的物平面上。投影镜为短焦距强磁透镜，把经中间镜形成的二次中间像及衍射谱投影到荧光屏上，形成最终放大的图像或衍射谱。

　　此外，透射电子显微镜对真空的要求较高，因此，透射电子显微镜一般配备多组离子泵和扩散泵来达到超高真空的要求。供电系统主要为透射电子显微镜提供稳定的加速电压和电磁透镜电流。

2.1.3　透射电子显微镜的成像原理

　　将透射电子显微镜中的磁透镜看成理想的薄透镜，透射电子显微镜中的衍射与成像过程可用光学中的阿贝成像原理解释 (图 2.2)。对于最广为人知的平行光入射，即透射电镜 (TEM) 模式，当平行入射的电子束穿过具有周期性排列的原子列时会发生衍射，当衍射束光程差满足 $\delta = k\lambda$ $(k = 0, 1, 2, \cdots)$ 时，衍射束相干加强，形成 0 级、1 级、2 级衍射斑点。同一物点发出的各级衍射光，在产生相应的衍射斑点后继续传播，在像平面上又相互干涉，形成物像。因此，阿贝成像原理可以描述为两次相干过程，在物镜的后焦面上形成衍射谱，根据夫琅禾费衍射公式，可以用样品透射函数的傅里叶变换得到对应的衍射振幅分布；在像平面上形成与物体对应的像，可以用物镜后焦面上衍射振幅的傅里叶逆变换得到像平面上的电子波振幅分布。

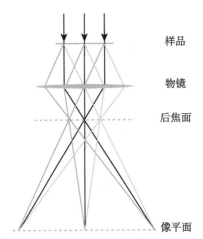

图 2.2 阿贝成像原理描述透射电子显微镜中的衍射与成像过程

　　成像系统中的物镜形成衍射谱或第一级放大像，中间镜则决定了最终进行成像还是获得衍射谱：当中间镜的物平面与物镜的后焦面重合时，经投影镜进一步放大可获得衍射谱；当中间镜的物平面与物镜的像平面重合时，经投影镜放大可获得物体的放大像 (图 2.3)。在透射电子显微镜中，可以通过成像模式和衍射模式按钮，改变中间镜电流调整其物平面的位置，实现两种模式的快速切换[4]。

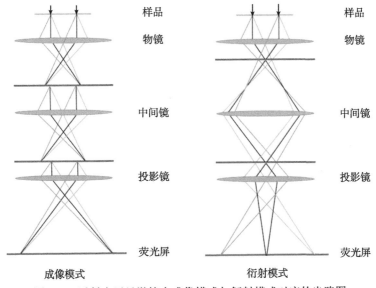

图 2.3 透射电子显微镜中成像模式与衍射模式对应的光路图

透射电子显微镜中的相应成像技术, 如选区电子衍射、衍衬成像技术、高分辨成像技术均可以基于阿贝成像原理进行相应的解释。选区光阑位于物镜的像平面处, 可以选定样品区域采集电子衍射; 物镜光阑位于物镜的后焦面附近, 通过选择透射束或者衍射束成像, 可以分别获得明场或暗场 (弱束) 衍射衬度像; 而高分辨成像需要尽可能多的衍射束参与, 以实现相干成像。

2.2　扫描透射电子显微学

在透射电子显微镜 (TEM) 被发明后, Ardenne 将扫描电子束的模式运用在透射电子显微镜中, 于 20 世纪 30 年代在德国柏林发明了第一台扫描透射电子显微镜 [5](scanning transmission electron microscope, STEM)。在这之后的二十年里, 相较于 TEM 的迅猛发展, STEM 的分辨率并未获得较大提升。直到 Crewe 提出将场发射电子枪运用于 STEM 中, STEM 明场像 (BF-STEM) 的分辨率才被提升至与 TEM 同等数量级 [6−8], 极大地促进了 STEM 的迅速发展。

分析电子显微术中多种功能的实现、样品内多种信息的同时获得, 均需要借助扫描透射显微术。现今, STEM 图像的获得主要有以下两种方式: ①在传统透射电子显微镜 (CTEM) 中加入 STEM 附件, 例如 JEOL-2010F; ②设计专用的 STEM 电镜, 例如 Titan Cubed Themis。专用 STEM 的电子光路完全按照 STEM 的需求设计, 没有传统透射电子显微镜内中间镜、投影镜的部分。本节将对 STEM 成像的基本光路、基本原理以及像差校正 STEM 成像进行简要介绍。

2.2.1　扫描透射电子显微镜的电子光路

为方便理解 CTEM 与 STEM 电子光路的区别, 我们先对 CTEM 与 STEM 的倒易关系进行说明。散射理论的倒易原理适用于电子显微镜 [9], 倒易原理指出, 当点源与探测器互换位置时, 电子经样品发生弹性散射后收集的波的振幅和相位相等 (即电子轨迹与弹性散射过程具有时间反演对称性)。图 2.4 给出了倒易原理应用于 CTEM 与 STEM 光路的示意图, 在理想情况下, 若在 CTEM 和 STEM 构造之间交换一个点光源, 则探测器上的强度将会是相同的。但若电子经样品后承受了大的能量损失, 非弹性散射增加, 则倒易性便不再适用。

上文说明, STEM 的成像光路可以看作 TEM 成像光路的倒置。STEM 成像时, 由聚光镜将电子束会聚在样品表面并进行扫描, 进而产生一系列信号 [4,10]。需要注意的是, 在电子束扫描时, 需保证 STEM 内电子束的入射方向不随扫描位置的变化而改变, 即在任何时刻, 电子束均保持平行于光轴方向入射样品。若入射方向改变, 则电子散射过程会发生变化, 使图像衬度难以解释。实际应用中, STEM 电子光路如图 2.5 所示。第一至第三聚光镜均位于样品上方用于会聚电

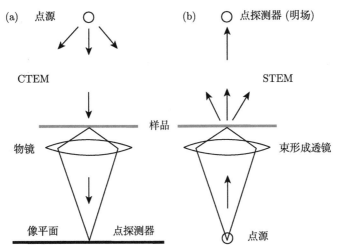

图 2.4　倒易原理应用于 (a) CTEM 与 (b) STEM 的图示说明

图中箭头表示电子运动路径

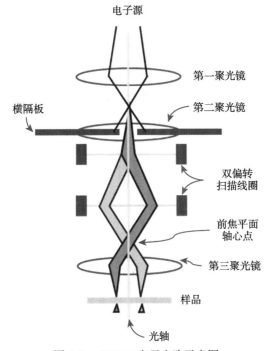

图 2.5　STEM 电子光路示意图

子束，双偏转扫描线圈使通过第二聚光镜与横隔板的电子束，以第三聚光镜的前焦平面轴心点为支点进行扫描，第三聚光镜则可以确保所有从轴心点来的电子均平行于光轴，并在样品平面形成第一聚光镜交叉界面的像。最终电子束会聚成合适尺寸的束斑，实现在样品上的逐点扫描。电子穿过样品后，下方探测器同步收集每一扫描位置处的透射电子信号，形成图像强度。当扫描电子束逐行扫描遍历样品所选区域后，最终获得一幅完整的所选样品区域的 STEM 图像。

2.2.2 扫描透射电子显微镜的成像原理

STEM 的成像过程如图 2.6 所示，图中展示了 STEM 下不同位置处电子波函数之间的关系。STEM 中物镜 (即 TEM 模式中的聚光镜) 位于样品上方，起到会聚电子束的作用。考虑物镜球差与物镜光阑的影响，并取入射的电子波函数为 1，可以得到物镜的透射函数为

$$T(\boldsymbol{K}) = A(\boldsymbol{K}) \exp[-\mathrm{i}\chi(\boldsymbol{k})] \tag{2.5}$$

其中，A 为光阑函数；$\chi(\boldsymbol{k})$ 为物镜的像差函数。此时照射到样品上的电子束斑可以表示为物镜透射函数的傅里叶逆变换：

$$P(\boldsymbol{R}) = \int T(\boldsymbol{K}) \exp(\mathrm{i}2\pi\boldsymbol{K} \cdot \boldsymbol{R})\mathrm{d}\boldsymbol{K} \tag{2.6}$$

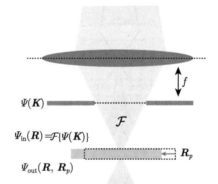

图 2.6   STEM 下不同位置电子波函数之间的关系 [11]

$\mathcal{F}$ 表示傅里叶变换

为了描述电子束在样品上的扫描过程，需要在式 (2.6) 中引入偏移项：

$$P(\boldsymbol{R} - \boldsymbol{R}_0) = \int T(\boldsymbol{K}) \exp\left[\mathrm{i}2\pi(\boldsymbol{R} - \boldsymbol{R}_0)\right]\mathrm{d}\boldsymbol{K} \tag{2.7}$$

其中，$\boldsymbol{R}_0$ 代表电子束斑的位置，因此移动束斑相当于在电子束斑的函数中添加一个额外的相位变化。考虑电子束穿透样品的过程，出射的电子波函数可以写作入射电子波函数与样品势函数的乘积：

$$\Psi(\boldsymbol{R}, \boldsymbol{R}_0) = P(\boldsymbol{R} - \boldsymbol{R}_0)\phi(\boldsymbol{R}) \tag{2.8}$$

其中，$\phi(\boldsymbol{R})$ 代表与样品相关的函数。STEM 中探测器位于其衍射平面上，因此该位置处的电子波函数可以通过样品出射波函数的傅里叶变换获得，将式 (2.7) 代入式 (2.8) 并作傅里叶变换，可以得到

$$\Psi(\boldsymbol{K}_f, \boldsymbol{R}_0) = \int \phi(\boldsymbol{K}_f - \boldsymbol{K})T(\boldsymbol{K})\exp(-\mathrm{i}2\pi\boldsymbol{K}\cdot\boldsymbol{R}_0) \tag{2.9}$$

式 (2.9) 给出了探测器接收信号来源的简明解释，由于探测器处于衍射空间中，照射到探测器 $\boldsymbol{K}_f$ 位置上的电子是所有被样品散射后具有相应偏移矢量的电子束的总和。显然，探测器的覆盖范围 $\boldsymbol{K}_f$ 决定了在衍射平面上接收电子的范围，也决定了图像的衬度，而 STEM 中具有多种不同收集角范围的探测器，因此相应的图像衬度也会存在很大差异。

与 2.1.3 节中所述的 TEM 成像模式不同，STEM 可以不利用透镜成像，因此成像透镜的缺陷不会影响图像分辨率，分辨率主要依赖于会聚束尺寸，即主要依赖于聚光镜的质量。透射过样品的电子携带了样品信息，TEM 中，我们通过在衍射平面插入光阑来选择用于成像的电子。在 STEM 中，则通过位于不同散射角范围的环形探测器来实现成像电子的选择，图 2.7 给出了 STEM 下位于不同散射角范围的环形探测器位置示意图。

假设入射电子束会聚角为 α，通过不同收集角范围的探测器收集散射电子，STEM 下的成像模式可分为明场像 (BF 像，收集角一般选择 $0\sim\alpha$)，环形明场像 (ABF 像，收集角一般选择 $\alpha/2\sim\alpha$)，低、中角度环形暗场像 (LAADF 像及 MAADF 像，收集角一般选择 $\alpha\sim2\alpha$) 及高角度环形暗场像 (HAADF 像，收集内角大于 2α，外角则至探测器外径)。其中，环形暗场像具有明显的非相干性特征，这保证了在 STEM 下采集暗场图像时，不再需要考虑复杂的最佳成像条件，图像信息也不会因复杂的相位衬度而难以解释。而 HAADF 像则将 STEM 下的原子序数衬度 (Z 衬度) 和非相干成像的特点进一步发挥。HAADF-STEM 图像衬度近似正比于试样组成元素的原子序数 Z 的平方，因此 HAADF-STEM 图像具有一定的化学成分区分能力，材料组成的元素越重，则衬度越强，这使得 STEM 成为更加强有力的分析电子显微学手段。本书 3.3.4 节将对 STEM 下不同成像模式的原理与特点进一步展开论述。

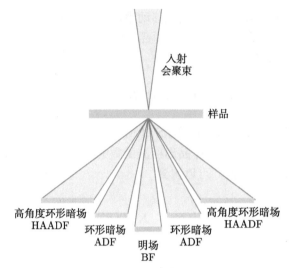

图 2.7　STEM 下位于不同散射角范围的环形探测器位置示意图

2.3　像差与像差校正

与传统光学一样，电子光学中各类像差的存在是限制分辨率的主要原因，其中包括：球差、彗差、像散、像曲、畸变、色差等。对于一个圆透镜来说，其三阶内禀像差在光学上称为五阶赛德尔 (Seidel) 像差，可用电子束通过物镜平面时所处位置 (x, y) 以及对应的方位角 (θ_x, θ_y) 来描述不同像差的关系：①球差 (正比于 θ^3)；②离轴像散 (正比于 $r^2\theta$，$r = \sqrt{x^2 + y^2}$)；③离轴彗差 (正比于 $r\theta^2$)；④像场曲率 (正比于 $r^2\theta$)；⑤畸变 (正比于 r^3)。球差是由距离磁透镜光轴不同距离的电子束受到磁透镜的会聚作用不同而产生的。相较于离光轴更近的电子，离光轴越远的电子受到的力越大，因此被更强烈地聚集，最终导致样品中的一个点被成像为具有一定尺寸的圆盘。像散是由电子束受到非均匀磁场作用，围绕光轴做螺旋运动而产生的。色差则是由电子能量不均一，导致会聚能力存在差异而引起的。

要了解像差对图像分辨率的影响，则先要对高分辨成像理论进行理解。在实际的透射电镜电子光路中，考虑物镜的影响，后焦面的波函数可以描述为

$$\Psi_f = C\Psi_e\left(\boldsymbol{k}_x, \boldsymbol{k}_y\right) \mathrm{e}^{-\mathrm{i}\chi\left(\boldsymbol{k}_x, \boldsymbol{k}_y\right)} \tag{2.10}$$

其中，Ψ_e 为样品中出射的电子波函数；$\mathrm{e}^{-\mathrm{i}\chi\left(\boldsymbol{k}_x, \boldsymbol{k}_y\right)}$ 为附加的额外相位因子，可写为

$$\chi(K_t) = \pi\lambda K_t^2\left(\frac{C_S\lambda^2}{2}K_t^2 + \Delta f\right) \tag{2.11}$$

式中，λ 为电子束波长；$K_t = \sqrt{k_x^2 + k_y^2}$；$C_S$ 为球差系数；Δf 为欠焦量。可以看到，球差系数和聚焦值对波函数起到了调制作用。通过分析不同像差对电子波函数的影响，可以将式 (2.11) 中由物镜球差和聚焦值所引入的额外相位 χ 扩写为方位角 θ_x 和 θ_y 的函数 [12]：

$$\chi = \mathrm{Re}\left\{ \frac{1}{2}\bar{\omega}^2 A_1 + \frac{1}{2}\omega\bar{\omega}C_1 + \frac{1}{3}\bar{\omega}^3 A_2 + \omega^2\bar{\omega}B_2 + \frac{1}{4}\bar{\omega}^4 A_3 + \frac{1}{4}(\omega\bar{\omega})^2 C_3 + \omega^3\bar{\omega}S_3 \right.$$

$$\left. + \frac{1}{5}\bar{\omega}^5 A_4 + \omega^3\bar{\omega}^2 B_4 + \omega^4\bar{\omega}D_4 + \frac{1}{6}\bar{\omega}^6 A_5 + \frac{1}{6}(\omega\bar{\omega})^3 C_5 + \cdots \right\}$$

$$(2.12)$$

其中，$\omega = \bar{\omega}^* = \theta_x + \mathrm{i}\theta_y$；$A_1$，$B_2$，$S_3$ 等表示不同阶数的像差；C_1 为聚焦值；C_3 为球差系数。

在上述提到的多阶像差中，球差系数 C_3 对分辨率有非常重要的影响。传统光学中可以通过引入具有相反球差系数光学透镜的方法来消除球差的影响。而在电子显微镜中，样品位于电磁线圈的极靴处，电子受到磁场作用而实现聚焦，旋转对称的电磁透镜始终具有数值为正的球差。因此对于电子而言，电磁透镜始终扮演着凸透镜的角色，无法找到一个电子凹透镜来抵消凸透镜所产生的球差。光学显微镜里凹凸透镜组合以抵消球差的方案在电子显微镜里并不奏效。因此在电子显微镜发展的很长时间里，研究人员只能通过对线圈极靴的设计优化来减小球差、提升图像分辨率，但无法完全消除球差。直到 20 世纪 90 年代中期，Haider[13] 基于 Rose[14] 的理论计算结果，成功制造出了六极球差校正器，电子显微镜的图像分辨率才正式进入了亚埃尺度。六极球差校正器包含一对圆透镜和两个六极透镜，这也是最常用的球差校正器。其他常见的球差校正器还有四极、八极、十二极等，图 2.8(a) 为四极、六极和八极球差校正器的轴向投影示意图 [15]。球差校正器的极数越多，则越能够使不同像差之间实现解耦合，从而更利于对高阶像差的校正，但相应校正器的设计和构造也会更加复杂。

球差校正器是一种多极子校正装置，其通过调节磁透镜组的磁场及其对电子束的洛伦兹力，逐步抵消圆形磁透镜的球差。球差校正器的主要用途为消除对成像分辨率起主要影响的三阶和五阶球差，在消除低阶球差的同时，球差校正器也可以有效消除二阶像散、三阶像散、彗差等其他像差，最大程度消除各类低阶像差的影响，仅残留微弱的高阶像差。球差校正的 TEM 与 STEM 光路如图 2.8(b) 所示。

相较于球差校正，色差校正器的设计显得更加复杂。2004 年，Rose 提出了一种 "超级校正器" 的设计，可实现对色差的校正 [16]，然而实现这种校正器的设计所需要的电子光学系统过于复杂。后来，一个具有多个四极、八极、偏转器以及圆形磁透镜的"共面器"被成功制作,以适应电子光路以及控制精度的要求,最终实现 0.5 Å 的空间分辨率 [17],图 2.8 (c) 给出了此种校正器的实际照片。由于色差校正器的设计过于复杂与精细,因此目前针对色差的校正大多还是致力于降低出射电子束的波长与能量展宽,利用 300kV 的电压及冷场发射模式的电子枪是比较常用的方式,也是目前高端商业化透射电子显微镜所配备的条件。

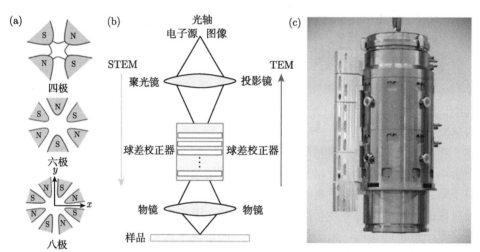

图 2.8   (a) 四极、六极和八极球差校正器轴向投影示意图 [15];(b) 球差校正光路图;(c) 色差校正实物图 [17]

2.4   电子能量损失谱

2.4.1   谱仪构造

电子能量损失谱 (electron energy loss spectrum, EELS) 能够给出电子经过样品后的能量损失分布。这些穿过样品的电子有的发生弹性散射 (不损失能量),有的发生非弹性散射 (损失能量)。非弹性散射电子能提供样品中原子的化学和电子结构信息,从而获得原子间的成键/轨道/价态、最近邻原子结构、介电响应、自由电子密度和样品厚度等特性 [18]。

磁棱镜谱仪是获取电子能量损失谱的重要组成部件。目前商用化的谱仪主要是 Gatan 公司研发制造的并行电子能量损失谱仪 (parallel electron energy loss spectrometer, PEELS)。PEELS 是一个磁棱镜系统,主要安装在荧光屏或者样品探测器的后面。除了收集 EELS,该系统也可以利用各种 EELS 信号进行成像,成像过程需要借助基于磁棱镜概念的能量过滤器。目前,有两种功能类似但仪器构造上差异比较大的能量过滤器。一种是后镜筒式过滤器,例如后镜筒 Gatan 图像

过滤器 (Gatan image filter, GIF)，是 Gatan 公司对 PEELS 系统的一种发展。另一种是镜筒内过滤器，例如 Ω 过滤器，最早被 Zeiss 公司使用，现在也被 JEOL 公司使用。镜筒内过滤器，顾名思义是指安装在 TEM 镜筒内，位于样品和荧光屏/探测器之间，而不像 PEELS/GIF 是一种安装在荧光屏下方的附件。图 2.9 是一个典型的 PEELS-TEM 设备示意图 [19]。透射电子可以通过入口光阑的大小调节。电子沿着磁性绝缘的"漂移管"向下，经过磁棱镜谱仪时，受到磁场的作用产生洛伦兹力而发生偏转。能量损失越大，其电子动能越小，受到磁场作用发生的偏转角度越大，这样在色散平面上就能获得横坐标为能量损失 (E)，纵坐标为入射电子和试样上原子交互作用，发生了非弹性散射，原子的外壳层丢掉电子后，留下的空位的数量 (I) 的谱图。

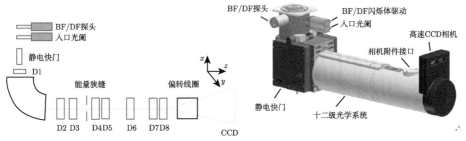

图 2.9 电子能量损失谱的设备示意图 [19]

2.4.2 电子能量损失谱简介

根据电子损失能量的大小可以将电子能量损失谱分成零损失峰 (zero-loss peak, ZLP)、低能损失谱 (low-loss spectrum) 和高能损失谱 (high-loss spectrum) 三部分，如图 2.10 所示。

(1) 零损失峰主要包括弹性散射中前向散射的电子，也包括只有少量能量损失的电子。利用零损失峰的电子成像可以减少色差对电镜图像的影响，对于厚样品效果更为明显。近年来，随着 EELS 能量分辨率的提升，透射电子显微镜已经可以对这部分能谱中声子产生的能量损失进行解析 [20]。

(2) 低能损失谱主要包括能量损失在 50 eV 以下的电子。利用这部分能谱不仅可以解析样品与高能电子之间的介电响应函数，得到材料的介电常数以及电子带内跃迁的信息，并且能够得到材料价电子等离激元振荡的信息，对于材料光学性质的研究有重要的作用，具体的细节可以参考文献 [10] 的相关章节。

(3) 高能损失谱主要由多次散射背景下迅速下降的电离或原子核吸收边组成。

大于 50 eV 的高能损失部分含有与原子内壳层电子或原子核非弹性相互作用的信息。这部分损失谱可以用于鉴别元素种类, 相比于下文即将介绍的 X 射线能谱仪, EELS 更适合用于对轻元素的鉴定; 同时因为谱图中近边精细结构对应的是内壳层电子向费米能级以上空态的跃迁, 所以高能损失 EELS 还能够解析包含成键、价态、晶体场、轨道和原子位置等其他信息 (见本书第 4、第 6、第 8 章)。

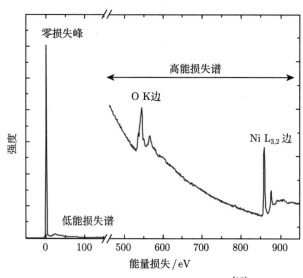

图 2.10   NiO 的电子能量损失谱[18]

2.4.3   电子能量损失过滤像

能量过滤透射电镜 (energy filtered TEM, EFTEM) 成像的基本原理是, 通过电子能量过滤系统的能量狭缝, 选择特定能量损失的电子进行成像, 从而实现元素分布测定以及增强图像衬度等目的。根据 EELS 的组成 (图 2.10), 能量过滤像既可以选择零损失峰进行成像, 得到弹性散射电子对应的信号 (如电子衍射、明场、暗场像等), 也可以选择非弹性散射电子进行成像, 从而进行元素成分、电子结构, 甚至磁信号的分布测量。相比于应用较为广泛的 STEM-EELS 技术, 两者都能够得到 x-y-E 三维方向的数据。虽然 EFTEM 受限于能量狭缝的宽度 (约为 1~2eV), 能量分辨率较低, 然而, EFTEM 技术操作简单, 数据采集快捷, 能够更有效地获得大面积信号的分布测量, 并且无需复杂的图像后处理流程, 对于在微米尺度上研究半导体器件具有重要意义。这里主要介绍 EFTEM 三个重要的应用。

1. 元素分布成像

利用 EFTEM 进行元素分布测量的方法包括两种: 双窗口法和三窗口法。其中三窗口法能够有效地扣除 EELS 信号的背底，得到衬度更好的元素分布图像，因此，这里主要介绍三窗口法的基本原理。对于任一元素，必定存在一个特定的电离损失峰，如图 2.11 所示。在能量过滤像采集过程中，运用相同宽度的能量狭缝，在电离损失峰边前的两个位置 (I_1 和 I_2) 和电离损失峰的峰位位置 (I_3)，分别采集一张能量过滤像。这一操作在 Gatan 公司的 Digital Micrograph 软件中已经集成设置，用户只需要选择特定的元素种类即可。然后，软件会对采集得到的三张图像进行处理，利用 I_1 和 I_2 去拟合能量过滤像的背底，并将这一背底从 I_3 中扣除，即可得到元素的分布。利用这一方法，可以通过多次采集得到多种元素的分布，并最终合成出一幅元素分布图。

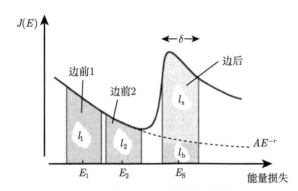

图 2.11　三窗口法扣除背底的基本原理

2. 能量过滤电子衍射

除了选择非弹性散射电子进行成像，能量过滤系统也可以选择对应零损失峰的弹性散射电子成像。其主要用在两个方面：①选择弹性散射电子来获得 TEM 的明场像。这一方法能够过滤掉非弹性散射电子产生的背底信号，提高图像的衬度；②选择弹性散射电子获得电子衍射图像，包括选区电子衍射和会聚束电子衍射 (CBED)。尤其是对于较厚的样品，非弹性散射电子在等离激元振荡和 EELS 背底中占有很大比重，容易导致一些较弱的衍射点或者会聚束衍射盘内一些精细的结构被淹没。此时，利用能量过滤系统能够显著地提高衍射图的对比度，对于定量 CBED 技术具有重要的意义。

3. 能量过滤 EMCD 磁信号分布测量

能量过滤系统可以获得非弹性散射电子在衍射平面上的分布，即得到在某一个特定的能量损失下，二维动量空间中非弹性散射电子的角分布。这一技术目前已经成功地被用在电子磁圆二向色性 (electron magnetic chiral dichroism, EMCD) 技术信号的测量中。如图 2.12 所示，在 EFTEM 模式下，采集衍射平面上不同能量损失位置处的 EELS 信号在衍射平面上的分布，通过图像对中和后续数据处理最终给出了 EMCD 信号在衍射平面上的分布，能够与模拟的结果直接对应，实现磁参数的定量测量 (关于 EMCD 技术的原理和实验方法详见本书第 6 章)。

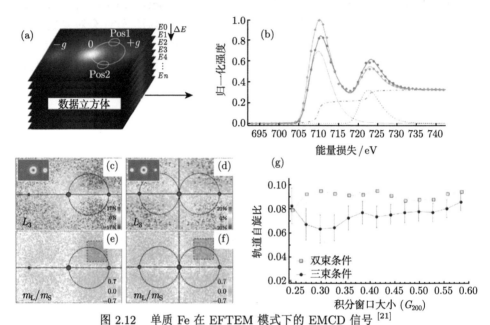

图 2.12   单质 Fe 在 EFTEM 模式下的 EMCD 信号 [21]

(a) 不同能量损失下的能量过滤衍射图，(200) 三束条件下，加速电压 200 kV; (b) 重构得到的 EMCD 信号;
(c) 双束条件下 L₃ 边 EMCD 信号强度的分布; (d) 三束条件下 L₃ 边 EMCD 信号强度的分布; (e) 双束条件下轨道自旋比的分布; (f) 三束条件下轨道自旋比的分布; (g) 利用不同的积分窗口大小得到的轨道自旋比

2.4.4   电子能量损失谱图 (STEM-EELS 技术)

STEM-EELS 技术结合了 STEM 的高分辨率扫描成像和 EELS 的光谱分析功能，在当前材料的电子显微学分析中被普遍使用。STEM-EELS 技术的基本原理是，通过聚焦电子束在样品上进行扫描，电子束与样品发生相互作用，采集的信息既包括携带原子结构信息的具有一定角分布的弹性散射电子信息 (STEM 信号)，也包含由激发电子跃迁、等离子体振荡等产生了非弹性散射的电子信息 (EELS 信号)。通常情况下，由于 EELS 信号大部分分布在低散射角内 (小于 100mrad)，因此可以和 HAADF 信号同时采集，最终获得一个三维的数据集，如图 2.13 所示。x 和 y 平面为图像信息，z 方向为能量损失信息。针对实空间内的每一个位置，都有一个 EELS 与之对应。结合 EELS 在成分、化学键、价态、电子态，甚至磁性测量等方面的信息，可进一步获得其二维分布。因此，STEM-EELS 技术在材料异质界面等研究中发挥了重要作用，典型的应用详见本书第 8 章。

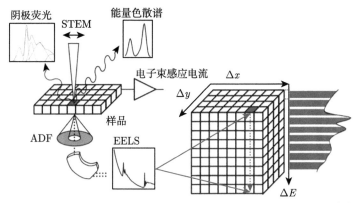

图 2.13 STEM-EELS 技术的实验基本装置以及数据采集模式[22]

2.5 电子显微镜中的 X 射线能谱

电子束照射样品会产生 X 射线，X 射线能谱分析法是通过探测和分析此 X 射线来确定样品中元素种类及含量的方法。目前，透射电子显微镜中唯一商用的能谱仪为 X 射线能量色散谱仪 (energy dispersive X-ray spectrometer, EDS)，简称 X 射线能谱仪。

2.5.1 谱仪构造

X 射线能谱仪主要包含探测器、电子处理系统和计算机三个部分[3]。X 射线能谱仪的原理见图 2.14，计算机主要控制三个部分。首先，控制探测器的开启与关闭。当检测到 X 射线光子时，探测器将关闭，在信号被处理后再次打开。其次，控制电子处理系统，将信号分配给存储系统的正确能量通道。第三，计算机会校准谱图显示，并显示采集谱图时的一些条件，比如特征的峰位以及线系等。关于谱图的后续处理也可以通过计算机进行。

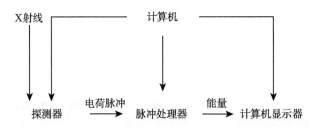

图 2.14 EDS 的原理图

计算机控制探测器、脉冲处理器和显示器

X 射线能谱仪的主要工作流程可以总结如下：①探测器产生与 X 射线能量成比例的电荷脉冲；②将电荷脉冲转换为电压；③脉冲电压被场效应晶体管放大与隔离，并被识别为含有特定能量的 X 射线；④数字化信号储存在信道中，并将其能量输出到计算机显示器。

最为常见的 X 射线能谱仪探测器是 Si 探测器，其基本构成是一个反向偏置的 p-i-n 二极管。除此之外，X 射线能谱仪还发展有其他种类半导体探测器，如本征 Ge 探测器和 Si 漂移探测器等。

2.5.2　X 射线能谱简介

X 射线能谱的理想谱图包含特征峰和连续轫致辐射背底两部分。

特征 X 射线的产生源于原子内层电子的跃迁。电子束激发内部或核壳层电子跃迁离开，而在原来位置留下相应空穴，此时原子处于高能量的电离态，外壳层电子会跃迁填充空穴从而回到最低能量状态 (基态)，这个过程会伴随着 X 射线或俄歇电子的产生。在产生特征 X 射线或俄歇电子的情况下，发射出的能量是涉及此过程的两个电子壳层的能量差值。需要注意的是，如果原子通过电子辐照以外的过程产生特征 X 射线，例如，X 射线引起原子电离的过程，则称之为荧光。特征 X 射线具有特定的能量，EDS 会用 "线" 来标识实际的在高斯峰位的 X 射线能量。一般来说，低能 X 射线峰的强度高于高能 X 射线峰，越重的元素，其特征峰越复杂。特征 X 射线是用电子填充的壳层和其来自的壳层来命名的。原子最内层的电子壳层为 K 壳层，第二层为 L 壳层，接下来为 M 壳层，依此类推。所有壳层 (K 壳层除外) 本身都可能含有子壳层 (例如 L_1、L_2 等)。当 L 壳层的电子填充了 K 壳层的空穴时，会得到 K_α X 射线；而当 M 壳层电子填充 K 壳层空穴时，会产生 K_β X 射线。当 M 壳层电子填充 L 壳层空穴时，会产生 L_α X 射线；而当 N 壳层电子填充 L 壳层空穴时，会产生 L_β X 射线[23]。图 2.15 给出了部分 K、L 和 M 特征 X 射线可能的跃迁过程。因为每种外壳层还细分亚壳层，所以实际跃迁与命名情况要复杂得多，表 2.1 列出了一些常见的 X 射线线系的跃迁[23]。但实际应用中所用的 EDS 探测器通常无法区分来自不同亚壳层的 X 射线。

如果入射电子束内的电子完全穿透电子壳层，则其可与原子核发生非弹性相互作用。若此时电子与原子核之间的库仑 (电荷) 场相互作用，则它的动量会发生变化，并在此过程中发射 X 射线。因为此过程电子可以产生任何程度的能量损失，损失程度取决于其与原子核之间的相互作用强度，所以这些 X 射线可具有任何大小的能量 (最大为入射电子束能量)，这种 X 射线称为轫致辐射，EDS 谱图的背底即来源于 X 射线的轫致辐射。

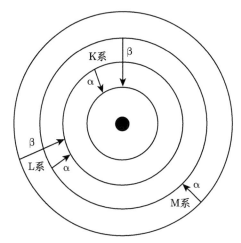

图 2.15 基于玻尔原子模型的简化电子壳层示意图

形象地列举了一些产生 K、L 和 M 特征 X 射线的电子跃迁过程

表 2.1 一些常见特征 X 射线线系的跃迁[23]

谱线名称	跃迁	谱线名称	跃迁
$K_{\alpha 1}$	L_{III}-K	$L_{\alpha 1}$	M_{V}-L_{III}
$K_{\alpha 2}$	L_{II}-K	$L_{\alpha 2}$	M_{IV}-L_{III}
$K_{\beta 1}$	M_{III}-K	L_{1}	M_{I}-L_{III}
		$L_{\beta 1}$	M_{IV}-L_{II}
		L_{η}	M_{I}-L_{II}
		$L_{\beta 4}$	M_{II}-L_{I}
		$L_{\beta 3}$	M_{III}-L_{I}
		$L_{\beta 2}$	N_{V}-L_{III}
		$L_{\gamma 1}$	N_{IV}-L_{II}
		$L_{\gamma 3}$	N_{III}-L_{I}

对 EDS 采集到的谱图进行分析,可以得到相应的定性与定量结果,从而获得样品内所含元素的种类与占比。定性分析要求能谱中的每个峰能够被准确无误地识别,定量分析则需要对特征峰强度进行背底扣除与积分计算。

2.5.3 原子分辨的元素成像

依托于透射电子显微镜分辨率的提升,在原子尺度进行 X 射线信号的采集成为可能。想要获得原子分辨的元素成像则通常面临两个挑战。一是样品的稳定性,由于采集通常需要较长时间,这就需要样品在采集时间内保持高度稳定,目前这一挑战通过静置样品与漂移校正算法的更迭已经能够解决。第二个挑战是采集效率,由于图像需要原子分辨,而目标区域内所激发的 X 射线信号较弱,想要获取高质量的元素成像,就需要探测器具有高的收集效率,因此球差校正的透射电子显微镜中高配置的能谱探头有别于传统的能谱探头，一般采用多探头模式实现大的立体角，从而提高收集效率。如 Thermo Fisher 公司 Spectra 300 型号的球差校正电镜就配备了四探头模式 (图 2.16)，收集立体角可以达到 1.76 sr，远高于传统能谱探测仪的收集立体角 (通常不到 1 sr)。

图 2.16   Thermo Fisher 公司的四探头能谱探测仪示意图 [24]

在保证样品稳定性以及高收集效率的前提下，原子分辨的元素成像能够得以实现。图 2.17(a) 展示了氧化物 $DyScO_3$ 原子分辨的元素成像结果，可以看到采集的结果具有良好的原子分辨效果 [24]。原子分辨的元素成像应用十分广泛，可以解决类似于晶界偏析、界面重构、替位掺杂等问题。图 2.17(b) 展示了 ZnO 和六方锰氧化物 $YMnO_3$ 异质结的界面重构现象，通过原子分辨的元素成像可以判断界面处连续锰氧层的存在 [25]。图 2.17(c) 展示了石榴石材料中的替位掺杂情况，通过原子分辨的元素成像可以判断掺杂原子所处的具体位点 [26]。

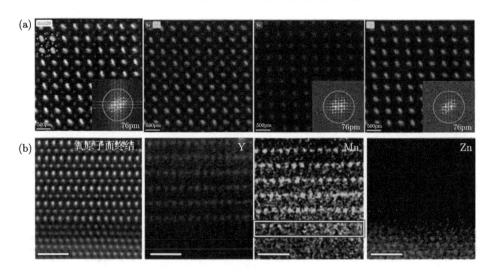

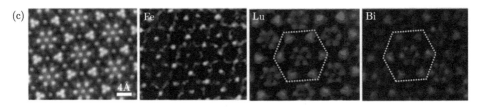

图 2.17　原子分辨元素成像的应用实例

(a) DyScO$_3$ 的元素分布 [24]; (b) ZnO/YMnO$_3$ 异质结界面的元素重构 [25]; (c) 磁光材料中替位掺杂的元素分析结果 [26]

2.6　差分相位衬度成像技术

2.6.1　差分相位衬度基本原理

差分相位衬度 (differential phase contrast，DPC) 技术是通过测量 STEM 衍射空间中相对象限信号的差值来实现相位衬度的测量,这种技术最早是由 H. Rose 在 1974 年提出来的 [27],主要通过合适的探测器阵列,探测不同散射束和透射束间的干涉强度分布来获得相位衬度像。最简单的情况可以使用两个分隔的探头获得差分信号 [27],但是人们通常使用四个象限的分区探头,获得两个方向的差分信号 (I_x, I_y),如图 2.18 所示。STEM 模式下最简单的相位衬度相干明场像,是通过使用透射盘中心很小的收集角,根据倒易原理,形成与常规 TEM 高分辨像等价的相位衬度像。而这种收集条件会使很大比例的入射电子没有用于成像,因此需要更多入射电子参与成像,这可能会造成严重的样品损伤。H. Rose 在提出 DPC 技术之初就讨论了 DPC 图像可以使用更低的电子剂量获得与常规 TEM 相位衬度像相同的衬度和信噪比,并讨论了单原子成像的可能性。近年来基于 DPC 的低剂量成像技术应用越来越广泛。

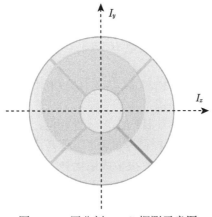

图 2.18　四分割 DPC 探测示意图

在薄样品投影近似下，DPC 图像强度正比于样品内势场的梯度，即样品内的电场或者磁场分布，这也可以近似理解为，DPC 测量的是电子在电场下所受库仑力或磁场下所受洛伦兹力产生的偏转 [28-30]。因此，在 DPC 技术提出后不久，J. N. Chapman 等即用 DPC 来对磁性材料的磁畴壁成像 [31]。然而，受限于分区探测器硬件技术，DPC 技术在电子显微学领域很长时间内仅有少量的应用，早期的应用主要集中在对样品内部磁场的测量 [32-34]。现代 DPC 成像技术始于新的高灵敏度分区环形探头的发展 [35,36]，且由于球差校正器的发展，STEM 空间分辨率大幅提高，原子分辨的 DPC 图像得以实现 [37]。因此近年来，DPC 在高质量磁拓扑结构 [38,39] 和半导体界面内建电场分布 [36,40] 等方向测量上应用广泛。而对于原子分辨率 DPC 测量，一定条件下 DPC 能反映原子势场产生的电场分布，有很多研究工作尝试用 DPC 进行薄样品中原子内部电势、电场和电荷分布的测量 [41-45]。

2.6.2　积分的差分相位衬度成像技术

积分的差分相位衬度 (integrated DPC, iDPC) 成像技术是近年来应用广泛的一种新的相位衬度成像技术。在薄样品的相位体近似下，DPC 矢量的两个分量近似为样品透射函数相位的梯度，因此将 DPC 图像积分，可以获得样品透射函数的相位 [27]。iDPC 图像，$I^{\text{iDPC}}(\boldsymbol{R})$，即定义为 DPC 矢量的积分，代表了样品透射函数的相位，或者投影势函数，基本表达式为 [41,46]

$$I^{\text{iDPC}}(\boldsymbol{R}) = \frac{1}{2\pi}\left[\varphi(\boldsymbol{R})\,|\psi_{\text{in}}(\boldsymbol{R})|^2\right] = \frac{1}{2\pi}\mathcal{F}^{-1}\left\{\frac{\mathcal{F}[I_x(\boldsymbol{R})] + \mathrm{i}\mathcal{F}[I_y(\boldsymbol{R})]}{\mathrm{i}(\boldsymbol{k}_x + \mathrm{i}\boldsymbol{k}_y)}\right\} \quad (2.13)$$

其中，$\varphi(\boldsymbol{R})$ 为样品透射函数的相位；$|\psi_{\text{in}}(\boldsymbol{R})|^2$ 为入射电子束的强度分布；$\boldsymbol{k}_x$ 和 $\boldsymbol{k}_y$ 为倒空间波矢。该技术最早被用于定量重构样品的势函数 [41]，但最近被推广为一种新的原子分辨率相位衬度成像技术。在薄样品近似下，由方程 (2.13)，我们也可以获得 iDPC 的衬度传递函数 (CTF)：

$$\text{CTF}(\boldsymbol{k}) = \frac{1}{2\pi}\mathcal{F}\left[|\psi_{\text{in}}(\boldsymbol{R})|^2\right] \quad (2.14)$$

因此，iDPC 的衬度传递函数与 HAADF 图像相同，在薄样品情况下，可以获得类似于 HAADF 的衬度的线性样品厚度依赖。但是由于 iDPC 直接线性相关于透射函数的相位或者投影势，因此有很多成像优势。

需要强调的是，方程 (2.13) 仅在满足相位体近似的薄样品条件下才成立 [41]。在薄样品中，iDPC 图像的衬度主要源于样品的投影势，其近似正比于 $Z^{0.8}$，其中 Z 为原子序数 [47]，因此 iDPC 可以同时对轻元素和重元素成像，并常被用于轻元素成像,最近甚至也实现了氢原子的直接成像[48]。并且相比于通常用于轻元素成像的环形明场像,iDPC 在低剂量成像时的信噪比有非常明显的优势[48]。然而,模拟和实验发现,iDPC 存在较强的厚度依赖关系,一般使用小于 10nm 厚度的样品才能获得可直接解释的原子图像[41]。但是由于 iDPC 采用强相位体近似,因此相较于高分辨 TEM 成像技术通常需要弱相位体近似具有更广的厚度适用范围。

iDPC 技术的最大优势是具有高的剂量使用效率,可以使用很低的电子束剂量实现高分辨率的成像,因此被广泛用于电子束辐照敏感材料的成像。例如,使用 iDPC 技术在分子筛材料中观察到多种新的亚结构和界面结构[49],并且直接能看到孔洞限域下的小分子[50]。最近,iDPC 技术还被用于对生物大分子进行高分辨率成像,并且实现了与常规单颗粒冷冻电镜 TEM 技术成像类似的成像分辨率[51]。

2.7 四维扫描透射电子显微术

2.7.1 4D-STEM 的基本原理

四维扫描透射电子显微术 (4D-STEM) 是近年来兴起的一类新的成像技术,该技术通过使用二维像素阵列相机收集 STEM 下每个扫描点对应的二维会聚束衍射,形成二维扫描实空间和二维倒空间的四维大数据,因此简称为 4D-STEM,原理示意图见图 2.19。该技术的最初原理性展示为 J. Cowley 在 1981 年做出的,受限于当时电镜的硬件,仅展示了单胞内几个不同扫描位置的衍射图随位置的变化[52]。近代一个代表性的工作是使用扫描纳米束衍射研究锰氧化物的电荷有序相变[53]。4D-STEM 的真正兴起源于快速直接电子探测相机的发展[52]。现代快速相机读取速度在几百到几千帧/秒[54-56],远大于普通 CCD 相机的几十帧/秒的读取速度,最近还实现了最快达十万帧/秒的读取速度[57],非常接近于 STEM 常规点探头成像技术。这可以促成在很短时间内获取大量的衍射图和较大的扫描区域,突破了普通纳米束衍射仅能在样品上有限的位置采集纳衍射的局限,从而形成了 4D-STEM 这种新的衍射成像技术。

4D-STEM 根据会聚角大小可以简单分为两类:第一类会聚角较小,衍射束和透射束之间没有重叠,衍射一般称为纳衍射,可称为纳衍射 4D-STEM;第二类会聚角较大,衍射束和透射束之间重叠,产生强的相干效应,能实现原子分辨的衬度,称为原子尺度 4D-STEM。当然,现代的透射电子显微镜一般可以在很大范围内连续调节会聚角。另外,不同晶胞尺寸的样品衍射盘和透射盘重合需要的会聚角大小也不同。因此从实验条件来说,这两类并没有严格的界限。不过这两类

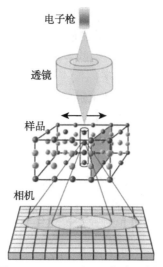

电子枪

透镜

样品

相机

图 2.19　4D-STEM 实验示意图

4D-STEM 在研究对象和数据分析上具有明显的不同。其中，纳米束衍射 4D-STEM 主要可以用于纳米尺度的微结构探测，包括晶相分布、晶向和晶粒尺寸[58]、应变[59]、短程和中程有序结构[60]，以及纳米尺度磁畴结构测量[38] 等。而原子尺度 4D-STEM 可以实现综合合成 STEM 明场、暗场和 DPC 等多种成像模式[61,62]，并且可以实现包括叠层衍射成像技术在内的很多新的成像技术[63−65]。关于 4D-STEM 近年来更详细的进展可以参考综述文章[66]。下面将按这两类分别介绍 4D-STEM 技术的功能和应用。

2.7.2　纳衍射 4D-STEM

纳衍射 4D-STEM 结合常规纳衍射技术和纳米尺度实空间分辨率的 STEM 高采样率，具有很多明显的优势。首先，选取纳衍射图中不同的衍射盘可以实现虚拟的明场和暗场像，从而通过选择不同的散射矢量成像，实现晶体学取向、晶粒和各类畴结构的直接成像[67]。相比于 TEM 下使用物镜光阑选取透射或衍射束的明场或暗场像，4D-STEM 可以通过选取衍射图内不同波矢位置的衍射区域合成不同的暗场像，从而高效率地通过一次数据组采集获取大量不同波矢对应的暗场像，并且波矢可以精确确定，从而实现对暗场像的定量测量，获取大量的结构信息。而 TEM 暗场像需要使用物镜光阑选择不同散射波矢进行多次成像，并且受限于物镜光阑大小，无法获得高精度的波矢选择，因此很难实现定量暗场像。

纳衍射 4D-STEM 中一个非常重要的应用是高精度的应变测量。其基本原理是基于样品内应变会直接改变布拉格 (Bragg) 衍射盘的位置，因此，准确确定衍射盘相对于透射盘的位置和取向变化，即可直接测量样品的应变[58]。从每张纳衍射图，可以通过一些数据处理技术[68]，精确确定每个衍射盘的中心坐标，进而确定不同晶面间距，最后与参考区域相比较即可确定应变矩阵。利用最新的高动态范围的像素阵列相机，甚至可以在单层二维材料内实现亚皮米精度的应变测量[69]。同时，还可以对二维纳衍射图取对数后进行傅里叶变换，得到的图像与晶格的帕特森 (Patterson) 函数相似，而衍射盘的周期性可以直接反映在该 Patterson 函数内，由此也可以精确确定样品的应变，该技术称为 EWPC(exit wave power cepstrum) 方法[70]。该技术的一个最大优势是可以大大减小确定衍射盘中心位置的误差，提高应变测量精度。特别是在偏离正带轴或厚样品的情况下，衍射盘强度分布不均匀，直接确定衍射盘的中心则会产生很大的误差，而 EWPC 方法对偏离带轴和样品厚度有更大的容忍度。因此，该方法可以实现畴界或晶界附近的样品区域的高精度应变测量，而这些区域常常会因样品弯曲而无法同时获得正带轴成像条件，因而无法基于原子分辨图像的几何相位分析方法获得应变[70]。

同时，由于纳衍射 4D-STEM 获取了不同位置的二维衍射图，可以进一步利用很多先进的图像分析技术，综合分析样品不同区域纳衍射图谱的演变。例如，使用主成分分析 (PCA) 技术可以精确分类复杂样品内部的晶相分布[69]。随着新的人工智能方法的发展，纳衍射 4D-STEM 结合机器学习方法，可以极大地提高晶体学取向和应变测定的精度和数据处理速度[71]。基于这些优势，纳衍射 4D-STEM 近年来出现了很多应用，包括实现有机薄膜内晶粒取向的直接确定[58]，测量铁电拓扑畴结构[72]，以及非晶材料的中程有序结构测定[60]等。

2.7.3 原子尺度 4D-STEM 的新成像技术

原子尺度 4D-STEM 技术由于可以采集动量和实空间分辨的四维会聚束衍射，可以通过积分不同区域内的强度，很容易合成常用的 STEM 图像，包括环形暗场像、明场像和 DPC 图像等，有望取代所有常规的 STEM 高分辨率成像技术[61,62]。原子尺度 4D-STEM 所采集的二维衍射图一般也称为伦琴图，包含了不同透射束和衍射束间的相干效应产生的强度变化[52]。利用这些相干效应，最近发展出了很多新的相位衬度成像技术。而相位衬度成像技术对弱散射样品包括低原子序数和薄样品敏感，具有更高的电子剂量使用效率，因此具有很多成像优势。DPC 相关技术已在 2.6.2 节作了详细的论述，这里主要介绍新的相位衬度成像技术——叠层衍射成像技术。

2.7.4 叠层衍射成像技术

叠层衍射成像技术 (ptychography) 是一种计算成像技术，在 X 射线和可见光相干成像领域有广泛应用。近年来，由于新的快速直接电子探测相机和新的数学算法的发展，叠层衍射成像技术在电子显微学领域也受到了广泛关注。电子叠层衍射成像技术的基本思想是由 Hoppe 在 1969 年提出的 [73]，即利用衍射图内不同电子束间干涉产生的强度变化，并使用数值计算的方法反向解出样品的结构。然而受限于仪器条件和数学算法，直到近期才真正从想法走向实用化，从而体现出这种方法在分辨率、信噪比和衬度等方面的优势，展现很大的应用前景。与电子全息类似，两种方法均为利用强度测量实现相位的重构。但是叠层衍射成像技术不需要固定的参考波，仅需要利用透射束和衍射束直接的干涉效应来重构波函数的相位，与共线全息 (in-line holography) 类似。

该技术发展到现在，主要出现了两类不同的叠层衍射成像技术：基于维格纳分布解卷积 (Wigner-distribution deconvolution,WDD) 的叠层衍射技术 [74] 和基于循环迭代的拓展叠层衍射引擎 (extended ptychographical iterative engine, ePIE) 技术 [75]。

WDD 叠层衍射技术是一种基于维格纳分布的直接解卷积方法，其基本理论的详细讨论可以参考文献 [63,64,74,76]，这里只简述基本原理。不同电子束斑位置下的衍射，即 4D 数据，为电子出射波 $\Psi_f(\boldsymbol{K}_f, \boldsymbol{R}_p)$ 在倒空间的强度 $G(\boldsymbol{K}_f, \boldsymbol{Q}_p)$：

$$G\left(\boldsymbol{K}_f, \boldsymbol{Q}_p\right) = \int \left|\Psi_f\left(\boldsymbol{K}_f, \boldsymbol{R}_p\right)\right|^2 \exp\left(2\pi \mathrm{i} \boldsymbol{R}_p \cdot \boldsymbol{Q}_p\right) \mathrm{d}\boldsymbol{R}_p \tag{2.15}$$

在薄样品相位体近似下，对衍射平面倒空间 $\boldsymbol{K}_f$ 坐标作傅里叶逆变换，这样衍射图可以被改写为两个维格纳分布的乘积 [74]：

$$H\left(\boldsymbol{R}, \boldsymbol{Q}_p\right) = \int a^*(\boldsymbol{b}) a(\boldsymbol{b} + \boldsymbol{R}) \exp\left(-\mathrm{i}2\pi \boldsymbol{Q}_p \cdot \boldsymbol{b}\right) \mathrm{d}\boldsymbol{b}$$
$$\times \int \psi^*(\boldsymbol{c}) \psi(\boldsymbol{c} + \boldsymbol{R}) \exp\left(-\mathrm{i}2\pi \boldsymbol{Q}_p \cdot \boldsymbol{c}\right) \mathrm{d}\boldsymbol{c} \tag{2.16}$$

其中，$a(\boldsymbol{R})$ 为入射束波函数；$\psi(\boldsymbol{R})$ 为样品透射函数，其相位正比于样品的投影势函数；$\boldsymbol{R}$ 为入射波函数实空间坐标；$\boldsymbol{b}$ 和 $\boldsymbol{c}$ 为对实空间 $\boldsymbol{R}$ 积分的积分变量；$\boldsymbol{R}_p$ 和 $\boldsymbol{Q}_p$ 分别对应于电子束扫描位置的实空间和倒空间坐标。维格纳分布一般定义为

$$\chi_q(\boldsymbol{a}, \boldsymbol{b}) = \int q^*(\boldsymbol{c}) q(\boldsymbol{c} + \boldsymbol{r}) \exp(-\mathrm{i}2\pi \boldsymbol{c} \cdot \boldsymbol{b}) \mathrm{d}\boldsymbol{c} \tag{2.17}$$

由此，

$$H\left(\boldsymbol{R}, \boldsymbol{Q}_p\right) = \chi_a\left(\boldsymbol{R}, -\boldsymbol{Q}_p\right) \chi_\psi\left(\boldsymbol{R}, \boldsymbol{Q}_p\right) \tag{2.18}$$

利用已知的入射电子波函数可以求得电子波函数对应的维格纳分布，然后使用通常的维纳 (Wiener) 解卷积过程，即可获得物函数对应的维格纳分布，进而可以获得物函数，因此该方法称为维格纳分布解卷积。

早在 1995 年，Nellist 等利用一维扫描电子衍射结合结构因子拟合的方法，使用 WDD 方法成功实现了薄的单晶硅样品 [110] 带轴 0.136nm 的哑铃原子结构重构，突破了由当时电镜像差决定的 0.42nm 分辨率 [77]。需要指出的是，当时的实验和算法只能应用于周期性的样品结构重构。近年来，由于球差校正器硬件的成熟，通过精确测定像差系数，入射电子波函数可以较准确地确定。同时快速二维相机的发展，也使得可以获取大面积扫描区域的 4D-STEM 数据，因此 WDD 叠层衍射成为一个快速相位衬度成像技术。该方法可以同时获得轻和重元素的成像 [42]，并对样品厚度有一定的容忍度 [78]。在弱相位体近似下，Yang 等利用衍射盘包含的相位信息，引入一种循环迭代的方法，实现对入射电子束包含的剩余像差校正，实现无畸变的相位衬度图像，提高图像的质量 [64]。

在弱相位体近似下，还可以将 4D 电子衍射简化成

$$G\left(\boldsymbol{K}_f, \boldsymbol{Q}_p\right) = |A\left(\boldsymbol{K}_f\right)|^2 \delta\left(\boldsymbol{Q}_p\right) + A\left(\boldsymbol{K}_f\right) A^*\left(\boldsymbol{K}_f + \boldsymbol{Q}_p\right) \psi^*\left(-\boldsymbol{Q}_p\right)$$
$$+ A^*\left(\boldsymbol{K}_f\right) A\left(\boldsymbol{K}_f - \boldsymbol{Q}_p\right) \psi\left(\boldsymbol{Q}_p\right) \tag{2.19}$$

其中，$A(\boldsymbol{K}_f)$ 为光阑函数。如果假设入射电子束无像差，那么物函数的相位可以通过简单积分任意一边重叠区域 $A\left(\boldsymbol{K}_f\right) A^*\left(\boldsymbol{K}_f + \boldsymbol{Q}_p\right)$ 来获得，该简化方法称为单边带 (single side band，SSB) 方法。这种方法可以实现高的剂量效率 [62]、更高的衬度传递函数和低剂量成像 [79]。最新的数据处理技术的发展，有望在数据采集的同时实现 WDD 相位重构，从而实现样品的实时在线相位衬度成像 [80]。一个叠层衍射四维数据的典型例子见图 2.20，入射波函数的维格纳卷积及其重叠情况可以在图 2.20(d) 中很直观地看到，具体讨论可参考文献 [78]。

循环迭代叠层衍射成像技术主要基于 J. Rodenburg 等提出的拓展叠层衍射引擎 (ePIE)[75,81]。这种方法在光学和 X 射线成像领域应用广泛，但是在电子显微学领域最近几年才有较大的关注。这种技术最初基于广义相位体近似或者乘积近似，即出射波 $\psi_j(\boldsymbol{r})$ 表达为

$$\psi_j(\boldsymbol{r}) = O(\boldsymbol{r}) P\left(\boldsymbol{r} - \boldsymbol{R}_{s(j)}\right) \tag{2.20}$$

其中，$O(\boldsymbol{r})$ 为样品透射函数；$P\left(\boldsymbol{r} - \boldsymbol{R}_{s(j)}\right)$ 为 $\boldsymbol{R}_{s(j)}$ 处的入射电子波函数。通过初始估计的入射电子束波函数和样品透射函数计算出射波函数，进而将计算获得的衍射图和实验测量的衍射图进行比较，并定义二者的差异为收敛参数。当二者差异大于预设的判据，则利用测量的衍射图对入射波函数和样品透射函数进行修正，重复迭代过程直至收敛。基本过程见图 2.21，具体的过程可参考文献 [75]。

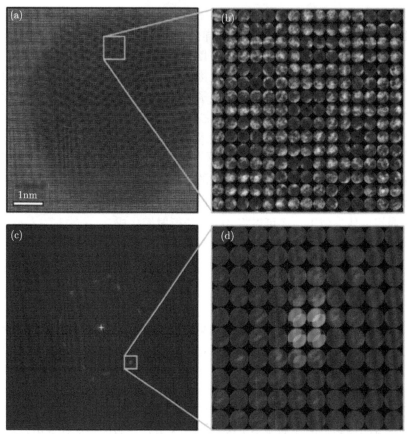

图 2.20   四维叠层衍射数据和 WDD 叠层衍射相位示意图[78]
(a) 采集于碳膜上金纳米颗粒的电子束位置依赖的电子衍射；(b) 图 (a) 中蓝色小区域中电子衍射的放大图；
(c) 对整个 4D 数据集相对于扫描位置傅里叶变换后的振幅图；(d) 图 (c) 中蓝色区域的放大图

　　这种方法可以同时重构入射电子波函数和样品的透射函数，并且可以引入数学模型考虑实验中存在的多种不完美因素，显著提高重构的样品结构图的质量。早期代表性的工作包括尝试定量重构纳米颗粒的静电势[82] 和扫描电镜中 30kV电压下实现金颗粒的晶格条纹[83]。最新利用高动态范围的直接电子探测相机和改进的叠层衍射成像技术，首次在 80 kV 加速电压条件下，在二维材料体系中，实现了突破电镜直接成像的分辨率极限，将分辨率提高了 2.5 倍，获得了 0.39Å 的分辨率[65]。分辨率的提高主要源于该算法可以有效利用高散射角的衍射信息，获取样品结构的高频信息。另外，对常规的 STEM 图像产生畸变或分辨率降低的入射电子波的像差，叠层衍射成像可以进行很好的校正。而且，电子束的部分相干性以及样品漂移产生的图像畸变都可以通过引入新的物理模型进行修正，从而获得远优于成像系统本身的图像分辨率。利用这种技术，除了可以使用常规 STEM 正焦的成像条件，还可以使用离焦或设计特别形状的入射电子束进行数据采集，从而实现大视场的高分辨率成像 [84,85]。该技术作为一种相位衬度成像技术，可以实现低剂量成像，在容易辐照损伤样品中存在很大的应用前景 [85,86]。

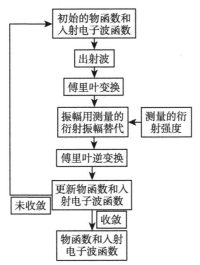

图 2.21   拓展叠层衍射引擎 (ePIE) 循环迭代过程示意图

循环迭代叠层衍射成像技术最大的一个突破是可以通过多片层物函数的拓展，实现厚样品透射函数的相位重构，从而解决多重散射产生的复杂衬度。该理论基于经典的多片层电子显微图像计算理论，引入厚度依赖的多片层物函数，经过叠层实现入射波函数和多片层物函数的重构，通常称为多片层叠层衍射成像 [87]。最近，Z. Chen 等利用该方法实现了厚样品三维势函数的重构，并突破了常规成像技术的分辨率，首次实现了主要由原子本征大小——热振动决定的极限分辨率 [88]。除此之外，这种技术还具有很多成像优势。首先，通过直接重构，可以实现不同厚度样品的线性衬度，避免了厚样品相位衬度图不能直接解释的缺点。其次，可以获取投影方向即深度方向的结构信息，深度方向的分辨率可以达到几纳米，并且能直接探测到样品内包埋的单原子掺杂 [88,89]。另外，新的多片层叠层衍射成像大大拓展了可用于线性成像的样品厚度，在低剂量成像上有更大的优势，有望广泛应用于电子束辐照敏感材料和生物样品 [90]。目前，多片层叠层衍射技术仍在发展中，并正用于解决不同的微结构问题，该技术有望成为一种通用的相位衬度成像技术。

参 考 文 献

[1] Iterson W V. 2.10 Electron microscopy in the Netherlands: 2.10A earliest developments. Advances in Imaging and Electron Physics, 1996, 96: 271-285.

[2] 朱静, 叶恒强, 王仁卉, 温树林, 康振川. 高空间分辨分析电子显微学. 北京: 科学出版社, 1987.

[3] 戎咏华. 分析电子显微学导论. 2 版. 北京: 高等教育出版社, 2015.

[4] Williams D B, Carter C B. Transmission Electron Microscopy. 2nd ed. Boston: Springer, 2009.

[5] von Ardenne M. Das elektronen-rastermikroskop: Theoretische grundlagen. Zeitschrift für Physik, 1938, 109: 553-572.

[6] Crewe A V. Scanning electron microscopes: Is high resolution possible? Science, 1966, 154(3750): 729-738.

[7] Crewe A V, Wall J. A scanning microscope with 5 Å resolution. Journal of Molecular Biology, 1970, 48(3): 375-393.

[8] Crewe A V, Wall J, Langmore J. Visibility of single atoms. Science, 1970, 168(3937): 1338-1340.

[9] Pogany A P, Turner P S. Reciprocity in electron diffraction and microscopy. Acta Crystallographica Section A: Crystal Physics, Diffraction, Theoretical and General Crystallography, 1968, 24(1): 103-109.

[10] Nellist P D, Pennycook S J. Scanning Transmission Electron Microscopy: Imaging and Analysis. New York: Springer Science & Business Media, 2011.

[11] Bosch E G, Lazić I. Analysis of HR-STEM theory for thin specimen. Ultramicroscopy, 2015, 156: 59-72.

[12] Uhlemann S, Haider M. Residual wave aberrations in the first spherical aberration corrected transmission electron microscope. Ultramicroscopy. 1998, 72(314): 109-119.

[13] Haider M, Braunshausen G, Schwan E. Correction of the spherical aberration of a 200 kV TEM by means of a hexapole-corrector. Optik, 1995, 99: 167-179.

[14] Rose H. Outline of a spherically corrected semiaplanatic medium-voltage transmission electron microscope. Optik, 1990, 85: 19-24.

[15] Leary R, Brydson R. Chromatic aberration correction: The next step in electron microscopy. Advances in Imaging and Electron Physics, 2011, 165: 73-130.

[16] Rose H. Outline of an ultracorrector compensating for all primary chromatic and geometrical aberrations of charged-particle lenses. Nuclear Instruments and Methods in Physics Research Section A: Accelerators, Spectrometers, Detectors and Associated Equipment, 2004, 519(1/2): 12-27.

[17] Haider M, Hartel P, Müller H, et al. Current and future aberration correction for the improvement of resolution in electron microscopy. Philosophical Transactions of the Royal Society of London Series A-Mathematical Physical and Engineering Sciences, 2009, 367(1903): 3665-3682.

[18] Egerton R F. Electron Energy-Loss Spectroscopy in The Electron Microscope. 3rd ed. Boston: Springer, 2011.

[19] Gubbens A, Barfels M, Trevor C, et al. The GIF Quantum, a next generation post-column imaging energy filter. Ultramicroscopy 2010, 110(8): 962-970.

[20] Krivanek O L, Lovejoy T C, Dellby N, et al. Vibrational spectroscopy in the electron microscope. Nature, 2014, 514(7521): 209-212.

[21] Lidbaum H, Rusz J, Liebig A, et al. Quantitative magnetic information from reciprocal space maps in transmission electron microscopy. Physical Review Letters, 2009, 102(3): 037201.

[22] https://www.gatan.com/techniques/spectrum-imaging[2023-7-1].

[23] Garratt-Reed A J, Bell D C. Energy-Dispersive X-Ray Analysis in The Electron Microscope. Oxford: Bios Scientific Publishers, 2003.

[24] https://www.thermofisher.cn/cn/zh/home/electron-microscopy/products/transmission-electron-microscopes/spectra-300-tem.html#media[2023-7-1].

[25] Zhang Y,Si W L,Jia Y L, et al. Controlling strain relaxation by interface design in highly lattice-mismatched heterostructure. Nano Letters, 2021, 21(16): 6867-6874.

[26] Xu K, Zhang L, Godfrey A, et al. Atomic-scale insights into quantum-order parameters in bismuth-doped iron garnet. Proceedings of the National Academy of Sciences of the United States of America, 2021, 118(20): e2101106118.

[27] Rose H. Phase contrast in scanning transmission electron microscopy. Optik, 1974, 39(4): 416-436.

[28] Dekkers N H, de Lang H. Differential phase contrast in a STEM. Optik, 1974, 41(4): 452-456.

[29] Rose H. Nonstandard imaging methods in electron microscopy. Ultramicroscopy, 1976, 2: 251-267.

[30] Cowley J M. Configured detectors for STEM imaging of thin specimens. Ultramicroscopy, 1993, 49(1-4): 4-13.

[31] Chapman J, Batson P, Waddell E, et al. The direct determination of magnetic domain wall profiles by differential phase contrast electron microscopy. Ultramicroscopy, 1978, 3: 203-214.

[32] Sannomiya T, Haga Y, Nakamura Y, et al. Observation of magnetic structures in Fe granular films by differential phase contrast scanning transmission electron microscopy. Journal of Applied Physics, 2004, 95(1): 214-218.

[33] Brownlie C, McVitie S, Chapman J N, et al. Lorentz microscopy studies of domain wall trap structures. Journal of Applied Physics, 2006, 100(3): 033902.

[34] Sandweg C W, Wiese N, McGrouther D, et al. Direct observation of domain wall structures in curved permalloy wires containing an antinotch. Journal of Applied Physics, 2008, 103(9): 093906.

[35] Shibata N, Kohno Y, Findlay S D, et al. New area detector for atomic-resolution scanning transmission electron microscopy. Journal of Electron Microscopy, 2010, 59(6): 473-479.

[36] Lohr M, Schregle R, Jetter M, et al. Differential phase contrast 2.0—Opening new "fields" for an established technique. Ultramicroscopy, 2012, 117: 7-14.

[37] Shibata N, Findlay S D, Kohno Y, et al. Differential phase-contrast microscopy at

atomic resolution. Nature Physics, 2012, 8: 611-615.

[38] Krajnak M, McGrouther D, Maneuski D, et al. Pixelated detectors and improved efficiency for magnetic imaging in STEM differential phase contrast. Ultramicroscopy, 2016, 165: 42-50.

[39] Matsumoto T, So Y G, Kohno Y, et al. Direct observation of Σ7 domain boundary core structure in magnetic skyrmion lattice. Science Advances, 2016, 2(2): e1501280.

[40] Brown H G, Shibata N, Sasaki H, et al. Measuring nanometre-scale electric fields in scanning transmission electron microscopy using segmented detectors. Ultramicroscopy, 2017, 182: 169-178.

[41] Close R, Chen Z, Shibata N, et al. Towards quantitative, atomic-resolution reconstruction of the electrostatic potential via differential phase contrast using electrons. Ultramicroscopy, 2015, 159: 124-137.

[42] Mawson T, Nakamura A, Petersen T C, et al. Suppressing dynamical diffraction artefacts in differential phase contrast scanning transmission electron microscopy of long-range electromagnetic fields via precession. Ultramicroscopy, 2020, 219: 113097.

[43] Müller K, Krause F F, Béché A, et al. Atomic electric fields revealed by a quantum mechanical approach to electron picodiffraction. Nature Communications, 2014, 5: 5653.

[44] Shibata N, Seki T, Sánchez-Santolino G, et al. Electric field imaging of single atoms. Nature Communications, 2017, 8: 15631.

[45] Bürger J, Riedl T, Lindner J K N. Influence of lens aberrations, specimen thickness and tilt on differential phase contrast STEM images. Ultramicroscopy, 2020, 219: 113118.

[46] Lazić I, Bosch E G T, Lazar S. Phase contrast STEM for thin samples: Integrated differential phase contrast. Ultramicroscopy, 2016, 160: 265-280.

[47] Cao M C, Han Y M, Chen Z, et al. Theory and practice of electron diffraction from single atoms and extended objects using an EMPAD. Microscopy (Oxf), 2018, 67(S1): i150-i161.

[48] de Graaf S, Momand J, Mitterbauer C, et al. Resolving hydrogen atoms at metal-metal hydride interfaces. Science Advances, 2020, 6(5): eaay4312.

[49] Shen B Y, Chen X, Cai D L, et al. Atomic spatial and temporal imaging of local structures and light elements inside zeolite frameworks. Advanced Materials, 2020, 32(4): 1906103.

[50] Shen B Y, Chen X, Wang H Q, et al. A single-molecule van der Waals compass. Nature, 2021, 592(7855): 541-544.

[51] Lazić I, Wirix M, Leidl M L, et al. Single-particle cryo-EM structures from iDPC-STEM at near-atomic resolution. Nature Methods, 2022, 19(9): 1126-1136.

[52] Cowley J M. Coherent interference effects in SIEM and CBED. Ultramicroscopy, 1981, 7(1): 19-26.

[53] Tao J, Niebieskikwiat D, Varela M, et al. Direct imaging of nanoscale phase separation in $La_{0.55}Ca_{0.45}MnO_3$: Relationship to colossal magnetoresistance. Physical Review

Letters, 2009, 103(9): 097202.

[54] Ophus C, Ercius P, Sarahan M, et al. Recording and using 4D-STEM datasets in materials science. Microscopy and Microanalysis, 2014, 20(S3): 62-63.

[55] Tate M W, Purohit P, Chamberlain D, et al. High dynamic range pixel array detector for scanning transmission electron microscopy. Microscopy and Microanalysis, 2016, 22(1): 237-249.

[56] Mir J A, Clough R, MacInnes R, et al. Characterisation of the Medipix3 detector for 60 and 80 keV electrons. Ultramicroscopy, 2017, 182: 44-53.

[57] Philipp H T, Tate M W, Shanks K S, et al. Very-high dynamic range, 10,000 frames/second pixel array detector for electron microscopy. Microscopy and Microanalysis, 2022, 28(2): 425-440.

[58] Panova O, Ophus C, Takacs C J, et al. Diffraction imaging of nanocrystalline structures in organic semiconductor molecular thin films. Nature Materials, 2019, 18(8): 860-865.

[59] Ozdol V B, Gammer C, Jin X G, et al. Strain mapping at nanometer resolution using advanced nano-beam electron diffraction. Applied Physics Letters, 2015, 106(25): 253107.

[60] Im S, Chen Z, Johnson J M, et al. Direct determination of structural heterogeneity in metallic glasses using four-dimensional scanning transmission electron microscopy. Ultramicroscopy, 2018, 195: 189-193.

[61] Kimoto K, Ishizuka K. Spatially resolved diffractometry with atomic-column resolution. Ultramicroscopy, 2011, 111(8): 1111-1116.

[62] Chen Z, Weyland M, Ercius P, et al. Practical aspects of diffractive imaging using an atomic-scale coherent electron probe. Ultramicroscopy, 2016, 169: 107-121.

[63] Pennycook T J, Lupini A R, Yang H, et al. Efficient phase contrast imaging in STEM using a pixelated detector. Part 1: Experimental demonstration at atomic resolution. Ultramicroscopy, 2015, 151: 160-167.

[64] Yang H, Rutte R N, Jones L, et al. Simultaneous atomic-resolution electron ptychography and Z-contrast imaging of light and heavy elements in complex nanostructures. Nature Communications, 2016, 7: 12532.

[65] Jiang Y, Chen Z, Han Y M, et al. Electron ptychography of 2D materials to deep sub-ångström resolution. Nature, 2018, 559(7714): 343-349.

[66] Ophus C. Four-dimensional scanning transmission electron microscopy (4D-STEM): From scanning nanodiffraction to ptychography and beyond. Microscopy and Microanalysis, 2019, 25(3): 563-582.

[67] Gammer C, Ozdol V B, Liebscher C H, et al. Diffraction contrast imaging using virtual apertures. Ultramicroscopy, 2015, 155: 1-10.

[68] Pekin T C, Gammer C, Ciston J, et al. Optimizing disk registration algorithms for nanobeam electron diffraction strain mapping. Ultramicroscopy, 2017, 176: 170-176.

[69] Han Y M, Nguyen K, Cao M, et al. Strain mapping of two-dimensional heterostructures with subpicometer precision. Nano Letters, 2018, 18(6): 3746-3751.

[70] Padgett E, Holtz M E, Cueva P, et al. The exit-wave power-cepstrum transform for scanning nanobeam electron diffraction: Robust strain mapping at subnanometer resolution and subpicometer precision. Ultramicroscopy, 2020, 214: 112994.

[71] Yuan R L, Zhang J, He L F, et al. Training artificial neural networks for precision orientation and strain mapping using 4D electron diffraction datasets. Ultramicroscopy, 2021, 231: 113256.

[72] Das S, Tang Y L, Hong Z J, et al. Observation of room-temperature polar skyrmions. Nature, 2019, 568(7752): 368-372.

[73] Hoppe W. Beugung im inhomogenen primärstrahlwellenfeld. I. Prinzip einer phasenmessung von elektronenbeungungsinterferenzen. Acta Crystallographica Section A, 1969, 25(4): 495-501.

[74] Rodenburg J M, Bates R H T. The theory of super-resolution electron microscopy via Wigner-distribution deconvolution. Philosophical Transactions of the Royal Society A: Mathematical, Physical and Engineering Sciences, 1992, 339(1655): 521-553.

[75] Maiden A M, Rodenburg J M. An improved ptychographical phase retrieval algorithm for diffractive imaging. Ultramicroscopy, 2009, 109(10): 1256-1262.

[76] Rodenburg J M, McCallum B C, Nellist P D. Experimental tests on double-resolution coherent imaging via STEM. Ultramicroscopy, 1993, 48(3): 304-314.

[77] Nellist P D, McCallum B C, Rodenburg J M. Resolution beyond the 'information limit' in transmission electron microscopy. Nature, 1995, 374(6523): 630-632.

[78] Yang H, MacLaren I, Jones L,et al. Electron ptychographic phase imaging of light elements in crystalline materials using Wigner distribution deconvolution. Ultramicroscopy, 2017, 180: 173-179.

[79] Yang H, Pennycook T J, Nellist P D. Efficient phase contrast imaging in STEM using a pixelated detector. Part II: Optimisation of imaging conditions. Ultramicroscopy, 2015, 151: 232-239.

[80] Pelz P M, Johnson I, Ophus C, et al., Real-time interactive 4D-STEM phase-contrast imaging from electron event representation data: Less computation with the right representation. IEEE Signal Processing Magazine, 2022, 39(1): 25-31.

[81] Rodenburg J M, Faulkner H M L. A phase retrieval algorithm for shifting illumination. Applied Physics Letters, 2004, 85(20): 4795-4797.

[82] Hüe F, Rodenburg J M, Maiden A M, et al. Wave-front phase retrieval in transmission electron microscopy via ptychography. Physical Review B, 2010, 82(12): 121415.

[83] Humphry M J, Kraus B, Hurst A C, et al. Ptychographic electron microscopy using high-angle dark-field scattering for sub-nanometre resolution imaging. Nature Communications, 2012, 3: 730.

[84] Song J M, Allen C S, Gao S, et al. Atomic resolution defocused electron ptychography at low dose with a fast, direct electron detector. Scientific Reports, 2019, 9(1): 3919.

[85] Chen Z, Odstrcil M, Jiang Y, et al. Mixed-state electron ptychography enables sub-angstrom resolution imaging with picometer precision at low dose. Nature Communi-

cations, 2020, 11(1): 2994.

[86] Zhou L Q, Song J D, Kim J S, et al. Low-dose phase retrieval of biological specimens using cryo-electron ptychography. Nature Communications, 2020, 11(1): 2773.

[87] Maiden A M, Humphry M J, Rodenburg J M. Ptychographic transmission microscopy in three dimensions using a multi-slice approach. Journal of the Optical Society of America A, 2012, 29(8): 1606-1614.

[88] Chen Z, Jiang Y, Shao Y T, et al. Electron ptychography achieves atomic-resolution limits set by lattice vibrations. Science, 2021, 372(6544): 826-831.

[89] Chen Z, Shao Y T, Jiang Y, et al. Three-dimensional imaging of single dopants inside crystals using multislice electron ptychography. Microscopy and Microanalysis, 2021, 27(S1): 2146-2148.

[90] Chen Z, Jiang Y, Shao Y T, et al. Lattice-vibration limited resolution, 3D depth sectioning and high dose-efficient imaging via multislice electron ptychography. Microscopy and Microanalysis, 2022, 28(S1): 376-378.

第 3 章 点阵序参量

3.1 晶体的对称性和周期性

晶体是由原子 (或离子、分子) 在空间整齐排列构成的物体物质。晶体结构的基本特征体现在具有对称性、周期性上。

3.1.1 晶体对称性

对称性是物理、化学、生物、矿物等自然科学的重要基础。对称是指一个物体 (或函数) 包含若干等同部分，能经过不改变其内部配置的 (对称) 操作所复原，这称为对称操作。对称操作据以进行的点、轴、(线) 和平面等几何元素称为对称元素。

晶体具有一定的对称性 (有时也体现在晶体的外形上)，可以用一组对称元素组成的对称元素群描述。这些群是对晶体进行分类的基础，有必要作简要的介绍。

晶体的理想外形表现出来的对称性称为宏观对称性，它和微观对称性一定是平行的。当晶体具有一个以上的对称元素的时候，这些对称元素要通过一个公共点。晶体和分子结构共有的对称性是点对称性，有 4 种对称元素和对称操作。

(1) 旋转轴——旋转操作。晶体的周期性只允许存在 1，2，3，4，6 等轴次的对称轴，国际符号记为 $n(n=1，2，3，4，6)$。

(2) 镜面——反映操作。国际符号记为 m。

(3) 对称中心——反演操作，又称反演中心。国际符号记为 $\bar{1}$。

(4) 反轴——旋转反演操作。国际符号记为 $\bar{n}$。

晶体中可能存在的各种对称元素,通过一个公共点按一切可能性组合起来,共有 32 种晶体学点群。

晶体学点群典型的分类的记号有不同体系的记号，本书用比较普遍的国际符号。

二维点群 10 种：

1，2，3，4，6，m，$2mm$，$3mm$，$4mm$，$6mm$。

三维点群 32 种，见表 3.1。

有一种熊夫利 (Schöenflies) 记号因为使用比较久远，也作一介绍。

大写字母的含义：

C——cyclic group, 旋转群；

表 3.1 32 种晶体学点群

序号	国际记号	熊夫利记号	对称元素	晶系
1	1	C_1	i	三斜
2	$\bar{1}$	C_i		
3	2	C_2	C_2	单斜
4	m	C_s		
5	$2/m$	C_{2h}	C_2, i	
6	222	D_2	$3C_2$	正交
7	$mm2$	C_{2v}	$C_2, 2$	
8	mmm	D_{2h}	$3C_2, 3, i$	
9	4	C_4	C_4	四角
10	$\bar{4}$	S_4	I_4	
11	$4/m$	C_{4h}	C_4, i	
12	422	D_4	$C_4, 4C_2$	
13	$4mm$	C_{4v}	$C_4, 4$	
14	$\bar{4}2m$	D_{2d}	$I_4, 2, 2C_2$	
15	$4/mmm$	D_{4h}	$C_4, 4C_2, i$	
16	3	C_3	C_3	三角
17	$\bar{3}$	C_{3i}	C_3, i	
18	32	D_3	$C_3, 3C_2$	
19	$3m$	C_{3v}	$C_3, 3$	
20	$\bar{3}m$	D_{3d}	$C_3, 3, 3C_2, i$	
21	6	C_6	C_6	六角
22	$\bar{6}$	C_{3h}	$I_6, C_3,$	
23	$6/m$	C_{6h}	C_6, i	
24	662	D_6	$C_6, 6C_2$	
25	$6mm$	C_{6v}	$C_6, 6$	
26	$\bar{6}m2$	D_{3h}	$I_6, 3C_2$	
27	$6/mmm$	D_{6h}	$C_6, 6C_2, i$	
28	23	T	$4C_3, 3C_2$	立方
29	$m\bar{3}$	T_h	$4C_3, 3C_2, i$	
30	432	O	$4C_3, 3C_4, 6C_2$	
31	$\bar{4}3m$	T_d	$4C_3, 3I_4, 6$	
32	$m\bar{3}m$	O_h	$4C_3, 3C_4, 6C_2, i$	

D——dihedral group, 双面群;

S——spiegel group, 反轴群;

T——tetrahedral group, 四面体群;

O——octahedral group, 八面体群;

I——旋转反演。

小写字母的含义:

n——主对称轴轴次;

i——inversion, 反演, 对称中心;

m——mirror, 镜面;

s——spiegel, 镜面;

v——vertical mirror plane, 通过主轴的镜面;

h——horizontal mirror plane, 与主轴垂直的水平镜面;

d——diagonal mirror plane, 等分两个副轴的交角的镜面。

在国际符号中,对称元素符号的顺序表示安放在不同的晶体学方向,见表 3.2。

表 3.2 点群国际符号的三个晶向

晶系	第一方向	第二方向	第三方向
立方	[100]	[111]	[110]
三方或六方	[0001]	[2$\bar{1}\bar{1}$0]	[10$\bar{1}$0]
四方	[001]	[100]	[110]
正交	[100]	[010]	[001]
单斜	[010]	—	—
三斜	任意方向	—	—

晶体结构还有周期性的特点,晶体内部的结构单元在空间平移周期重复。这使得晶体的对称性和分子的对称性有区别。

晶体的周期性使得晶体结构的对称性,在点对称的基础上增加了三类对称元素和对称操作。

(1) 点阵——平移操作。平行移动的操作是空间点阵的一个矢量,在国际符号中没有特指的记号。

(2) 螺旋轴——螺旋旋转操作。螺旋轴同样也受周期性的约束,只有 6 次, 4 次, 3 次, 2 次和 1 次螺旋轴。螺旋轴必定平行于空间点阵的一条周期为 t 的格点直线,每次旋转 $2\pi/n$ 角度后接着平移 τ 才能得到规律重复, $\tau = (p/n)t(p = 1, 2, \cdots, n-1)$ 称为螺旋轴的平移成分,或称为螺旋矢量,国际符号记为 $n_p(p = 1, 2, \cdots, n-1)$。

(3) 滑移面——反映滑移操作。对一个镜面实施反映后,平行镜面实行矢量为 τ 的平移操作,其中反映面称为滑移面,记为 g。如果将空间点阵的平移基矢记为 $\boldsymbol{a}$, $\boldsymbol{b}$, $\boldsymbol{c}$, 则 g 滑移面一般有以下五种:

(i) $\tau = \boldsymbol{a}/2$, 记为 $\boldsymbol{a}$;

(ii) $\tau = b/2$. 记为 b;

(iii) $\tau = c/2$，记为 c;

(iv) $\tau = (a+b)/2$，或 $(b+c)/2$，或 $(c+a)/2$，或 $(a+b+c)/2$，国际符号记为 n;

(v) $\tau = (a+b)/4$，或 $(b+c)/4$，或 $(c+a)/4$，或 $(a+b+c)/4$，国际符号记为 d。

考虑加入平移元素的晶体空间对称操作称为晶体学空间群，共 230 个空间群。

空间群的推导步骤较多，见有关文献 [1]。230 个空间群的对称操作、等效点系、衍射及投影的对称性等资料，在《国际晶体学表》中均一一列出 [2]。

3.1.2 晶体结构的周期性

构成晶体结构的粒子有原子、离子、分子，以及更大的原子集团。通常将这些粒子或集团看成是固定在其振动的平衡位置的一点。晶体结构就是这样的质点按一定几何规律排列而成的集合。这种集合的几何规律性，最基本的一条是周期性。在三维空间，可以将这些点的周期性按三个方向线列串起来，构成一个点阵，或称格子。空间点阵是晶体结构中原子排列周期性的一种几何图像。

从晶体结构中抽象出来的空间点阵，可以按许多方式划分成各种形状的三维格子，甚至有的格子它包含的不只是一个格点。为了显示出各种晶体结构中原子排列的规律性，特别是其对称性，就要规定一种选取方式，使得所选的单位格子足以唯一地表征每一种晶体结构在原子排列的特殊周期性和特殊的对称性。通常按下列 4 条准则选取格子 (点阵)。

(1) 单位格子要完全表明整个空间点阵所有的最高点群对称性和平移对称性;

(2) 在满足上述准则的基础上，所选的单位格子的三边要尽可能地相互相交成直角 (正交性);

(3) 在满足上述两条准则的基础上，单胞体积要尽可能地小;

(4) 在满足对称性和正交性的条件下，要尽可能地选取最短的平移矢量来构成单位格子 (单胞)。

1848 年，法国科学家布拉维 (Bravais) 推导出充分表明所有空间点阵对称性的格子，一共有 14 种，现称为布拉维点阵。图 3.1 给出 14 种布拉维点阵的构型。因为布拉维点阵必然具有反演中心与之相对应的点群 $\bar{1}$，如果还具有单向旋转轴 $n=2, 3, 4, 6$，则根据对称要素组合定理，这类布拉维点阵还要具有 n 个垂直于 n 次旋转轴的二次旋转轴和垂直于旋转轴的反映面，因而相应的点群分别是 $(2/m)$，$(2/m, 2/m, 2/m)$，$(4/m, 2/m, 2/m)$，$(3, 2/m)$，$(6/m, 2/m, 2/m)$。如果布拉维点阵还具有立方类点群的特征对称轴 (4) 和 (3)，那么由于又具有反演中心和垂直于三个 4 次旋转轴的 2 次旋转轴，则必然会组成点群 $(4/m, 3, 2/m)$。

上述三维空间点阵的对称最高的 7 种点群是晶体分类的主要依据。同属于一点群的晶体构成一个晶系,共有 7 个晶系。

在本书中,所有晶体结构的空间点阵均以布拉维单胞作为标准的单胞。单胞的 a, b, c 固定作为晶体结构单胞的基矢。标量 a, b, c(基矢的长度), α, β, γ (基矢的夹角) 作为标志每一个晶体物质的特征参数,所以单胞常数又称为晶体常数。

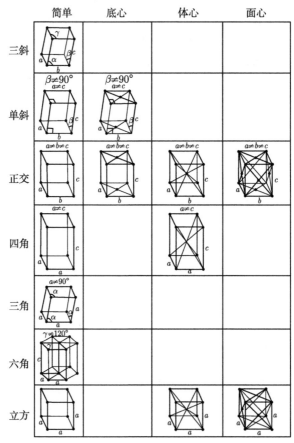

图 3.1   14 种布拉维点阵

3.1.3   晶体的母源结构与衍生结构

晶体的结构,一般会归属于一个晶系、一个点阵、一个对称群。以此为特征区别于其他的晶体。有时会树立一个典型,并称某晶体属于这一类型。这是分类中的 “求同”。另一方面,对于对称群不同而化学组成相同的各种晶体结构,它们在对称上可能存在母源和衍生的关系。在进行晶体结构分类时,有时会将这些对称关系不同(空间群不同),但种族相同的一些晶体结构按它们各自的辈分联系在一起,构成一组。

这是分类的 "联异"。每一个空间群可以从两个方面来构成：一是平移群记为 T；另一方面是晶体学点群，记为 p。于是可以得出母源群和衍生群的三种情况。

(1) 不改变空间群的平移群，而从原有的点群 p 中取出一部分，这样的构成的衍生群称为平移子群，最大的平移子群称为 t 子群。例如，由高温到低温的 β-α 石英的相变中，衍生结构的 α-空间群，$p3_12$ 或者是 3_22 就是母源结构的 β 石英的空间群 $P6_222$ 或者是 $P6_422$ 的子群。图 3.2(a) 和 (b) 分别是 α 石英和 β 石英晶体结构中，硅和氧的四面体中硅原子在 [001] 方向的投影图。图中小字分数分别表示不同高度的 Si 原子。α 和 β 石英两者具有相同的六角格子，但前者的点群为 32，后者的点群为 622。

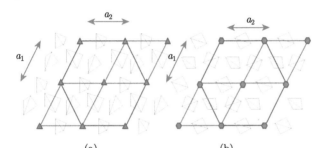

(a)   (b)

图 3.2 α 石英 (a) 和 β 石英 (b) 的 [001] 方向投影图

硅氧四面体示意性画出，硅在四面体中心；(a) 三次对称和 (b) 六次对称差别明显

(2) 不改变空间群的点群，而将原有的平移群体改为对称操作较低的平移群，这种构成的衍生群称为等晶类子群，最大等晶类子群称为 k 子群。例如高温 Cu_3Au(无序结构) 的 $Fm3m$ 经过有序化转变，变为低温的 $Pm3m$(有序结构)。无序结构中 Au 原子和 Cu 原子并不固定在一定的位置，同一位置上 Au 原子出现的概率是 25%。所以在无序结构中，Au 原子占有的概率或者 Cu 原子占有的概率都是等同的，如图 3.3(a) 所示。在低温有序结构中，Au 原子占据了立方晶胞的角顶位置，而 Cu 原子占据了面心位置，如图 3.3(b) 所示。

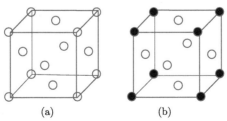

(a)   (b)

图 3.3 Cu_3Au 母体为无序结构，Cu 和 Au 原子随机占据面心立方点阵阵点位置

图 (a) 中空心圆代表无序占位的原子；有序转变后，Au 占角顶位置 (图 (b) 中实心圆点)，Cu 占面心位置；点群不变而平移群由面心立方变为简单立方

(3) 空间群中的平移群和点群都有改变，或者说，衍生结构的空间群是由母源结构的空间群缺失部分的旋转和平移而生成。这种情况会复杂一些，例如结晶的铌酸钠 ($NaNbO_3$)。$NaNbO_3$ 有多种变体，其中高温下 640℃ 是母源结构，属于钙钛矿 ($CaTiO_3$) 结构，泛指类型用 ABO_3 表示，它是立方结构 (图 3.4)。ABO_3 的结构图中，角顶是 Na 离子 (ABO_3 结构中 A 离子)，面心的氧离子构成八面体，体心是 Nb 离子 (ABO_3 结构中 B 离子)。相结构变化的源头是 B 离子的位移和氧八面体的倾斜，它们导致对称群以及点阵常数的改变。表 3.3 列出 $NaNbO_3$ 体系的 7 种相的存在温度范围、晶系、空间群、点阵常数，以及阳离子位移和氧八面体倾斜的情况。最简单的情况是高温的母相钙钛矿立方结构低温向三角相的转变，那是立方相沿体对角线 [111] 拉伸变成三角相如图 3.5 所示。

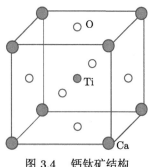

图 3.4   钙钛矿结构

表 3.3 $NaNbO_3$ 的 7 种相 [3]

温度/℃	相	晶系	空间群	点阵常数	位移	倾斜
	N	三角	$R3c$	$a+b, b+c, c+a$	3[111]	3 等同
−100				$a=b=c$		
	P	正交	$Pbcm$	$a+b, -a+b, 4c$	2[10$\bar{1}$]	2 等同
360						1 独立
	R	正交	$Pmmn$	$2a, 2b, 6c$	1[100]	3 独立
480						
	S	正交	$Pmmn$	$2a, 2b, 2c$	0	3 独立
520						
	T1	正交	$Cmcm$	$2a, 2b, 2c$	0	2 独立
575						
	T2	四方	$P4/mbm$	$a+b, -a+b, c$	0	1
640	母相立方		$Pm3m$	a, b, c	0	0

注：表中的温度数据、空间群符号，按照不同作者的报道有所差别，这里是引自文献 [3]。

3.1.4 晶体对称性和晶体的物理性质 [4]

晶体由于其点阵结构而呈现出均匀性、各向异性和对称性。晶体物理性质，通常是指晶体作为一个均匀的、各向异性的连续体所表现出来的宏观物理性质。晶体的物理性质用两个可测量的物理量之间的关系表述，例如电导率表达为电场和电流密度之间的关系。

晶体的宏观物理性质必然是该晶体的点群对称性的反映。诺依曼 (Neumann) 规则称，晶体物理性质的对称元素应当包含晶体的点群对称元素。也就是说，晶体物理性质的对称性可以高于晶体的点群对称性，但不能低于晶体的点群对称性，至少二者是一致的。例如，晶体的衍射效应中有晶面的布拉格反射，X 射线从晶面族的两侧的衍射具有相同的效应，因此，X 射线对晶体的衍射效应都呈现对称中心。这样，根据劳厄图无法区分晶体有无对称中心。在 32 种点群中有 11 种点群具有对称中心，称为劳厄群。对于电子衍射，在零阶劳厄带斑点电子衍射图中，就几何构型，也总会有对称中心。从强度而言，hkl 衍射斑点与 $\overline{hkl}$ 衍射斑点的强度相同，使得电子衍射图呈现二次对称性。会聚束电子衍射图可以更多地反映晶体的对称性，见 3.2.3 节的介绍。

晶体的宏观物理性质既有对称性，又可能有各向异性，用张量描述是很好的数学方法。如果物理量的数值与方向无关，如温度、密度，则是标量，或称零阶张量；如果物理量有方向性，如力、电场强度、温度梯度，则是矢量，一阶张量；物理量中的高阶张量，它的每一个分量将与两个或三个以上的方向有关。我们用电导率说明。在均匀导体中，电流密度 J 与电场强度 E 方向相同，大小成正比：

$$J = \sigma E$$

这里电导率 σ 是标量。

对于各向异性的晶体，J 与 E 不一定有相同的方向：

$$J_i = \sum_{j=1} \sigma_{ij} E_j \quad (i = 1, 2, 3; j = 1, 2, 3)$$

这里 σ_{ij} 称为电导率张量，为一个二阶张量。物理性质还有需要更高阶张量表示的，后面将要述及。

张量和对称中心的关系如下所述。对称中心的变换矩阵为

$$a_{ij} = \begin{pmatrix} -1 & 0 & 0 \\ 0 & -1 & 0 \\ 0 & 0 & -1 \end{pmatrix}$$

一个矢量的物理量经过对称中心变换：

$$
\begin{pmatrix} P'_1 \\ P'_2 \\ P'_3 \end{pmatrix} = \begin{pmatrix} -1 & 0 & 0 \\ 0 & -1 & 0 \\ 0 & 0 & -1 \end{pmatrix} \begin{pmatrix} P_1 \\ P_2 \\ P_3 \end{pmatrix}
$$

其中，$P'_i = a_{ij} P_i$。

结果 P'_i 的三个分量是 $(-P_1, -P_2, -P_3)$。这只有在 P、P' 的分量全为零时才会发生，而这样的物理量没有意义。所以具有对称中心的晶体不存在由一阶张量所描述的物理性质。进一步的运算可以得到结论：凡具有对称中心的晶体，都不存在由奇阶张量所描述的物理性质，但对于偶阶张量则不施加额外影响。所以，中心对称晶体不具备由奇数阶张量描述的性质。例如，不具备热电性、压电性等。换言之，可以用这些性质来快速检验某晶体有无中心对称性。同时也要看到，诺依曼规则指出，晶体性质满足"物理性质的对称群必须包含晶体点群的所有对称素"，但没有强制地要求其存在。它是必要而非充分条件。

还要考虑其他对称要素的影响。各对称要素对各阶张量具有不同的影响，而且一个点群可能具有多个对称要素，这就需要逐一来考查其影响。例如热释电晶体的对称特点。晶体当温度变化产生极化现象，称为热释电效应；或者原来存在自发极化，在温度变化时极化强度也发生变化，$\Delta P_i = \mathrm{d} P_i / \mathrm{d} T$。

具有这些效应的 $\mathrm{d} P_i / \mathrm{d} T$ 称为热释电系数，是一阶张量 (矢量)。

已经知道，在 32 种点群中一共有 11 类点群具有中心反演对称性，因此不具有热释电效应。对于其余 21 种非中心对称晶体，也只有存在特殊的单向极化轴方向时才能具有热释电效应。所谓单向极轴是指轴的两端不能通过该晶体的任何宏观对称要素的对称操作而相互重合。在 21 种不具有中心对称的点群中，有 10 种特殊的点群还含有单一对称轴，晶体可能会产生自发极化性质。这 10 种点群分别为 1，2，m，$mm2$，4，$4mm$，3，$3m$，6 和 $6mm$。已有文献推导出所有对称操作对各阶张量的影响情况 [5]。

由于这 10 种特殊的具有单一对称轴的非中心对称点群与本书其他章节所论述的压电和铁电等物理效应相关，且与晶格的序参量之间存在紧密的内在联系，因此在下面 3.1.5 节将进一步展开讨论。

3.1.5　铁电性晶体的对称性

如前所述，在 32 种点群中有 10 种点群具有非中心对称和单一对称轴的性质，晶体可能会产生自发极化，这是铁电性产生的必要条件。一直以来，具有铁电性的晶体是凝聚态物理的重要研究对象。一方面，铁电体通常会发生结构相变，晶体的对称性在相变过程中随着系统内部有序化程度的改变而发生变化，例如晶格有序化程度的提高对应着晶格对称性的降低。因此，铁电晶体是最早用于研究晶体对称性及序参量的经典模型体系之一，其中包含着深刻的物理内涵，为非中心对称晶体的研究奠定了重要基础。另一方面，由于铁电体具有铁电自发极化，且自发极化可以在外加电场作用下发生翻转的独特性质，因此可以通过人为调控铁电极化的空间排布衍生出许多丰富的人工调控的物理现象，如拓扑铁电畴结构和负电容性质等。

本节将简要介绍铁电体的基本性质，着重从宏观和微观两个角度分别介绍铁电体中的序参量以及铁电相变过程中晶体的对称性变化，最后进一步从铁电体延伸至反铁电体和氧八面体倾转等基本内容。

1. 铁电非中心对称性质的宏观理论

人们对于铁电的认识，最早是在 1912 年由德拜 (P. Debye) 提出，并用于解释部分分子所带有的固定电偶极矩现象 [6,7]。同年，薛定谔尝试将德拜的理论进一步拓展到固体，并正式提出了 "铁电"(ferroelectric, *ferroelektrisch*) 一词。而直到 1920 年法国人 J. Valasek 报道了罗谢尔盐的自发极化以及电滞回线现象 [8]，才真正奠定了铁电研究的基础。如今经过百余年的发展，人们对于晶体中铁电性质的起源已经有了十分深刻的认识，分别从宏观和微观的角度发展出不同的理论以解释铁电性以及铁电相变现象。

从宏观上来说，基于诺依曼原理可以证明，对于连续相变，非中心对称的铁电相所对应的对称群必然是中心对称的顺电相 (原型相) 所对应的对称群的一个子群。除了满足子群–母群关系外，铁电相和顺电相之间还可以用一个物理量 (如极化矢量) 对晶体的对称性和系统的有序化特征进行定量或半定量的描述。一般而言，极化矢量在中心对称的顺电相中等于零，而在非中心对称的铁电相中不等于零，有序化程度的升高对应着对称性的降低。对于铁电体和铁电相变，反映晶体主要特征的序参量为宏观铁电极化。更深入的理论推导感兴趣的读者可参见钟维烈著《铁电体物理学》一书 [9]。

由高对称性顺电相晶体的对称群和铁电极化的对称群，便可以完备地给出连续铁电相变后所产生的非中心对称铁电相的对称群。表 3.4 概括了 32 种晶体点群发生顺电–铁电相变后所可能形成的点群，所有实际发生的顺电–铁电相变都可以从表中找到。例如原型相为中心对称的 $m\bar{3}m$ 点群的立方体，假设其铁电自发极化为沿着立方体 [100] 方向的一个极化矢量 (对称群为 ∞mm)，那么非中心对称铁电相的点群可由这两者唯一确定为 $4mm$。

表 3.4　铁电自发极化对应对称性变化

顺电相点群	铁电极化方向及铁电相点群						
	[100]	[111]	[110]	[hk0]	[hkk]	[hhl]	[hkl]
$m\bar{3}m$	4mm	3m	mm2	m	m	m	1
432	4	3	2	—	—	—	1
$\bar{4}3m$	mm2	3m	—	—	—	m	1
$m3$	mm2	3	—	m	—	—	1
23	2	3	—	—	—	—	1
	[001]	[100]	[110]	[hk0]	[h0l]	[hhl]	[hkl]
4/mmm	4mm	mm2	mm2	m	m	m	1
4mm	—	—	—	—	m	m	1
4/m	4	—	—	m	—	—	1
422	4	2	2	—	—	—	1
4	—	—	—	—	—	—	1
$\bar{4}2m$	mm2	2	—	—	—	m	1
$\bar{4}$	2	—	—	—	—	—	1
	[001]	[010]	[100]	[hk0]	[h0l]	[0kl]	[hkl]
mmm	mm2	mm2	mm2	m	m	m	1
mm2	—	—	—	—	m	m	1
222	2	2	2	—	—	—	1
2/m	m	2	m	1	m	1	1
	[001]	[010]	[100]	[hk0]	[h0l]	[0kl]	[hkl]
m	—	—	—	—	—	—	1
2	—	—	—	—	—	—	1
$\bar{1}$	—	—	—	—	—	—	1
	[0001]	$[11\bar{2}0]$	$[10\bar{1}0]$	[hki0]	$[h\bar{h}2hl]$	$[h0\bar{h}l]$	[hkil]
6/mmm	6mm	mm2	mm2	m	m	m	1
6mm	—	—	—	—	m	m	1
6/m	6	—	—	m	—	—	1
622	6	2	2	—	—	—	1
6	—	—	—	—	—	—	1
$\bar{6}m2$	3m	mm2	—	m	m	—	1
$\bar{6}$	3	—	m	m	—	—	1
$\bar{3}m$	3m	2	—	—	—	m	1
$\bar{3}$	3	—	—	—	—	—	1
3m	—	—	—	—	—	m	1
32	3	2	—	—	—	—	1
3	—	—	—	—	—	—	1

　　上述方法同样可以应用于顺电–铁电连续相变过程中空间群对称性变化的研究。例如典型的铁电体 $LiTaO_3$，其顺电相空间群为 $R\bar{3}c$，在 873 K 以下经过二级铁电相变转变为沿着 [0001] 方向自发极化的铁电相，空间群可以通过高对称性

顺电相空间群和序参量对称群唯一确定为 $R3c$。

需要特别指出的是，上述结论仅对连续相变或二级相变成立。对于一级相变，低对称性相所对应的对称群并不一定是高对称性相所对应的对称群的子群。尤其是存在多个铁电–铁电相变的晶体体系，往往铁电–铁电相变中一个铁电相的对称群就并不是另外一个铁电相对称群的子群。其中最典型的例子为具有钙钛矿结构的 $BaTiO_3$，其高对称性的顺电原型相点群为 $m\bar{3}m$，结构如图 3.5 所示，其中 A 位的 Ba 原子位于 8 个立方顶点位置，B 位的 Ti 原子位于立方体心位置，O 原子位于 6 个立方面的面心位置，B 位阳离子和 O 原子共同构成了一个氧八面体。$BaTiO_3$ 具有三个相变过程：在温度约为 393 K 时发生顺电–铁电相变，铁电自发极化方向沿着任意一个等价的 [100] 方向 (立方的四重轴)，点群为四方的 $4mm$(值得注意的是，尽管 $4mm$ 是 $m\bar{3}m$ 的子群，但 $BaTiO_3$ 的顺电–铁电相变实际上并不是一个连续二级相变，而是一个一级相变)。在 278 K 时四方 $BaTiO_3$ 发生第二个相变转变为正交相结构，该相变为铁电–铁电一级相变过程，铁电自发极化方向可以认为是立方结构下等价的 [110] 方向 (立方的二重轴)，点群为正交的 $mm2$，但低对称相的 $mm2$ 并不是高对称性四方铁电相 $4mm$ 的子群。由表 3.4 也可以得到相同结论。在 183~203 K 温度范围，$BaTiO_3$ 经历第三个相变，该相变同样属于铁电–铁电一级相变，铁电自发极化方向可以认为是立方结构下等价的 [111] 方向 (立方的三重轴)，点群为三角的 $3m$。低对称相的 $3m$ 同样并不是高对称相 $mm2$ 的一个子群。但点群 $mm2$ 和 $3m$ 均为立方顺电原型相点群 $m\bar{3}m$ 的子群，且可以类似于 $4mm$ 对称群，通过原型相点群和序参量对称群 (自发极化的对称群) 所唯一确定 (表 3.4)。因此对于晶体可能的铁电相点群和对称性，可从具有最高对称性的顺电相点群出发并结合序参量的对称性开展研究。此时序参量 (自发极化) 不仅适用于描述连续相变过程中晶体对称性和有序度的改变，同时还可以拓展并应用于一级相变的情况。

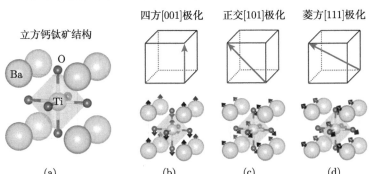

图 3.5 钙钛矿结构 $BaTiO_3$ 的高对称性立方顺电相结构 (a) 及其四方 (b)、正交 (c) 及菱方 (d) 铁电相

图中所示分别对应于不同铁电相中的宏观铁电自发极化方向以及微观的原子相对位移

在实际的铁电相变过程中，除了发生铁电自发极化性质的转变外，同时还可能伴随着其他宏观性质的改变，例如在铁电相变中常伴随有铁弹自发应变的产生。这些在相变过程中产生变化的宏观性质往往与自发极化之间存在着相互耦合，并且也能够在一定程度上反映晶体的对称性和有序度，因此这些宏观性质同样可以作为一种参量加以研究。为了以示区分，一般把这些宏观性质称为次级自发极化，而把铁电自发极化称为初级自发极化。初级自发极化与次级自发极化的最主要区别在于初级自发极化完全反映了相变过程中体系对称性的变化，而次级自发极化通常不能完全描述系统对称性的改变。

同样以 BaTiO$_3$ 为例，在 BaTiO$_3$ 发生顺电–铁电相变的同时产生晶格常数的自发改变，晶格沿着自发极化的方向拉长，沿垂直于自发极化的其余两个方向产生收缩。假设自发极化方向为立方顺电相的 [001] 方向，则为 c 轴拉长，a、b 轴缩短。次级自发极化为自发应变，对称群为 ∞/mmm。若只考虑自发应变导致的晶体对称性改变，则低对称性铁电相的点群为中心对称的 $4/mmm$，而非真实的非中心对称 $4mm$ 对称群。这是因为次级自发极化 (晶格应变) 仍保留了镜面对称元素，无法完全反映晶体在自发极化方向上对称性的破坏。

在一些特定材料体系中，铁电自发极化并不是相变的主要驱动力，而只是作为与其他物理性质 (如晶格畸变、电荷有序等) 相互耦合而产生的 "次级" 效应，这种以自发极化作为次级自发极化的相变也称为非本征 (improper) 铁电相变。其中比较典型的例子为六方 YMnO$_3$，它的顺电原型相空间群为 $P6_3/mmc$，铁电相的空间群为 $P6_3cm$[10]。YMnO$_3$ 的铁电相变是由 Y 原子和 O 原子的晶格畸变所主导，初级自发极化为晶格畸变，在晶格畸变的诱导下产生次级自发极化铁电自发极化。如果将铁电自发极化作为初级自发极化，对应的铁电相对称群应为 $P6_3mc$，这与实验和理论计算结果不符 [10]。

2. 铁电非中心对称性质的微观理论

前文主要从自发极化和晶体宏观对称性的角度讨论了铁电性与铁电相变。除了对称性外，并不涉及实际晶体的具体原子结构以及自发极化的具体形式等微观属性与特征。这里则将从晶体的微观原子结构角度出发，对铁电性和铁电体自发极化的微观理论作进一步的介绍。

在微观的晶体原子结构层面上，可以简单地认为晶体的铁电性质是晶体中正负离子之间的相对位移所产生的净电偶极矩的结果。如图 3.5 所示 BaTiO$_3$ 铁电四方相结构，其中体心钛原子和周围面心六个氧原子所构成的氧八面体产生了畸变和非对称的偏心位移，钛原子沿着立方顺电相下等价的 [001] 方向相对于氧八面体的中心位移了 0.13 Å，因此带正电荷的钛原子和带负电荷的氧原子的电荷中心不重合，沿 [001] 方向产生净电偶极矩。微观上每个单胞的净电偶极矩最终构成了整体宏观的铁电自发极化。宏观铁电自发极化在外加电场下的翻转则可以直观地解释为微观原子尺度上正负离子在电场作用下相对位置的改变及翻转。因此，表征系统对称性和整体有序度的宏观铁电自发极化可以认为是晶体所有单胞的净电偶极矩 (微观铁电极化) 的系综集合。

根据晶体中正负离子之间相对位移的具体形式，可以将铁电体划分为所谓的位移型铁电体和所谓的有序–无序型铁电体，具有这两种不同结构特征晶体的顺电–铁电相变分别被称为位移型铁电相变和有序–无序型铁电相变。

下面以 $BaTiO_3$ 为例，说明位移型铁电体的主要微观结构特征及其唯象的顺电–铁电相变过程。在高温的顺电原型相结构下，$BaTiO_3$ 中有一支位于布里渊区中心 (也即长波极限) 的横波光学模表现为特殊的软化行为：光学模的频率显著依赖于温度，且随着温度的降低而降低。该独特的横波光学模也称为 "软模"。除了软化行为特征外，软模振动模式还具有非中心对称特征。对于 $BaTiO_3$，软模的振动模式由顶点的钡原子、中心的钛原子和周围的氧八面体的相对运动所组成，带正电的钡原子和钛原子同向运动，带负电的氧原子沿反向运动，这样的振动模式形成一个动态的电偶极矩 (图 3.5)。这样的原子相对运动在高温顺电相下是动态稳定的，且瞬态的中心反演对称性破缺，但平均结构仍然保持中心反演对称性，不具有铁电自发极化性质。只有当温度降低到使软模频率软化为零时，软模所对应的原子相对位移才无法恢复 (或原子回复到平衡位置所需时间为无穷大)，从而发生顺电–铁电相变，形成 "冻结" 的电偶极矩和长程的宏观铁电自发极化。位移型铁电体的相变主要来源于软模 "冻结" 所形成的静态原子位移。同时还可以根据软模振动位移的对称性，结合顺电相的对称群直接给出铁电相的对称群。这点微观理论与宏观理论的处理方法是基本一致的。

在实验上，通过拉曼光谱以及非弹性中子散射等手段相继证实了 $BaTiO_3$、$KNbO_3$ 和 $PbTiO_3$ 这些体系在顺电–铁电相变过程中的软模现象。但要指出的是，尽管理论上原子位移只有在软模频率等于零的时候才会被完全 "冻结"，但在一级相变的体系中，顺电–铁电相变温度与软模频率变为零的温度并不一致，也即相变时软模并没有完全软化，并突然产生了静态的原子位移。除此之外，在部分体系 (如 $SrTiO_3$ 和 $KTaO_3$) 中尽管存在软模，但是却不存在顺电–铁电相变，直至绝对零度时仍然保持为顺电相，具有这类特征的晶体材料有时也称为 "先兆铁电体"(incipient ferroelectrics)。

近二十年来随着像差校正电子显微镜的发展，使得 "冻结" 软模和原子相对位移的直观成像成为可能。这里以测定钛锡酸钡 (Ba(Sn$_{0.2}$Ti$_{0.8}$)O$_3$) 晶体中阳离子位移为例。Ba(Sn$_{0.2}$Ti$_{0.8}$)O$_3$ 同属钙钛矿结构，Sn、Ti 混合占据 B 位，即氧八面体中心位置。图 3.6(a) 的高分辨环形暗场像 (HAADF) 显示出 A 位、B 位重原子位置。图 3.6(b) 的局部放大像中，箭头表示每个单胞内 B 位离子位移，其中箭头方向代表了极化位移的方向，箭头的长度代表了极化位移的模长 [11]。

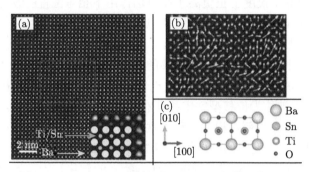

图 3.6　Ba(Sn$_{0.2}$Ti$_{0.8}$)O$_3$ 的 HAADF 图像和位移图

(a) HAADF 图像，右下角为局部放大图，各原子柱已标示成对应原子；(b) 图 (a) 中红框中放大后的图像，箭
头表示每个单胞内 B 位离子位移，其中箭头方向代表了极化位移的方向，箭头的长度代表了极化位移的模长；
(c) 顺电相 Ba(Sn$_{0.2}$Ti$_{0.8}$)O$_3$ 原子结构模型图，并与图 (a) 右下角标示相对应；图片源自参考文献 [11]

　　有序–无序型铁电体和有序–无序型铁电相变是另外一种常见的铁电体微观模型与机制，这类铁电体通常是典型的含有序化结构单元及氢键的晶体，如 KH$_2$PO$_4$ (KDP)、RbH$_2$PO$_4$ 和 KH$_2$AsO$_4$ 等，其中结构及机制研究比较深入的是 KH$_2$PO$_4$ 铁电体。

　　KDP 的晶体结构如图 3.7 所示，其中磷原子与氧原子形成了四面体结构，每个 PO$_4$ 四面体结构单元与周围的 PO$_4$ 四面体结构单元以氢键相联系。由于强的氢键作用，氢原子并不是占据周围两个氧原子成键 (或氢键) 的中心位置，而是在氢键上形成非中心对称的氧–氢–氧排布。若只考虑周围氧原子的对称性，则这样的氧–氢–氧排布有两种方式，对应于氢原子有两个平衡位置，相互间距约为 0.5 Å。KDP 晶体的铁电性质由氢原子在平衡位置上的有序–无序排布所决定。顺电相 KDP 晶体为四方结构，点群为 $\bar{4}2m$(空间群 $I\bar{4}2d$)，其中每个氢键上的氢原子是无序的，在两个等价的平衡位置之间来回跃迁，整体表现为对称的氧–氢–氧平均排布，每个 PO$_4$ 四面体基团周围的静电相互作用平衡。

　　在铁电相中，KDP 晶体氢键上的氢原子无法在等价的平衡位置之间做来回跃迁运动，而是被 "冻结" 于其中一个平衡位置。当 "上方" 两个氢原子靠近 PO$_4$ 四面体基团时，"下方" 两个氢原子将远离 PO$_4$ 四面体基团。这种有序化打乱了晶体的平均对称性并导致 PO$_4$ 四面体基团附近的净静电相互作用。在该静电相互作用影响下，钾和磷原子沿着 c 轴方向产生静态位移和净电偶极矩，并形成自发铁电极化。在该顺电–铁电相变过程中，四重旋转反演轴对称性被氢原子的有序化所破坏，晶体点群由 $\bar{4}2m$ 变为 $mm2$。在实验上，这种相变过程中原子的有序–无

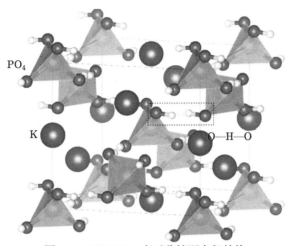

图 3.7 KH_2PO_4 高对称性顺电相结构

其中 PO_4 基团上的氧原子与周围 PO_4 基团的氧原子以氢键键合, 氢原子以随机无序的形式分布于两个氧原子之间的平衡位置

序转变过程由 X 射线衍射和中子衍射等手段予以证实。

有序–无序型铁电相变主要来源于其中原子占据位置的有序化,因此通常选取原子的占据位置和占据百分比 (也称为赝自旋) 作为体系的参量来考察晶体的性质。在原子占据位置为无序时, 赝自旋参量等于 0; 原子有序占据时, 赝自旋参量不等于 0。类似于位移型铁电体, 也可以根据原子有序–无序占据的对称性, 结合顺电相的对称群以给出铁电相的对称群。

位移型铁电相变模型和有序–无序型铁电相变模型都是高度理想化的物理模型, 它们分别描述了两种截然不同的物理过程。而实际观测到的许多铁电晶体往往兼具这两者的特征, 例如, 通常被认为是典型的位移型铁电相变的 $BaTiO_3$ 晶体, 而更深入的研究表明, 它的铁电相变也具有明显的有序–无序特征 [12]。实验表明, $BaTiO_3$ 晶体中的钛原子在氧八面体中有八个沿立方体心 $\langle 111 \rangle$ 方向分布的等价平衡位置, 在立方顺电相结构下钛原子随机占据这八个平衡位置的其中之一, 并可以在这八个等价平衡位置之间来回跃迁, 因此晶体整体表现为平均的高对称性立方结构。在立方到四方的顺电–铁电相变过程中, 一方面钛原子会在八个等价的位置之间随机来回跃迁形成动态无序; 另一方面, 随着软模的逐渐 “冻结”, 钛–氧八面体趋向于沿着 $\langle 100 \rangle$ 晶向产生静态铁电极化位移, 具有位移型铁电相变的特点。当软模和铁电极化位移彻底冻结后, 钛原子的等价平衡位置由八个缩减为四个 (这四个等价位置形成的面垂直于铁电极化方向, 且四个等价位置沿铁电极化方向的位移分量与铁电极化方向相同), 并在这四个平衡等价位置之间形成动态无序。在这类兼具位移型与有序–无序型特征的铁电晶体中, 描述其性质的有关参量不再是单一的软模或赝自旋，而必须同时考虑这两者的影响，具体对称性的变化将按照位移型相变和有序–无序型相变共同进行处理。

3. 反铁电相变及反铁电体

在铁电体这个大家族中存在着一类称为反铁电体的特殊晶体。这类晶体在弱电场中性质类似于普通的介电体，晶体不存在自发极化，极化与电场之间呈线性关系。而在强电场作用下，反铁电体会发生向铁电态的转变，极化–电场曲线表现为经典的铁电电滞回线。反铁电体这种独特的性质主要来源于其中方向相反、大小相互抵消的电偶极矩，在弱电场下，与外加电场同向的电偶极矩被增强，与外电场相反方向的电偶极矩减弱。在强电场作用下，与外电场方向相反的电偶极矩彻底翻转，因此极化–电场曲线表现出类似于铁电体的电滞回线行为。

反铁电体同样也具有顺电–反铁电相变。但不同于顺电–铁电相变，在反铁电体的高对称性顺电原型相中的相邻单胞出现了方向相反的偶极矩，因此反铁电相单胞的体积是顺电相单胞的倍数。顺电–反铁电相变同样也可以用另一种参量进行描述，通常选取的参量为反向极化，也可以把晶体看成两个由铁电自发极化参量描述的亚晶格的集合。

反铁电相的对称群同样由序参量的对称群和高对称性顺电相的对称群共同确定。反铁电体的反向极化是一对取向相反的极性矢量，对称群为 ∞/mmm。显然，∞/mmm 与极性矢量 ∞mm 的主要区别在于前者有对称中心。因此如果初始顺电相具有对称中心，且反向极化方向与具有对称中心的轴重合，那么发生反铁电相变之后反铁电相也仍保持有对称中心。例如顺电相点群为 $m\bar{3}m$ 的立方结构，假设其反铁电极化方向为晶体的 [100] 方向，那么其反铁电相点群为 $m\bar{3}m$ 与 ∞/mmm 的交截群 $4/mmm$，这仍然是一个具有中心反演对称的点群。类似地，沿着立方 [111] 方向的反铁电极化所产生的反铁电相点群为 $\bar{3}m$，这同样也是一个中心对称的点群。可以具有中心反演对称性是反铁电体与铁电体之间最大的区别。表 3.5 总结了由立方晶体反铁电自发极化引起的对称性变化。

表 3.5　立方晶体反铁电自发极化对应的对称性变化

顺电相点群	反铁电极化方向及反铁电相点群						
	[100]	[111]	[110]	$[hk0]$	$[hkk]$	$[hhl]$	$[hkl]$
$m\bar{3}m$	$4/mmm$	$\bar{3}m$	mmm	$2/m$	$2/m$	$2/m$	$\bar{1}$
432	422	32	222	2	2	2	—
$\bar{4}3m$	$\bar{4}2m$	—	$mm2$	2	—	—	—
$m3$	mmm	$\bar{3}$	$2/m$	$2/m$	$\bar{1}$	$\bar{1}$	$\bar{1}$
23	222	—	2	2	—	—	—

尽管反铁电体可以具有中心反演对称性这一点区别截然不同于铁电体，然则从微观的角度来说，反铁电性质与铁电性质之间又存在着密不可分的关联，部分

反铁电体的顺电–反铁电相变机制可以从位移型铁电相变微观机制直接衍生得到。反铁电体中近邻单胞的反向极化可认为是由布里渊区边界软模声子 "冻结" 的原子静态位移而产生的。典型的位移型反铁电体为具有钙钛矿结构的 $PbZrO_3$, 它在温度高于 503 K 时为立方结构, 在低于 503 K 时变为单胞参数近似等于 $\sqrt{2}a_0$, $\sqrt{2}a_0$ 和 $2a_0$ 的正交结构, 空间群为 $Pbam$, 其中 a_0 为立方单胞的晶格常数。在 $PbZrO_3$ 反铁电相中, 反铁电极化沿着 a 轴方向, 原子之间反平行位移约 0.2 Å。$PbZrO_3$ 的反铁电相变起源于布里渊区 Σ 点 (1/4,1/4,0) 和 R 点 (1/2,1/2,1/2) 的同时软化, 其中 Σ 点软模 "冻结" 产生铅原子的反向相对位移, R 点软模 "冻结" 形成氧八面体的扭转 [13], 如图 3.8 所示。

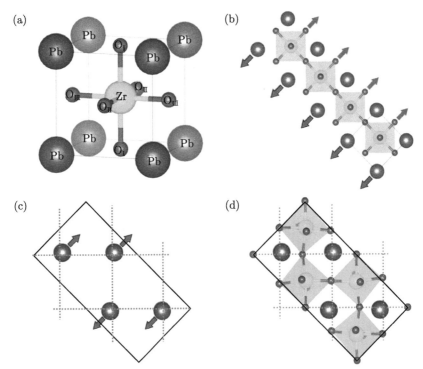

图 3.8　(a) $PbZrO_3$ 晶体高对称性立方顺电相结构; (b) 常见的铁电位移极化模式; (c) $PbZrO_3$ 中布里渊区 Σ 点软模所对应的铅原子反铁电位移; (d) $PbZrO_3$ 中布里渊区 R 点软模所对应的氧八面体的扭转

　　另外一部分反铁电体的机制则类似于有序–无序型铁电体, 例如磷酸二氢铵 $NH_4H_2PO_4$(ADP), 其中反向极化来自于氢键的有序化, 反铁电相的理想晶胞由顺电相的四个晶胞构成, 具体结构本书不予以赘述, 感兴趣的读者可参见苏伏洛夫 (L. A. Shuvalov) 所著的《晶体的物理性质》一书的 3.5.5 节 [4]。

4. 氧八面体倾转

最近几年人们意识到, 钙钛矿型结构中的氧八面体行为也能作为一种晶体内部的自由度来调节材料物理性质。如图 3.9 所示, 钙钛矿结构中氧八面体畸变形式包括: ①氧八面体的变形, 其主要由扬–特勒 (Jahn-Teller) 效应导致氧八面体的拉伸或者收缩, 它是导致一些氧化物发生金属–绝缘体转变的重要原因; ② 氧八面体中心阳离子的位移, 体现为 B 位离子偏离氧八面体的中心, 这种畸变会导致铁电性或者反铁电性; ③ 氧八面体倾转, 它与钙钛矿结构的容忍因子有关, 对其对称性起着决定性的作用, 并且会引起材料中铁电性、导电性、磁性等多种性质的变化。这里主要介绍第三种氧八面体畸变形式。

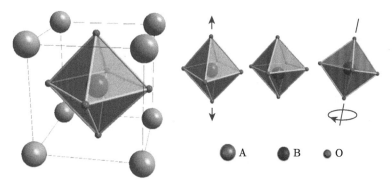

图 3.9   钙钛矿结构中的氧八面体及其三种畸变形式

一般用于描述氧八面体倾转方式的是 Glazer 符号, 它最早见于 Glazer 发表在 1972 年的论文中, 当时被用于对钙钛矿结构进行分类 [14]。Glazer 符号记为 $a^i b^j c^k$, 其中 a、b 和 c 分别表示沿着 (赝) 立方晶胞的三个轴 [100]、[010] 和 [001] 的氧八面体倾转。如果倾转的角度一样, 一般会用相同的字母表示。上标 i、j 和 k 一般取 +、− 或 0, 分别表示沿着相应的轴前后相邻八面体的倾转是同方向 (+, 同相)、相反方向 (−, 反相) 或者是没有倾转 (0)。例如, $BiFeO_3$ 中的 $a^- a^- a^-$ 表示沿着三个等价的 ⟨100⟩ 晶轴方向的氧八面体反相旋转角度是一样的, 这样也决定了 $BiFeO_3$ 的菱方对称性。这一套符号标记方法因为可以非常简洁地表达氧八面体的旋转方式, 在研究中受到了广泛应用。表 3.6 总结了不同的氧八面体的倾转方式与钙钛矿结构的对称性的变化关系 [15]。

受益于球差透射电子显微镜技术的进步, 特别是负球差成像技术和环形明场成像技术的发展, 氧位置可以很容易地以高分辨率图像提取。因此, 借助球差电镜技术能够直接表征 BO_6 八面体在原子尺度上的变化, 并探求其与性能之间的关系。朱静课题组利用球差电子显微技术和第一性原理计算相结合的方法, 对钙钛矿薄膜材料的界面氧八面体结构做了深入研究, 以 $GdScO_3/SrTiO_3(GSO/STO)$

表 3.6 氧八面体倾转与对称性的对应关系

倾转轴数目	倾转的 Glazer 表达式	空间群
3	$a^+a^+a^+$	$Im\bar{3}$
3	$a^+b^+c^-$	$Pmmn$
3	$a^+a^+c^-$	$P4_2/nmc$
3	$a^+b^+b^-$	$Pmmn$
3	$a^+a^-a^-$	$P4_2/nmc$
3	$a^+b^-c^-$	$P2_1/m$
3	$a^+a^-c^-$	$P2_1/m$
3	$a^+b^-b^-$	$Pnma$
3	$a^+a^-a^-$	$Pnma$
3	$a^-b^-c^-$	$F\bar{1}$
3	$a^-b^-b^-$	$I2/a$
3	$a^-a^-a^-$	$R\bar{3}c$
2	$a^0b^+c^+$	$Immm$
2	$a^0b^+b^+$	$I4/mmm$
2	$a^0b^+c^-$	$Cmcm$
2	$a^0b^+b^-$	$Cmcm$
2	$a^0b^-c^-$	$I2/m$
2	$a^0b^-b^-$	$Imma$
1	$a^0a^0c^+$	$P4/mbm$
1	$a^0a^0c^-$	$I4/mcm$
0	$a^0a^0a^0$	$Pm\bar{3}m$

外延异质结作为模型体系来研究不同对称性钙钛矿型材料在界面上精细结构的变化规律[16,17]。

图 3.10(a) 显示了 GSO/STO 界面处原子尺度的高分辨照片，照片的观察方向为 [100] 方向。由于氧八面体沿着这个方向的旋转同相位，则该投影方向是研究氧八面体倾转和旋转最合适的方向。在负球差校正成像技术中，Gd、Sc、Ti 和 O 所有的原子柱都是在暗背底上呈现出亮点。图 3.10(b) 中，对于水平的 ScO 层来说，它的氧原子一上一下交替出现，而在竖直 ScO 列中，能观察到氧原子相对于 Sc 原子的位置存在一左一右的位移，即氧八面体的旋转能够被清晰地观察到，如紫色的模型所示。同样，氧八面体的形状畸变也能被观察到，其沿着薄膜的面外方向拉长，而沿着面内方向收缩，在图中用绿色的箭头示出。

近年来随着材料制备工艺和薄膜生长工艺的迅速发展，人们不仅可以通过传统的元素掺杂手段，而且可以通过异质结界面氧八面体连接的方法来精确调控钙钛矿材料的氧八面体的倾转形式，从而在原子尺度上改变材料的对称性，得到不

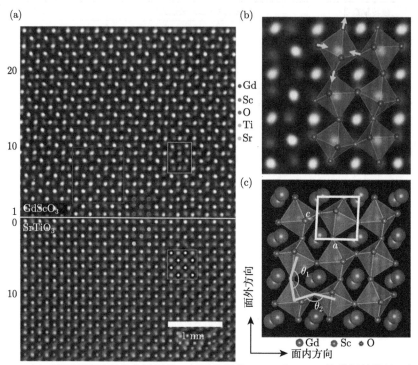

图 3.10　(a) 界面原子尺度高分辨照片, 插图分别是 GSO 和 STO 像模拟的结果 (离焦量 +5 nm, 样品厚度 5.5 nm), 水平的黄线标示出了界面所在的位置, 距离界面原子层位置在图片的左边用数字标示出来; (b) 图 (a) 中的红色方框标示出来的放大区域, 展示了明显的氧八面体的旋转和形状的畸变; (c) 块体 GSO 的晶体结构模型, 其中定义了面内和面外的晶格常数分别为 a 和 c, 以及面内面外的 B–O–B 的键角分别为 θ_1 和 θ_2; 图片源自参考文献 [16]

同对称性的演化, 从而实现对材料原有性质的调节改进, 甚至开发新的性能。氧八面体倾转形式可以对自旋/轨道分布, 极化和能带结构产生新的影响。通过操纵钙钛矿或相关结构的倾转形式, 可调控材料的磁和电特性, 这在新器件的开发和研究中有重要意义。

3.2　倒 易 点 阵

对于晶体空间 $i\text{-}xyz$ 坐标系的基矢 $\boldsymbol{a}, \boldsymbol{b}, \boldsymbol{c}$, 引出另外三个线性无关的 (不在一个平面上的) 任意矢量 $\boldsymbol{a}^*, \boldsymbol{b}^*, \boldsymbol{c}^*$, 它们与 $\boldsymbol{a}, \boldsymbol{b}, \boldsymbol{c}$ 之间遵守矢量的标量积等运算规则, 并且有如下的关系:

$$\boldsymbol{a} \cdot \boldsymbol{c}^* = \boldsymbol{b} \cdot \boldsymbol{b}^* = \boldsymbol{c} \cdot \boldsymbol{c}^* = 1 \tag{3.1}$$

$$\boldsymbol{a} \cdot \boldsymbol{b}^* = \boldsymbol{a}^* \cdot \boldsymbol{b} = \boldsymbol{b} \cdot \boldsymbol{c}^* = \boldsymbol{b}^* \cdot \boldsymbol{c} = \boldsymbol{a} \cdot \boldsymbol{c}^* = \boldsymbol{a}^* \cdot \boldsymbol{c} = 0 \tag{3.2}$$

这样构造出晶体空间的倒易空间。它们的基矢的几何关系见图 3.11。$\boldsymbol{a}^*$ 垂直于 $\boldsymbol{b}$ 和 $\boldsymbol{c}$，$\boldsymbol{b}^*$ 垂直于 $\boldsymbol{c}$ 和 $\boldsymbol{a}$，以及 $\boldsymbol{c}^*$ 垂直于 $\boldsymbol{a}$ 和 $\boldsymbol{b}$。至于大小则有

$$\boldsymbol{a}^* = 1/[a \cos (\boldsymbol{a} \wedge \boldsymbol{a}^*)]$$

$$\boldsymbol{b}^* = 1/[b \cos (\boldsymbol{b} \wedge \boldsymbol{b}^*)]$$

$$\boldsymbol{c}^* = 1/[c \cos (\boldsymbol{c} \wedge \boldsymbol{c}^*)]$$

如果晶体空间的长度量纲是 [L]，通常取的单位是 Å，则倒易空间的量纲为 Å^{-1}。

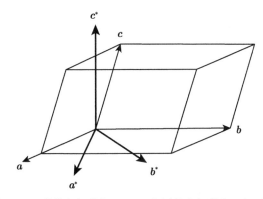

图 3.11　晶体空间基矢 $\boldsymbol{a}, \boldsymbol{b}, \boldsymbol{c}$ 和倒易空间基矢 $\boldsymbol{a}^*, \boldsymbol{b}^*, \boldsymbol{c}^*$

在晶体空间中，以 $\boldsymbol{a}, \boldsymbol{b}, \boldsymbol{c}$ 作周期性重复得到一个三维的空间点阵。空间点阵的重要单元是平面族。最靠近原点的平面截三基矢于 $a/h, b/k, c/l$，以 hkl 命名此平面族，称 (hkl) 平面。在倒易空间中由 $\boldsymbol{a}^*, \boldsymbol{b}^*, \boldsymbol{c}^*$ 作周期性的重复，就可以得出倒易点阵。

把晶体空间的阵点矢 (或称点阵矢) 记为

$$\boldsymbol{R} = U\boldsymbol{a} + V\boldsymbol{b} + W\boldsymbol{c} \tag{3.3}$$

这里，U, V, W 是整数。

把倒易空间的阵点矢 (或称为倒易点阵矢) 记为

$$\boldsymbol{G} = H\boldsymbol{a}^* + K\boldsymbol{b}^* + L\boldsymbol{c}^* \tag{3.4}$$

这里，H, K, L 都是整数。

如果有 $\boldsymbol{R} \cdot \boldsymbol{G} = UH + VK + WL = 0$，则说明 H, K, L 各个倒易点阵矢都垂直于 $\boldsymbol{R}$。可定义这些倒易矢构成一个倒易面，面指数为 $U{:}V{:}W = (UVW)^*$，这里 U, V, W 为三个互质数。$\boldsymbol{R} \cdot \boldsymbol{G} = M$ (M 是整数) 表示倒易点阵中的倒易 (平行) 平面族。

相应地，$\boldsymbol{G} \cdot \boldsymbol{R} = HU + KV + LW = N$ (N 是整数) 定义晶体空间中点阵矢端点构成的垂直于 $[HKL]^*$ 倒易矢的 (平行) 平面族。面指数为 $H{:}K{:}L = (HKL)$，这里 H, K, L 为三个互质数。

以上我们确定了空间点阵平面与对应同名的倒易点阵矢的几何关系，但仍要进一步证明倒易矢的长度和晶体空间平面的面间距的倒易关系。

见图 3.12，与过原点 O 最近的 (hkl) 平面截晶体空间点阵基矢于 A, B, C。OD 是 (hkl) 平面的垂线，因为这个平面离原点最近，所以也是 (hkl) 面的面间距。

$$d_{hkl} = OD = OA \cos \phi = (a/h) \cos \phi$$

作标量积

$$(h\boldsymbol{a}^* + k\boldsymbol{b}^* + l\boldsymbol{c}^*) \cdot \frac{\boldsymbol{a}}{h} = 1 = \frac{|\boldsymbol{G}||\boldsymbol{a}|}{h} \cos \phi = G d_{hkl}$$

于是有

$$h\boldsymbol{a}^* + k\boldsymbol{b}^* + l\boldsymbol{c}^* = \frac{1}{\boldsymbol{d}_{hkl}} = h\frac{1}{\boldsymbol{d}_{100}} + k\frac{1}{\boldsymbol{d}_{010}} + l\frac{1}{\boldsymbol{d}_{001}} \tag{3.5}$$

这里的含义很清楚，但一般晶系的 d_{100} 面间距表达式可不简单。有关的运算，请参考有关的文献 [1]。到这里，我们证明了晶体空间和倒易空间的倒易关系：倒易

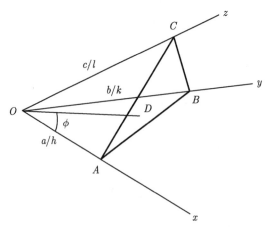

图 3.12　晶体空间 (hkl) 平面间距 OD

空间点阵的一个矢量，垂直于晶体空间点阵的同名平面，而且该倒易矢的长度等于正空间同名平面族的面间距；反之亦然。

3.2.1 衍射空间

X 射线或者电子波遇到晶体时，会受到原子的散射。散射波在特定的方向得到加强，产生衍射。晶体的周期性可按不同的方向划分为一族族平行而等间距的平面。不同族的点阵平面，用面指数 (hkl) 表示。

射线入射到一族 (hkl) 平面的相邻的两平面上，若要求两反射线能够干涉加强，则要入射角 θ 和衍射角 θ' 相等，入射线、衍射线和平面法线三者在一个平面内，如图 3.13 所示。还要求射到第 1 个平面上的射线和射到第 2 个平面上的反射线的光程差为波长 λ 的整数倍，即

$$MB + BN = 2d\sin\theta_n = n\lambda \tag{3.6}$$

式中，n 为 $1, 2, 3, \cdots$，称为衍射级数；θ_n 是对应的衍射角。式 (3.6) 通常称为衍射的布拉格方程。

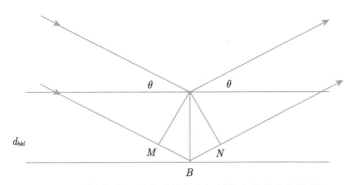

图 3.13 射线受平面族反射产生衍射的布拉格方程推导

利用倒易点阵和反射球构图，可以将晶体衍射的几何条件形象地表示出来。按照晶体所处的方位画出相应的倒易点阵，沿入射线方向通过倒易点阵原点画一直线，在此直线上选一点为圆心 C，以反射波波长的倒数 $(1/\lambda)$ 为半径作一个反射球。将倒易点阵原点 (O) 定在入射方向与反射球面的交点。按照图 3.14 的配置，当一个倒易阵点 hkl(倒易矢 g_{hkl} 的端点) 与反射球相遇时，

$$\sin\theta = OP/AO = (1/d_{hkl})\,/(2/\lambda) \tag{3.7}$$

满足了布拉格方程。CP 就是衍射方向。

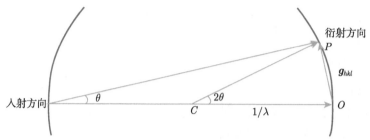

图 3.14　反射球 (半径为 $1/\lambda$) 与倒易点阵矢 g_{hkl} 相截的构图

对于电子衍射，100kV 的电子波长为 0.037Å，一个简单立方晶体的点阵常数 a=4Å，如果其衍射的 (hkl) 的 d_{hkl}=2Å，则 2θ=2/(1/0.037), θ=0.07rad=4°。这是一个很小的张角。它意味着，反射球面就像一个平面切过倒易点阵，对应的倒易点阵面上的所有的倒易矢 $[hkl]^*$ 都与反射球面相遇，也就是说产生衍射。这是电子衍射的一个特点，电子波长短，比之大多数晶体结构的晶面间距都小两个数量级。这使得在入射方向为 $[uvw]$ 电子波产生衍射点，也就是衍射斑点，都排布在一个与 $[uvw]$ 方向垂直的倒易平面上。这个平面的所有 (hkl) 倒易矢，对应晶体空间的 (hkl) 平面族，都满足如下的关系。这就是晶带定律，其适用于所有的晶系。

$$g_{hkl} \cdot r_{uvw} = hu + kv + lw = 0 \tag{3.8}$$

3.2.2　晶体空间与倒易空间的傅里叶变换关系

这里先从只有一个原子的单胞的散射做起。晶体空间的基矢为 a, b, c。s_0 为平行于入射波的单位矢量，s 为平行于散射波的单位矢量。O 是坐标的原点，A 为单胞上一个原子，$OA = pa+qb+rc$，这里 p, q, r 均为整数。经 O 与 A 两个原子散射的射线波程差 $\delta = OA \cdot s - OA \cdot s_0 = OA \cdot (s - s_0)\,\delta = OA \cdot s - OA \cdot s_0 = OA \cdot (s - s_0)$。相应的相位差为 $\phi = 2\pi\delta/\lambda = 2\pi OA \cdot (s - s_0)\,/\lambda$。从衍射几何假定 $(s - s_0)/\lambda$ 是这个晶体的一个倒易矢量，令

$$\frac{s - s_o}{\lambda} = ha^* + kb^* + lc^* \tag{3.9}$$

这里，h, k, l 是实数。于是

$$\phi = 2\pi(pa + qb + rc)\,(ha^* + kb^* + lc^*)$$

只有当散射线相互加强时才能产生衍射，要求 ϕ 为 2π 的整数倍，这相当于 h, k, l 为整数时才能满足。也就是说矢量的头部必须在倒易点阵的一个节点上。这个倒易矢量是

$$\boldsymbol{H} = h\boldsymbol{a}^* + k\boldsymbol{b}^* + l\boldsymbol{c}^* = \frac{s - s_0}{\lambda} \tag{3.10}$$

事实上晶体的晶胞并不全是简单的单胞，当射线受到复杂晶胞散射时，各个原子产生的散射波的矢量关系要加和完成。晶胞中各原子的坐标以 x_j, y_j, z_j 表示，f_j 是相应原子的原子散射因数。

对于 (hkl) 衍射的复合波可表示为

$$F_{hkl} = \sum_{j=1}^{n} f_j \exp\left(\mathrm{i}\phi_j\right) = \sum f_j \exp\left[2\pi\mathrm{i}\left(r_j \cdot H\right)\right]$$

$$= \sum f_j \exp\left[2\pi\mathrm{i}\left(hx_j + ky_j + lz_j\right)\right] \tag{3.11}$$

称为 (hkl) 衍射的结构因子，其模量称为结构振幅。

现在需要引入晶体空间函数与倒易空间函数的傅里叶变换，来统一两空间的联系，使相关运算更加方便。

一维函数 $f(x)$ 的傅里叶变换定义为

$$F[f(x)] = F(u) = \int f(x) \exp(2\pi\mathrm{i}ux)\mathrm{d}x \tag{3.12}$$

傅里叶逆变换定义为

$$f(x) = F^{-1}[F[f(x)]] = \int f(u) \exp(-2\pi\mathrm{i}ux)\mathrm{d}u \tag{3.13}$$

对于三维空间，傅里叶变换对写为

$$F[f(\boldsymbol{r})] = (1/V_0) \iiint f(\boldsymbol{r}) \exp(2\pi\mathrm{i}\boldsymbol{g} \cdot \boldsymbol{r})\mathrm{d}V_r = F(\boldsymbol{g}) \tag{3.14}$$

$$F^{-1}[F(\boldsymbol{g})] = (1/V_0^*) \iiint F(\boldsymbol{g}) \exp(-2\pi\mathrm{i}\boldsymbol{g} \cdot \boldsymbol{r})\mathrm{d}V_g = f(\boldsymbol{r}) \tag{3.15}$$

这里，V_0 和 V_0^* 分别是空间点阵和倒易点阵单胞的体积。

注意，在这种情况下，$\boldsymbol{r} = x\boldsymbol{a} + y\boldsymbol{b} + z\boldsymbol{c}$ 和 $\boldsymbol{g} = x^*\boldsymbol{a}^* + y^*\boldsymbol{b}^* + z^*\boldsymbol{c}^*$，只有两空间点阵的基矢存在倒易关系时，才有 $\boldsymbol{g} \cdot \boldsymbol{r} = xx^* + yy^* + zz^*$ 这样的对偶关系。晶体空间函数与倒易空间函数才有傅里叶变换关系。对于衍射效应而言，晶体空间的衍射振幅描写为衍射空间中的衍射斑点的强度分布。常称晶体空间函数与衍射空间函数有傅里叶变换关系。

傅里叶变换的含义可以作简单的说明。在数学上，变换就是运算。加、减、乘、除是四则运算，也可以说是变换。这里举一些例子说明傅里叶变换的物理含义。点光源，在数学上用 δ 函数代表，它的傅里叶变换是个平面波，强度到处均匀 (忽略距离因子和倾斜因子)。一个正弦函数，它的傅里叶变换，在频率空间是单一频率。对于多个正弦函数的组合，在正空间波形复杂，但它们的傅里叶变换在频率空间只是对应的几个孤立的频率，很好分析。对于无限扩展的晶体，晶胞在三维无限重复，对应的倒易空间的倒易矢端头是个无限小的点函数，表现为衍射斑十分锐锐。如果正空间的晶体在某一方向变成有限，甚至变成二维晶体或一维晶体，则相应的倒易点变成倒易棒或者倒易盘。

利用傅里叶变换来描述衍射效应时常用到卷积运算。函数 $g_1(x)$ 和 $g_2(x)$ 的卷积定义为

$$g_1(x) * g_2(x) = \int g_1(x') g_2(x - x') \, dx' \tag{3.16}$$

这里，$*$表示卷积操作。对于三维情况，

$$g_1(\boldsymbol{r}) * g_2(\boldsymbol{r}) = \int g_1(\boldsymbol{r}') g_2(\boldsymbol{r} - \boldsymbol{r}') \, dV_r' \tag{3.17}$$

卷积操作的重要定理如下：

(1) 两个函数乘积的傅里叶变换等于这两个函数各自傅里叶变换的卷积，即

$$F[g_1(\boldsymbol{r})g_2(\boldsymbol{r})] = F[g_1(\boldsymbol{r})] * F[g_2(\boldsymbol{r})] = G_1(\boldsymbol{H}) * G_2(\boldsymbol{H}) \tag{3.18}$$

(2) 两个函数卷积的傅里叶变换等于这两个函数各自傅里叶变换的乘积，即

$$F[g_1(\boldsymbol{r}) * g_2(\boldsymbol{r})] = F[g_1(\boldsymbol{r})] F[g_2(\boldsymbol{r})] = G_1(\boldsymbol{H})G_2(\boldsymbol{H}) \tag{3.19}$$

晶体是严格按晶胞并置的三维周期结构。晶胞内的电子密度分布函数 $\rho(x,y,z)$ 显示的各个高峰，如图 3.15(a) 所示，各个峰的极大值对应原子中心位置，用 x_i, y_i, z_i 表示。电子分布函数与晶胞的排布周期性相卷积就得到晶体结构，即

$$\text{晶体结构} = \text{单元 (电子分布函数)} * \text{空间点阵} \tag{3.20}$$

同一种周期结构的晶体在两个空间显示的电子密度分布函数 $\rho(x,y,z)$ 和结构因子 F_{hkl} 都是周期函数，都可以展开为傅里叶级数：

$$\rho(x,y,z) = (1/V) \sum F_{hkl} \exp[-2\pi i(hx + ky + lz)] \tag{3.21}$$

$$F_{hkl} = \int \rho(x,y,z) \exp[2\pi i(hx + ky + lz)] dv \tag{3.22}$$

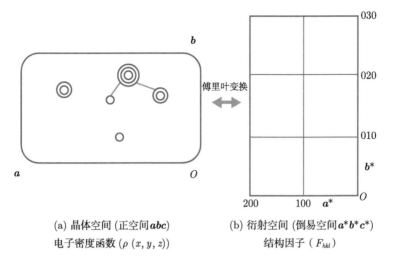

(a) 晶体空间 (正空间 **abc**)

电子密度函数 ($\rho\,(x, y, z)$)

(b) 衍射空间 (倒易空间 **a* b* c***)

结构因子 (F_{hkl})

图 3.15　晶体结构在晶体空间 (a) 和它的倒易空间 (b) 中的表现及两者的傅里叶变换关系

这是一对傅里叶变换。如前所述，空间点阵函数的傅里叶变换是相应的倒易点阵函数，晶体空间点阵的矢量配置的傅里叶变换就是相应对应点阵的倒易矢配置。在衍射空间就是衍射斑点的几何位置。于是

$$\text{晶体衍射图} = \text{结构因子配分 (相乘) 到各个衍射斑点} \qquad (3.23)$$

从实验得到的衍射图数据有可能推导出晶体结构：①电子波长短，反射球接近平面，容易从衍射斑点的几何排布得到晶体倒易面，不同取向倒易面可以构筑起倒易点阵单胞常数；②电子波在晶体散射强烈，只有在很薄的晶体才能实现运动学衍射，从而得到结构因子。即使如此，结构因子的相位也不能直接得到，须借助有关的图像处理[18,19]。

3.2.3 纳衍射

当研究者关心的研究问题涉及试样中的精细结构，如纳米晶、晶界或畴界、细小析出物、原子位移引起的细小变化等，可以利用细小直径的电子束入射至试样，从获得的纳电子衍射图得到试样局部的精细结构信息。由于像差校正电子显微镜等仪器设备和探测器硬件等的改善，目前已经有可能得到约 2nm 直径的电子束的纳电子衍射图[20]。

1. 纳衍射花样与实空间所选图像的对应性

与会聚束电子衍射相比,纳衍射要求入射至样品上的电子束会聚角小,接近平行且相干性好。在应用纳衍射做研究时，非常重要的是：如何能保证所得到的纳衍射图和所选择的研究感兴趣的正空间试样纳米尺度区域一一对应。见图 3.16,

其中三幅图分别是实验过程中改变电镜中会聚透镜的电流大小获得的中心透射盘的衬度。透射盘中看到的图像一般称为 "阴影像"，这是我们从英语文献中的 shadow image 翻译过来的。图 3.16(a) 会聚透镜处于过聚焦 (over focus) 状态，电子束斑聚焦的位置在试样的上方；图 3.16(b) 会聚透镜处于正聚焦 (just focus) 状态，聚焦电子束斑的位置正好落在试样面上；图 3.16(c) 会聚透镜处于欠聚焦 (under focus) 状态，聚焦束斑的位置在试样的下方。此三幅图的特征是图 3.16(a) 相对于图 3.16(c)，中心透射盘中显示的试样衬度相对旋转了 180°；而图 3.16(b)，中心透射盘中试样的衬度消失。在具体实验过程中，选择好试样中所需观察的区域后，改变会聚透镜电流大小，得到图 3.16(b)，便可以获得对应所选择试样位置的正确的纳 (微) 衍射图。纳 (微) 衍射图的特征是图中透射盘和衍射盘的大小一致 (按照这特征，读者可以判断一些刊物文章中纳衍射图像的正确性；如果不是特别厚的样品，则透射盘和衍射盘中衬度差别很小。如果电镜的电子光学系统调整合轴正确，则此纳衍射图像应该来自于衍射盘中阴影像的中心部位。

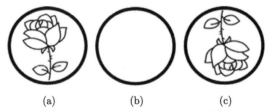

(a)   (b)   (c)

图 3.16　调节所得到的纳 (微) 衍射图和所选择的正空间试样纳米尺度区域位置一一对应的实验方法

三张图分别为会聚透镜处于过聚焦 (a)、正聚焦 (b) 和欠聚焦 (c) 状态时，对应所选择试样位置的纳 (微) 衍射图中心衍射盘的图像。图 (a) 和图 (c) 中的花示意试样的形貌

2. 电子束的相干度对纳衍射图像的影响 [21,22]

现代的电子显微镜装置已经能实现从试样上 2nm 的区域得到纳衍射图，即只包含试样上几个单胞。而能够真正实现得到的纳衍射图正确地反映试样的这几个单胞的结构，则强烈地依赖于入射电子束本身和照射到试样平面上的电子束的相干性。如果入射电子束的相干长度小于试样平面上被照明的区域，那么在衍射斑中一些偏离平均结构的信息就会被丢失。因而在做纳衍射试样前，必须很好地了解和控制入射电子束和入射电子束在试样上的照明束的相干性。如果在一些发表的包含有纳衍射结果的学术文献中，做纳衍射实验时的电镜处于什么工作状态都没有很好地交代，则读者是可以大胆地对实验结果提出怀疑的。

3. 纳衍射在反相畴界研究中的应用 [23,24]

20 世纪 80 年代初, 当时被认为是电子显微学圣地的美国亚利桑那州立大学的考利领导的电镜实验室, 完成了一件开创性的单个畴界性质的相干电子纳衍射研究工作, 给出了 L1$_2$ 结构的 Cu$_3$Au 中可能存在四种反相畴界, 以及这些畴界的结构、原子排列和可能的占有比例 (与试样的热处理条件相关)。此工作完成后, 当时有一位知名学者听了所作的相关的学术报告后曾惊讶地问报告者: "How can you come out?"

此研究 [23] 的实验是利用当时国际上最先进的扫描透射电子显微镜 HB-5 完成的, 可在试样表面上获得小于等于 15Å 的相干电子束照明。试样制备: 按照原子百分比 1:3 的纯金和纯铜丝使用真空喷镀仪利用在 [100] 取向 NaCl 单晶外延生长, 膜厚控制在约 50Å。取下外延生长膜, 并在低于 400℃ 下真空热处理 3h, 去除水分。最后获得处于有序态的 Cu$_3$Au 薄膜, 其表面垂直于 [001]; 试样满足弱相位物体近似。在满足上述的条件下, 可进行以下分析。

应用运动学近似, 在金原子位置, 相关散射函数为 $\frac{3}{4}[\phi_{Au}(r) - \phi_{Cu}(r)]$, 在铜原子的位置为 $-\frac{1}{4}[\phi_{Au}(r) - \phi_{Cu}(r)]$; 其中 ϕ_{Au} 和 ϕ_{Cu} 分别为金原子和铜原子的投影电势。令 $\Delta\phi = \frac{1}{4}[\phi_{Au}(r) - \phi_{Cu}(r)]$, 由此金原子和铜原子的投影电势可以分别表示为 $3\Delta\phi$ 和 $-\Delta\phi$, 它们的傅里叶变换分别记为 $3\Delta f$ 和 $-\Delta f$。

对于有序的 Cu$_3$Au, 在 [100] 方向的投影电势包括一个坐标位置为 $(0,0)$ 的金原子、三个坐标位置分别为 $\left(\frac{1}{2}, 0\right)$, $\left(\frac{1}{2}, \frac{1}{2}\right)$ 和 $\left(0, \frac{1}{2}\right)$ 的铜原子, 对平均结构投影电势的偏离是

$$\phi(x,y) = \Delta\phi(x,y) * \left[3\delta(x,y) - \delta\left(x-\frac{1}{2}, y\right) - \delta\left(x-\frac{1}{2}, y-\frac{1}{2}\right) - \delta\left(x, y-\frac{1}{2}\right)\right]$$
$$* \sum_n \sum_m \delta(x-n, y-m)$$

(3.24)

式中, $*$ 符号代表卷积。有序 Cu$_3$Au 结构的衍射振幅是式 (3.24) 的傅里叶变换, 即

$$\Phi(u,v) = \Delta f \left\{3 - \exp(\pi ih) - \exp[\pi i(h+k)] - \exp(\pi ik) \cdot \sum_h \sum_k \delta(u-h, v-k)\right\}$$

$$= \begin{cases} 0, & h,k\text{为偶数} \\ 4, & \text{其他情况} \end{cases}$$

即在超点阵衍射位置存在衍射强度。

如图 3.17 所示，对第一种反相畴界，即早期文献上所称的"好"畴界，畴界两边原子位置不同，因而投影电势偏离平均结构情况亦不同。这里引进阶梯函数 $S(x)$，定义

$$S(x) = \begin{cases} -1, & x < 0 \\ +1, & x > 0 \end{cases}$$

并考虑有限电子束源，电子束分布函数为 $b(x,y)$，它的傅里叶变换为

$$Fb(x,y) = B(u,v)$$

使样品的反相畴界平面平行于入射电子束，电子束中心聚焦在畴界面上。偏离于平均结构的投影电势为

$$\begin{aligned}
\phi(x,y) = \Bigg\{ &\Delta\phi(x,y) * \sum_{n,m} \delta(x-n,y-m) * \bigg[\delta(x,y) + \delta\left(x, y-\frac{1}{2}\right) \\
&- \delta\left(x-\frac{1}{2}, y\right) - \delta\left(x-\frac{1}{2}, y-\frac{1}{2}\right)\bigg] \\
&- \Delta\phi(x,y) * 2\, S(x) \cdot \sum_{n,m} \delta(x-n,y-m) \\
&* \bigg[\delta(x,y) - \delta\left(x, y-\frac{1}{2}\right)\bigg]\Bigg\} \cdot b(x,y)
\end{aligned} \tag{3.25}$$

其中，$S(u) = FS(x) = \dfrac{1}{\mathrm{i}\pi u}$。

任何一个函数卷积 u^{-1} 后，近似地等于此函数的微分值。在对式 (3.25) 进行傅里叶变换过程中，

$$[S(u) \cdot \Delta f(u,v)] * B(u,v) \approx \mathrm{i}c\frac{\partial B(u,v)}{\partial u} \tag{3.26}$$

其中，$\Delta f(u,v)$ 随 u 的变化很缓慢，近似看作常数；c 为一常数。

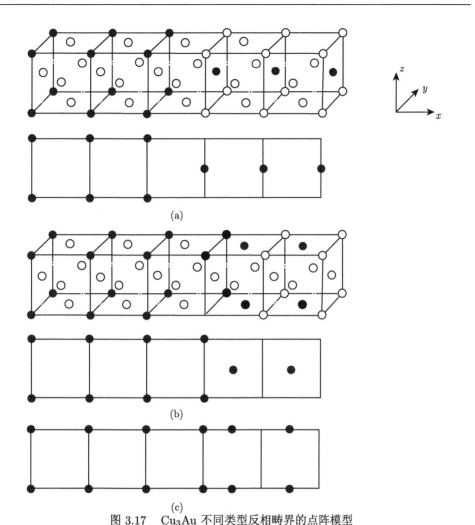

图 3.17 Cu₃Au 不同类型反相畴界的点阵模型

(a) "好" 畴界及其在 z 方向 Au 原子的投影；(b) "坏" 畴界及其在 z 方向 Au 原子的投影，记为 "bad 1"；
(c) "坏" 畴界在 y 方向 Au 原子的投影，记为 "bad 2"

单个第一类型的反相畴界 ("好" 畴界) 的纳衍射振幅，即 $\phi(x, y)$ 的傅里叶变换为

$$\Phi(u, v) = \Delta f\{1 + \exp(\pi ik) - \exp(\pi ih) - \exp[\pi i(h + k)]\}$$

$$\cdot \sum_{h,k} \delta(u - h, v - k) * B(u, v) - 2ic\Delta f[1 - \exp(\pi ik)]$$

$$\cdot \sum_{h,k} \delta(u - h, v - k) * \frac{\partial B(u, v)}{\partial u} \tag{3.27}$$

从上式可以看出，超点阵斑点中，在 (1,0) 位置时，衍射强度与 $B^2(u,v)$ 成正比，在 (0,1) 和 (1,1) 位置时，衍射强度与 $B'^2(u,v)$ 成正比。$B(u,v)$ 相当于限制入射电子束光阑的穿透函数，当所使用的电镜的分辨率值远小于电子束的直径时，透镜的像差可忽略不计，故 $B(u,v)$ 是完全对称的，则 $B(u,v)$、$\dfrac{\partial B(u,v)}{\partial u}$ 与衍射强度分布之间的关系如图 3.18 所示。所以在第一类畴界的纳衍射花样 (图 3.19) 中，超点阵斑点 (1, 0) 位置为不分裂的衍射盘，(0,1) 和 (1,1) 位置为分裂的衍射盘。衍射盘分裂的方向即为正空间畴界的方向。

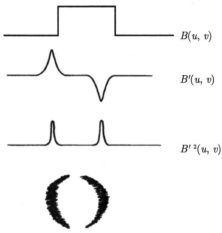

图 3.18　圆形光阑孔时，$B(u,v)$、$B'(u,v)$ 和 $B'^2(u,v)$ 与衍射强度分布之间的关系

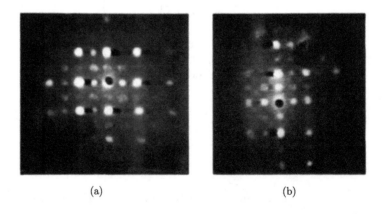

(a)　　　　　　　　　　　　(b)

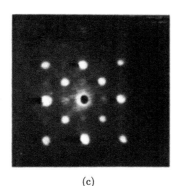 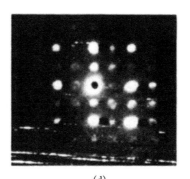

(c) (d)

图 3.19 实验获得的反相畴界面的纳衍射图

(a) "好" 畴界；(b) "好" 和 "好" 畴界；(c) 第二类畴界 (I)(bad 1)；(d) 第二类畴界 (II)(bad 2)

按同样方法，可对第二种类型畴界，以及两种类型畴界组合的各种情况，作出计算，把计算结果列在表 3.7 中。

表 3.7 计算得到的各种反相畴界的纳衍射花样

畴界类型	点阵投影	纳衍射花样
第一类畴界 (good)	A	
第二类畴界 (I) (bad 1)	B	
第二类畴界 (II) (bad 2)	C	

关于将纳衍射方法运用于单个 G-P zone[22,23]、单个层错和孪晶界的研究 [24−27] 等在《高空间分辨分析电子显微学》一书的第五章 [20,25] 中及文献中已有较为详尽的叙述，此处不再重复。

4. 纳衍射在高熵材料研究中的应用

熵 (entropy) 指的是体系的混乱程度，它在控制论、概率论、数论、天体物理、生命科学等领域都有重要应用，在不同的学科中也有引申出的更为具体的定义，是各领域描述体系混乱度的十分重要的参量。在材料中，熵越大的材料结构就越混乱，完整结构的单元就越小。纳衍射有助于确定这些小单元的结构。

中国台湾科学家叶均蔚在 1995 年提出了高熵合金的概念。高熵合金是一类新型金属材料，含有多种主要元素，每种元素介于 5%~35% 之间。传统金属是以一种元素为主，而高熵合金是多元素共同作用的结果。与传统合金相比，高熵合金表现出更高的强度、硬度、耐磨性、耐腐蚀等。

关于中高熵合金中是否存在短程序结构，这是争论的热点之一，很长时间以来，由于人们习惯性的对面心立方有序合金的有序度的判断方法，仍然用 [110] 带轴衍射图中是否出现超点阵衍射斑为依据，因此认为中高熵合金中不存在短程序结构。如果略微倾动试样，获得 [112] 等带轴 [28]，就能看到超点阵斑点了。当然此时的短程序结构中的原子排列和非高熵合金短程序结构中的原子排列可能不会完全相同。

高熵无机化合物，包括高熵储能和高熵热电材料等，近年来也被引起重视。材料的熵高，就意味着此体系的混乱程度提升，即存在点阵的畸变、元素的混乱排布等。纳衍射的正确运用，将极有利于此类材料的机理研究。此外，本征和非本征的铁电材料、多铁材料、磁光、高温超导等量子材料，点阵畸变是它们的共同特征，外场下，点阵畸变伴随着性能变化，运用纳衍射方法，极有利于多种序参量的关联性研究。例如，正常的焦绿石结构材料是没有铁电性的，但如果通过成分和工艺的调控，得到可控的非本征铁电体畸变的焦绿石结构材料，则它可以是很好的储能材料 [29]；可以用纳衍射方法测出材料中原子的位移大小和方向，解释为什么这些高熵材料能有如此好的性能 [29]。图 3.20 是高熵储能 $(Bi_{3.25}La_{0.75})(Ti_{3-3x}Zr_xHf_xSn_x)O_{12}$ 薄膜的结构与晶粒内部的畸变情况。图 3.20(a) 和 (b) 显示了单个纳米晶内部原子位移的大小与方向；图 3.20(c) 显示此薄膜由非晶和畸变的纳米晶组成；图 3.20(d) 显示图 (c) 中相应区域的纳衍射图。进一步图像分析表明，此材料的充电放电过程仅需纳米晶结构中的原子约 6pm 的位移就能完成。

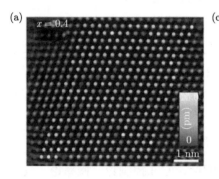
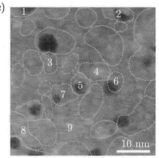

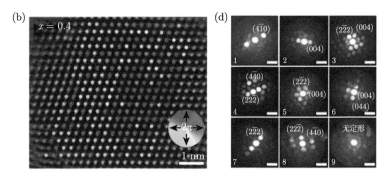

图 3.20　高熵储能 $(Bi_{3.25}La_{0.75})(Ti_{3-3x}Zr_xHf_xSn_x)O_{12}$ 薄膜的结构与晶粒内部的畸变情况
图片源自参考文献 [28]

关于高熵合金和高熵无机化合物中的点阵序参量的测量方法的详细介绍，请阅读本书 3.5 节中的相关部分。

3.2.4 会聚束衍射

1. 会聚束电子衍射简介

会聚束电子衍射 (convergent beam electron diffraction, CBED) 要求电子束以足够大的会聚角 (大于 10^{-2}rad) 照射到试样上，这时透射束和衍射束会扩展成盘，盘内图像呈现一定的强度分布 [20]。会聚束电子入射角度不同，导致衍射盘的扩展重叠情况不同。当会聚半角 α 小于对应衍射布拉格角 θ_B 时，衍射盘之间互不重叠，称为 Kossel-Mollenstedt (K-M) 花样；当会聚半角 α 大于对应衍射布拉格角 θ_B 时，衍射盘重叠部分超过衍射盘半径，称为 Kossel (K) 花样 (图 3.21)。在实际的实验过程中，可以根据具体需要通过聚光镜光阑、束斑尺寸、α-selector(会聚角) 等调整衍射盘的重叠情况。如同纳米束电子衍射，具体操作时需要改变会聚透镜电流正确聚焦，使盘内阴影像放大率增加到处于翻转的临界状态。

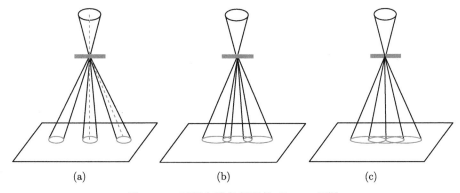

图 3.21　不同会聚角得到的 CBED 花样
图 (a) 为 K-M 花样 ($\alpha<\theta_B$)，图 (b) 为 K 花样 ($\alpha>\theta_B$)

　　通常 CBED 花样衍射盘内呈现间距较宽的黑白交替条纹以及比较细的线。前者由零阶劳厄带 (ZOLZ) 反射之间的交互作用形成，也称为 ZOLZ 菊池线或菊池带，可以提供晶体结构的二维投影信息。后者由高阶劳厄带 (HOLZ) 与零阶劳厄带反射之间交互作用形成，也称为 HOLZ 菊池线，可以提供晶体的三维结构信息 [29]。会聚束电子衍射中的 ZOLZ 和 HOLZ 菊池线不同于一般选区电子衍射中平行电子束入射时产生的菊池线，其信息不仅来源于发散的非相干电子与样品产生的布拉格衍射，还与会聚电子束的入射角度有关，若会聚角大于布拉格衍射角，电子的弹性散射也将对菊池线有贡献 [30]。

　　常用的 CBED 图包括：带轴图、双束 CBED 图以及多束 CBED 图。当样品某一个晶带轴平行于入射电子束方向时，得到的 CBED 图称为带轴图，带轴图由透射盘及多个衍射盘组成，整个带轴图的对称性称为 "全图" 的对称性，透射盘的对称性称为 "明场" 的对称性。当中心入射束使某一 hkl 衍射处于布拉格衍射位置时，可获得双束 CBED 图。中心入射束满足布拉格衍射条件时的衍射盘对称性称为 "暗场" 对称性，分别作 hkl 与 $\bar{h}\bar{k}\bar{l}$ 的双束 CBED 图，hkl 暗场与 $\bar{h}\bar{k}\bar{l}$ 暗场之间的对称关系称为 $\pm G$ 的对称性。根据 $\pm G$ 的对称性，可以判断样品是否具有对称中心。若让中心入射束波矢始端投影位于矩形、四方形或者六方形中心，则获得的 CBED 图分别称为矩形四束、方形四束或对称六束 CBED 图，通常仅通过对称多束图就可以判断样品的对称性。

2. 会聚束电子衍射测定晶体点群

　　利用 CBED 花样的对称性，可以进行晶体对应的点群和空间群的测定。

　　晶体对应的 32 个点群中独立的宏观对称元素有 8 个：包括 1，2，3，4，6 次对称轴以及对称中心 $\bar{1}$，对称面 m 以及 $\bar{4}$ 倒反轴，这些宏观对称元素引起的 CBED 对称性列于表 3.8 中。平行于入射束方向的 n 次对称轴 ($n=1$，2，3，4，6) 和平行于入射束的镜面 (对称面)m_v，其 CBED 明场及全图均呈现相同的对称性。对于对称中心 $\bar{1}$，垂直于入射束的二次轴 2_h，垂直于入射束的镜面 m_h，以及平行于入射束的 $\bar{4}$ 轴，情况略显复杂，需要根据倒易性原理考虑其引起的 CBED 对称性 [20,30]，具体的推导过程在此不再赘述。总结来说，垂直于入射电子束方向的水平镜面 m_h 会引起明场和暗场具有 2 次对称性，一般把这种明场和暗场均具有 2 次对称性的 CBED 对称性记为 1_R；对称中心 $\bar{1}$ 会引起 $\pm G$ 具有 2_R 对称性，即 $\pm G$ 具有平移对称性；而水平二次轴 2_h 会引起明场具有垂直于 2_h 轴的镜面对称，记为 m_2，同时当倒易矢量 g 平行于 2_h 轴时的暗场具有 m_2 对称性，而 g 垂直于 2_h 轴时的 $\pm G$ 具有 m_R 对称性。平行于入射束的 $\bar{4}$ 轴 CBED 明场具有 4 次对称性，全图及 $\pm G$ 具有 2 次对称性。

表 3.8　宏观对称元素引起的 CBED 对称性[20]

宏观对称元素	明场	全图	暗场		±G	
			一般	特殊 *	一般	特殊 **
1	1	1	1	无	1	无
2	2	2	1	无	2	无
3	3	3	1	无	1	无
4	4	4	1	无	2	无
6	6	6	1	无	2	无
平行于电子束的镜面 m_v	m_v	m_v	1	m_v	1	m_v
垂直于电子束的镜面 m_h	2	1	2	无	1	无
对称中心 $\bar{1}$	1	1	1	无	2_R	无
水平 2 次轴 2_h	m_2	1	1	m_2	1	m_R
4 次倒反轴 $\bar{4}$	4	2	1	无	2	无

* 倒易矢量 g 平行于 m 或 2_h；** 倒易矢量 g 垂直于 m 或 2_h。

这些二维对称元素 $1, 2, 3, 4, 6, m_v$ 和三维对称元素 $\bar{1}, 2_h, m_h, \bar{4}$ 的相互组合可以得到 31 个独立的衍射群 (表 3.9)，Buxton 等也从理论上推导出 CBED 的对称性可以用 31 个衍射群来描述[31]。表 3.10 列出了 31 个衍射群对应的 CBED 图像的对称性。根据获得的 CBED 图像的对称性，可以确定材料的对称性属于 31 个衍射群的哪一个[20,31,32]，进而确定材料对应的点群类型。

表 3.9　二维对称元素、二维点阵及三维对称元素组合形成 31 个衍射群[1]

二维对称元素 (二维点群)	三维对称元素			
	m_h (1_R)	$\bar{1}$ (2_R)	2_h (m_R)	$\bar{4}$ (4_R)
1	1_R	2_R	m_R	—
2	21_R	(21_R)	$2m_R m_R$	4_R
3	31_R	6_R	$3m_R$	—
4	41_R	(41_R)	$4m_R m_R$	(41_R)
6	61_R	(61_R)	$6m_R m_R$	—
m	$m1_R$	$2_R mm_R$	($2_R mm_R$) ($m1_R$)	$4_R mm_R$
$2mm$	$2mm1_R$	($2mm1_R$)	($2mm1_R$) ($4_R mm_R$)	($4_R mm_R$)
$3m$	$3m1_R$	$6_R mm_R$	($3m1_R$) ($6_R mm_R$)	—
$4mm$	$4mm1_R$	($4mm1_R$)	($4mm1_R$)	($4mm1_R$)
$6mm$	$6mm1_R$	($6mm1_R$)	($6mm1_R$)	—

进一步，在 32 种点群的基础上，考虑微观对称元素如平移轴、滑移面和螺旋轴，形成了 230 种空间群。其中由平移对称性引起的布拉维点阵类型可以通过 ZOLZ 中的消光情况以及和 HOLZ 斑点相对于 ZOLZ 斑点的相对位移来判断，而滑移面和螺旋轴则会引起禁止的衍射圆盘中出现的零强度线 (G-M 线)，通过 G-M 线可以在镜面和对称轴的基础上确定相应的滑移面和螺旋轴，最终确定晶体具有的微观对称元素。

表 3.10　衍射群对应的 CBED 图像的对称性 [20,32,33]

衍射群	明场	全图	暗场		±G		投影衍射群
			一般位置	特殊位置	一般位置	特殊位置	
1	1	1	1	没有	1	没有	1_R
1_R	2	1	2	没有	1	没有	
2	2	2	1	没有	2	没有	21_R
2_R	1	1	1	没有	2_R	没有	
21_R	2	2	2	没有	21_R	没有	
m_R	m	1	1	m	1	m_R	$m1_R$
m	m	m	1	m	1	m	
$m1_R$	$2mm$	m	2	$2mm$	1	$m1_R$	
$2m_Rm_R$	$2mm$	2	1	m	2	$2mm$	$2mm1_R$
$2mm$	$2mm$	$2mm$	1	m	2	2_Rmm	
2_Rmm_R	m	m	1	m	2_R	2_Rmm	
$2mm1_R$	$2mm$	$2mm$	2	$2mm$	21_R	$2mm1_R$	
4	4	4	1	没有	2	没有	41_R
4_R	4	2	1	没有	2	没有	
41_R	4	4	2	没有	21_R	没有	
$4m_Rm_R$	$4mm$	4	1	m	2	$2mm$	$4mm1_R$
$4mm$	$4mm$	$4mm$	1	m	2	$2mm$	
4_Rmm_R	$4mm$	$2mm$	1	m	2	$2mm$	
$4mm1_R$	$4mm$	$4mm$	2	$2mm$	21_R	$2mm1_R$	
3	3	3	1	没有	1	没有	31_R
31_R	6	3	2	没有	1	没有	
$3m_R$	$3m$	3	1	m	1	m_R	$3m1_R$
$3m$	$3m$	$3m$	1	m	1	m	
$3m1_R$	$6mm$	$3m$	2	$2mm$	1	$m1_R$	
6	6	6	1	没有	2	没有	61_R
6_R	3	3	1	没有	2_R	没有	
61_R	6	6	2	没有	21_R	没有	
$6m_Rm_R$	$6mm$	6	1	m	2	$2mm$	$6mm1_R$
$6mm$	$6mm$	$6mm$	1	m	2	$2mm$	
6_Rmm_R	$3m$	$3m$	1	m	2_R	2_Rmm	
$6mm1_R$	$6mm$	$6mm$	2	$2mm$	21_R	$2mm1_R$	

3. 会聚束电子衍射测定样品厚度、消光距离等

由于 CBDE 花样中的 ZOLZ 或 HOLZ 菊池线敏感地依赖于样品点阵参数、厚度、晶格畸变等，则通过对 CBED 图像中的条纹或者细线位置的定量化分析，可以获得样品厚度、消光距离、德拜-沃勒 (Debye-Waller) 因子、结构因子、电荷密度分布、应变、轨道序参量等相关信息[20,33−39]。

样品厚度测量是 CBED 最常用的功能之一。厚度测量一般在强激发的双束条件下进行，要求透射盘和衍射盘不重叠，这时在透射盘和衍射盘中均会看到平行的明暗条纹，也称 K-M 条纹，来源于 ZOLZ 之间的动力学相互作用，衍射盘中的 K-M 条纹强度呈对称分布。衍射盘中心亮条纹对应的倒易矢量 g_{hkl} 满足严格的布拉格衍射条件，偏离矢量 $s=0$，中心亮条纹到透射盘中心的距离对应于布拉格衍射角 θ_{B}，$g_{hkl} = \dfrac{2\theta_{\mathrm{B}}}{\lambda}$。中心亮条纹两侧的第 i 条暗纹对应的散射角相对于布拉格衍射角的偏离为 $\Delta\theta_i$，偏离矢量为 s_i，则

$$s_i = g_{hkl}\Delta\theta_i = g_{hkl} \cdot 2\theta_{\mathrm{B}}\frac{\Delta\theta_i}{2\theta_{\mathrm{B}}} = \lambda g_{hkl}^2\frac{\Delta\theta_i}{2\theta_{\mathrm{B}}} = \lambda\frac{\Delta\theta_i}{2d_{hkl}^2\theta_{\mathrm{B}}} \tag{3.28}$$

因此，偏离矢量 s_i 可以根据实验衍射盘中暗条纹的位置计算得到。样品厚度为 t 时，双束条件下透射束强度 I_{T} 和衍射束强度 I_{D} 的动力学理论表达式为

$$I_{\mathrm{D}} = 1 - I_{\mathrm{T}} = \left(\frac{\pi t}{\xi_g}\right)^2\frac{\sin^2(\pi x)}{(\pi x)^2} \tag{3.29}$$

其中，$x = t\sqrt{s_i^2 + 1/\xi_g^2}$，即 $\left(\dfrac{x}{t}\right)^2 = s_i^2 + 1/\xi_g^2$；$\xi_g$ 为对应 hkl 衍射的消光距离。

对于 I_{D} 取极小值时的情况，$\pi x = n_k\pi(n_k$ 为整数)，因此，

$$\left(\frac{n_k}{t}\right)^2 = s_i{}^2 + 1/\xi_g^2$$

该式可改写为

$$\frac{s_i^2}{n_k^2} = -\frac{1}{\xi_g^2}\cdot\frac{1}{n_k^2} + \frac{1}{t^2} \tag{3.30}$$

根据上式，可以通过作图法求出样品的厚度以及消光距离，即以 $\dfrac{s_i^2}{n_k^2}$ 为纵坐标，$\dfrac{1}{n_k^2}$ 为横坐标作图，可以通过对 n_k 试错法取整数，从而获得 $\dfrac{s_i^2}{n_k^2}$ 与 $\dfrac{1}{n_k^2}$ 的直线关系，此时直线的截距为 $\dfrac{1}{t^2}$，斜率为 $-\dfrac{1}{\xi_g^2}$。

此外，晶体中的应变、结构因子以及电荷密度分布等的测量，也可以基于 CBED 花样中 ZOLZ 菊池带以及透射盘中 HOLZ 菊池暗线的位置进行定量化分析得到。HOLZ 菊池线对应大的倒易矢量 g，其变化 $\Delta g = \Delta d/d^2$，因此对于

高指数晶面 hkl 产生的 HOLZ 菊池线, 微小应变可基于其位置进行定量化分析获得[36,38]。通过实验 CBED 与理论模拟计算结果的对比, 还可以精确确定晶体的结构因子, 并通过傅里叶变换得到平均势函数, 进而电荷密度可以通过泊松方程获得[33–35,37,39]。

4. 会聚束电子衍射在铁电体材料研究中的应用

对于具有极化的铁电功能材料, 在无外加电场情况下, 其极化方向有多个等价取向, 材料中存在铁电畴。在利用 CBED 判断其对称性时, 必须考虑极化方向引起的对称性差异。下面以典型的弛豫铁电体铌镁酸铅–钛酸铅 (PMN-PT) 材料为例, 说明如何利用 CBED 进行极化方向的确定与区分[41], 其具有普遍的参考和指导价值。

PMN-PT 材料在准同型相界附近可能存在菱方相、四方相、正交相、单斜 M_C、或单斜 M_A/M_B 相, 其极化方向分别沿 $\langle 111 \rangle$、$\langle 001 \rangle$、$\langle 110 \rangle$、$\langle 0uv \rangle$、$\langle uuv \rangle$ 等方向, 这些相仅存在晶格常数的微小差异, 采用 X 射线衍射、偏光显微镜等手段确定纳米尺度的相结构则存在极大困难, 通过 CEBD 可以获得纳米尺度材料结构的对称性及极化信息。如不考虑极化方向的多样化, 如四方相, 仅考虑其沿 [001] 方向极化, 则可以参考表 3.10 给出的衍射群信息, 获得不同相结构在赝立方带轴下具有的对称性信息 (表 3.11)。可以看到, 不同相结构在赝立方带轴下具有不同的对称性信息, 因此可以通过 CEBD 进行区分。

表 3.11　PMN-PT 材料不同相结构在赝立方带轴下具有的对称性

相结构	对称性	001	100	010	110	1̄10	101	10̄1	011	01̄1	111
菱方相	$R3m$	$m//[110]$	$m//[011]$	$m//[101]$	$m//[001]$	1_R	$m//[010]$	1_R	$m//[100]$	1_R	$3m$
四方相	$P4mm$ $4mm$ $m//[100]$ $m//[110]$	$4mm$	$m//[001]$	$m//[001]$	$m//[001]$	$m//[001]$	$m//[10\bar{1}]$	$m//[101]$	$m//[01\bar{1}]$	$m//[011]$	$m//[11\bar{2}]$
正交相	$Bmm2$	$m//[110]$	$m//[010]$	$m//[100]$	$2mm$ $m//[001]$ $m//[1\bar{1}0]$	$m//[110]$	无	无	无	无	无
单斜 M_A/M_B 相	Cm	$m//[110]$	无	无	$m//[001]$	1_R	无	无	无	无	无
单斜 M_C 相	Pm	$m//[100]$	$m//[001]$	1_R	无	无	$m//[10\bar{1}]$	$m//[101]$	无	无	无

然而, 由于 PMN-PT 材料中铁电畴的存在, 其极化方向可以沿多个等价的方向, 如单斜 M_C 相, 其极化方向可以沿等价的 $[uv0]$、$[0uv]$、$[u0v]$ 等方向。采集 CBED 图像时, 电子束入射方向固定, 虽然相结构相同, 但极化方向的改变将导致其沿电子束入射方向的对称性发生改变, 获取的 CBED 图像对称性将产生明显差异。表 3.12 列出了 PMN-PT 材料综合考虑相结构及具体极化方向时, 沿赝立方带轴具有的对称性。

表 3.12　PMN-PT 材料考虑极化时, 不同相沿赝立方 [001] 和 [110] 方向具有的对称性

相结构	极化方向	赝立方带轴	
		[001]	[110]
四方相	[100]	$m1_R$ $m//[100]$	$m//[1\bar10]$
	[010]	$m1_R$ $m//[010]$	$m//[1\bar10]$
	[001]	$4mm$ $m//[100]$ $m//[010]$ $m//[110]$ $m//[1\bar10]$	$m1_R$ $m//[001]$
单斜 M_C 相	$[0uv]$	$m//[010]$	无
	$[u0v]$	$m//[100]$	无
	$[uv0]$	1_R	$m//[1\bar10]$
菱方相	$[111]/[11\bar1]$	$m//[110]$	$m//[001]$
	$[1\bar11]/[\bar111]$	$m//[1\bar10]$	1_R
正交相	[110]	$m1_R$ $m//[110]$	$2mm$ $m//[001]$ $m//[1\bar10]$
单斜 M_A/M_B 相	$[uuw]$	$m//[110]$	$m//[001]$
	$[u\bar uw]$	$m//[1\bar10]$	1_R
	$[uwu]/[wu\bar u]$	无	无
	$[wuu]/[uw\bar u]$	无	无

图 3.22 为对应相邻纳米铁电畴采集的 CBED 图像, 发现畴壁两侧分别具有 (100) 和 (010) 的镜面对称, 且对称面为 $m//[010]$ 或 $m//[100]$。因此, 参考表 3.6, 根据拍摄的 CBED 对称性, 可以将菱方相和单斜 $M_A(M_B)$ 相排除掉, 并判断出纳米畴属于极化方向分别沿 [010] 和 [100] 方向的四方相, 或者 $[0uv]$ 和 $[u0v]$ 方向的单斜 M_C 相 [40]。

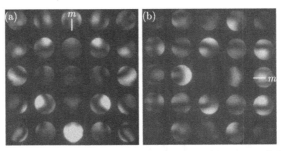

图 3.22　相邻纳米铁电畴对应 [001] 带轴的 CBED 花样
(a) 镜面 $m//[010]$; (b) 镜面 $m//[100]$[40]

3.3 正空间点阵图像

3.3.1 从量子力学出发的布洛赫波——衍射衬度理论

在 3.2 节描述电子在晶体中遭到散射时, 是从单个原子的散射开始, 有电子的原子散射因子。进一步地, 电子从单胞散射, 有电子散射的结构因子; 还建立了电子密度函数与倒易点阵在倒易点的结构因子的傅里叶变换关系 (对 X 射线而言)。这些都建立在运动学衍射的基础上。也就是假定电子遭受散射, 衍射束有一定能量, 而透射束没有 (或很少) 失去能量。也不考虑衍射束之间的能量交换。运动学衍射是一次衍射。电子被原子散射能力为 X 射线的万倍, 所以在很多情况下, 不但透射束与衍射束有较强的能量交换, 衍射束之间也会有能量交换。这种多次衍射称作动力学衍射。本节从波动光学的角度描述电子衍射的动力学过程。

1. 布洛赫 (Bloch) 波

电子在晶体的周期势场运动。周期性的势 $V(r)$ 可展开为傅里叶级数:

$$V(r) = V_0 + \sum_g V_g \exp(2\pi i g \cdot r) \tag{3.31}$$

其中, 求和遍及所有倒易矢; V_0 是 10~20V, 它产生平均吸收, 使入射电子波折射。在周期性势场运动的电子波函数是薛定谔方程的解[41]:

$$\nabla^2 \psi(r) + \left(\frac{8\pi^2 me}{h^2}\right)[E + V(r)]\psi(r) = 0 \tag{3.32}$$

这里, ∇ 是梯度算符; ∇^2 是拉普拉斯算符; h 是普朗克常量; e, m, E 分别是电子的电荷、质量和动能。薛定谔方程是量子力学的基本方程。在它出现的 20 世纪 20 年代, 量子力学的力学量 (位置、动量等) 都是由矩阵力学算符计算。受德布罗意提出的粒子波动性的启发, 在已有波动方程的基础上, 薛定谔提出电子波函数的方程。薛定谔方程不能被严格 "推导" 出来, 但在实践检验中确立了它的权威性, 成为量子力学的基本方程。

当电子在真空中运动时, $V(r) = 0$, 方程的解是

$$\psi(r) = \exp(2\pi i \chi \cdot r) \tag{3.33}$$

其中, χ 是真空中电子波波矢。将式 (3.33) 代入式 (3.32), 得 $|\chi|$ 与能量的关系:

$$h^2 \chi^2 / 2m = eE \tag{3.34}$$

在晶体内，$V(r)$ 不为 0，改写薛定谔方程：

$$\left[-\left(h^2/8\pi^2 m\right)\nabla^2 - eV(r)\right]\psi(r) = eE'\psi(r) \tag{3.35}$$

其中，

$$E' = E + V_0, \quad eE' = h^2 k_0^2/2m \tag{3.36}$$

式 (3.35) 改写为

$$\nabla^2\psi(r) + 4\pi^2 k_0^2 \psi(r) = -\left(8\pi^2 me/h^2\right)V'(r)\psi(r) \tag{3.37}$$

这里，$V'(r) = V(r) - V_0$，引入式 (3.31)：

$$V(r) = \sum_g V_g \exp(2\pi \mathrm{i} g \cdot r) = \left(h^2/2me\right)\sum_g U_g(2\pi \mathrm{i} g \cdot r) \tag{3.38}$$

于是有

$$\nabla^2\psi(r) + 4\pi^2 k_0^2 \psi(r) = -4\pi^2 U(r)\psi(r) \tag{3.39}$$

如果略去散射，即略去等式右边，则积分上式得

$$\psi_0(r) = \exp\left(2\pi \mathrm{i} k_0 \cdot r\right) \tag{3.40}$$

这个波函数有两个含义：其一，这是晶格内电子折射波；其二，$U(r)\psi_0$ 只描述电子由入射束被散射出去，而 ψ_0 本身不受影响，这就是运动学假设。

考虑周期势的情况，如果晶内位能是实数 (物理上不考虑吸收)，则晶体有对称中心，

$$U_g = U_{-g} = U_g^* = U_{-g}^* \tag{3.41}$$

薛定谔方程的解受周期势场的扰动。布洛赫证明这个解具有以下形式：

$$\psi(r) = \exp(2\pi \mathrm{i} k \cdot r)u_k(r) \tag{3.42}$$

式中，$u_k(r)$ 为位置的函数，具有与周期势场相同的周期性。这种振幅被点阵周期场调制的波函数称为布洛赫波函数。弗洛凯 (Floquet) 首先从数学分析的角度讨论了这类解，布洛赫应用这个解到晶体内运动的电子。

有多套点阵平面产生布拉格衍射的情况，则布洛赫波是个组合：

$$\psi(r) = b(k, r) = \sum_g C_g(k)\exp[2\pi \mathrm{i}(k+g)\cdot r)] \tag{3.43}$$

代入薛定谔方程，消去 $4\pi^2$，

$$\sum_g C_g(k)\left[K^2 - (k+g)^2\right]\exp[2\pi \mathrm{i}(k+g)\cdot r]$$

$$+ \sum_h {}' U_h \exp(2\pi \mathrm{i} h \cdot r) \sum_g C_g \exp[2\pi \mathrm{i}(k + g) \cdot r] = 0$$

根据布洛赫定理，g 和 h 有同样周期性，记 $C_g \exp[2\mathrm{i} h \cdot r] = C_{g\text{-}h}$，这样，

$$\sum_g \left\{ \left[K^2 - (k+g)^2 \right] C_g + \sum_h {}' U_h C_{g\text{-}h} \right\} \exp[2\mathrm{i}(k+g) \cdot r] = 0$$

要使上式成立，必须要每个指数项前面的系数为零。波振幅的解是这样一套方程：

$$\left[K^2 - (k+g)^2 \right] C_g + \sum_h {}' U_h C_{g\text{-}h}(k) = 0 \tag{3.44}$$

其中，K 是电子折射波矢；求和号的一撇表示不包含 $h = 0$ 的项。

为了演示一些物理概念，这里先从最简单的双光束情况做起。

只考虑 C_0 和一个 C_g 不为零的情况，

$$\left[K^2 - k^2 \right] C_0(k) + U_{-g} C_g(k) = 0$$
$$U_g C_0(k) + \left[K^2 - (k+g)^2 \right] C_g(k) = 0 \tag{3.45}$$

这组方程只有系数行列式为零时才有解：

$$\left(k^2 - K^2 \right) \left[(k+g)^2 - K^2 \right] - U_g U_{-g} = 0 \tag{3.46}$$

在晶体周期势场中，周期项的起伏部分较之常量部分小很多，于是有 $|K| \sim |k_0| \sim |k_g|$，利用关系式 $K + k_0 = 2K$ 和 $K + k_g = 2K$，式 (3.46) 可写为

$$(K - k_0)(K - k_g) = \frac{|U_g|^2}{4K^2} \tag{3.47}$$

2. 色散面

在式 (3.47) 中，由于 $K^2 \gg U_g^2$，方程的右边很小，所以这个曲面与 $(K - k_0)(K - k_g) = 0$ 相差很小，这是中心分别在 O 与 G、半径为 K 的两个球面作为两个波矢 k_0、k_g 的起点 (波点) 所构成几何轨迹的渐近曲面。式 (3.47) 的方程描述波矢与晶体位能之间关系，通称色散方程。所以称此曲面为色散面。色散面靠近 g 的布里渊 (Brillouin) 区的平面截面见图 3.23。

图 3.23 产生的步骤：①以倒易原点 O 和衍射矢端点 G 作圆心、K 作半径作出色散面的渐近线；②根据真空入射波的方向作出矢量 $\boldsymbol{CO}$，其中 C 是真空渐

近球面的波点；③过 C 点作试样入射膜面的法线，截色散面于 $D^{(1)}$，$D^{(2)}$ 两点，这是波矢 $\boldsymbol{k}_0^{(1)}$，$\boldsymbol{k}_0^{(2)}$，$\boldsymbol{k}_g^{(1)}$，$\boldsymbol{k}_g^{(2)}$ 的起点。

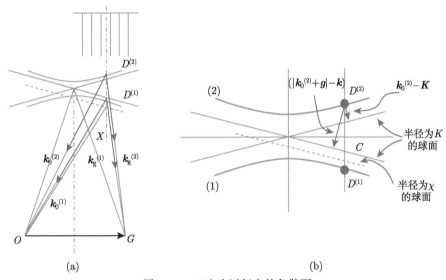

图 3.23　双光束近似中的色散面

(a) 表示从真空波矢 $\boldsymbol{\chi}$ 到晶内折射波矢 $\boldsymbol{K}$ 和因动力学作用产生简并的两个曲面对应的波 $\boldsymbol{k}_0^{(1)}$,$\boldsymbol{k}_0^{(2)}$,$\boldsymbol{k}_g^{(1)}$,$\boldsymbol{k}_g^{(2)}$；(b) 是接近布里渊区的放大图

色散面构图对应的物理意义，晶体的周期性势场引起波函数的简并：透射束和衍射束都由波矢稍有不同的波组成。换言之，晶体的周期势场使电子波激发，不仅仅是一支透射波和一支衍射波，而是两支透射波和两支衍射波；它们在晶体下表面重又汇合成一支透射束与一支衍射束。

这里考虑色散面的数学表达式。波点 $D^{(i)}$ 的坐标由交叉原点和垂直轴 z，水平轴 y 给定。从反射球构图 3.24 可得，$\tan\Delta\theta = s/g$，这里 s 是偏离参量。

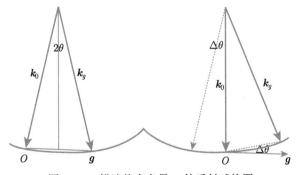

图 3.24　描述偏离参量 s 的反射球构图

从图 3.25 中可见，真空波矢 $\boldsymbol{\chi}$，折射波矢 $\boldsymbol{K}$，两支色散面均已标出。色散面支 (2) 的波点 E 的坐标由交叉原点 A 和垂直轴 z、水平轴 y 给定。布拉格衍射波矢 $\boldsymbol{k}_0$ 与目前起衍射的波矢 $\boldsymbol{k}_0^{(2)}$ 之间夹角为 $\Delta\theta$。$\tan\Delta\theta$、波点 E 到两个 K 球面的距离 EF、EL 均可求得。

$$\tan\theta = AB/K = (y/\cos\theta)/K$$

改写 $g=2K\sin\theta$，$2y\tan\Delta\theta = s$。从 $D^{(2)}(E)$ 到两个 K 球面的距离为

$$K_0^{(2)} - K = \left(z^{(2)} + y\tan\theta\right)\cos\theta = -\left(\left|k_0^{(2)} + g\right| - K\right)$$

$$\left|k_0^{(2)} + g\right| - K = \left(z^{(2)} - y\tan\theta\right)\cos\theta = -\left(k_0^{(2)} - K\right)$$

由于 $z^{(1)} = -z^{(2)}$，代入色散方程，则

$$(z + y\tan\theta)(z - y\tan\theta) = U_g/4K^2\cos\theta^2$$

$$z^2 - y^2\tan\theta^2 = \Delta k^2/4\cos\theta^2 \tag{3.48}$$

其中，Δk 是 $y = 0$ 处两色散面分支分开的距离，$\Delta k = 2\left(k^{(i)} - K\right) = U_g/K$。很显然，式 (3.48) 所描述的色散面是一个双曲面方程。

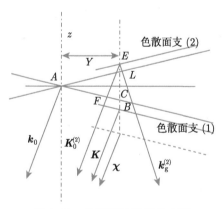

图 3.25 色散面的局部放大图

下面求解布洛赫波函数的振幅。注意到

$$z = \pm(1/2)\left[(2y\tan\theta)^2 + (\Delta k)^2\right]^{1/2} = \pm(1/2)\left[s^2 + (\Delta k)^2\right]^{1/2}$$

其中，$\Delta k = 1/\xi_g$，这里 ξ_g 是消光距离。

所以

$$k^{(i)} - K = \frac{1}{2} \left\{ s \pm \left[s^2 + (\Delta k)^2 \right]^{1/2} \right\} = \frac{1}{2} \xi_g \left[s\xi_g \pm \left(s^2 \xi_g^2 + 1 \right)^{1/2} \right]$$

回到布洛赫波函数两个独立的解:

$$\Psi(\boldsymbol{r}) = b^{(1)} \left(\boldsymbol{k}^{(1)}, \boldsymbol{r} \right) = C_0^{(1)} \exp \left(2\pi \mathrm{i} \left(\boldsymbol{k}^{(1)} \cdot \boldsymbol{r} \right) + C_g^{(1)} \exp \left[2\pi \mathrm{i} \left(\boldsymbol{k}^{(1)} + \boldsymbol{g} \right) \cdot \boldsymbol{r} \right] \right.$$

$$\Psi(\boldsymbol{r}) = b^{(2)} \left(\boldsymbol{k}^{(2)}, \boldsymbol{r} \right) = C_0^{(2)} \exp \left(2\pi \mathrm{i} \left(\boldsymbol{k}^{(2)} \cdot \boldsymbol{r} \right) + C_g^{(2)} \exp \left[2\pi \mathrm{i} \left(\boldsymbol{k}^{(2)} + \boldsymbol{g} \right) \cdot \boldsymbol{r} \right] \right.$$

要解出波函数的振幅,就需要知道它们之间的比值。从式 (3.15) 得到

$$\frac{c_g^{(j)}}{c_0^{(j)}} = \left(k^{(j)2} - K^2 \right) / U_{-g} = 2K \left(k^{(j)} - K \right) / U_{-g} \tag{3.49}$$

引入无量纲的参数 $w = s\xi_g$ 来表示对布拉格位置的偏离,得

$$\frac{c_g^{(1)}}{c_0^{(1)}} = w - \left(1 + w^2 \right)^{1/2}, \quad \frac{c_g^{(2)}}{c_0^{(2)}} = w + \left(1 + w^2 \right)^{1/2} \tag{3.50}$$

为简化运算,用一个新的偏离参量 β 代替 w,$w = \cot\beta$

$$\frac{C_g^{(1)}}{C_0^{(1)}} = \cot\beta - \left(1 - \cot^2\beta \right)^{1/2} = -\tan(\beta/2)$$

$$\frac{C_g^{(2)}}{C_0^{(2)}} = \cot\beta + \left(1 - \cot^2\beta \right)^{1/2} = \cot(\beta/2)$$

在这种情况下,总波函数是两个独立解的线性组合,两个解中的振幅可以归一化:

$$\left| C_0^{(1)} \right|^2 + \left| C_g^{(1)} \right|^2 = \left| C_0^{(2)} \right|^2 + \left| C_g^{(2)} \right|^2 = 1$$

导出

$$C_0^{(1)} = C_g^{(2)} = \cos(\beta/2), \quad C_0^{(2)} = -C_g^{(1)} = \sin(\beta/2)$$

这些振幅还有正交性。

晶内波函数现为

$$\Psi(\boldsymbol{r}) = \varepsilon^{(1)} \left\{ \cos\left(\frac{\beta}{2} \right) \exp \left(2\pi \mathrm{i} \left(\boldsymbol{k}^{(1)} \cdot \boldsymbol{r} \right) - \sin\left(\frac{\beta}{2} \right) \exp \left[2\pi \mathrm{i} \left(\boldsymbol{k}^{(1)} + \boldsymbol{g} \right) \cdot \boldsymbol{r} \right] \right) \right\}$$

$$+ \varepsilon^{(2)} \left\{ \sin\left(\frac{\beta}{2} \right) \exp \left(2\pi \mathrm{i} \left(\boldsymbol{k}^{(2)} \cdot \boldsymbol{r} \right) + \cos\left(\frac{\beta}{2} \right) \exp \left[2\pi \mathrm{i} \left(\boldsymbol{k}^{(2)} + \boldsymbol{g} \right) \cdot \boldsymbol{r} \right] \right) \right\}$$

$$\tag{3.51}$$

其中，$\varepsilon^{(1)}$，$\varepsilon^{(2)}$ 是两支布洛赫波的激发系数，可以从入射表面处的边界条件来确定，那里透射波为 1，衍射波为 0：

$$\varepsilon^{(1)} \cos\left(\frac{\beta}{2}\right) + \varepsilon^{(2)} \sin\left(\frac{\beta}{2}\right) = 1, \quad -\varepsilon^{(1)} \sin\left(\frac{\beta}{2}\right) + \varepsilon^{(2)} \cos\left(\frac{\beta}{2}\right) = 0 \quad (3.52)$$

得到

$$\varepsilon^{(1)} = \cos\left(\frac{\beta}{2}\right), \quad \varepsilon^{(2)} = \sin\left(\frac{\beta}{2}\right)$$

在布拉格衍射位置时，

$$w = 0, \quad \beta = \pi/2, \quad \cos\left(\frac{\pi}{4}\right) = \sin\left(\frac{\pi}{4}\right) = \left(\frac{1}{2}\right)^{1/2}$$

$$\cos^2\left(\frac{\pi}{4}\right) = \sin^2\left(\frac{\pi}{4}\right) = \cos\left(\frac{\pi}{4}\right)\sin\left(\frac{\pi}{4}\right) = 1/2$$

这时的布洛赫波的形式：

$$b^{(1)}\left(\boldsymbol{k}^{(1)}, \boldsymbol{r}\right) = \frac{1}{2}\left\{\exp\left(2\pi\mathrm{i}\left(\boldsymbol{k}^{(1)} \cdot \boldsymbol{r}\right) - \exp\left[2\pi\mathrm{i}\left(\boldsymbol{k}^{(1)} + \boldsymbol{g}\right) \cdot \boldsymbol{r}\right)\right]\right\}$$

$$b^{(2)}\left(\boldsymbol{k}^{(3)}, \boldsymbol{r}\right) = \frac{1}{2}\left\{\exp\left(2\pi\mathrm{i}\left(\boldsymbol{k}^{(2)} \cdot \boldsymbol{r}\right) - \exp\left[2\pi\mathrm{i}\left(\boldsymbol{k}^{(2)} + \boldsymbol{g}\right) \cdot \boldsymbol{r}\right)\right]\right\}$$

应用三角函数与指数函数的关系式：

$$\sin(\pi\boldsymbol{g} \cdot \boldsymbol{r}) = \left[\exp\left(\mathrm{i}\pi\boldsymbol{g} \cdot \boldsymbol{r}\right) - \exp(-\mathrm{i}\pi\boldsymbol{g} \cdot \boldsymbol{r})\right]/2\mathrm{i}$$

$$\cos(\pi\boldsymbol{g} \cdot \boldsymbol{r}) = \left[\exp\left(\mathrm{i}\pi\boldsymbol{g} \cdot \boldsymbol{r}\right) + \exp(-\mathrm{i}\pi\boldsymbol{g} \cdot \boldsymbol{r})\right]/2$$

运算

$$b^{(1)}\left(\boldsymbol{k}^{(1)}, \boldsymbol{r}\right) = \frac{1}{2}\left\{\exp\left(2\pi\mathrm{i}\left(\boldsymbol{k}^{(1)} \cdot \boldsymbol{r}\right) - \exp\left[2\pi\mathrm{i}\left(\boldsymbol{k}^{(1)} + \boldsymbol{g}\right) \cdot \boldsymbol{r}\right)\right]\right\}$$

$$= \frac{1}{2}\left\{\exp\left(2\pi\mathrm{i}\left(\boldsymbol{k}^{(1)} \cdot \boldsymbol{r}\right) - \exp\left[2\pi\mathrm{i}\left(\boldsymbol{k}^{(1)} \cdot \boldsymbol{r}\right) + 2\pi\mathrm{i}\boldsymbol{g} \cdot \boldsymbol{r}\right)\right]\right\}$$

$$= \frac{1}{2}\left\{\exp\left(2\pi\mathrm{i}\left(\boldsymbol{k}^{(1)} \cdot \boldsymbol{r}\right)\left[1 - \exp(2\pi\mathrm{i}\boldsymbol{g} \cdot \boldsymbol{r})\right]\right\}$$

$$= \frac{1}{2}\left\{\exp\left(2\pi\mathrm{i}\left(\boldsymbol{k}^{(1)} \cdot \boldsymbol{r}\right)\exp(\pi\mathrm{i}\boldsymbol{g} \cdot \boldsymbol{r})\left[\exp(-\pi\mathrm{i}\boldsymbol{g} \cdot \boldsymbol{r}) - \exp(\pi\mathrm{i}\boldsymbol{g} \cdot \boldsymbol{r})\right]\right\}$$

$$= -\mathrm{i}\sin(\pi\boldsymbol{g} \cdot \boldsymbol{r})\exp\left[2\pi\mathrm{i}\left(\boldsymbol{k}^{(1)} + \boldsymbol{g}/2\right) \cdot \boldsymbol{r}\right]$$

类似地，

$$b^{(2)}\left(k^{(2)}, r\right) = \cos\left(\pi g \cdot r\right) \exp\left[2\pi i \left(k^{(2)} + g/2\right) \cdot r\right] \tag{3.53}$$

布洛赫波的波矢 $k^{(i)} + g/2$ 是沿起衍射的点阵平面往下走。这说明电子波在晶体内部运动，是同一色散面支的透射波与衍射波组合成一个布洛赫波沿点阵平面方向向前走。而且，不同色散面支的布洛赫波的振幅，其最大值，有的在点阵平面，有的在平面之间。对于结构与组成简单的金属，通过于点阵平面之间的布洛赫波相当于 "顺利" 透射，往往在较厚的样品区观察到较多的结构细节，称为异常透射。对于结构复杂的晶体，在点阵平面几何位置与在几何位置之间，可能有不同原子分布，利用相应的衍射几何条件，使得不同的布洛赫波产生不同的激发，从而对特定的原子产生较强的信号，称为异常吸收。

注意到，透射电子显微学处理薄晶体的情况是劳厄衍射，这时布拉格反射角非常小；加上电子衍射的能量高度集中于前进方向，在薄膜电子穿过总厚度所发生的横向位移也非常小。再考虑多重散射的因素，电子会被约束在晶柱内。因此假设电子沿入射点所在的很窄的晶柱向深度方向传播，是很好的近似。电子衍射的动力学理论的基本方程可直接从薛定谔方程导出。但对于实验上很重要的双光束情况，动力学方程由 Howie 和 Whelan 应用晶柱近似，得到联立微分方程组 [42]：

$$d\psi_0/dz = (\pi i/\xi_{-g}) \left[\exp\left(2\pi i s_g z\right)\right] \psi_g$$

$$d\psi_g/dz = (\pi i/\xi_g) \left[\exp\left(-2\pi i s_g z\right)\right] \psi_0 \tag{3.54}$$

可以计算透射束和衍射束的强度。其中，ψ_0 和 ψ_g 分别是透射束和衍射束波函数；z 是晶柱的深度方向；ξ_g 是对应衍射束 g 的消光距离；s_g 是衍射束 g 的偏离参量。方程组的对称形式很好地反映了透射束和衍射束的动力学交互作用。晶体缺陷产生的位移，可以方便引入方程进行计算。在晶柱出射表面计算的透射束与衍射束的强度，代表了该晶柱所在点的束的强度，所以，在晶体下表面的给定束的强度分布图中，晶柱在一定意义上有像素的含义。在 20 世纪 60 年代，十分活跃的衍射衬度电子显微学，对晶体缺陷研究作出巨大贡献 [43]，晶柱近似与双光束微分方程组功不可没。晶柱近似也有其局限性，即分辨率不高。而微分方程组在多光束情况下求解困难。电子显微学的发展推进到新的阶段。

3. 多束的布洛赫函数

将晶体位能的展开式 (3.38) 和组合的布洛赫波 (3.43) 代入薛定谔方程：

$$\sum_g \left\{\left[K^2 - (k+g)^2\right] C_g(k) + \sum_{h \neq 0} U_h C_{g-h}(k)\right\} \exp[2\pi i(k+g) \cdot r] = 0$$

如果薛定谔方程对任何一点 r 都成立，则一定要求每个指数函数前面的系数全部为零，这是一组 n 元线性齐次方程组：

$$A^{(j)} \{C_g^{(j)}\} = 0 \tag{3.55}$$

其中，$\{C_g^{(j)}\}$ 是一个列矩阵，元素是各个布洛赫波各平面波分量的振幅；$A^{(j)}$ 是矩阵，对角元素

$$a_{gg} = K^2 - \left(k^{(j)} + g\right)^2 \tag{3.56}$$

这里 $\boldsymbol{K}$ 是晶内折射波矢。矩阵的非对角元素

$$a_{gh} = U_{g-h} \tag{3.57}$$

U_{g-h} 是晶体周期势场的傅里叶系数。线性齐次方程组不能求出振幅的绝对值，只能解出它们的比值。在解双束的过程中，振幅诸函数是正交归一化的，在多束情况仍然成立。原则上就可能求得振幅的绝对值。矩阵 $\boldsymbol{A}$ 中的 $k^{(j)}$ 是个待决定的量。振幅的零解没有意义。非零解则要求行列式的值为零：

$$\left|A^{(j)}\right| = 0 \tag{3.58}$$

将这个行列式乘开，得到关于 $k^{(j)}$ 的 $2n$ 次方的多项式。

求解这一多项式还要边界条件。最简单的边界条件是：晶体表面法线就是所有起衍射平面的晶带轴，布洛赫波的波矢 $k^{(j)} = k_z^{(j)} \boldsymbol{N} + \boldsymbol{L}_0$，这里 $\boldsymbol{N}$ 是晶带轴的单位矢，$\boldsymbol{L}_0$ 是反射球截过劳埃圆圆心的倒易矢。$\left(k^{(j)} + g\right)^2 = \left(k_z^{(j)}\right)^2 + (g + L_0)^2$。

解 $k(j)$ 是矩阵代数中成熟的本征值问题。式 (3.58) 改写成

$$A^{(j)} \{C_g^{(j)}\} = \left[\left(k_z^{(j)}\right)^2 - K^2\right] \{C_g^{(j)}\} \tag{3.59}$$

这里，$\left[\left(k_z^{(j)}\right)^2 - K^2\right]$ 是本征值；$\{C_g^{(j)}\}$ 是本征矢。

解出本征值 $(k_z^{(j)})^2$ 之后，各波振幅 $C_g^{(j)}$ 也就可以确定。再从边界条件确定布洛赫波的激发系数 $\varepsilon^{(j)}$，诸衍射波振幅也就可以求得了。

利用本征值方程计算电子波振幅的方法，其优点是比较普适；缺点是对 n 束衍射求解时要解 n 阶矩阵，费时费力。

3.3.2　从衍射物理出发的多层法——相位衬度理论 [44]

考查电子波在电子显微镜中的行为，可以分三个步骤：电子波在真空中的传播与衍射；电子波在晶体样品中的传播；电子波经过电子透镜的成像。3.3.1 节用量子力学求解电子波函数的方法计算了电子波在晶体样品中周期势场的传播。这里将从衍射物理傅里叶光学的角度统一考虑上述电子波三个过程的行为。

1. 菲涅耳衍射和夫琅禾费衍射

光的波动学说的最早倡议者惠更斯于 1678 年提出，光从发射点到观察点的传播是从发射点出发的任一球面波阵面的次级源所散射的波在观察点的合成的结果。1818 年，菲涅耳用杨氏干涉原理补充了惠更斯的包络作图法。1882 年，基尔霍夫 (Kirchhoff) 把以上两者的概念放在一个更坚实的数学基础上 [45,46]。

请看图 3.26 的坐标选择，P_2 点上的单位振幅的波函数产生的球面波行进到 P_1 点标志的孔，然后从 P_1 发出各次级电子波，在观察点 P_0 得到波函数 $\psi(x,y)$：

$$\psi(x,y) = \left(\frac{\mathrm{i}}{\lambda}\right) \iint \left[\exp\left(\mathrm{i}kr_2\right)/r_2\right] \cdot \left[\exp\left(\mathrm{i}kr_1\right)/r_1\right]$$

$$\cdot \left\{\left[\cos\left(n, r_1\right) - \cos\left(n, r_2\right)\right]/2\right\} \mathrm{d}S \tag{3.60}$$

这就是菲涅耳和基尔霍夫公式。P_1 上的次级波源的振幅正比于投射到 P_1 上的波振幅 $\exp\left(\mathrm{i}kr_2\right)/r_2$，但有三点差别：首先，两者振幅差一个因子 λ^{-1}；其次，受一个倾斜因子修正；第三，相位差 90°。

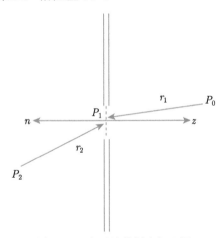

图 3.26 电子波传播坐标配置

当电子波传播中遇到一个物体之后，由于考虑的是散射加强的情况，所以广义上，也称之为衍射。图 3.27 是理想化的平面情况。一个二维物体放在 P_1 处，物体对由左至右传播的电子波的作用由透射函数 $q(X,Y)$ 来描述。经过物体后的波函数是 $q(X,Y)\exp\left(\mathrm{i}kr_2\right)/r_2$，在 P_0 平面 (x,y) 处观察到的波函数是

$$\psi(x,y) = \left(\frac{\mathrm{i}}{2\lambda}\right) \iint \left[\exp\left(\mathrm{i}kr_2\right)/r_2\right] q(X,Y) \left[\exp\left(\mathrm{i}kr_1\right)/r_1\right]$$

$$\cdot \left\{\left[\cos\left(n, r_1\right) - \cos\left(n, r_2\right)\right]\right\} \mathrm{d}X\mathrm{d}Y \tag{3.61}$$

这里，n 是 XY 面的法线；x，y，n 构成正交坐标系。

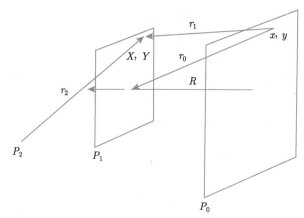

图 3.27　菲涅耳–基尔霍夫公式坐标配置

这里引入若干简化条件：①入射波是平面单色波，$\exp(\mathrm{i}kr_2)/r_2 = 1$；②关于倾斜因子，角度 (n, r_2) 自然等于 $180°$，物体线度比物体离观察点距离 R 小很多，在观察平面上只对 x 轴附近的区域感兴趣，这时令 $\cos(n, r_1)=1$ 引起的误差不超过 5‰；③在 $\exp(\mathrm{i}kr_1)/r_1$ 中将分母 r_1 近似为 R，不过在指数上不能这样做，因为 k 很大；④进一步简化需要将指数上的 r_1 写为

$$r_1 = \left[R^2 + (x-X)^2 + (y-Y)^2\right]^{\frac{1}{2}} \approx R + \frac{(x-X)^2 + (y-Y)^2}{2R}$$

这就是菲涅耳近似，其物理意义是用二次曲面等相位面代替球面波。

菲涅耳衍射表达式为

$$\psi(x,y) = [\mathrm{i}\exp(\mathrm{i}kR)/R\lambda] \iint q(X,Y) \exp\left\{\mathrm{i}k\left[(x-X)^2 + (y-Y)^2\right]/2R\right\} \mathrm{d}X\mathrm{d}Y$$

$$= [\mathrm{i}\exp(\mathrm{i}kR)/R\lambda] q(x,y) * \exp\left[\mathrm{i}k\left(x^2+y^2\right)/2R\right] \tag{3.62}$$

其中，$\exp\left[\mathrm{i}k\left(x^2+y^2\right)/2R\right]$ 称为菲涅耳传播因子。在近场传播时，电子波每走一段距离 R，振幅有所减弱之外，相位还要附加一个菲涅耳传播因子。菲涅耳传播因子的重要性质有：

(1) $p_{z1} * p_{z2} = p_{z0}$ $(z_0 = z_1 + z_2)$ 表示惠更斯原理；

(2) $1 * P_z = 1$ 表示平面波的菲涅耳衍射还是平面波；

(3) $\delta(x,y) * p_z = p_z$ 菲涅耳衍射将 δ 函数展宽成菲涅耳传播因子，由于 δ 函数可以看成是组成一切像的基元，所以菲涅耳因子就是菲涅耳衍射的扩展函数。

将 r_1 的展开式写出：

$$r_1 = \left[R^2 + (x-X)^2 + (y-Y)^2\right]^{1/2}$$

$$= \left(R^2 + x^2 + X^2 + y^2 + Y^2 - 2xX - 2yY\right)^{1/2}$$

如果在更强的假设之下，$R \gg \left[k\left(X^2 + Y^2\right)\right]/2$，即观察距离足够远，则 X，Y 的平方相位因子在整个孔径上近似等于 1，而观察到的场分布就可以直接从孔径上的场分布的傅里叶变换求出：

$$\Psi(x,y) = \left(\frac{1}{i\lambda R}\right)\left\{\exp(ikR)\left[\left(\frac{ik}{2\pi}\right)(x^2 + y^2)\right]\right.$$
$$\left. \times \iint q(X,Y)\exp\left[-\left(\frac{2\pi i}{\lambda R}\right)(xX + yY)\right]\right\}dXdY \tag{3.63}$$

傅里叶变换后的衍射，在频率 $f_x = x/\lambda R, f_y = y/\lambda R$ 上取值。这称为夫琅禾费衍射。

在可见光光学频段，夫琅禾费衍射成立所要求的条件相当苛刻。比如在红光波段，波长为 600nm，孔径 2.5cm，$R>1600$m。在电子显微镜的情况，波长在 0.003nm，物镜光阑 10μm，$R>27$m。如果将一个电子透镜放在观察者和孔径之间的适当位置，则有可能在更近的地方观察到夫琅禾费衍射。

在光学中已经证明，透镜对波场的作用是 [47]

$$\psi'(x,y) = L(x,y)\psi(x,y) \tag{3.64}$$

透镜的相位变换作用表示为

$$L(x,y) = \exp\left(ikn\Delta_0\right)\exp\left[-ik\left(x^2 + y^2\right)/2f\right] \tag{3.65}$$

这里，n 是光学折射系数；Δ_0 是透镜在光轴上的厚度；f 是透镜焦点距离。式中头一项是常数相位延迟，在电子光学中不予考虑；第二项是对球面波的二次曲面近似。由此，电子透镜作为相位变换器，将入射平面波变换为会聚于后焦点的球面波，或将从前焦点发出的球面波变换为出射平面波。

现在从傅里叶光学的角度描述透镜的成像过程。在下面公式中物面用 x，y 坐标描述；物镜后焦面用 X，Y；像平面用 x_i，y_i。透射函数为 $q(x,y)$ 的物体紧靠着一个焦距为 f 的会聚透镜之前。平面单色波垂直入射，透镜后的波函数为 $q(x,y)\exp\left[-ik\left(x^2 + y^2\right)/2f\right]$。这个波函数传播到后焦面，相当于卷积上相应的菲涅耳因子：

$$\psi(X,Y) = \left\{q(x,y)\exp\left[-ik\left(x^2 + y^2\right)/2f\right]\right\} * \exp\left[(ik/2f)\left(x^2 + y^2\right)\right]$$
$$= \left(\frac{i}{2f}\right)\exp\left[\left(\frac{ik}{2f}\right)(X^2 + Y^2)\right]\iint q(x,y)\exp\left[-\frac{ik(x^2 + y^2)}{2f}\right]$$
$$\times \exp\left[\frac{ik(x^2 + y^2)}{2f}\right]\exp\left\{\left(\frac{ik}{2f}\right)(xX + yY)\right\}dxdy$$

所以

$$\psi(X/\lambda f, Y/\lambda f) = \left(\frac{\mathrm{i}}{\lambda f}\right) \exp\left[\left(\frac{\mathrm{i}k}{2f}\right)(X^2 + Y^2)\right] F\{q(x, y)\}$$

在透镜后焦面上呈现的是物体透射函数的傅里叶变换。

如果观察点放在像平面，则运算整理结果得出

$$\psi(x_i, y_i) = \left(\frac{1}{M}\right) \exp\left[\left(\frac{\mathrm{i}\pi}{\lambda V}\right)(x_i^2 + y_i^2)\right] q\left(-\frac{x_i}{M}, -\frac{y_i}{M}\right) \tag{3.66}$$

这里，M 是放大倍数；V 是像平面离透镜的距离。在像平面，像是物体透射函数的复现，它被放大，是倒立的，振幅削弱为原透射函数的 $1/M$。

物的透射函数经过透镜后在后焦面呈现夫琅禾费衍射，这是第一次傅里叶变换。以此作为次级波源，在像平面重建放大的像，这是第二次傅里叶变换。图 3.28 示意了这些过程。

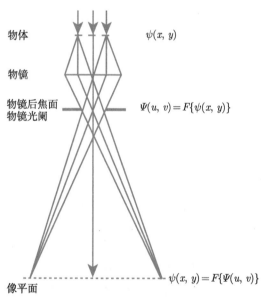

图 3.28 理想物镜中，物体、透镜、衍射图、物体像之间的关系

2. 电子衍射动力学的物理光学公式

前所介绍的波动光学的电子衍射动力学公式是以无限大的晶体的周期势场与电子波相互作用的薛定谔方程为出发点。1957 年，考利和 Moodie 从物理光学的途径发展出多层法的电子衍射动力学公式 [48]。

晶体被平行分割为一系列散射平面的叠加，厚度 z 到 $z + \Delta z$ 之间的势场投影在一个散射平面上。电子波垂直于这一系列散射平面入射，通过一个片层后，电子波产生的相位变化为

$$\sigma \int \phi(x, y, z)\mathrm{d}z = \sigma\phi(x, y)\Delta z \tag{3.67}$$

其中，σ 为相互作用常数：

$$\sigma = (2\pi/E\lambda)\left[1 + \left(1 - \beta^2\right)^{1/2}\right]^{1/2} = \left(2\pi m_{\mathrm{e}}e^2/h^2\right)\left(1 + h^2/m_{\mathrm{e}}^2e^2\lambda^2\right)^{1/2} \tag{3.68}$$

$\phi(x, y, z)$ 表示一个单胞长度的晶片内势场沿 z 方向的投影。

关于势场的表达式，单胞势场与电子衍射的单胞结构因子有傅里叶变换关系：

$$F(g) = \sum_j f_j(g)\exp\left(2\pi\mathrm{i}g \cdot r_j\right)$$

$$\phi(r) = \sum_j F\left(g_j\right)\exp\left(-2\pi\mathrm{i}g_j \cdot r\right) \tag{3.69}$$

根据泊松方程，电子的原子散射因子 f_j（原子序数为 Z）可以从 X 射线的原子散射因子按下述关系求得

$$f_{\mathrm{e}}(g) = \left(2me^2/h^2g^2\right)\left[Z - f_x(g)\right]$$

X 射线的原子散射因子是原子电荷密度分布函数 $\rho_0(r)$ 的傅里叶变换：

$$f_x(g) = \int \rho_0(r)\exp(2\pi\mathrm{i}g \cdot r)\mathrm{d}V_r \tag{3.70}$$

对第 n 个散射平面的透射函数为

$$q_n(x, y) = \exp\left\{\mathrm{i}\sigma\phi_n(x, y)\Delta z\right\}$$

又称相光栅函数。在层与层之间由菲涅耳传播引起的相位移动是

$$p(x, y) = \exp\left\{\mathrm{i}k\left(x^2 + y^2\right)/2\Delta z\right\} \tag{3.71}$$

菲涅耳衍射可表示为波函数与菲涅耳扩展因子的卷积，所以第 $n+1$ 个散射平面出射电子波振幅为

$$\Psi_{n+1} = \left\{\psi_n * \exp\left[\mathrm{i}k\left(x^2 + y^2\right)/2\Delta z\right]\right\}\exp\left(\mathrm{i}\sigma\psi_{n+1}\right) \tag{3.72}$$

对于长程有序的晶体结构，ψ_n 的傅里叶变换是一系列 δ 函数，傅里叶分量随着级数的增加而很快减小，这使得计算大为简化。

电子波在多层中的传播可简单描述为上述基元散射过程的迭代。在正空间，用一维形式写出

$$\psi(u) = q_n(x) \left[{}_n \cdots \left[{}_3 q_2(x) \left[{}_2 q_1(x) \left[{}_1 q_0(x) * p_0(x) \right] * p_1(x) \right]_2 * p_2(x) \right]_3 * \cdots \right]_n * p_n(x) \tag{3.73}$$

其中，方括号下标 n 表示第 n 个散射平面的操作。上式 $q_n(x)$ 乘以第 n 个方括号代表电子波离开第 n 个散射平面，这个波进一步向前从第 n 层传播到 $n+1$ 层，这一过程为该电子波函数与菲涅耳传播 $p_n(x)$ 的卷积。

在倒易空间可以写出

$$\Psi(u) = \left[{}_n Q_n(u) * \cdots \left[{}_2 Q_2(u) * \left[{}_1 Q_1(u) * Q_0(u) P_0(u) \right]_1 P_1(u) \right]_2 P_2(u) \cdots \right]_n P_n(u) \tag{3.74}$$

倒易空间中的菲涅耳传播因子为

$$P_n = \exp\left(-2\pi \mathrm{i} \lambda g^2 \Delta z / 2 \right)$$

在计算的层面，卷积运算被快速傅里叶变换取代。函数的卷积运算比较慢，而快速傅里叶变换与函数相乘比较快。

在头一层，电子波透射过零层相光栅 q_0，然后经一个层间距的菲涅耳传播因子 P_0。在正空间，这是 $q_0(x) * P_0(x)$。

在计算机运算时，将它们变换到倒易空间，成为相乘：

$$P_0 Q_0$$

到下一层，这个电子波与相应层的相光栅相乘，在正空间，

$$\left\llbracket F^{-1}(P_0 Q_0) \right\rrbracket q_1$$

在这一层内，电子波的传播是与菲涅耳传播因子 P_1 相卷积。在计算机中转为在倒易空间的相乘，

$$P_1 \left\{ F \left\llbracket q_1 \left[F^{-1}(P_0 Q_0) \right] \right\rrbracket \right\}$$

$$\cdots \cdots$$

这样运算在晶体空间和衍射空间之间来回变换，以节省时间。

3. 弱相位体像

一个物体函数 $A(r_0)$ 可以分解为权重为 $A(r_0')$ 和 δ 函数 $\delta(r_0 - r_0')$ 的线性叠加。

$$A(r_0) = A(r_0') * d(r_0 - r_0')$$

在物镜的后焦面，物的夫琅禾费衍射记为 $FA(r_0)$，它还应承载着透镜作为相位变换器所加上的相位 $T(u)$。应用卷积定理得到

$$S(u) = T(u)S_0(u) = T(u)FA(r_0) \tag{3.75}$$

这里，$S(u)$ 是物的夫琅禾费衍射；$T(u)$ 是透镜作为相位变换器所加上的相位。透镜不是理想的，会引入若干像差，从而带来附加的相位。$T(u)$ 称为物镜的传递函数。到像空间，再经过一次傅里叶变换：

$$\psi(r) = \{FT(u)\} * A(r_0) \tag{3.76}$$

这里，$\psi(r)$ 是像函数；$FT(u)$ 作为传递函数的傅里叶变换，在像空间称为点扩展函数。这说明，在像空间，基元函数不再是 δ 函数，而是由包含物镜像差引起相位变化的传递函数的傅里叶变换作为基元函数。成像系统还有自身的特点，因为像被放大了 M 倍，所以物空间上移动距离对应着像空间上像点移动了 M 倍。如果同样的物点在像空间中都在相应的 M 倍点上出现相同形状的像点，则称为空间不变性，在成像系统中称为等晕。在光学和电子光学系统中，有些像差会破坏等晕。但仅与电子轨迹的起始方向有关的像差，如球差、散焦、轴向像散和轴向彗形等，都不影响等晕。因此，传递函数是评估成像系统的重要依据。

传递函数附加的相位差有下列多项。

1) 球差

球差引起在物空间漫散盘的半径为 [49]

$$\rho_s = C_s \alpha^3 \tag{3.77}$$

式中，C_s 是球差系数，量值在 $1\sim10\text{mm}$。

与光轴有交角的电子束与光轴上的电子束有一个相位移动：

$$\chi_s = 2\pi\Delta/\lambda \tag{3.78}$$

式中，Δ 是光程差，从图 3.29(a) 中可见，$\Delta = \rho_s\sin\alpha = \rho_s\alpha$，所以 $\mathrm{d}\Delta = \rho_s\mathrm{d}\alpha$，

$$\mathrm{d}\chi_s = \frac{2\pi\rho_s\mathrm{d}\alpha}{\lambda} = 2\pi C_s\alpha^3\mathrm{d}\alpha/\lambda$$

从零到 α 积分：

$$\chi_{\mathrm{s}} = \pi C_{\mathrm{s}} \alpha^4 / 2\lambda \tag{3.79}$$

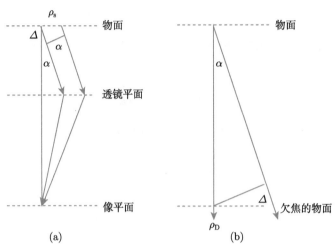

图 3.29　由球差 (a)、离焦 (b) 引起的光程差

2) 离焦

大多数高分辨像是在观察到最好衬度时拍摄的。对于相位体而言，在有关高斯像平面时衬度反而是最小的。拍摄通常在某种离开焦平面的条件下进行，以求得最佳衬度和分辨能力。见图 3.29(b)，物体放在前焦面，离焦量为 Δf，显然 $\rho_{\mathrm{D}} = \Delta f \sin \alpha = \Delta f \alpha$。

光程差

$$\Delta = \left(\frac{\Delta f}{\cos \alpha} \right) - \Delta f = \Delta f \left\{ \left[\frac{1}{1 - \dfrac{\alpha^2}{2}} \right] - 1 \right\} = \Delta f \alpha^2 / 2$$

对应相位移动

$$\chi_{\mathrm{D}} = \frac{2\pi\Delta}{\lambda} = \pi \Delta f \alpha^2 / \lambda \tag{3.80}$$

$\Delta f > 0$ 对应于透镜强激励，称过焦；$\Delta f < 0$ 是透镜弱激励，称欠焦。

物镜传递函数是这两种相位移动的组合。

$$\chi = \frac{\pi c_{\mathrm{s}} \alpha^4}{2\lambda} + \pi \Delta f \alpha^2 / \lambda \tag{3.81}$$

传递函数的相位移动也可以表达成物镜后焦面上坐标系 (u, v) 的形式。u 轴和 v 轴分别平行于物空间的 x 轴和 y 轴。角坐标与线坐标的关系是 $u = \alpha_x/\lambda, v = \alpha_y/\lambda$。

于是有

$$\alpha^2 = \alpha_x^2 + \alpha_y^2 = \left(u^2 + v^2\right)\lambda^2 \tag{3.82}$$

物体的电子波函数实际上是物体下表面的出射波函数。在波动光学处理中，基于原子柱假设的双光束微分方程组给出很好的解，构成衍衬电子显微学的坚实基础。多光束的薛定谔方程的解给出布洛赫函数。在总能量不变的前提下，电子波的动能发生简并。入射波与衍射波的波点不再停留在折射波函数的波点球面上，而是分裂成不同的色散面支。电子波函数在"束"的表象中分为入射束、衍射束等，而在布洛赫波表象中是从色散面支发出的波场。波场沿着衍射的点阵面前行，在物体下表面组合为透射束与衍射束。现在介绍第三种表象，物理光学的相位体函数。

由势场 V_0 加速的电子波长是

$$\lambda = h/ \left(2meV_0\right)^{1/2} \tag{3.83}$$

其中，h 是普朗克常量；m 是静止质量；e 是点阵电荷。

电子通过具有局部势场 $\phi(x, y, z)$ 的一个物体时，波长将随电子的位置而变化：

$$\lambda'(x, y, z) = h/ \left\{2me\left[V_0 + \phi(x, y, z)\right]\right\}^{1/2} \tag{3.84}$$

对于电压很高的加速电场和非常薄的物体内的势场，可以认为电子只沿 z 方向运动。经过一薄层 $\mathrm{d}z$ 后，电子波由势场的作用而产生相位移动

$$\mathrm{d}\gamma(x, y, z) = \frac{2\pi\mathrm{d}z}{\lambda'} - \frac{2\pi\mathrm{d}z}{\lambda} = \frac{2\pi\mathrm{d}z}{\lambda}\left[V_0 + \frac{\phi(x, y, z)^{\frac{1}{2}}}{V_0^{\frac{1}{2}}} - 1\right]$$

$$= (\pi/\lambda V_0)\phi(x, y, z)\mathrm{d}z$$

定义 $\sigma = \pi/\lambda V_0$ 为相互作用常数，对整个厚度积分得到总相位移动：

$$\gamma(x, y) = \sigma \int \phi(x, y, z)\mathrm{d}z = \sigma\phi(x, y) \tag{3.85}$$

样品的作用在这种假设下就像纯相位体，其透射函数是

$$q(x, y) = \exp[\mathrm{i}\sigma\phi(x, y)] \tag{3.86}$$

对于由轻元素组成的很薄的物体，$\sigma\phi(x,y) \ll 1$，进一步将透射函数展开并简化：

$$q(x,y) = 1 + \mathrm{i}\sigma\phi(x,y) \tag{3.87}$$

在物镜后焦面引入传递函数：

$$Q(u,v) = [\delta(u,v) + \mathrm{i}\sigma\Phi(u,v)]\exp(\mathrm{i}\chi) = [\delta(u,v) - \sigma\Phi(u,v)\sin\chi + \mathrm{i}\sigma\Phi(u,v)\cos\chi]$$

对于有对称中心的晶体，像平面上的波振幅为

$$\psi(x,y) = 1 - \sigma\phi(x,y)^{*}F\sin\chi + \mathrm{i}\sigma\phi(x,y) \times F\cos\chi$$

$$\psi^{*}(x,y) = 1 - \sigma\phi(x,y)^{*}F\sin\chi - \mathrm{i}\sigma\phi(x,y) \times F\cos\chi \tag{3.88}$$

在像平面上的强度分布为

$$I(x,y) = \{1 - 2\sigma\phi(x,y) \times F\sin\chi\}^{2} + \{\mathrm{i}\sigma\phi(x,y) \times F\cos\chi\}^{2} \tag{3.89}$$

略去 $\sigma\phi$ 的二次项：

$$I(x,y) = 1 - 2\sigma\phi(x,y) \times F\sin\chi \tag{3.90}$$

像衬度为

$$c(x,y) = -2\sigma\phi(x,y) \times F\sin\chi \tag{3.91}$$

在最简单的相位衬度理论中，衬度比例于晶体的势场函数的投影与成像系统的点扩展函数的卷积。这里的前提是，轻元素，厚度薄 (小于 10nm)，不考虑吸收，不考虑色差和束发散等影响。

更复杂的情况就要用计算模拟来辅助。

$\sin\chi$ 函数综合反映了球差和离焦量对成像质量的影响，是一个比较准确和科学的评价物镜分辨能力的手段。但这个函数形状复杂，它在像强度中与理想的像卷积在一起，不易重构理想的像。所以在定性讨论中，往往取 $\sin\chi = -1$ 的一段，作为电镜操作时所追求创造的条件，使观察到的像能反映物的真实结构。这样，

$$c(x,y) = 2\sigma\phi(x,y) \tag{3.92}$$

从图 3.30 可以看出，在某一波长和球差的条件下，可以找到最佳离焦值，使 $\sin\chi$ 曲线在较宽的一段其绝对值接近于 1 的平台，在这一段曲线内，衍射频率的细节、传递函数在点电子波阵面的附加相位，都可以近似看成是相同的。因此在横坐标交点之前的所有衍射频率的细节，都可以发生干涉，重建近乎理想的像。

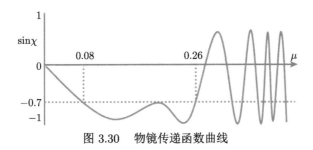

图 3.30 物镜传递函数曲线

对于一台使用的电子显微镜，电子波长和物镜球差都已限定，可以通过改变离焦量来调节 $\sin\chi$。

对离焦量和球差系数，引入两个无量纲的参数：

$$D = \Delta f / (C_{\mathrm{s}}\lambda)^{1/2}, \quad u' = C_{\mathrm{s}}^{1/4}\lambda^{3/4}u \tag{3.93}$$

改写由像差引起衍射波的相位移动为

$$\chi(\boldsymbol{u}') = \pi\left\{|\boldsymbol{u}'|^4/2 - D|\boldsymbol{u}'|^2\right\}$$

上式没有包含有方向性的量，矢量可退化为标量表示

$$\chi(\boldsymbol{u}') = \pi\left\{\boldsymbol{u}'^4/2 - D\boldsymbol{u}'^2\right\} \tag{3.94}$$

当 $u' = D^{1/2}$ 时，$\chi = -D^2\left(\dfrac{\pi}{2}\right)$。如果 D 取整数，则在这个值附近，$\sin\chi$ 函数和 χ 函数一样，都变化得很缓慢，使得 u' 在较宽的范围内有同样的成像条件，即所谓"通带"。这样，

$$D^2\left(\frac{\pi}{2}\right) = n\left(\frac{\pi}{2}\right) \quad (n \text{ 为奇数}) \tag{3.95}$$

这个条件给出较好的相位衬度成像，当 $n = 1$ 时，$\sin\chi$ 函数的平台展得最宽，称为最佳欠焦条件。因为由像差引起相位移动的公式是 Scherzer 给出的[50]，所以最佳欠焦条件又称为 Scherzer 聚焦。

现在计算一下通带的宽度。在 n 为奇数的前提下，χ 函数取 $\pi/2$ 的偶数可使 $\sin\chi$ 函数与 u 的横轴相交，$-(n-1)\pi/2 = \pi\left\{u'^4/2 - Du'^2\right\}$。由此解出

$$u' = n^{1/4}\left[1 \pm 1/n^{1/2}\right]^{1/2} \tag{3.96}$$

当 $n = 1$ 时，$u' = 0$ 和 $u' = 2^{1/2}$ 决定了通带的宽度。$u' = 2^{1/2}$ 同时也是最佳欠焦条件下可直接解释像的最高分辨极限。在物空间写出来是

$$\Delta x = 0.7C_{\mathrm{s}}^{1/4}\lambda^{3/4} \tag{3.97}$$

改善分辨率的一个途径是采用更短的电子波长，即提高加速电压。这样附带的优点是可以观察更厚的样品，缺点是构建的超高压电镜价格昂贵，而且对样品辐照损伤严重。另一个途径是采用更小像差的透镜。于是像差校正电子显微镜应运而生。

事实上，物镜传递函数除了受球差、离焦影响外，还受电子源的能量漫散和空间广延度的影响。试想象，不同波长的电子经过物镜，以及从不同发射点的电子经过物镜，所产生的物镜传递函数叠加，在 $\sin\chi$ 曲线的平滑段也许影响不大，但在高频振荡区，就会相互抵消。这在数学上称为衰减包络 [51]。图 3.31 表示了这些效应。

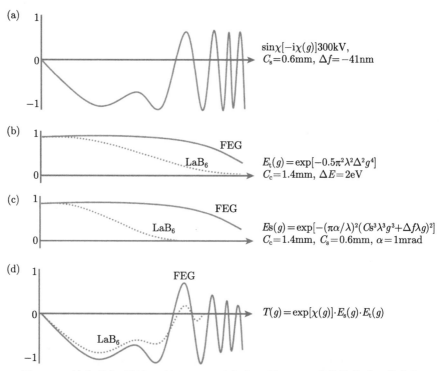

图 3.31   综合考虑时间相干性 $E_t(g)$，空间相干性 $E_s(g)$ 的物镜传递函数曲线
LaB_6 是电子枪发热源，FEG 是场发射枪；(a) 考虑了球差，离焦效应的物镜传递函数曲线；(b) 考虑了电子源能量漫散造成的衰减包络曲线；(c) 考虑了电子源空间广延度形成的衰减包络曲线；(d) 综合考虑上述因素的物镜传递函数曲线

3.3.3 像差校正透射电子显微镜和负球差成像

透射电子显微镜 (TEM) 中的图像衬度可以分为振幅衬度和相位衬度两大类。相位衬度来源于不同衍射束之间的相干效应，理论上只要有多于一束的电子束参与成像，相位衬度就会出现，如莫尔条纹 (Moire pattern)、菲涅耳衬度 (Fresnel contrast) 等就是相位衬度在中低倍图像中的体现。在更高的放大倍数下，由于出

射电子束的相位中携带了样品信息，则不同衍射束在像平面上发生干涉，这使得对晶体点阵结构的观察成为可能，这就是高分辨电子显微技术的由来。

相位衬度之所以在高分辨电子显微技术中如此重要，原因有二。一是为了提高图像分辨率，需要更多的衍射电子束参与成像，不同衍射束之间的相干效应就显得十分重要；二是为了使图像中的细节能够与晶体结构相对应，就需要样品具有很薄的厚度。在这种条件下，电子束穿透样品时振幅的变化可以忽略，因此图像的衬度就必须用相位衬度的概念来解释。3.3.2 节中对相位衬度的成像理论作了介绍，详细分析了欠焦量与电子束相干性对相位衬度的影响。

在理想的相干成像条件下，像平面的波函数是样品出射波函数的放大与反转复制，并且附加一个额外的相位修正。在实际的透射电镜光路中，对像平面波函数的描述需要考虑球差、物镜光阑、变焦的影响，这时后焦面处的波函数可以描述为

$$\Psi_f = C\Psi_e\left(k_x, k_y\right) e^{-i\chi(k_x, k_y)} \tag{3.98}$$

其中，Ψ_e 为样品中出射的电子波函数；$e^{-i\chi(k_x, k_y)}$ 为附加的相位因子，可以写为

$$\chi\left(K_t\right) = \pi\lambda K_t^2\left(\frac{C_s\lambda^2}{2}K_t^2 + \Delta f\right) \tag{3.99}$$

这里，λ 为电子束波长；$K_t = \sqrt{k_x^2 + k_y^2}$；$C_s$ 为球差系数；Δf 为聚焦值。可以看到，除了聚焦值以外，球差系数同样对波函数起到了重要的调制作用。

这里所说的球差属于像差的一种。与传统光学一样，电子光学中各类像差的存在是限制分辨率的主要原因。2.3 节中对像差与像差校正进行了详细介绍，简述了像差校正的重要性，图 3.32 给出了常见的像差类型与示意图。

不同阶数像差对出射电子波函数有着不同的影响 [52]。在众多不同阶数的像差中，球差系数 C_s 是非常重要的一个影响因素。在 Scherzer 欠焦下，对应的空间分辨率为

$$d = 0.64\left(\lambda C_s^3\right)^{1/4} \tag{3.100}$$

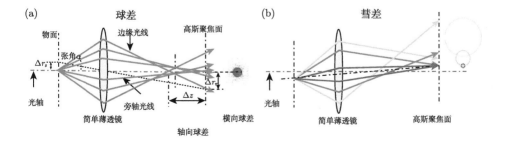

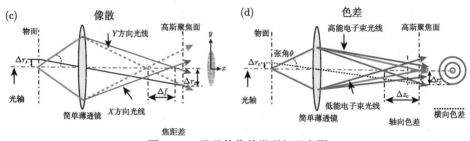

图 3.32   常见的像差类型与示意图
(a)～(d) 分别为球差、彗差、像散和色差

从式 (3.100) 中可以看到，即使在最佳欠焦条件下，仪器的分辨率仍然取决于物镜的球差系数与电子束的波长。然而，不同于传统光学中可以通过引入额外的具有相反球差系数的光学透镜 (如凹透镜) 来消除球差的影响，在电子显微镜中的圆形磁透镜没有类似光学中的凹透镜。因此在很长的一段时间内，物镜球差是限制 TEM 分辨率的主要因素。基于德国科学家 H. Rose 等的理论工作，1998 年 M. Haider 成功地制备出球差校正器应用到了 TEM 和 STEM 中。常见的校正器有四极、六极、八极、十二极等，图 2.8 中展示了集中不同球差校正器的轴向投影示意图。

2003 年，德国于利希 (Juelich) 研究所的 C. L. Jia 和 K. Urban 等发展了负球差成像 (negative spherical aberration imaging) 技术 [54]。之所以选择负球差成像，主要原因是在负球差条件下，结合适当的过焦量，可以使衬度传递函数在值为 +1 附近出现较宽的平台，这种条件下获得的图像中原子所在的位置总是表现出较亮的衬度，更有利于与晶体结构的直接比照。

3.3.4 像差校正 STEM-HAADF/STEM-ABF/STEM-iDPC

扫描透射电子显微术 (STEM) 成像技术具有丰富的成像模式，包括高角环形暗场 (high angle annular dark field, HAADF)、环形明场 (annular bright field, ABF) 成像，以及后续发展的差分相位衬度 (differential phase contrast，DPC) 成像、积分–差分相位衬度 (integrated differential phase contrast，iDPC) 等，不同的成像模式有各自的特点。STEM 成像作为目前科学研究中主流的成像手段，被广泛运用于解决不同的科学问题。2.2 节对 STEM 的电子光路进行了介绍，这里将对 STEM 中几种常用的成像模式进行简要介绍。

1. 环形暗场像/高角环形暗场像

作为环形探测器，环形暗场 (ADF) 探头具有较大的收集范围 (图 3.33)，因此探测器平面上包含多个衍射盘。假设光阑的设置能够保证衍射盘之间存在相互交叠，此时 ADF 图像的强度可以写作波函数的模平方在整个探测器区域的积分：

$$I_{\text{ADF}}(R_0) = \int D_{\text{ADF}}(K_{\text{f}}) \times \left| \int \phi(K_{\text{f}} - K) T(K) \exp(-\text{i}2\pi K \cdot R_0) \, \mathrm{d}K \right|^2 \mathrm{d}K_{\text{f}}$$

$$(3.101)$$

其中，R_0 代表电子束斑的位置；K_{f} 代表探测器上接收散射电子的位置；ϕ 代表与样品相关的函数；$T(K)$ 为物镜的透射函数。对式 (3.101) 进行傅里叶变换，并将模平方展开，做一定简化后可得

$$I_{\text{ADF}}(Q) = \iint D_{\text{ADF}}(K_{\text{f}}) T(K) T^*(K+Q) \times \phi(K_{\text{f}} - K) \phi^*(K_{\text{f}} - K - Q) \, \mathrm{d}K_{\text{f}} \mathrm{d}K$$

$$(3.102)$$

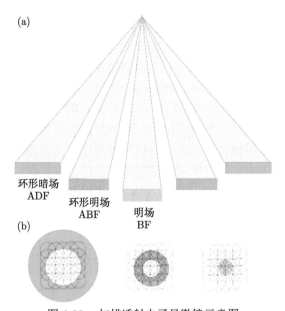

图 3.33　扫描透射电子显微镜示意图

(a) 扫描透射模式下的电子光路示意图，主要的透镜分布集中在样品上方，达到会聚电子束的目的；(b) 扫描透射模式下不同探头收集的散射电子的范围

式 (3.102) 中的第二项代表了不同衍射盘之间的相干效应。由于探测器的覆盖范围通常远大于衍射盘之间的交叠区域，因此在式 (3.102) 中，可以认为对 K 的积分结果相较于对 K_{f} 的积分结果而言是一个小量，则式 (3.102) 可近似写作

$$I_{\text{ADF}}(Q) = \int T(K) T^*(K+Q) \, \mathrm{d}K \times \int D_{\text{ADF}}(K_{\text{f}}) \phi(K_{\text{f}}) \phi^*(K_{\text{f}} - Q) \, \mathrm{d}K_{\text{f}} \quad (3.103)$$

包含光阑函数的积分实际上是光阑函数的自相关结果，而电子束函数的傅里

叶变化则是物镜透射函数的自相关结果，因此对式 (3-103) 作傅里叶逆变换可以得到 ADF 图像在实空间中的强度为

$$I_{\text{ADF}}(R_0) = |P(R_0)|^2 * O(R_0) \tag{3.104}$$

其中，$O(R_0)$ 代表样品透射函数的高通量滤波 (high-pass filter) 结果，可以写作

$$O(R_0) = |D(R_0) * \phi(R_0)|^2 \tag{3.105}$$

$D(R_0)$ 可以看作一个尖锐的高通滤波器。结合式 (3.104) 和式 (3.105) 可以看到，ADF 图像的强度与非相干成像的图像强度具有类似的表达式，说明 ADF 图像的非相干成像特点。

ADF 环形探头的中空部分保证了不同原子柱散射的电子束之间的相干性被破坏，而同一原子柱散射的电子束之间又具有足够的相干性，这正是 ADF 图像表现出非相干成像特点的原因 [55]。后来更高角度探测器的使用进一步使得弹性散射电子之间的相干效应可以忽略，因为此时散射几乎完全是由热漫散射 (thermal diffuse scattering) 造成的，这也导致了在 HAADF 图像中具有更强的原子序数衬度信息。除此之外，在高收集角范围内，原子散射截面对原子序数有更强的依赖性，这使得能够利用图像衬度判断不同位置处深度方向的原子密度，换言之，可以通过正带轴条件下原子的衬度强弱判断原子柱的密度。这些特点使得 HAADF 图像几乎成为现如今最流行的一种成像模式。不过散射截面对于原子序数的依赖性也决定了在这种成像模式下对轻元素的表征方面存在一定的弊端。

2. 环形明场像

为了克服环形暗场像难以表征轻元素的问题，H. Rose 最早于 1974 年提出采用环形明场探测器提高 STEM 图像中相位衬度的强度信息 [56]。S. D. Findlay 和 E. Okunishi 等 [57] 于 2009 年成功采集了 ABF 图像，证明了这种成像技术能够同时对轻重元素进行成像，且其衬度不会随着厚度的变化而出现反转。ABF 图像与 HAADF 图像的联用，使得 STEM 技术在表征材料结构方面具有更大的优势。

ABF 图像的衬度不会随着厚度的增加而发生反转的特点，可以用 1s 态的布洛赫波理论进行解释。相位衬度中图像衬度之所以会随着厚度的增加而发生反转，是由于沿着不同方向传播的不同波矢对应的高激发态布洛赫波之间存在相互干涉。而当收集角增加时，只有靠近原子核附近的入射电子束才能够由于卢瑟福散射而到达这些收集角范围，因此 1s 态的布洛赫波在这些区域内具有更高的强度，而不再需要考虑其他布洛赫波之间的干涉对图像造成的影响。基于 1s 态布洛赫波理论，假设不同原子柱之间的距离没有过小，ABF 探测器平面上的电子波函

数可以写作

$$\Psi(q,z) \approx \alpha\Psi_{1s}(q)\exp\left[-i\pi\frac{E_{00}}{E_0}z/\lambda\right] + [A(q)-\alpha\Psi_{1s}(q)]\exp\left[-i\pi\lambda q^2 z\right] \quad (3.106)$$

其中，Ψ_{1s} 为 s 态布洛赫波的波函数；α 为 s 态的激发振幅；E_{00} 为 s 态的结合能 (为负值)；E_0 为加速电压；A 代表电子束位于表面处的倒空间振幅；λ 为电子波长；q 代表倒空间坐标。式 (3.106) 中第一项代表样品中 s 态被激发后出射的电子波函数，第二项代表未受到样品散射的出射电子波函数。

基于式 (3.106) 求出不同收集角积分范围内的波函数振幅，可以得到在 ABF 收集角范围内 (这里假设为 10~22 mrad)，散射束和透射束在表面处的相位相同，发生建设性干涉 (interfering constructively)，沿着 z 方向传播的过程中由于相位的相对变化，使建设性干涉减弱，因此在这一收集角范围内的电子散射强度较小 (小于 10 mrad 和大于 22 mrad 范围内的电子散射强度)，这也是 ABF 图像中原子表现出暗衬度的原因。同时，由于 1s 态波函数对原子序数的依赖程度弱[58]，因此这种干涉机制可以适用于大部分的元素，从而在 ABF 图像中轻重元素可以同时成像。

3. 差分相位衬度/积分–差分相位衬度

STEM 模式下的 ABF 和 HAADF 成像技术均对探测器部分收集到的电子信息进行了积分处理，因此与电子波函数相位相关的信息丢失，图像衬度只对散射电子的强度分布敏感。实际上，样品内部存在的静电场或磁场将会对入射电子波函数的相位产生影响。首先只考虑样品内部静电势 (不涉及磁场) 对入射电子波函数相位的影响，相位的改变可以写作

$$\varphi_e(x,y) = \sigma\int_{-\infty}^{+\infty} V(x,y,z)\mathrm{d}z \quad (3.107)$$

其中，σ 代表相互作用参数；V 代表静电势。式 (3-107) 中的积分沿着 z 方向代表电子束的运动轨迹。当样品内部存在除本征静电势之外的内建电场时 (如铁电材料)，式 (3.107) 可以详细写为

$$\varphi_e(x,y) = \sigma V_{\mathrm{mip}}t(x,y) + \frac{\sigma}{\varepsilon}\int_0^t\left[\int_0^{(x,y)} P_\perp(x',y')\mathrm{d}x'\mathrm{d}y'\right]\mathrm{d}z \quad (3.108)$$

其中，ε 代表介电常数；$P_\perp$ 代表垂直电子束方向的极化分量。假设极化不随样品厚度 t 的变化而变化，且本征的静电势 V_{mip} 为常数，式 (3.108) 可以简写为

$$\varphi_e(x,y) = \sigma V_{\mathrm{mip}}t(x,y) + \frac{\sigma t(x,y)}{\varepsilon}\int_0^{(x,y)} P_\perp(x',y')\mathrm{d}x'\mathrm{d}y' \quad (3.109)$$

而样品内部的电场在面内方向的分量 $E_x(x,y)$ 和 $E_y(x,y)$ 可以由下式获得

$$\left[E_x^{\perp}(x,y), E_y^{\perp}(x,y)\right] = \nabla_{xy}\varphi_{e}(x,y) \tag{3.110}$$

其中，∇_{xy} 代表面内方向的梯度算符，即 $\partial/\partial x, \partial/\partial y$。

因此，提取出射波函数中的相位信息将会提供样品内部电场或磁场的分布情况。其中一种方法是在 STEM 模式下采用分瓣探头 (segmented detector) 的成像技术——差分相位衬度 (DPC)，其最早由 Rose 和 Dekkers 于 20 世纪 70 年代提出 [59]，目前这种成像技术在多个领域中得到了应用。DPC 成像技术主要是利用入射电子束在样品中受到内电场的影响而发生偏转，通过电子束的偏转情况来反映样品中的内电场分布。图 3.34(a) 给出了 DPC 成像技术的原理示意图。为了探测扫描过程中电子束经过不同位点时衍射盘的移动，则通常采用分瓣式探头 (4瓣、8 瓣、16 瓣等)，当衍射盘发生移动时，探测器中的一部分所接收到的电子信号会变强，相应的另一部分就会变弱，通过测量相对象限之间的差分对比度就可以估计电子束受到样品内建电场影响而产生的偏转角 β_e。按照电子传播的经典处理方法，可以将偏转角 β_e 写作

$$\beta_{e} = \frac{e\lambda}{hv}\int_0^t E_{\perp}(r_{p}, z)\,\mathrm{d}z \tag{3.111}$$

其中，v 代表电子的速度，假设样品内部的内电场是均一的，式 (3.111) 可以化简为

$$\beta_{e}(r_{p}) = \frac{e\lambda t(r_{p})}{hv}E_{\perp}(r_{p}) \tag{3.112}$$

当获得了样品内部的电场信息之后，可以借由电场与电荷密度、静电势之间的关系 (麦克斯韦方程)，得到样品内部的电荷密度和静电势情况：

$$\begin{cases} \mathrm{div}\,\langle E_{\perp}\rangle = -\dfrac{et}{v\varepsilon_0}e\rho_{\perp} \\ \mathrm{grad}^{-1}\,\langle E_{\perp}\rangle = -\dfrac{et}{v}V_{\perp} \end{cases} \tag{3.113}$$

其中，$\rho_{\perp}$ 代表总的投影电荷密度，即包括质子和电子的密度加和；$V_{\perp}$ 代表总的投影静电势，相对应的图像分别称为微分–差分相位衬度 (dDPC) 和积分–差分相位衬度 (iDPC)，如图 3.34(b) 所示。从式 (3.113) 中可以看出，iDPC 图像直接与投影静电势相关，这一成像技术已经被验证具有成像轻重元素的能力 [60]，且由于 iDPC 成像技术基于读取衍射盘在探头不同部分的差异，对出射电子束的利用率远高于传统的环形探测器，因此可以实现在低电子束辐照剂量下的成像，适合表征一些对电子束敏感的材料，如沸石、金属有机框架材料等 [61]。

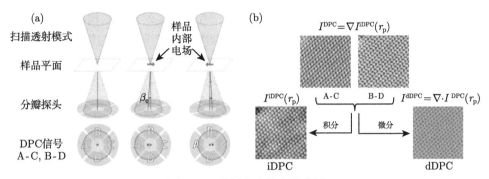

图 3.34   分瓣探头技术的应用

(a) 差分相位衬度原理；(b) 积分–差分相位衬度与微分–差分相位衬度的获取；图片源自参考文献 [62]

3.3.5 叠层衍射成像技术

叠层衍射成像技术是近年来兴起的一种 STEM 相位衬度成像技术。其他 STEM 成像技术通常积分会聚束电子衍射大角度范围的强度以形成图像，相干效应产生的强度改变一般会在积分中丢失。而叠层衍射成像技术充分利用会聚束电子衍射不同角度的强度信息，一般使用 4D-STEM 实验设置，再通过一定的理论算法，重构出样品的透射函数，即 $A(\boldsymbol{R}) \exp\left[\mathrm{i}\sigma V_z(\boldsymbol{R})\right]$，其中 $V_z(\boldsymbol{R})$ 为样品的投影势函数，σ 为相互作用因子。由此可以形成很多更优化的相位衬度成像技术。叠层衍射成像技术主要分为直接解卷的 WDD 方法和基于循环迭代的叠层衍射方法，基本原理参见第 2 章。近年来，由于新的快速直接电子探测相机和新的数学算法的发展，叠层衍射成像技术近期有了巨大的突破。最新的工作展示出了这种方法在超高分辨率、信噪比和衬度等方面的优势，特别是在很多类型材料的点阵序参量测量方面具有很大的应用前景。该章节主要介绍叠层衍射成像在晶格序参量解析中的主要优势和初步应用。

首先，叠层衍射成像技术具有很高的电子剂量使用效率，相位传递函数也优于其他相位衬度图像，并且对轻重元素均敏感 [63−65]。早期利用叠层衍射成像技术，主要是基于 WDD 方法，实现原子分辨图像的例子包括碳纳米管 [64]、LaB_6 [66] 和锂电池材料 [67] 等。但是由于 WDD 叠层衍射成像技术一般需要使用正焦条件，扫描步长很小，而现有的二维像素化相机读取速度远小于点探测器，因此，高质量的实验数据并不容易实现，并没有得到广泛应用。

与上文的 "基于循环迭代的叠层衍射方法" 等同。首先，它可以突破常规成像技术由像差或聚光镜光阑确定的衍射极限，实现更高的分辨率。Chen 等在二维材料中 80keV 下展示了 0.39Å 的最高分辨率，同时高的衬度和信噪比，可以实现单原子空位的精确确定 [68]。人们还进一步实现了大离焦量下的叠层衍射成像技术 [69,70]，这种离焦条件可以实现大的扫描步长，从而实现快速数据采集和高通量的高分辨率成像。对于入射波函数的部分相干性，在叠层衍射重构中还可以引入混合态来考虑[70]，这样可以获得更高质量的图像和低剂量成像的优势，并展示出可能实现皮米精度的轻元素位置确定[71]。

　　叠层衍射成像另一个重要的发展是引入多片层思想，实现深度分辨的结构解析[73]。类似于多片层散射理论，样品用不同深度的多个片层的透射函数表示，考虑电子正向传播和逆向更新波函数和样品透射函数，从而重构出不同片层的结构。在透射电子显微学领域，最初的一个工作是尝试用多片层叠层衍射成像分离深度位置不同的两个碳纳米管，由此实现了类似于常规光学切层的深度分辨率[74]。最大的突破是通过优化多片层叠层衍射成像技术的算法，并引入混合态的电子束函数模型，直接实现了超高分辨率的厚样品的多片层相位重构，主要实验流程示意图见图 3.35[72]。该工作也展示了多片层叠层衍射成像可以实现接近原子热振动本征大小的终极分辨率，有望直接实空间观测原子热振动的相关特征。同时，通过优化的电子束位置校正方法，该技术还可以实现亚皮米精度的原子位置测量。其三维分辨能力还有望实现样品内包埋的单原子掺杂[73]、表面重构[75]和缺陷的三维结构[76]等。该技术尚在快速发展中，有望在精确确定点阵序参量方面获得广泛的应用。

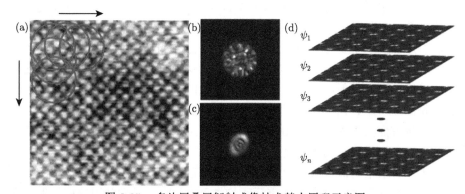

图 3.35　多片层叠层衍射成像技术基本原理示意图

(a) 电子束斑扫描样品示意图，其中图像为从 4D-STEM 合成的环形暗场像；(b) 其中一个会聚束电子衍射；(c) 叠层衍射重构的电子束波函数第一个模态的强度分布；(d) 重构出的不同层的样品透射函数的相位；图来自于参考文献 [72]

3.4　正空间点阵图像的信息提取

　　点阵序参量作为其他序参量的载体，是研究显微结构时最重要的一个研究对象。解析点阵序参量中所蕴含的信息，是理解各类量子序参量的基础。通过采集正空间的点阵图像，可以从中获取诸多信息，比如晶格畸变、缺陷位点、铁电位移等，本节将详细介绍如何从正空间点阵图像中提取有效的信息。

3.4.1 基于正空间点阵图像获取晶格畸变信息

获取一张实空间的点阵图像后,有多种办法可以从中获取晶格畸变的信息,这里主要介绍三种常用方法。

1. 几何相位分析[77]

对实空间的点阵图像进行傅里叶变换,可以得到相应倒空间的信息,其中不同的频率对应实空间中不同的晶面周期。当实空间点阵图像中存在一定的晶格畸变时,会在倒空间中表现为相应频率的变化,因此通过对目标频率做傅里叶逆变换,就可以获取实空间中对应周期的晶面上是否存在晶格畸变。这种提取倒空间特定相位信息的方法称为几何相位分析 (geometric phase analysis,GPA),它在揭示体系中存在的二维应变场方面有着广泛的应用。

图 3.36 展示了一个 GPA 分析的实例。图 3.4.1(a) 是一张具有钙铁石结构的钴氧化物薄膜 HAADF 图像,从图中可以看到,存在两类不同的取向结构,其中白色虚线标示了两类取向结构的界面。由于不同的取向结构对应不同的面内外延关系,因此二者势必具有不同的应变情况,利用 GPA 分析可以很好地获知两类取向结构相应的应变情况。图 3.36(b) 展示了倒空间中特定频率的选取,通过虚拟的光阑可以实现沿着 xx 和 yy 方向特定频率的保留,再由傅里叶逆变换即可获得频率对应的晶面在实空间中的畸变情况。图 3.36(c) 和 (d) 分别展示了沿着 xx 和 yy 方向的应变情况,从图中可以看到,两类不同的取向结构沿着 xx 方向的应变情况存在显著差异,而沿着 yy 方向的应变情况几乎相同。

随着研究者们越来越关注到应变调控对材料体系的影响,GPA 分析近年来在诸多材料体系的研究分析中起到了十分关键的作用。比如在铁电材料的畴结构分析中,GPA 分析可以帮助研究者们判断不同铁电畴的应变状态,结合畴内部的铁电极化状态,有助于理清铁电畴的弹性能与铁电极化之间的关联作用[78]。

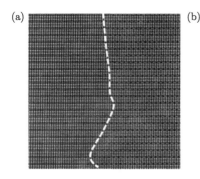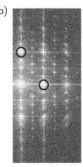

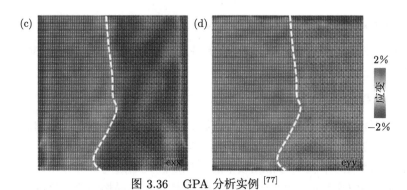

图 3.36　GPA 分析实例 [77]

(a) 钙铁石结构的 HAADF 图像，虚线标示了两种取向畴的分界线；(b) 傅里叶变换结果以及虚拟光阑所套取的 xx 和 yy 方向的频率；(c) 和 (d) xx 和 yy 方向各自套取频率的傅里叶逆变换结果，颜色所对应的标尺在右侧展示

2. 位移分离法 [79]

根据 GPA 分析结果，体系中存在的二维应变场可以被有效分析，但受限于频率个数的选择，只能给出相应晶面的畸变情况，无法提供单个原子柱上准确的原子位移情况。位移分离法 (displacement separated analysis，DSA) 是一种基于 GPA 方法发展的分离单个原子柱上畸变信息的便捷方法，大致思路是通过增加傅里叶空间中虚拟光阑的个数，套取多个特定频率，利用不同频率间的相干效应获得实空间中对应的原子畸变信息。具体原理如下：

对一张具有原子分辨的实空间点阵图像而言，每一个原子柱位置的信息实际上是一个三维高斯峰在二维平面上的投影，如图 3.37(a) 所示。考虑一种简单的周期性原子位移情况，即原子柱位置相对于其原始点阵的位置发生偏移，所对应的高斯峰峰位也随之发生变化，如图 3.37(b) 所示。此时，这种周期性的晶格畸变在倒空间中将会以额外的频率出现。通过对倒空间中所有的额外频率进行套取，并进行傅里叶逆变换，可以得到如图 3.37(c) 所示的结果。在正空间中，就等同于将具有原始点阵的图像与发生原子位移后的图像衬度相减，所遗留的非零衬度就对应了原子柱的位移情况。具体表现在二维图像中即是两个不同峰位的高斯峰差值部分的投影，类似于一个 p 轨道的形状，一半衬度较强，另一半衬度较弱。其中原子位移的方向从衬度较弱区域指向衬度较强区域。用这种方法能够简单判断每个原子柱位置相对于高对称点的位移情况。特别是针对一些具有额外调制周期的材料或者铁电材料，这种方法能够有效辨别调制周期中的原子位移变化，以及铁电材料中铁电极化的相对大小和方向，具体实例会在 3.5 节中展示。

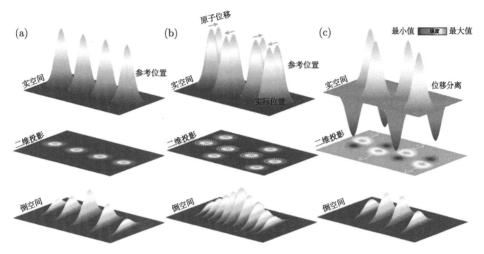

图 3.37　位移分离法原理示意图

(a) 参考位置所对应的实空间、二维投影和倒空间的信息；(b) 添加一个额外周期的位移后，相应的实空间、二维投影和倒空间的信息，其中橙色虚线所标注的均为参考位置所对应的信息；(c) 添加位移后的实际位置与原始参考位置相减后所对应的实空间、二维投影和倒空间信息，橙色箭头标注了实际位置相对于参考位置的偏离方向；图片源于参考文献 [79]

3. 高斯拟合

DSA 虽然能够有效提取原子位移的信息，但无法定量给出位移的大小，导致无法有效计算与原子位移相关的一些物理量 (比如根据铁电位移计算铁电极化)。除了原子位移之外，很多时候在实验中还希望获取更多与原子位置相关的晶格畸变信息，比如键长、键角等，这就需要精确测定每个原子柱的位置，并进行更多相关信息的提取。

利用高斯拟合方式精确测定每个原子柱的位置，是一种常用的定量计算晶格畸变的方法。之前提到，在原子分辨的图像中，每一个原子柱的位置信息实际上是一个三维高斯峰在二维平面上的投影。由于原子位置的衬度展宽大多数来源于电子光路中所残留的像差，因此可以将拟合得到的高斯峰位定为每个原子柱的精确位置，这一过程的示意图如图 3.38(a) 所示。

在确定了每个原子柱的精确位置后，更多与原子位置变化相关的晶格畸变信息就可以被提取，比如在钙钛矿氧化物中可以判断氧八面体畸变的情况，如图 3.38(b) 所示，上方为原始的 ABF 图像，下方图片中红色十字代表高斯拟合得到的精确原子，通过测定氧原子和 B 位离子之间的相对位置，可以判断每一层的键角大小，这在氧化物材料的分析中起到了十分重要的作用 [80]。3.5 节中会通过具体实例介绍利用高斯拟合提取相关信息。

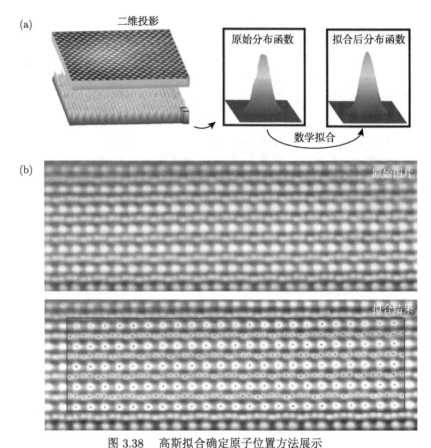

图 3.38   高斯拟合确定原子位置方法展示

(a) 高斯拟合示意图；(b) 上方为钙钛矿结构氧化物面内取向的 ABF 图像，下方为高斯拟合的结果，红色十字代
表拟合得到的原子位置[80]

3.4.2 基于正空间点阵图像构造单胞结构 [81]

获得正确的单胞结构是理解体系中各类有趣衍生物性的前提，也是进行理论
计算的基础。原子尺度实空间图像的获取有利于研究者们直接确定相应的单胞结
构，尤其在研究界面对称性破缺、表面重构、元素掺杂等方面的科学问题时，电
子显微学表征与理论计算相结合的方式能够有效确定相关的晶格结构。其中，电
子显微学的表征结果能够作为理论计算中所使用的单胞结构的参考，优化单胞结
构，直到与电子显微学表征结果吻合，不仅可以帮助揭示晶格重构与不同诱导因
素之间的联系，同时也保证了理论计算中所使用的单胞结构的正确性，为后续对
体系电子态、磁构型等方面的理论研究提供了正确的晶格模型。

一个正确单胞结构的获取需要电子显微学表征、理论计算和图像模拟三个方
面的相互配合，图 3.39 展示了获取一个正确单胞结构的简要流程，具体为：获取

多个带轴的正空间点阵图像—根据点阵图像构建合理的初始单胞结构—依靠第一性原理计算弛豫单胞结构—将弛豫后的单胞结构进行图像模拟，并与实验图像比对—通过比对结果进一步调整单胞结构，直到模拟图像与实验图像一致。

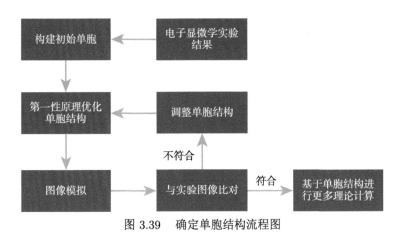

图 3.39 确定单胞结构流程图

3.5 点阵序参量研究实例

3.5.1 间隙氧原子对点阵序参量的影响 [82,83]

氧离子调控是调控氧化物材料功能物性的一种有效手段，氧离子在体系中的注入/湮灭会对点阵序参量产生不可忽视的影响。本节中将通过研究间隙氧对点阵序参量的影响，展示 3.4 节中介绍的几种分析方法的实际应用。

稀土铁氧化物 $LuFe_2O_4$ 因其丰富的电磁特性，近十年来受到了研究者们的广泛关注 [84-86]。其丰富的氧化学计量比使这类材料具有非常丰富的物相空间，通过改变体系的氧含量，能够获得一系列具有不同点阵结构的新型物相 [87]，且各自的点阵结构受到间隙氧掺杂位点的强烈调制，是研究间隙氧掺杂对点阵序参量影响的模型体系。

实验中首先对其中一种氧化学计量比较低的样品进行了 HAADF 图像的采集，如图 3.40(a) 所示，插图中展示了相应的原子结构模型。这里采用倒空间相位提取的方法，获得了 Lu 原子沿着 [001] 方向的位移，结果如图 3.40(b) 所示。从图中可以看到 Lu 原子的位移结果在实空间中呈周期性分布，其中位移的相位在 (01$\bar{7}$) 面出现周期性移动，在图中用白色虚线标出。除此之外，通过对白色箭头方向进行位移大小的提取，可以获得图 3.40(c) 所示的点线图。从图中可以看到，沿着 [027] 方向位移的振幅会发生波动，并且经过白色虚线位置时，位移的相位会出现移动。

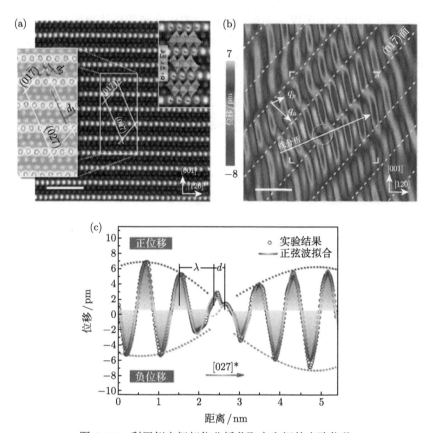

图 3.40　利用倒空间相位分析获取实空间的点阵位移

(a) [100] 带轴的 HAADF-STEM 图像，左侧的局部放大图显示了 (027) 和 (01$\bar{7}$) 面的面间距，分别用 d_1 和 d_2 表示；(b) 沿着 [001] 方向的 Lu 原子周期性位移，相位在 (01$\bar{7}$) 面 (用白色虚线表示) 出现周期性的移动；(c) 在图 (b) 中箭头位置，沿着 q_p 方向进行的原子位移线分析，表明相位的移动和振幅的波动，其中振幅的波动可以用虚线包络线表征；所有的标尺均为 2 nm；图片源于参考文献 [82]

　　为了获取实空间的点阵位移与间隙氧掺杂位点之间的关联，实验中对另外一种氧含量较高的样品进行了拍摄。首先同样采集了 [100] 带轴的 iDPC 图像，如图 3.41(a) 所示。通过对白色虚线矩形框中的区域进行放大观察，发现图像中存在除主点阵原子之外的额外衬度，这是来自掺杂的间隙氧原子，如图 3.41(b) 中黄色箭头所标注，可以看到，间隙氧原子倾向于排列在 LuO_2 层和 FeO 层之间，且在近邻的 FeO 层两侧同时存在。进一步分析间隙氧原子的掺杂位点，可以确定其排列方式具有长程有序性，图 3.41(a) 中黄色区域标出了所有间隙氧原子存在的单元，每一个单元即对应图 3.41(b) 中的平行四边形框，间隙氧的长程有序周期可以用调制矢量 q 进行描述，相应的长程有序周期为 3 倍 (033) 晶面间距，即 $3d_{033}$。图 3.41(c) 的示意图同时展示了沿着 [120] 和 [001] 方向，间隙氧的调制周期为 3 倍的 (030) 和 (003) 晶面间距，即 $3d_{030}$ 和 $3d_{003}$。

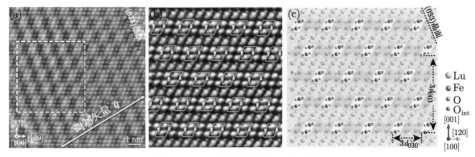

图 3.41　　间隙氧掺杂位点的确定

(a) [100] 带轴下采集的 $LuFe_2O_{4.22}$ 的 iDPC 图像，黄色区域标注了间隙氧存在的区域，其呈现明显的周期性，可以用垂直于 (033) 晶面的调制矢量 q 进行描述，白色虚线框中的放大图在 (b) 中给出，其中黄色箭头标注了间隙氧的精确位置；(c) 相应的原子模型示意图，其中黄色实线框对应图 (a) 中的黄色区域，蓝色圆球对应间隙氧原子的精确位置；图片源于参考文献 [83]

　　确定间隙氧的掺杂位点后，实验上接着对实空间的点阵位移进行了分析。这一工作中主要是采用高斯拟合的方法给出位移的方向和大小。图 3.42(b) 为 [100] 带轴的 HAADF 图像，其傅里叶变化结果与图 3.42(a) 中采集的衍射图案相一致，其中一个显著的特征是超衍射点的出现。通过对超衍射点进行仔细的矢量分析，可以发现其调制矢量与间隙氧的长程有序性相一致，证明超衍射点是由间隙氧的有序排布贡献的。进一步地，这里利用高斯拟合确定 Lu 原子和 Fe 原子的精确位置，可以对 Lu 原子沿着 [001] 方向的位移和 Fe 原子沿着 [120] 方向的镜面间距进行定量计算，结果如图 3.42(c) 和 (d) 所示。从图中可以清楚地看到，Lu 原子的位移和 Fe 原子的晶面间距都沿着垂直于 (033) 晶面的方向呈周期性变化，且周期同样为 3 倍的 (033) 晶面间距 ($3d_{033}$)，与之前间隙氧和衍射图案中超衍射点所具有的周期是相互一致的。仔细对比 Lu/Fe 原子的位移变化情况和间隙氧的周期性排布，可以发现间隙氧原子存在的位置，近邻的金属原子点阵发生了一定程度的收缩，这可能是由于金属原子与间隙氧原子二者之间电子云的重叠，使得二者之间形成一定程度的化学键所导致的。由此可见，间隙氧的长程有序排布会使得原本的点阵序参量发生变化，所引入的晶格畸变同样具有相同的长程周期性。

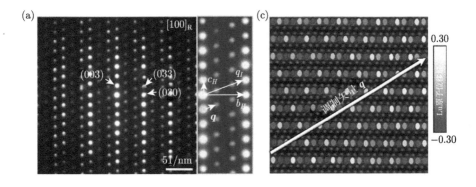

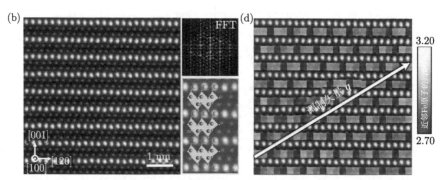

图 3.42　　高斯拟合确定点阵位移的方向和大小

(a) [100] 带轴下采集的选区电子衍射图案，除主衍射点之外，存在明显的超衍射点，并且相应的 (003)，(030)，(033) 衍射点和超衍射点分别用 c_H，b_H，q_I 和 q 表示，已在右侧放大图中分别标出；(b) [100] 带轴下采集的 HAADF 图像，右侧放大图表明堆垛方式已经不同于母体 $LuFe_2O_4$，相应的快速傅里叶变换 (FFT) 图像也与选区衍射的结果相吻合；(c) 和 (d) 分别为图 (b) 中 Lu 原子沿着 [001] 方向的位移量和近邻 Fe 原子之间沿着 [120] 方向间距的定量分析结果，用颜色分布图表示，从图中可以看出二者均存在明显的周期性变化，且周期性同样可以用调制矢量 q 进行描述；图片源于参考文献 [82]

　　除了相位分析和高斯拟合外，位移分离法同样是一种有效分析实空间位移情况的方法。实验上通过制备两种不同的氧含量样品，可以获取不同的实空间位移情况，相应的衍射图案如图 3.43(a) 和 (h) 所示。其中图 3.43(h) 的衍射图案中出现明显的超衍射点弥散拉长的现象，表明间隙氧长程有序性被一定程度地破坏。

　　为了采用位移分离法解析两种氧含量下的实空间位移情况，首先对 [100] 带轴的 HAADF 图像进行了采集，结果如图 3.43(b) 和 (i) 所示，在这一基础上可以获得位移分离的结果。通过对倒空间特定频率的选取，如图 3.43(c) 和 (j) 所示，这里主要套取的是超衍射点所对应的频率。图 3.43(d) 和 (k) 展示了相应的分析结果。从图中可以看到，超衍射弥散拉长的情况对应在实空间中，表现为位移的周期性出现破缺，出现了部分 $4d_{033}$ 的调制周期，且 $3d_{033}$ 和 $4d_{033}$ 之间的相对排列不具备长程有序。

　　为了验证位移分离法的分析结果，实验上采用高斯拟合的方法进行确认。图 3.43(e) 和 (f) 展示了利用高斯拟合方法定量测量到的每一个 Lu 原子相对于高对称点的位移情况。从放大图中 (图 3.43(f)，(g) 和 (m)，(n)) 可以看到，两种方法各自获得的分析结果具有高度一致性。这表明对于这种具有周期性位移的体系，位移分离法能够快捷有效地获取实空间的位移信息。

　　在确定了实空间的点阵图像后，可以根据实验结果构造相应的超胞结构。根据图 3.41 和图 3.42 中所提供的 iDPC 和 HAADF 结果，以实验结果作为参考，可以在初始单胞结构中填充间隙氧原子，构造单胞结构，如图 3.44(a) 左侧所示。随后将所构造的单胞结构用于第一性原理计算弛豫，最终优化为图 3.44(a) 右侧所示的单胞结构，对称性为 $R3$，单胞的化学计量比为 $LuFe_2O_{4.22}$。将弛豫后的单胞结构用于图像模拟，可以获得不同带轴的 HAADF 和 ABF 图像，结果如图 3.44(b)~(d) 所示，模拟图像与实验采集图像之间高度一致，证明弛豫单胞结构的正确性，为后续的理论计算提供了正确的模型。

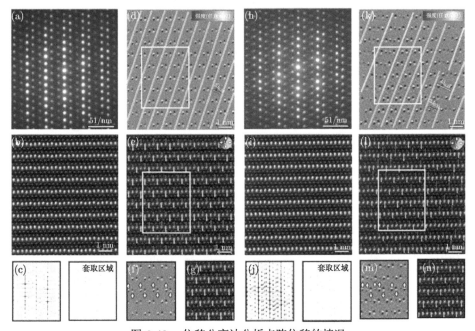

图 3.43　位移分离法分析点阵位移的情况

(a), (b) $LuFe_2O_{4.22}$[100] 带轴下采集的衍射图案与高分辨图像；(c), (d) 位移分离方法获得的分析结果；(e) 高斯寻峰方法获得的分析结果；(f), (g) 为两种分析方法获得结果的放大对比图；(h) ~(n) 为另一氧化学计量比的分析结果；图片源于参考文献 [82]

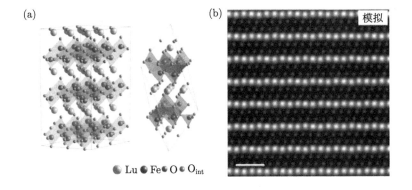

Lu　Fe　O　O_{int}

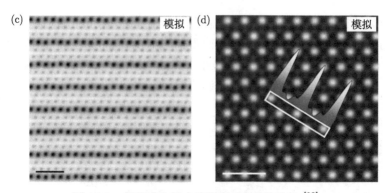

图 3.44   根据实空间点阵图像构建单胞结构 [82]

(a) 第一性原理计算弛豫过后的单胞结构；(b), (c) [100] 带轴的 HAADF 和 ABF 模拟图像；(d) [001] 带轴的
HAADF 模拟图像，三者均与实验结果高度一致

3.5.2   熵值对点阵序参量的影响 [28,88]

熵是定义体系无序度的物理量，熵值越高则意味着体系的无序化程度越大。体系熵值的提高有利于获得原先热力学不稳定的物相结构，同时引入局域晶格畸变调控相关物性。近年来，中熵/高熵化的调控手段在许多材料体系中都实现了物性提升。

电介质电容器具有快的充放电速率和高可靠性，在现代电子电路系统中发挥着重要作用。然而，随着储能介电储能器件小型化、集成化的发展，介电电容器相对较低的能量密度已成为目前亟待解决的主要问题。借助熵稳定效应，实验上能够制备得到原先热力学不稳定的 $Bi_2Ti_2O_7$ 基烧绿石相材料，同时利用多元素在等效晶格上的无序共存，能够有效降低烧绿石相的漏导与损耗，同时提升其击穿场强，使其在高电场下可以有效降低损耗，提升储能效密度和效率，如图 3.45 所示。

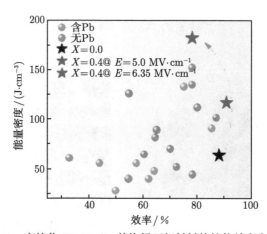

图 3.45   高熵化 $Bi_2Ti_2O_7$ 基烧绿石相材料的储能效率和储能
密度与其他经典储能材料的对比

图片源于参考文献 [28]

　　为了理解熵值调控对储能性能的提升，实验上通过电子显微学表征对高熵化的 $Bi_2Ti_2O_7$ 基烧绿石相材料进行了研究。高熵化带来的影响是：晶格点阵发生畸变，正常的烧绿石相是非铁电相，而点阵畸变的焦绿石相是铁电相，使它有可能成为储能材料。在具体讨论的材料中，可以观察到晶粒尺寸减小，非晶相比例提升，这有助于避免漏电击穿的现象。同时高熵化所引入的局域晶格畸变能够有效维持极化状态，同时诱使体系的极化方向不再单一，而是形成无规的分布，这使得极化位移对外电场的响应更加灵敏，提升了体系的储能效率。

　　体系中无规的极化位移可以通过原子位移分析进一步确认，如图 3.46(a) 所示。由于高熵化带来整体无序度增加，在体系中引入无序的局域晶格畸变，因此在倒空间中表现为频率的展宽和弥散。为了获取这类晶格畸变，实验上可以通过合适大小的虚拟光阑阻挡频率中的展宽和弥散部分，而套取具有一定强度的频率部分，并进行傅里叶逆变换，最终得到实空间的参考图像。在这一基础上，通过高斯拟合获取原始图像和参考图像上对应位点的原子坐标，它们之间的差异就代表了高熵化所引入的局域晶格畸变，结果如图 3.46(b) 上方所示。图中箭头方向代表原子相对于平衡位置的位移方向，位移的大小由箭头的长短和背底所覆盖的颜色标识。除了利用高斯拟合的结果以外，同样可以利用 DSA 直接获取原子位移的结果。通过反选虚拟光阑所套取的频率，可以将频率的展宽和弥散部分进行傅里叶逆变换，得到如图 3.46(b) 下方所示的结果，其中位移的方向在每个原子位点上表现为由强度较弱的区域指向强度较强的区域。图中白色实线框标明了位移明显的区域，可以看到，高斯拟合结果和 DSA 结果之间仍有十分高的契合度。

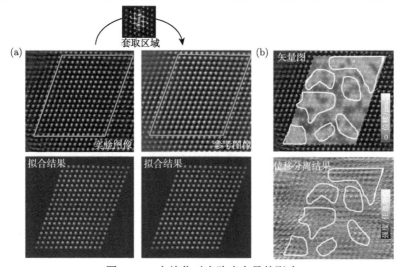

图 3.46　高熵化对点阵序参量的影响

(a) 原子位移测量示意图，上方分别为原始图像和经过倒空间频率套取后的傅里叶逆变换图像，下方为各自的高斯拟合结果；(b) 原始图像中原子位点相对于参考图像中原子位点的定量位移分析 (上方) 和 DSA 结果 (下方)

　　提升熵值除了对介电储能领域有着重要贡献之外，在金属领域同样是一种优化材料力学性能的有效手段。中熵/高熵合金能够同时兼具优异的强度与塑性，受到了研究者们的广泛关注，其中高熵/中熵合金中是否存在化学短程有序，一直是研究人员高度关注的科学问题之一。尽管 X 射线等实验和理论计算结果推测化学短程有序可能存在，但相关的实验证据未能很好地证实化学短程有序地存在，特别是与化学短程有序相关的有序晶面、空间尺寸和形状、元素分布特性等问题，仍未得到很好的回答。

　　如果中高熵合金中存在化学短程有序，其化学短程序的空间尺寸可能仅为几个单胞且有序度不高、组成元素原子序数相差极小等，这些特点都给其表征带来非常大的难度。而透射电子显微学研究方法具备同时获得衍射、形貌和元素分布信息的能力且空间分辨率高的优势，因此通过优化设计透射电子显微学的研究方案，研究者们清晰直接地给出了化学短程有序存在的证据，并详细表征了化学短程有序的尺寸、形态、分布和元素组成特性。以下是对 VCoNi 中熵合金中化学短程有序研究的具体思路和结果。

　　首先，超衍射斑点是否存在，这是有序结构存在与否的基本证据，无论是长程有序还是短程有序。在透射电子显微学方法中有三种获得衍射信息的方法，分别是选区电子衍射、微区电子衍射和高分辨图像的傅里叶变换。考虑到透射电子显微学方法不能在一个晶带轴上同时获得所有晶面的衍射信息，这里应用上述三种方法对不同晶带轴进行了研究。图 3.47 展示了利用上述三种衍射方法获得的 [110] 带轴的结果，从同一晶粒获取的选区电子衍射、微区电子衍射和 HAADF 高分辨图像的傅里叶变换均没有观察到超点阵斑强度，说明在这一带轴下没有任何化学有序的信息存在，无论是长程还是短程。

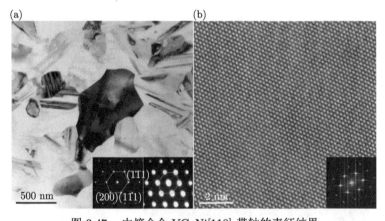

图 3.47　中熵合金 VCoNi[110] 带轴的表征结果

(a) 检测区域的基本形貌，插图中为 [110] 带轴的选区电子衍射和微区电子衍射；(b) [110] 带轴的 HAADF 高
分辨图像，插图为相应的傅里叶变换结果；图片源于参考文献 [88]

在这一基础上，通过倾转样品使得电子束平行 [112] 带轴时，无论是从选区电子衍射、微区电子衍射，抑或 HAADF 高分辨图像的傅里叶变换结果中 (图 3.48(a)，(b)，(e))，均观察到超点阵斑强度，其中选区电子衍射中的超点阵斑极弱且呈现圆盘状，由此说明在此材料中存在三维方向都尺寸极小的化学有序区，有序发生在 (113) 面。进一步获取超点阵斑的能量过滤暗场图像 (图 3.48(c)) 及傅里叶逆变换图像 (图 3.48(f) 和 (h))，两种方法显示出相同的结果，即贡献该超点阵衍射强度的化学有序区尺寸小于 1nm 且弥散分布 (图 3.48(d))。

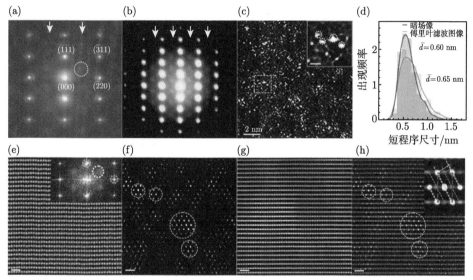

图 3.48 中熵合金 VCoNi[112] 带轴化学短程有序的观测结果
(a) 选区电子衍射；(b) 微区电子衍射；(c) 超点阵斑点的能量过滤像；(e)~(h) HAADF 高分辨图像以及超点阵斑点的傅里叶逆变换结果，标尺均为 0.5 nm；相关的化学端程序尺寸统计结果在图 (d) 中给出；
图片源于参考文献 [88]

在该合金中 V、Co 和 Ni 三种元素具有等原子比，三种元素是如何分布而导致短程有序的存在呢？这里利用透射电子显微学原子尺度元素分布的研究方法分别采集了 V、Co 和 Ni 的元素分布，最终的实验结果表明，富 V 和富 CoNi 的晶面沿着 (113) 晶面交替分布。由此可以得出结论：在中熵合金 VCoNi 中存在化学短程有序，有序面为 (113) 晶面，其尺寸小于 1nm，呈粒状弥散分布，富 V 和富 CoNi 面沿 (113) 晶面交替分布。

3.5.3 反铁电体系的点阵序参量 [89,90]

在铁电晶体中，相邻两单胞的电偶极矩呈平行排列。在此基础上，如果相邻两单胞的电偶极矩自发地形成反平行排列，就会形成反铁电晶体。而实际的反铁电晶体结构往往更复杂，其超单胞中可能会具有多个局域电偶极矩，但它们能够相互抵消而使净电极化强度依然保持为零。反铁电材料最典型的特征之一，是其 *P-E* 曲线表现为双电滞回线。

　　体系中序参量的不同取值往往能够直接反映出体系的不同状态。例如，在铁电体中，极化矢量通常被定义为 P。其中 $P=0$ 代表顺电相，而 $P \neq 0$ 则代表铁电相。但是在反铁电材料中，随着温度和外电场的变化，体系可能存在四种相：顺电相、铁电相、反铁电相和亚铁电相，同时伴随着复杂的转变相图，如图 3.49 所示。2016 年，Tolédano 提出 [91]，在反铁电体系中若要通过极化矢量是否为零来刻画体系状态，则除了极化矢量 P 之外，还需要定义另一个独立晶格畸变参量 η。当 $\eta=0$，$P=0$ 时，体系为顺电相；当 $P=0$，$\eta\neq0$ 时，体系为反铁电相；当 $\eta=0$，$P \neq 0$ 时，体系为铁电相；当 $\eta\neq0$，$P \neq 0$ 时，则为亚铁电相。

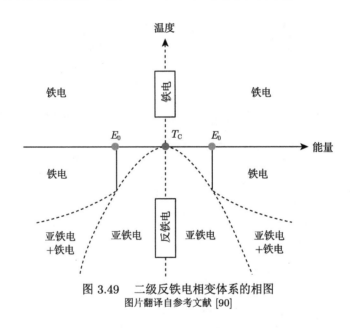

图 3.49　二级反铁电相变体系的相图
图片翻译自参考文献 [90]

　　铌酸银是一种典型的无铅反铁电材料，在静电储能领域具有很大的潜力。此前的研究已经确认，铌酸银只有两种可能的室温相：反铁电态 *Pbcm* 相和亚铁电态 $Pmc2_1$ 相 [92,93]。目前的研究结果倾向于认为室温下这两相共存，但 $Pmc2_1$ 相占百分比比较小 [94,95]。借助球差校正电镜技术，可以采集获得反铁电相 *Pbcm* 在赝立方 $[110]_c$ 带轴下的高分辨 HAADF 图像，如图 3.50(a) 所示，右上角为 FFT 结果。图 3.50(c) 和 (d) 分别是 *Pbcm* 结构铌酸银的衍射花样模拟图，以及实验中得到的衍射花样。FFT、实验和模拟衍射图案之间能够相互吻合，表明图 3.50(a) 所在区域的铌酸银晶格为反铁电 *Pbcm* 结构。从图 3.50(b) 的放大图中可以看到，在一个单胞内部，同种阳离子之间存在相反的位移方向，而这样的排列最终会形

成波浪状的 $(1\bar{1}0)_c$ 原子面。其中，Ag 和 Nb 原子在 $(1\bar{1}0)_c$ 方向分别存在位移，相应地在 $[001]_c$ 方向产生波动，其中每八个原子，四个相邻的银原子和铌原子对组成一个重复单元，即波动周期是八个原子点，相当于 15.6Å，于是形成了一个 $4a_c \times \sqrt{2}a_c \times \sqrt{2}a_c$ 的超单胞。

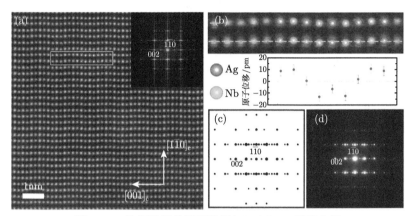

图 3.50 纯铌酸银的衍射模拟与 HAADF 图像分析

(a) 纯铌酸银中 $Pbcm$ 结构铌酸银 $[110]_c$ 带轴下的 HAADF 图像，插图为图像的快速傅里叶变换 (FFT)；(b) 为图 (a) 中橙色矩形区域的放大图，并给出了阳离子位移的测量值；(c) $Pbcm$ 结构铌酸银的衍射花样模拟图；(d) 实验中 $Pbcm$ 结构铌酸银的衍射花样；图片源于参考文献 [90]

考虑到电极化强度定义为单胞中电偶极矩与单胞的比值，而电偶极矩正比于离子的电荷量和位移，因此可以在原子尺度高分辨图像的基础上，针对铌酸银定义如下的约化反铁电参量，其他反铁电材料的约化参量亦可按照类似方式定义。

记第 i 个单胞中第 j 列原子在 $[1\bar{1}0]_c$ 方向的坐标为 y_{ij}，由于银原子和铌原子的位移均发生在图像中的 $[1\bar{1}0]_c$ 方向，那么对第 i 个单胞来说，其约化反铁电参量可以用下式来表示：

$$\eta(i) = \frac{d}{n_i \Delta x_i} \sum_j |y_{ij} - \overline{y_{ij}}| V_{ij} \tag{3.114}$$

其中，n_i 为第 i 个单胞的原子数目；V_{ij} 为原子价态，Δx_i 为 $[001]_c$ 方向上近邻原子以像素为单位的横向间距；而 d 是 $[001]_c$ 方向上近邻原子以皮米为单位的实际间距。

式 (3.114) 的物理意义如下：阳离子偏离顺电相平衡位置产生的这个局域电偶极矩正比于阳离子位移和其电荷量，也就是价态的乘积 [96]。对单胞中各局域电偶极矩绝对值求和即为单胞的反铁电参量 η。显然，当一个单胞中只包含两个等大反向的电偶极矩时，式 (3.90) 定义的约化反铁电参量就是这两个电偶极矩绝对值之和。

之所以将上面定义的 $\eta(i)$ 称为约化反铁电参量，而未直接称为反铁电参量，是因为从 HAADF 实验图像中只能测量出阳离子的位移。一般说来，在不考虑存在空间电荷的情况下，材料的电极化强度包含阳离子、阴离子的位移极化和电子位移极化三部分的贡献，因此将从阳离子位移出发得到的式 (3.114) 直接称为反铁电参量并不合适。但另一方面，阳离子位移和阴离子位移之间具有正相关关系，而电子位移极化相对于前两者来说很小，因此式 (3.114) 的结果和物理上真正的反铁电参量之间亦存在正相关。

为提高精度，实验上可以对不同单胞的约化反铁电参量 $\eta(i)$ 作进一步的统计。记同种样品寻峰所得的单胞数为 m，那么可将各单胞约化反铁电参量 $\eta(i)$ 的平均值定义为材料的约化反铁电参量 η：

$$\eta = \overline{\eta(i)} = \frac{1}{m}\sum_i \frac{d}{n_i\Delta x_i}\sum_j |y_{ij} - \overline{y_{ij}}| V_{ij} \tag{3.115}$$

因此，通过对点阵序参量的提取可以直观地反映出反铁电体系中约化反铁电参量的大小 η，进而与相应的宏观物性联系，阐述约化反铁电参量的影响。

Ta 掺杂的 $AgNbO_3$ 就是一个约化反铁电参量应用的典型例子。之前的研究表明，当掺杂 15% 的 Ta 元素后，铌酸银的储能密度可以从 2.1 $J\cdot cm^{-3}$ 提升到 4.2 $J\cdot cm^{-3}$。这一储能密度的转变可以由约化反铁电参量的变化体现。

图 3.51(a) 为 Ta 掺杂 $AgNbO_3$ 的 HAADF 图像及其傅里叶变换，与图 3.50(a) 中 *Pbcm* 相铌酸银的结果相一致，表明 Ta 掺杂 $AgNbO_3$ 亦为 *Pbcm* 相。由于 Ta 和 Nb 离子价态相同，半径相当，因此掺杂后 Ta 离子会占据 Nb 离子的位置。从掺杂前后的 HAADF 图像中可以看出，掺杂后 $AgNbO_3$ 沿着 $(1\bar{1}0)_c$ 面的起伏程度要略弱于掺杂前，而这一位移的变化可以通过高斯拟合的方式进一步定量化。实验中，通过大量 HAADF 图像的采集，可以定量计算 Ta 掺杂前后 $AgNbO_3$ 中阳离子沿着 $[1\bar{1}0]_c$ 方向的位移大小，并代入式 (3.115) 可以得到 Ta 掺杂前后体系的约化反铁电参量，结果如图 3.51(b) 所示。显然，Ta 掺杂后 $AgNbO_3$ 的约化反铁电参量存在显著的下降，由原先的 33.0 pm 降低为 25.7 pm。

定量化 Ta 掺杂 $AgNbO_3$ 的约化反铁电参量变化后，可以从反铁电的唯象模型出发，解释为何掺杂后体系的储能密度发生了大幅的增强。

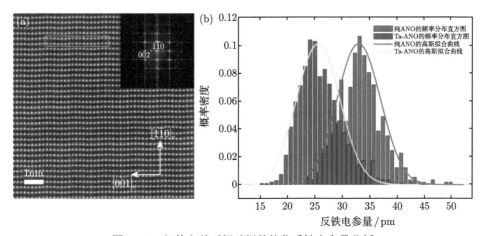

图 3.51 钽掺杂前后铌酸银的约化反铁电参量分析

(a) 钽掺杂 $AgNbO_3$ 的 HAADF 图像与 FFT 结果；(b) 钽掺杂前后 $AgNbO_3$ 约化反铁电参量的频率分布直方图和高斯拟合结果，其中每一频率分布直方图包含 32 个区间；图片源于参考文献 [89]

首先 Tolédano 自由能可以写作

$$G(\eta, P, T) = G_0(T) + \frac{1}{2}\alpha\eta^2 + \frac{1}{4}\beta\eta^4 + \frac{P^2}{2\chi_0} + \frac{1}{2}\delta\eta^2 P^2 - EP \tag{3.116}$$

其中 α，β，δ 分别为不同次方 η 和 P 参量的系数；χ_0 为电容率；E 为外加电场。当对 η 和 P 的一阶偏导均为零时，体系处于稳定状态，进而有

$$\begin{cases} \dfrac{\partial G}{\partial \eta} = \eta \left(\alpha + \beta\eta^2 + \delta P^2 \right) = 0 \\ \dfrac{\partial G}{\partial P} = \dfrac{P}{\chi_0} + \delta\eta^2 P - E = 0 \end{cases} \tag{3.117}$$

可以求出稳定状态下参量 P 与 η 的大小：

$$P \left(1 + \delta\chi_0\eta^2 \right) = \chi_0 E \tag{3.118}$$

$$\eta^2 = -\frac{1}{\beta} \left(\alpha + \delta P^2 \right) \tag{3.119}$$

当体系为铁电态时，显然有 $P = \chi_0 E$；而当体系为反铁电态时，则有

$$\eta_0^2 = -\frac{\alpha}{\beta} \tag{3.120}$$

当外场 E 较小时，式 (3.118) 中第一项可以忽略，近似后可得

$$P \approx \frac{E}{\delta\eta^2} \approx -\frac{\beta E}{\alpha\delta}, \quad \frac{\mathrm{d}P}{\mathrm{d}E} \approx -\frac{\beta}{\alpha\delta} \tag{3.121}$$

对于反铁电材料来说，其储能密度可近似写为其铁电相的饱和极化强度 P_S 与反铁电–铁电相变临界场强 E_A 之积，而 Ta 掺杂的主要作用是使临界场强 E_A 显著增加。

在 Tolédano 模型中，反铁电材料 P-E 图的双电滞回线仅在临界温度

$$T_0 = T_c - \frac{\beta}{2\delta a \chi_0} \tag{3.122}$$

以下出现，而不同温度下对应的反铁电–铁电相变的临界场强 E_A 和 E_F 均应大于体系的某个临界值：

$$E_0 = \frac{1}{\chi_0} \left[\frac{-a(T_0 - T_c)}{\delta} \right]^{1/2} = \frac{1}{\chi_0} \left(\frac{\beta}{2\delta^2 \chi_0} \right)^{1/2} \tag{3.123}$$

利用式 (3.120) 和式 (3.121)，可以推出

$$\delta \approx \frac{1}{\eta_0^2 \dfrac{\mathrm{d}P}{\mathrm{d}E}} \tag{3.124}$$

进而可以将式 (3.123) 重新表达为

$$E_0 \approx \frac{\mathrm{d}P}{\mathrm{d}E} \frac{\eta_0^2 \beta^{1/2}}{\chi_0^{3/2} 2^{1/2}} \tag{3.125}$$

观察式 (3.125) 可以发现，E_0 值正比于零场下反铁电参量 η_0 的平方，正比于 P-E 图原点附近的斜率，同时反比于顺电相电容率的 3/2 次方，这说明反铁电参量的增加有利于提高静电储能性能，而较高的顺电相电容率则会导致储能密度下降。在铌酸银体系中掺杂 Ta 元素后，P-E 图原点附近的斜率和零场下反铁电参量 η_0 均有小幅下降，但顺电相电容率下降明显 [97]，因此总体来说 E_0 值仍然会显著上升，进而带动临界电场 E_A 的显著上升。

约化反铁电参量的定义不仅能够直观地与反铁电储能密度相联系，同时通过分析二者之间的关系也可以提炼出一种设计高性能静电储能材料的思路：首先找到一种零场下反铁电参量较大的材料，然后通过掺杂等手段在维持反铁电的前提下，降低其顺电状态的电容率。这样就可以显著提高其反铁电–铁电相变的临界场强，进而提高材料的储能密度。

3.5.4　外电场对铁电材料点阵序参量的影响 [98–100]

传统的电子显微学研究往往是对材料的静态显微结构进行分析，而在实际的应用中，材料体系会对不同的外场条件产生不同的响应，因此，剖析外场作用下

材料显微结构的动态演变是联系材料结构–性能关联的重要研究内容，而原位透射电子显微学方法为这一研究内容提供了支持。在原位透射电子学分析中，由于样品稳定性等原因，原子分辨的图像获取变得比较困难，而此时对衍射图案的分析就变得比较重要，相应的相结构转变往往会在衍射图案中表现为一些衍射点的出现或者消失。这里将以铁电体系钛酸铋钠–钛酸钡 (NBT-BT) 和钐掺杂铁酸铋 (BSFO) 为例，利用电子衍射分析揭示其相结构在外电场激励下的动态演变，并从中解释显微结构演变与材料物性之间的关联。

无铅铁电材料 NBT-BT 的相结构受到钛酸钡比例的强烈影响，当钛酸钡的含量在 5%～10% 时，体系处在准同型相界 (morphotropic phase boundary，MPB) 处，表现出最佳的压电性能 [101]。该压电性能的增强与电场诱导的畴壁移动和相转变过程紧密相关，但是相关作用机制并不清楚，这使得由外加电场引起的畴结构和相结构的变化及其与高压电活性的关联成为该体系的一个研究热点 [102]。

静态的电子显微学分析表明，5% 含量钛酸钡的 NBT-BT(以下简称 NBBT5) 中同时存在铁电区和弛豫区，结合电子衍射和球差校正 STEM 技术可以证实，铁电区为菱方 (R) 相铁电畴和四方 (T) 相铁电畴共存，而弛豫区为 R 相和 T 相极化纳米微区 (PNRs) 共存。相应的成分分析表明，铁电区和弛豫区两种区域之间存在一定成分差异，其中弛豫区的 Bi 和 Ba 的含量略低于铁电区。

进一步，利用原位透射电镜技术，可以直接观察铁电区和弛豫区在外加电场下的畴结构演化和相变过程。弛豫区在未加电场时，存在相互垂直的、具有 $(110)_c$ 和 $(1\bar{1}0)_c$ 畴壁的 T 相 90° 铁电畴，其在多次切换正负电压的循环之后仍能恢复到未加电场前的状态，表明外加电场诱导了铁电区的 T 相 90° 畴的可逆翻转，如图 3.52 所示。而在弛豫区，外加电场首先诱导了极化纳米微区向铁电宏畴的弛豫–铁电转变，新生的铁电畴再在外电场作用下发生可逆的畴翻转，如图 3.53 所示。此外，通过观察 $[130]_c$ 带轴的衍射谱中 $1/2\{ooe\}_T$ 和 $1/2\{ooe\}_R$ 超衍射点（其中 o 代表奇指数，e 代表偶指数）的强度随外电场的变化，还可以推测，在外电场作用下，R 相和 T 相的纳米微区之间会发生可逆转变。宏观铁电及应变性能的测试结果与原位 TEM 的直接观察可以很好地吻合，表明外加电场诱导的电畴可逆翻转、弛豫–铁电转变和 T-R 可逆相变对其压电性能增强均有重要贡献。

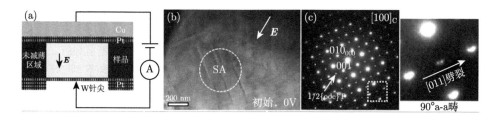

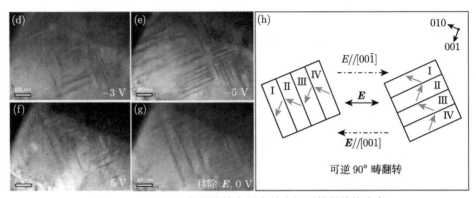

图 3.52　NBBT5 单晶的铁电区在外电场下的微结构演变

(a) 原位 TEM 试样加电场的示意图；(b) 初始状态，0 V，电场方向近似平行于 [001] 方向；(c) 图 (b) 所选区域的电子衍射谱，表明其为 T 相 90°a-a 畴；(d) −3 V；(e) −5 V；(f) +5 V；(g) 撤去电场回到 0 V；(h) 外场作用下 T 相 90°a-a 畴可逆翻转的示意图；图片源于参考文献 [97]

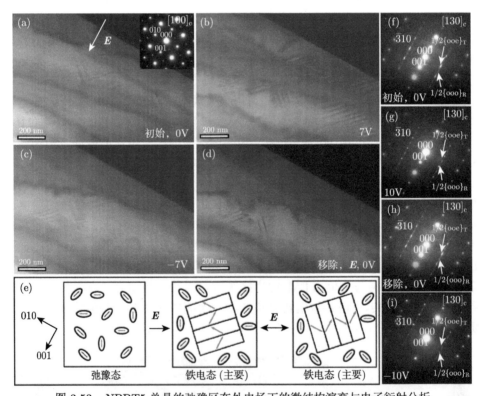

图 3.53　NBBT5 单晶的弛豫区在外电场下的微结构演变与电子衍射分析

(a) 初始状态，0 V；(b) +7 V；(c) −7 V；(d) 撤去电场回到 0 V；(e) 外场作用下弛豫–铁电转变的示意图；
(f) ～(i) 分别在 0 V、+10 V、0 V、−10 V 电压下的 [130]c 带轴的电子衍射图谱；
图片源于参考文献 [98]

铁酸铋 (BFO) 是一种在室温下同时具有铁电性和 (反) 铁磁性的典型多铁材料, 在磁电耦合领域极具研究和应用前景。对其 A 位进行稀土元素 (如 Sm、Dy、Gd 等) 的掺杂, 能够诱导出铁电相与反铁电相之间的准同型相界, 并在该相界附近获得高的压电响应。但是对于这种铁电–反铁 (FE-AFE) 相界的相关理论和直接结构研究较为缺乏, 其背后的压电性能增强的微观机制究, 与传统的铁电–铁电 (FE-FE)MPB 的异同, 均有待进一步的探究。

实验上共准备了两种不同 Sm 掺杂量的 BFO 样品, 分别为 12% 掺杂 (BSFO12, 非 MPB 区域) 和 14% 掺杂 (BSFO14, MPB 区域), 通过原位电学实验, 观察两个掺杂量样品中的相结构演变。图 3.54 展示了 BSFO12 样品的显微结构随外电场的演变, 从电子衍射图案和高分辨图像可以看到, 外电场会导致反铁电相的消失, 且在撤去电场或者施加反向电场时, 均无法重新诱导反铁电相的生成。这表明外电场诱导了反铁电相到铁电相的不可逆转变。图 3.55 展示了 BSFO14 样品的演变情况, 从图中可以看出, 外电场作用下体系会发生铁电相与顺电相/反铁电相之间的可逆转变。不同掺杂量导致的不同相变行为可以由基于 Ginzburg-Landau-Devonshire 理论的热力学计算进行解释。通过对相变势垒的分析, 可以总结 BSFO12 的铁电–反铁电之间相变能垒过高, 室温下的热振动不能够越过此能垒, 从而产生了非可逆的相变; 而 BSFO14 样品则具有相对较低的相变势垒, 热振动很容易越过这个能垒从而导致可逆相变。这两种不同 Sm 掺杂量的 BFO 样品在外电场下的不同相变行为, 对该体系不同的宏观铁电性能测试结果进行了合理的解释。

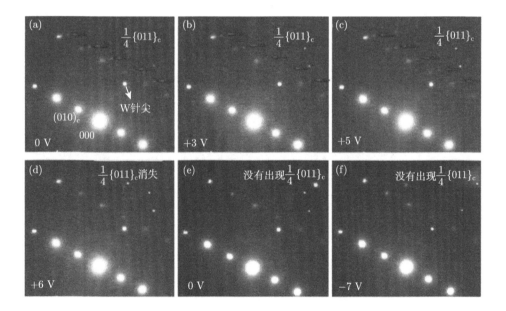

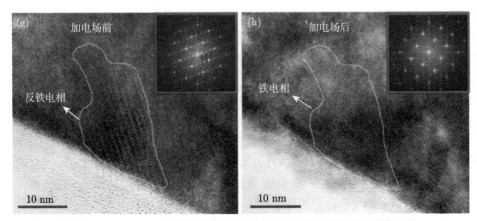

图 3.54　BSFO12 薄膜样品在加载不同电压下的电子衍射花样的变化

(a) 加载前；(b) +3 V；(c) +5 V；(d) +6 V；(e) 0 V；(f) −7 V；(g) 和 (h) BSFO12 薄膜样品电学加载之前
和之后的高分辨照片，插图中是虚线区域的 FFT 结果；图片源于参考文献 [99]

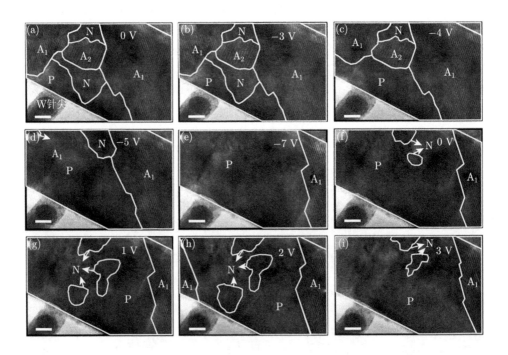

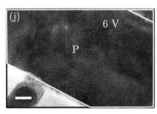  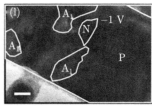

图 3.55 BSFO14 薄膜在原位加电场下的相的演化

(a)～(l) 分别对应施加电场 0 V, −3 V, −4 V, −5 V, −7 V, 0 V, 1 V, 2 V, 3 V, 6 V, 0 V, −1 V 时相
分布的高分辨照片；P 指铁电相，N 指顺电相，对应 $1/2\{010\}_c$ 的超晶格调制；A_1 和 A_2 指的是 *Pnam* 反铁
电相，分别对应 $1/4\{011\}_c$ 和 $1/4\{010\}_c$ 的超晶格调制；图片源于参考文献 [99]

在原位实验的基础上，结合原子尺度图像可以进一步研究 BSFO14 的畴壁随外
电场演化状态下的原子结构。最终的结果揭示了以下现象：在电场诱导相变的过程中，
铁电相和反铁电相之间的相界与 $\{101\}_c$ 晶面平行且没有位错，晶格应变和极化矢量
的转变均为原子级突变，即此类相界的宽度可以认为只有一个赝立方单胞；而铁电相
与顺电相之间的相界附近存在由氧八面体角度不匹配导致的应变弛豫区域，原子位移
的幅度在相界缓慢减小并完全消失，且铁电相和顺电相之间的转变是直接发生的，没
有经过反铁电中间相。压电性能的估算表明，在 Sm 掺杂的 BFO 体系中，MPB 处
增强的压电响应主要可归因于铁电相和顺电相之间，以及铁电相和反铁电相之间的相
变，并且在电场下这些相变依靠纳米尺寸新相的形核和相界的移动来实现。

参 考 文 献

[1] 肖序刚. 晶体结构几何理论. 2 版. 北京：高等教育出版社，1993.

[2] Hahn T. International Tables for Crystallography. Volume A: Space-group Symmetry.
     5th ed. Dordrecht : Kluwer, 2005.

[3] Megaw H. The seven phases of sodium niobate. Ferroelectrics, 1974, 7(1): 87-89 .

[4] Shuvalov L. Modern Crystallography IV: Physical Properties of Crystals. Berlin Hei-
     delberg: Springer-Verlag, 1988. 中译本：苏伏洛夫. 现代晶体学. 第 4 卷: 晶体的物理性
     质. 何维, 译. 吴自勤, 校. 合肥: 中国科学技术大学出版社, 2003.

[5] 张克从. 近代晶体学. 2 版. 北京: 科学出版社, 2011.

[6] Curie J, Curie P. Sur l'électricité polaire dans les cristaux hémièdres à faces inclinées.
     Comptes Rendus de L'Académie des Sciences, 1880, 91: 294-295.

[7] Debye P. Zur theorie der spezifischen warmen. Physikalische Zeitschrift, 1912, XIII:
     97-100.

[8] Valasek J. Piezo-electric and allied phenomena in Rochelle salt. Physical Review, 1921,
     17(4): 475-481.

[9] 钟维烈. 铁电体物理学. 北京: 科学出版社, 1996.

[10] van Aken B, Palstra T, Filippetti A, et al. The origin of ferroelectricity in magneto-
     electric $YMnO_3$. Nature Materials, 2004, 3(3): 164-170.

[11] Shi T, Xie L, Gu L, et al. Why Sn doping significantly enhances the dielectric properties of Ba(Ti$_{1-x}$Sn$_x$)O$_3$. Scientific Reports, 2015, 5: 8606.

[12] Comes R, Lambert M, Guinier A. The chain structure of BaTiO$_3$ and KNbO$_3$. Solid State Communications, 1968, 6(10): 715-719.

[13] Tagantsev A, Vaideeswaran K, Vakhrushev S, et al. The origin of antiferroelectricity in PbZrO$_3$. Nature Communications, 2013, 4: 2229.

[14] Glazer A. The classification of tilted octahedra in perovskites. Acta Crystallographica Section B: Structural Crystallography and Crystal Chemistry, 1972, 28(11): 3384-3392.

[15] Woodward P. Octahedral tilting in perovskites. I. Geometrical considerations. Acta Crystallographic. Section B., 1997, 53(1): 32-43.

[16] Liao Z, Li Z, Zhu J. Coupling between strain and oxygen octahedral distortions in epitaxially strained GdScO$_3$/SrTiO$_3$ heterostructure. Journal of the American Ceramic Society, 2016, 99(11): 3734-3738.

[17] 廖振宇. 铁酸铋薄膜的相结构及电子显微学研究. 北京: 清华大学, 2018.

[18] 李方华. 电子晶体学与图像处理. 上海: 上海科学技术出版社, 2009.

[19] Zou X, Hovmöller S, Oleynikov P. Electron Crystallography. Oxford: Oxford Science Publication, 2011.

[20] 朱静, 叶恒强, 王仁卉, 温树林, 康振川. 高空间分辨分析电子显微学. 北京: 科学出版社, 1987.

[21] Zhu J, Peng L, Cowley J. Effects of the coherence of illumination on electron microdiffraction pattern intensities. Journal of Electron Microscopy Technique, 1987, 7(3): 177-183.

[22] Spence J, Zuo J. Electron Microdiffraction. New York: Plenum Press, 1992.

[23] Cowley J. Electron Diffraction Techniques. Oxford: Oxford Science Publications, 1992.

[24] Zhu J, Cowley J. Microdiffraction from antiphase domain boundaries in Cu$_3$Au. Acta Crystallographica Section A: Crystal Physics, Diffraction, Theoretical and General Crystallography, 1982, 38(5): 718-724.

[25] 朱静, Cowley J. μμ-衍射的分析原理及 G-P (I) 区的 μμ-衍射强度分布的解析表达式. 钢铁研究学报, 1984, (3): 315-322.

[26] Zhu J, Cowley J. Study of early-stage precipitation in Al-4% Cu by microdiffraction and STEM. Ultramicroscopy, 1985, 18, 419-426.

[27] Zhu J, Cowley J. Microdiffraction from stacking faults and twin boundaries in FCC crystals. Journal of applied crystallography, 1983, 16(2): 171-175.

[28] Yang B, Zhang Y, Pan H, et al. High-entropy enhanced capacitive energy storage. Nature Materials, 2022, 21(9): 1074-1080.

[29] 王仁卉, 郭可信. 晶体学中的对称群. 北京: 科学出版社, 1990.

[30] Williams D, Carter B. Transmission Electron Microscopy. New York: Springer Science, 2009; Business Media, LLC, 1996.

[31] Buxton B, Eades J, Steeds J, et al. The symmetry of electron diffraction zone axis pattern. Philosophical Transactions of the Royal Society A, 1976, 281: 171-194.

[32] Tanaka M, Saito R, Sekii H. Point-group determination by convergent-beam electron diffraction. Acta Crystallographica, 1983, 39(3): 357-368.

[33] Zhu J, Miao Y, Guo J. The effect of boron on charge density distribution in Ni_3Al. Acta Materialia, 1997, 45(5): 1989-1994.

[34] Wu M, Li S, Zhu J, et al. Measurement of Debye-Waller factors in Co_3Ti by quantitative CBED. Acta Crystallographica, 2000, 56: 189-192.

[35] Wu M, Zhu J, Li S, et al. Measurement of the fine structure factors and extinction distance by convergent-beam electron diffraction in Co_3Ti with and without B doping. Journal of Applied Crystallography, 2000, 33(4): 1119-1121.

[36] Wu F, Zhu J. Determination of residual strains with CBED/LACBED techniques. Science in China Series E, 1998, 41(2): 121-129.

[37] Fang A, Zou H, Yu F, et al. Structure refinement of the icosahedral AlPdMn quasicrystal using quantitative convergent beam electron diffraction and symmetry-adapted parameters. Journal of Physics: Condensed Matter, 2003, 15(29): 4947-4960.

[38] Liu H, Duan X, Qi X, et al. Nanoscale strain analysis of strained-Si metal-oxide-semiconductor field effect transistors by large angle convergent-beam electron diffraction, Applied Physics Letters, 2006, 88(26): 263513.

[39] Shang T, Xiao D, Meng F, et al. Real-space measurement of orbital electron populations for $Li_{1-x}CoO_2$. Nature Communications, 2022, 13(1): 5810.

[40] Wang H, Zhu J, Lu N, et al. Hierarchical micro-/nanoscale domain structure in M_C phase of $(1-x)Pb(Mg_{1/3}Nb_{2/3})O_3\text{-}xPbTiO_3$ single crystal. Applied Physics Letters, 2006, 89(4): 42908.

[41] Bethe H. Zur theorie des durchgangs schneller korpuskularstrahlen durch materie, Annalen der Physik, 1930, 397(3): 325-400.

[42] Howie A, Robertson J, Holt D. The generation and interpretation of electron microscope contrast, Proceedings of the Royal Society of London, Series A, Mathematical and Physical Sciences, 1961, 263: 217.

[43] Hirsch P, Howie A, Nicholson R, et al. Electron Microscopy of Thin Crystals. 2nd ed. Malabar: Keiger Publishing Company, 1977.

[44] Cowley J. Diffraction Physics. Amsterdam: North-holland Publishing Company, 1981.

[45] Frenel A. Mémoire sur la diffraction de la lumière. Mémoires de l'Académie des Sciences, 1826, 1: 339-475.

[46] Kirhhoff G. Zur theorie der lichtstrahlen. Wieledemann's Annalen der Physik und Chemie, 2nd series, 1879, 18: 663-695.

[47] Goodman J. Introduction to Fourier Optics. New York: McGraw-Hill, 1968.

[48] Cowley J, Moodie A. A new method for the determination of crystal structures. Acta Crystallographica, 1957, 10: 609-619.

[49] Glaser W. Grundlagen der Elektronoptik. Vienna: Springer Verlag, 1952.

[50] Scherzer O. The theoretical resolution limit of the electron microscope. Journal of Applied Physics, 1949, 20(1): 20-29.

[51] Spence J. High-Resolution Electron Microscopy. 4th ed. Oxford: Oxford University Press, 2013.

[52] Zuo J M, Spence J. Advanced Transmission Electron Microscopy. New York: Springer, 2017.

[53] Haider M, Uhlemann S, Schwan E, et al. Electron microscopy image enhanced. Ultramicroscopy, 1998, 392: 768-769.

[54] Jia C L, Lentzen M, Urban K. Atomic-resolution imaging of oxygen in perovskite ceramics. Science, 2003, 299(5608): 870-873.

[55] Pennycook S, Nellist P. Scanning Transmission Electron Microscopy Imaging and Analysis. New York: Springer, 2011.

[56] Rose H. Phase contrast in scanning transmission electron microscopy. Optik, 1974, 39(4): 416-436.

[57] Findlay S D, Shibata N, Sawada H, et al. Robust atomic resolution imaging of light elements using scanning transmission electron microscopy. Applied Physics Letters, 2009, 95(19): 191913.

[58] Findlay S, Shibata N, Sawada H, et al. Dynamics of annular bright field imaging in scanning transmission electron microscopy. Ultramicroscopy, 2010, 110(7): 903-923.

[59] Dekkers N, Lang H. Differential phase contrast. Optik, 1974, 41: 452.

[60] Lazić I, Bosch E, Lazar S. Phase contrast STEM for thin samples: Integrated differential phase contrast. Ultramicroscopy, 2016, 160: 265-280.

[61] Shen B, Chen X, Wang H, et al. A single-molecule van der Waals compass. Nature, 2021, 592(7855): 541-544.

[62] Bosch E, Lazic I, Lazar S. Integrated differential phase contrast (iDPC) STEM: A new atomic resolution STEM technique to image all elements across the periodic table. Microscopy and Microanalysis, 2016, 22: 306-307.

[63] Yang H, Pennycook T, Nellist P. Efficient phase contrast imaging in STEM using a pixelated detector. Part II: Optimisation of imaging conditions. Ultramicroscopy, 2015, 151: 232-239.

[64] Yang H, Rutte R, Jones L, et al. Simultaneous atomic-resolution electron ptychography and Z-contrast imaging of light and heavy elements in complex nanostructures. Nature Communications, 2016, 7: 12532.

[65] Pennycook T, Martinez G, Nellist P, et al. High dose efficiency atomic resolution imaging via electron ptychography. Ultramicroscopy, 2019, 196: 131-135.

[66] Wang P, Zhang F, Gao S, et al. Electron ptychographic diffractive imaging of boron atoms in LaB_6 crystals. Scientific Reports, 2017, 7(1): 2857.

[67] Lozano J, Martinez G, Jin L, et al. Low-dose aberration-free imaging of Li-rich cathode materials at various states of charge using electron ptychography. Nano Letters, 2018, 18(11): 6850-6855.

[68] Jiang Y, Chen Z, Han Y, et al. Electron ptychography of 2D materials to deep sub-angstrom resolution. Nature, 2018, 559(7714): 343-349.

[69] Song J, Allen C, Gao S, et al. Atomic resolution defocused electron ptychography at low dose with a fast, direct electron detector. Scientific Reports, 2019, 9(1): 3919.

[70] Chen Z, Odstrcil M, Jiang Y, et al. Mixed-state electron ptychography enables sub-angstrom resolution imaging with picometer precision at low dose. Nature Communications, 2020, 11: 2994.

[71] Thibault P, Menzel A. Reconstructing state mixtures from diffraction measurements. Nature, 2013, 494(7435): 68-71.

[72] Chen Z, Jiang Y, Shao Y T, et al. Electron ptychography achieves atomic-resolution limits set by lattice vibrations. Science, 2021, 372(6544): 826-831.

[73] Maiden A, Humphry M, Zhang F, et al. Super-resolution imaging via ptychography. Journal of the Optical Society of America A, 2011, 28(4): 604-612.

[74] Gao S, Wang P, Zhang F, et al. Electron ptychographic microscopy for three-dimensional imaging. Nature Communications, 2017, 8(1): 163.

[75] Chen Z, Shao Y T, Jiang Y, et al. Three-dimensional imaging of single dopants inside crystals using multislice electron ptychography. Microscopy and Microanalysis, 2021, 27: 2146-2148.

[76] Sha H, Ma Y, Cao G, et al. Sub-nanometer-scale mapping of crystal orientation and depth-dependent structure of dislocation cores in $SrTiO_3$. Nature Communications, 2023, 14(1): 162.

[77] Hÿtch M, Snoeck E, Kilaas R. Quantitative measurement of displacement and strain fields from HREM micrographs. Ultramicroscopy, 1998, 74(3): 131-146.

[78] Tang Y, Zhu Y, Ma X, et al. Ferroelectrics. Observation of a periodic array of flux-closure quadrants in strained ferroelectric $PbTiO_3$ films. Science, 2015, 348(6234): 547-551.

[79] Zhang Y, Yu R, Zhu J. Displacement separation analysis from atomic-resolution images. Ultramicroscopy, 2022, 232: 113404.

[80] Liao Z, Huijben M, Zhong Z, et al. Controlled lateral anisotropy in correlated manganite heterostructures by interface-engineered oxygen octahedral coupling. Nature Materials, 2016, 15: 425-431.

[81] 朱静, 于荣. 亚埃分辨与皮米精度原子结构的实验测量与计算. 科学通报, 2013, 58(35): 3717-3721.

[82] Deng S, Wu L, Cheng H, et al. Charge-lattice coupling in hole-doped $LuFe_2O_{4+\delta}$: The origin of second-order modulation. Physical Review Letters, 2019, 122(12): 126401.

[83] Zhang Y, Wang W, Xing W, et al. Effect of oxygen interstitial ordering on multiple order parameters in rare earth ferrite. Physical Review Letters, 2019, 123(24): 247601.

[84] Christianson A, Lumsden M, Angst M, et al. Three-dimensional magnetic correlations in multiferroic $LuFe_2O_4$. Physical Review Letters, 2008, 100(10): 107601.

[85] Angst M, Hermann R, Christianson A, et al. Charge order in $LuFe_2O_4$: Antiferroelectric ground state and coupling to magnetism. Physical Review Letters, 2008, 101(22): 227601.

[86] Ikeda N, Ohsumi H, Ohwada K, et al. Ferroelectricity from iron valence ordering in the charge-frustrated system LuFe$_2$O$_4$. Nature, 2005, 436(7054): 1136-1138.

[87] Hervieu M, Guesdon A, Bourgeois J, et al. Oxygen storage capacity and structural flexibility of LuFe$_2$O$_{4+x}$ ($0 \leqslant x \leqslant 0.5$). Nature Materials, 2014, 13(1): 74-80.

[88] Chen X, Wang Q, Cheng Z, et al. Direct observation of chemical short-range order in a medium-entropy alloy. Nature, 2021, 592(7856): 712-716.

[89] Li G, Liu H, Zhao L, et al. Atomic-scale structure characteristics of antiferroelectric silver niobate. Applied Physics Letters, 2018, 113(24): 242901.

[90] Li G, Liu H, Zhao L, et al. Antiferroelectric order and Ta-doped AgNbO$_3$ with higher energy storage density. Journal of Applied Physics, 2019, 125(20): 204103.

[91] Tolédano P, Guennou M. Theory of antiferroelectric phase transitions. Physical Review B, 2016, 94: 14107.

[92] Verwerft M, van Tendeloo G, van Landuyt J, et al. Trial model for the tilting scheme in AgNbO$_3$ derived by electron diffraction and imaging. Physica Status Solidi (a), 1988, 109(1): 67-78.

[93] Verwerft M, van Dyck D, Brabers V, et al. Electron microscopic study of the phase transformations in AgNbO$_3$. Physica Status Solidi (a), 1989, 112(2): 451-466.

[94] Fu D, Endo M, Taniguchi H, et al. AgNbO$_3$: A lead-free material with large polarization and electromechanical response. Applied Physics Letters, 2007, 90(25): 252907.

[95] Tian Y, Jin L, Zhang H, et al. High energy density in silver niobate ceramics. Journal of Materials Chemistry A, 2016, 4(44): 17279-17287.

[96] Yadav A, Nelson C, Hsu S, et al. Observation of polar vortices in oxide superlattices. Nature, 2016, 530(7589): 198-201.

[97] Valant M, Axelsson A, Alford N. Review of Ag(Nb, Ta)O$_3$ as a functional material. Journal of the European Ceramic Society, 2007, 27(7): 2549-2560.

[98] Liu H, Zhang Q, Luo H, et al. Direct observations of electric-field-induced domain switching and phase transition in 0.95Na$_{0.5}$Bi$_{0.5}$TiO$_3$-0.05BaTiO$_3$ single crystals using in situ transmission electron microscopy. Applied Physics Letters, 2022, 120(7): 072901.

[99] Liao Z, Xue F, Sun W, et al. Reversible phase transition induced large piezoelectric response in Sm-doped BiFeO$_3$ with a composition near the morphotropic phase boundary. Physical Review B, 2017, 95(21): 214101.

[100] Liao Z, Sun W, Zhang Q, et al. Microscopic origin of the high piezoelectric response of Sm-doped BiFeO$_3$ near the morphotropic phase boundary. Journal of Applied Physics, 2019, 125(17): 175113.

[101] Zhang Q, Zhao X, Sun R, et al. Crystal growth and electric properties of lead-free NBT-BT at compositions near the morphotropic phase boundary. Physica Status Solidi (a), 2011, 208(5): 1012-1020.

[102] Ma C, Guo H, Beckman S, et al. Creation and destruction of morphotropic phase boundaries through electrical poling: A case study of lead-free (Bi$_{1/2}$Na$_{1/2}$)TiO$_3$-BaTiO$_3$ piezoelectrics. Physical Review Letters, 2012, 109(10): 107602.

第 4 章 轨道序参量

4.1 轨道序参量的定义

4.1.1 原子轨道

轨道序参量起源于原子轨道，原子轨道是指原子核外电子波函数出现概率集中的区域。具体而言，原子轨道对应于核外电子可能出现的量子态，其可以用轨道波函数进行描述。为了反映原子核外电子的量子化轨道运动状态，在量子力学中采用一组量子数来标记出不同的原子轨道，包括主量子数 n、角量子数 l、磁量子数 m、自旋量子数 s。

普遍公认的原子轨道结构计算是基于玻尔原子模型的，在玻尔原子模型下可以在单电子薛定谔方程中引入静止带正电荷中心质点的库仑作用势，并计算其波函数解得到所对应的原子轨道。采用球坐标系，该单电子薛定谔方程可以表述如下：

$$\left[\frac{\partial}{\partial r}\left(r^2\frac{\partial}{\partial r}\right)+\frac{1}{\sin\theta}\frac{\partial}{\partial\theta}\left(\sin\theta\frac{\partial}{\partial\theta}\right)+\frac{1}{\sin^2\theta}\frac{\partial^2}{\partial\phi^2}+\frac{2mr^2}{\hbar^2}\left(\frac{e^2}{4\pi\varepsilon_0 r}+E\right)\right]\psi=0$$

$$(4.1)$$

在球坐标系中，该方程的本征波函数解 (原子轨道) 可写为径向波函数 $R_{nl}(r)$ 与球谐函数 $Y_{lm_l}(\theta,\phi)$ 的乘积 [1]：

$$\psi_{nlm_l}(r,\theta,\phi)=R_{nl}(r)Y_{lm_l}(\theta,\phi) \qquad (4.2)$$

其中，径向波函数 $R_{nl}(r)$ 描述电子波函数的径向概率分布特征；球谐函数 $Y_{lm_l}(\theta,\phi)$ 描述的是波函数对角度的依赖关系。此波函数所涉及的下标正是以原子轨道的量子数来表示的：n 为主量子数，l 为角量子数，m_l 为磁量子数。这三种量子数是在解析薛定谔方程过程中自然引入的，而自旋量子数 s 则是为表述电子的自旋性质而提出的。

主量子数 n 决定了原子轨道的能量 (如式 (4.3) 所示)。主量子数 n 取值为 1、2、3、4、5、6、7，对应轨道能级符号为 K、L、M、N、O、P、Q。

$$E_n=-\frac{me^4}{2\hbar^2}\frac{1}{n^2},\ n=1,\ 2,\cdots \qquad (4.3)$$

角量子数 l 决定电子空间运动的角动量，以及原子轨道的形状，光谱学上以 s、p、d、f、$\cdots$ 来表示 $l=0,1,2,3,\cdots$ 的情形。磁量子数 m 则决定原子轨道在空间的伸展方向。不同原子轨道的电子空间分布不同 (图 4.1)，例如在 s 轨道 ($l=0$) 上电子分布是各向同性的，其他轨道都是各向异性的，且具有特定轨道形状特征 (图 4.1)。同时在主量子数 n 确定时，角量子数 l 也表示同一能级中电子能量的分层，l 值越大则轨道所对应能量越高 (图 4.2)。原子轨道的能量与空间分布特征可以影响物质的物理和化学性质。

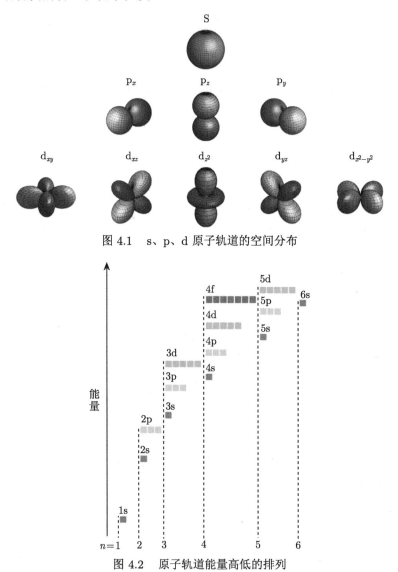

图 4.1　s、p、d 原子轨道的空间分布

图 4.2　原子轨道能量高低的排列

对于原子核外单一电子，由于轨道–自旋耦合效应的存在，标记电子轨道的量子数还有另外的总角动量 j，其对应于电子轨道角动量与自旋角动量的矢量和。而对于

一个多电子的原子,电子、电子间的库仑相互作用可以使得单电子的轨道角动量耦合成总的轨道角动量 L,使得单个电子的自旋角动耦合成总的自旋角动量 S。自旋轨道耦合则会造成原子的总角动量 J,原子总角动量 J 对应于 L 与 S 的矢量和。

更进一步,多个电子在原子轨道上的分布需要满足三个基本的定理:①能量最低原理,即电子总优先占据能量更低的轨道;②泡利 (Pauli) 不相容原理,即同一轨道最多容纳两个自旋相反的电子;③洪特规则 (Hund's rule),即电子在简并轨道上排布时,会尽可能分占不同轨道,且自旋方向平行。

4.1.2 轨道跃迁

电子能量损失谱和基于辐射光源的吸收/激发光谱中,对材料轨道序参量的测量都是通过表征原子轨道的跃迁过程实现。在电子束或光源作用下,原子中电子可以发生从初态波函数 ψ_i 到末态波函数 ψ_f 的轨道跃迁过程。在量子力学理论中,费米黄金规则可以计算给出波函数由一个特征态到另一个特征态的轨道跃迁概率。具体而言,从含时微扰的薛定谔方程出发,可以在一阶近似下推导得出轨道跃迁概率 P 一般遵从如式 (4.4) 的费米黄金规则:

$$P = \frac{2\pi}{\hbar} \left| \langle \psi_f | H' | \psi_i \rangle \right|^2 \rho \tag{4.4}$$

其中,H' 是外界作用势微扰所对应的哈密顿 (Hamilton) 量算符;ρ 是末态的态密度。

具体在电子能量损失谱中轨道跃迁所对应的非弹性散射过程,利用费米黄金规则,在一阶近似下其非弹性散射跃迁微分界面 [2] 可以写为

$$\frac{\mathrm{d}\sigma}{\mathrm{d}\Omega} = \frac{m_0}{2\pi\hbar^2} \frac{k_1}{k_0} \left| \int V(r)\psi_i\psi_f^* \exp(\mathrm{i}\boldsymbol{q} \cdot \boldsymbol{r}) \mathrm{d}\tau \right|^2 \tag{4.5}$$

其中,$\boldsymbol{k}_0$ 和 $\boldsymbol{k}_1$ 是散射前和散射后快电子的波矢;$\boldsymbol{q} = \boldsymbol{k}_0 - \boldsymbol{k}_1$ 是波矢转移;$\boldsymbol{r}$ 表示快电子的坐标;$V(r)$ 是相互作用势;$\mathrm{d}\tau$ 是原子内的体积元。其中可以定义跃迁矩阵元 M 如下:

$$M = \langle \psi_f | \exp(\mathrm{i}\boldsymbol{q} \cdot \boldsymbol{r}) | \psi_i \rangle \tag{4.6}$$

电子能量损失谱 (EELS) 中的芯损失峰对应于内壳层轨道到末态空态的轨道跃迁过程,进一步简化,其跃迁概率 $J(E)$ 正比于末态态密度 $N(E)$ 与原子跃迁矩阵元 $M(E)$ 模平方的乘积:

$$J(E) \propto \mathrm{d}\sigma/\mathrm{d}E \propto |M(E)|^2 N(E) \tag{4.7}$$

由上式可知,对应于内壳层轨道跃迁的 EELS 电离损失峰会具有如下一些特点:其一是电离边精细结构近似正比于局域位置处费米面以上未占据态的态密度;其二是跃迁矩阵元强度 $M(E)$ 一般会受到偶极选择定则中的对称性要求,因此在 EELS 电

离损失峰中以满足 $\Delta l=\pm 1$ 的轨道跃迁占主导，比如常见的电离损失峰有 K 电离边，其对应 1s→2p 轨道跃迁，$L_{2,3}$ 电离边对应 2p→3d 轨道跃迁等。

4.1.3　晶体中的轨道

1. 晶体中的轨道成键与杂化

相对于孤立原子，分子和晶体中相邻原子会互相结合成键，具体的成键形式有共价键、离子键、金属键等不同的可能方式。原子成键后会形成杂化轨道，杂化轨道是原子轨道间的线性组合，并会重新分配轨道的能量和空间方向。譬如在石墨中，每个 C 原子的四个价电子构成 sp^2 杂化在碳原子层内形成 σ 键，剩下的 p 电子在垂直于原子层方向形成非局域的 π 轨道，其相应反键轨道标记为 $\sigma*$ 和 $\pi*$，石墨的 K 电离边损失峰所对应的轨道跃迁可以用上述的杂化轨道理论进行很好的解释。

此外，晶体是由大量原子组成的，原子/分子间的键合轨道则会演化成为晶体中的能带结构。费米能级附近的能带结构很大程度上决定了晶体的导电性质以及其他物理特性。一些能带是由原子中某些轨道电子所填充形成的，这些能带可以称为特定原子轨道所对应的能带。

2. 晶体场作用下的轨道能级分裂

晶体中，中心离子周围可以被按照一定对称性分布的配位离子所包围而形成一个结构单元，典型的配位结构有四面体配位、八面体配位、十二面体配位等。配位场或晶体场是指配位离子对中心离子作用的静电势场。配位体排布具有某种对称性，在其配位场/晶体场作用下可能引起中心离子轨道的能级分裂。为了具体说明晶体场的作用，假设如图 4.3 所示的氧八面体结构中心含有一个未填满 d 壳层的过渡金属原子 A。则在此八面体内，d 电子所受的作用不但包括来自 A 阳离子的库仑势，也包括周边六个氧原子的作用势场，因此对于该晶体中的 d 电子，其哈密顿量可表示为

$$\mathcal{H}_{\mathrm{d}}(r) = \mathcal{H}^{(\mathrm{A})}(r) + \sum_{j=1}^{6} V^{(\mathrm{O})}(r - R_j) \tag{4.8}$$

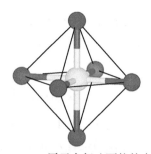

图 4.3　A 原子在氧八面体的中心

八面体中晶体场的效应可以从对称性分析上定性判断。自由原子的 d 轨道具有 5 重简并 (d_{xy}, d_{yz}, d_{zx}, $d_{x^2-y^2}$ 和 d_{z^2})。在晶体场中，$d_{x^2-y^2}$ 和 d_{z^2} 轨道的"波瓣"方向正指向氧离子，在库仑作用下其能级会上升，而 d_{xy}, d_{yz}, d_{zx} 轨道的"波瓣"指向平面中两氧离子的中间位置，其能级也会上升，但上升的能量相比前者较少。因此 d 轨道的 5 重简并能级会在晶体场作用下分裂为两组，一组是能量较低的三重简并态 t_{2g}，另一组是能量较高的二重简并态 e_g(图 4.4)，而 Δ 是两组轨道间的能量差距，称为晶体场分裂能 (crystal field splitting energy，CFE)。

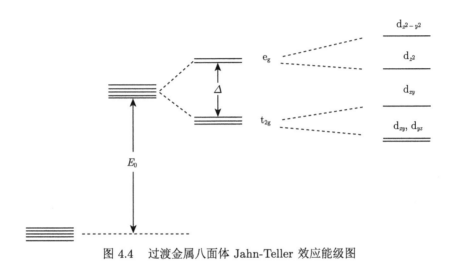

图 4.4 过渡金属八面体 Jahn-Teller 效应能级图

强关联体系中多种序参量间具有强相互关联作用，而 Jahn-Teller 效应是轨道序参量与点阵序参量关联耦合的典型例子。Jahn-Teller 效应是指电子在简并轨道中的不对称占据会导致晶格结构发生畸变，从而降低晶体对称性和轨道简并度，降低体系能量的现象。为说明 Jahn-Teller 效应，如图 4.5 所示，假定在 AO_6 正八面体的基础上 (图 4.3) 沿 z 轴拉长 δ_z，这样 z 轴上阴阳离子的间距较 x，y 轴上阴阳离子的间距更大，库仑排斥作用下，如图 4.4 所示，e_g 轨道的简并度进一步下降，分裂为能量稍高的 $d_{x^2-y^2}$ 轨道和能量稍低 d_{z^2} 的轨道，t_{2g} 轨道会分裂为能量稍高的 d_{xy} 轨道，以及能量稍低的 d_{yz} 和 d_{zx} 轨道。从能量尺度上计议，晶格畸变引起的弹性能增加可计算为 $\alpha\delta_z^2$(α 为某常系数)，电子能级分裂后的能量下降可计算为 $-\beta\delta_z$，这样两部分的总能量在 $\delta_z = \beta/2\alpha$ 时会降低体系能量并且取到极小值。因此可以理解 Jahn-Teller 效应会自发发生，并造成晶格畸变和轨道简并度的降低 (图 4.4)。

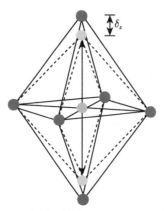

图 4.5   氧八面体的 Jahn-Teller 畸变

3. 高低自旋态轨道分布与轨道有序

晶体中,轨道序参量与自旋序参量也存在着一定的关联,比如多电子在轨道上排布可以有高自旋态与低自旋态的不同状态,以及存在在自旋交换作用下的轨道有序现象。

引入自旋影响,进一步考虑电子在晶体中的 d 轨道排布,则会发现其可能具有高自旋态和低自旋态的不同轨道分布状态。对于孤立原子的轨道,根据洪特规则,电子会优先以同向自旋排布在简并轨道上;自旋相反配对的电子进入同一轨道则会引起能量增加,对应于洪特电子的成对能量 Δ_{hund}。而在晶体场中,d 轨道会发生能级分裂,则会进一步存在有晶体场分裂能 (Δ_{CFE}) 与洪特电子成对能量 (Δ_{hund}) 间的竞争。如果晶体场分裂能显著大于洪特电子成对能量 ($\Delta_{\mathrm{CFE}} > \Delta_{\mathrm{hund}}$),则电子优先排布于低能量轨道,更多电子相反自旋配对出现,形成 "低自旋" 轨道分布状态;反之,如果晶体场分裂能显著小于洪特电子成对能量 ($\Delta_{\mathrm{CFE}} < \Delta_{\mathrm{hund}}$),则电子排布优先满足自旋同向的洪特规则,形成 "高自旋" 的轨道分布状态。

强关联电子体系中,电子之间的强相互作用可以导致 "轨道有序" 的物理现象。例如在庞磁阻 (CMR) 材料中,由于库仑作用的强关联效应,锰、氧离子间的超交换作用以及泡利不相容原理会保证晶体中轨道序与自旋序间的自发相协调,这就造成了自旋序、轨道序间的相互关联,并引起庞磁阻材料晶体中的电子轨道的 "轨道有序" 排布的现象。

4.2   电子能量损失谱表征轨道序参量

4.2.1   点阵序参量与轨道序参量的关联

EELS 的电离损失峰对应于原子内壳层电子激发后的轨道跃迁过程,因此电离损失峰的精细结构可以反映晶体配位环境下的原子/离子轨道的情况。同时, 晶体中的轨道序参量和点阵序参量存在显著关联效应。晶体中的阴阳离子通过成键而形成配位关系, 点阵结构的变化会对配位环境和局域电子轨道结构产生显著影响。EELS 结合高空间分辨结构表征, 就可以对这种点阵与轨道序参量间的关联关系进行协同表征和分析。本节以过渡金属阳离子和氧元素阴离子作为典型例子, 分别介绍晶体中的点阵与轨道序参量间的关联关系和相应电子显微学方法。

1. 阳离子受晶体场的作用和轨道序参量的测量

过渡金属阳离子在晶体场作用下可能发生能级分裂、Jahn-Teller 效应、高低自旋轨道分布等现象, 4.1 节从理论上已有较详细介绍。本节则以若干实例, 介绍电子显微学技术对过渡金属阳离子中点阵-轨道关联关系的协同表征方法。

Torres-Pardo 等 [3] 结合高空间分辨球差校正 STEM 成像技术与高能量分辨率 EELS 技术, 系统研究了铁电 $PbTiO_3$(PTO)/顺电 $SrTiO_3$(STO) 超晶格界面附近局域结构畸变与 Ti 原子 3d 轨道晶体场分裂间的关系。铁电 $PbTiO_3$ 相比于顺电钙钛矿立方相 $STiO_3$, 其晶体结构对称性降低 (图 4.6(a)), 因而 Ti 原子 3d 轨道的晶体场分裂能也应该会出现下降, EELS 实验测量证实了 e_g 和 t_{2g} 轨道峰间的分裂能量会从 $SrTiO_3$ 相的 2.3eV 下降到 $PbTiO_3$ 相的 1.65eV(图 4.6 (b))。跨越铁电 $PbTiO_3$/顺电 $SrTiO_3$ 超晶格层界面的原子分辨 STEM-EELS 表征则更进一步证明, 在两相界面两侧, 随着 $PbTiO_3$ 和 $SrTiO_3$ 超晶格中晶格畸变 (以 c/a 计量) 连续地增大/缩小, e_g 和 t_{2g} 轨道间的晶体场分裂能则会对应反方向地连续缩小/增大 (图 4.6(c)、(d))。

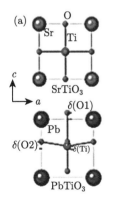
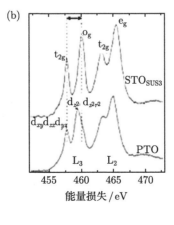
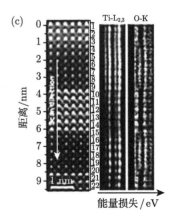

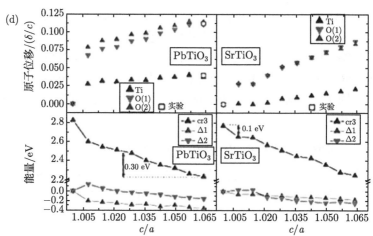

图 4.6　铁电 PbTiO₃/顺电 SrTiO₃ 超晶格界面附近晶格畸变与 Ti 原子轨道能级
分裂间的表征分析 [3]

(a) 铁电 PbTiO₃ 和顺电 SrTiO₃ 相的晶体结构图；(b) 铁电 PbTiO₃ 和顺电 SrTiO₃ 相 Ti 原子 $L_{2,3}$ 电离边
的分裂峰；(c) 铁电 PbTiO₃ 和顺电 SrTiO₃ 超晶格的 STEM-EELS 分析，STEM 原子成像中衬度较亮的为
PbTiO₃ 相；(d) 界面两侧 PbTiO₃ 和 SrTiO₃ 的晶格畸变 (以 c/a 计量)，以及 Ti 原子 e_g 和 t_{2g} 轨道在对应
原子位置处的晶体场分裂能分布

随着现代电子单色校正器的发展，电子能量损失谱最高可以达到几毫电子
伏特 (meV) 的超高能量分辨率，从而能够探测关于晶格振动的声子信息。在
此硬件发展基础上，研究者们甚至可以直观观察晶格点阵、晶体轨道、晶格振
动之间的关联关系。Hoglund 等 [4] 利用球差校正高空间分辨 STEM 成像结合
超高能量分辨率 EELS 分析，协同观察表征了 SrTiO₃ 材料内 10° 角晶界内位
错核心中，晶界内位错核心之间，以及晶粒内部 (共三种局域位置处) 的原子
点阵结构，Ti 原子 3d 轨道分裂对应的 $L_{2,3}$ 电离损失谱，以及电子能量损失低
能声子谱 (图 4.7)。三种电子显微技术的协同表征发现，从晶粒内部到位错核
心之间，再到位错核心中间，Ti 原子 3d 轨道的 e_g 和 t_{2g} 能级分裂会显著地
减少，同时伴随着声子谱中 E_1 峰 (起初在 68meV，对应于 Ti-O 亚晶格的 LO2
声子模) 能量位置的升高和 E_2 峰 (起初在 99meV，对应于 Ti-O 亚晶格的 LO3
声子模) 能量位置的降低。透射电镜中在纳米 (或原子) 分辨率下对晶格点阵–
晶体轨道–晶格振动的协同测量表征，是其他表征方法以及模拟计算所很难达
到的。

另外，对于磁光材料，Xu 等 [5] 通过 STEM、EELS、EMCD 等方法系统观
察表征了在稀土元素 Bi 掺杂的铁石榴石型磁光材料中点阵–轨道–自旋的关联关
系，发现 Bi 掺杂会引起晶格畸变，造成 Fe 元素 3d 轨道的去简并化和能级分裂
减小，进而揭示了 Bi 掺杂可以提高磁光效应的微观机制。

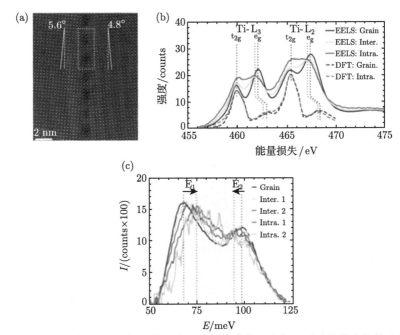

图 4.7 对 SrTiO$_3$ 材料内晶界位错核心中，晶界位错核心之间，以及晶粒内部的 (a) 高空间分辨 STEM 成像，(b) Ti 原子 3d 电子轨道分裂的 L$_{2,3}$ 电离边采集，(c) 局域电子能量损失低能声子谱表征 [4]

2. 阴离子的配位环境作用和轨道序参量的测量

电子能量损失谱中氧 K 边精细结构可以反映氧的阴离子在周边配位环境下所形成的轨道特点。氧 K 边的近边精细结构 (ELNES) 范围大体包括起始能量至其上 30~50eV 的能量区域，并且根据电子轨道跃迁的偶极选择定则，氧的 K 边主要反映的是氧 p 轨道投影的未占据态密度。更进一步，当氧与过渡金属形成配位杂化轨道时，氧 K 边的近边精细结构大体可划分为两部分：第一部分是起始位置至其上 5~10eV 的区域，其特征反映了氧的 2p 轨道与过渡金属 3d 轨道间的杂化；第二部分是起始位置其上 5~10eV 至其上约 30eV 的区域，其特征对应氧的 2p 轨道与过渡金属的具有金属化性质的 4sp 能带间的杂化。

氧 K 边峰的第一部分 (起始 0eV 至 5~10eV 处) 对应于 p-d 杂化轨道的未占据态，故可利用此特征对未占据轨道空态密度进行探测。在高温超导中，很多研究工作利用这一特征发现了不同高温超导体系中点阵-轨道间的关联关系。

在铜氧化物高温超导体 (例如 YBaCuO(YBCO)) 中，其超导性质主要来源于晶格中的 CuO$_2$ 面，而探究 CuO$_2$ 面上氧原子位置处空穴浓度及其特征，对于理解铜氧化物高温超导的机制具有重要意义。如图 4.8(a) 所示，Fink 研究了 YBa$_2$Cu$_3$O$_{7-y}$ 在不同氧含量下的 EELS[6]，发现其测量到的 O K 边具有两个特征：①528eV 左右的峰对应于跃迁至 O 2p 空态，这是由在 O 2p 轨道注入空穴导致的未占据态；②530 eV 左右的肩部对应于跃迁至未被占据的 Cu 的 3d 态 (上哈伯德带)。当样品中氧含量减少时，Fink 发现，528eV 左右的峰强度减小，这表明 O 原子处空穴浓度会随样品氧含量的升高 (或降低) 而相应增加 (或减少)[6]。此外，Nücker 等测量了 YBCO 在 $q//a$, b 和 $q//c$ 的 EELS，发现其 528 eV 左右的峰强度有显著变化 [7](图 4.8(b))，当 $q//a$, b 时，528 eV 左右的峰会显著增强，由此确定出超导氧化物末态 (空穴) 的对称性主要为 $2p_{x,y}$ [7]。Zhang-Rice 自旋单态模型是目前解释铜氧化物高温超导体机制的重要理论模型，在 Zhang 和 Rice 所提出的理论模型中，CuO_2 面上氧原子处具有 $p_{x,y}$ 对称性的空穴会与 Cu 原子处 $d_{x^2-y^2}$ 轨道上的空穴形成自旋单态的束缚态，这能够促进高温超导机制的实现。上述关于 CuO_2 面上氧原子轨道的空穴具有 $2p_{x,y}$ 对称性及其空穴浓度变化的 EELS 实验，则有力地支持了 Zhang-Rice 自旋单态模型的验证和确立 [8]。

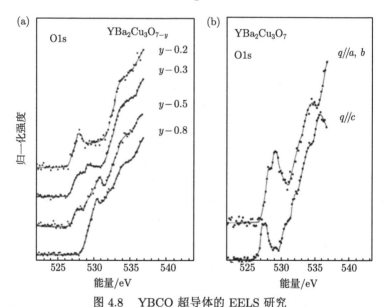

图 4.8   YBCO 超导体的 EELS 研究
(a) 不同氧含量的 YBCO 的 O K 边 EELS[6]；(b) YBCO 的 $q//a$, b 和 $q//c$ 的 O K 边 EELS[7]

随着球差校正技术的发展，STEM-EELS 的空间分辨率可以达到亚埃尺度，可以直接从实空间区分铜氧化物超导材料电荷库层和超导层中氧原子轨道结构的异同。如图 4.9 所示，Botton 等通过原子分辨率的 STEM-EELS[9] 发现，随着氧含量的增加 ($YBa_2Cu_3O_6$ 氧含量增高至 $YBa_2Cu_3O_7$，前者简写为 $YBCO_6$，后者简写为 $YBCO_7$)，红色方框标记的电荷库层中 Cu-O 链上的 Cu 价态上升 (L_3 边左移，图 4.9(c))，而蓝色方框标记的超导层中 CuO_2 面上的 Cu L_3 边变化不明显 (图 4.9(b))。此外，电荷库层中 Cu-O 链的 O K 边中空穴峰明显增加 (红色曲线，

图 4.9(e))，而超导层中 CuO$_2$ 面上的 O K 边中的空穴峰也有一定程度的增加 (蓝色曲线，图 4.9(d))，显示出空穴掺杂效应。Botton 等的研究表明，在 YBCO 中随着氧含量的提高，电荷库层中的氧掺杂会在电荷库层的 Cu-O 链上注入大量空穴，而同时电荷库层和超导层之间存在有电荷转移，超导层的 CuO$_2$ 面也会出现空穴掺杂注入的效应。

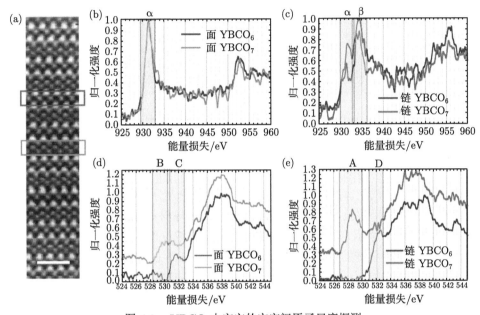

图 4.9　YBCO 中空穴的实空间原子尺度探测
(a) 采集 EELS 同时收集的 HAADF 像[9]，红色方框对应电荷库层，蓝色方框对应超导层；
(b) YBCO$_6$ 和 YBCO$_7$ 的 CuO$_2$ 面上 Cu L 边 EELS[9]；(c) YBCO$_6$ 和 YBCO$_7$ 的 Cu-O 链上 Cu L 边 EELS[9]；(d) YBCO$_6$ 和 YBCO$_7$ 的 CuO$_2$ 面上 O K 边 EELS[9]；(e) YBCO$_6$ 和 YBCO$_7$ 的 Cu-O 链上 O K 边 EELS[9]

高度过掺杂 Cu-1234 的高温超导体在液氮温区具有内禀的高临界电流密度，这源自其独特的结构特征和其点阵、轨道间的关联耦合效应。如图 4.10(a) 所示，Cu-1234 超导体具有增厚的 (约 0.96nm) 超导层单元 [Ca$_3$Cu$_4$O$_8$] 和金属性的电荷库层单元 [Ba$_2$CuO$_{3+\delta}$]，其超导层单元包含了两种非等价的 CuO$_2$ 层 (外层 [CuO$_5$] 和内层 [CuO$_4$])。而在电荷库层中的 CuO$_6$ 八面体具有独特的压缩型特征，即垂直于面的 Cu—O 键相较面内的 Cu—O 键键长更短，键长的压缩比 σ 约为 0.92[10]，这不同于传统的铜基超导体中拉伸型的 CuO$_6$ 八面体。二者的差别在于 (图 4.10(b))，对于拉伸型 CuO$_6$ 八面体，$3d_{x^2-y^2}$ 轨道能量高于 $3d_{3z^2-r^2}$ 轨道能量，空穴主要具有 $p_{x,y}$ 对称性，c 方向的相关长度低，超导各向异性强；对于压缩型 CuO$_6$ 八面体，$3d_{3z^2-r^2}$ 轨道能量会高于 $3d_{x^2-y^2}$ 轨道，导致会有相当的空穴具有 p_z 对称性，这会提高 c 方向的相关长度，增强层间耦合作用。

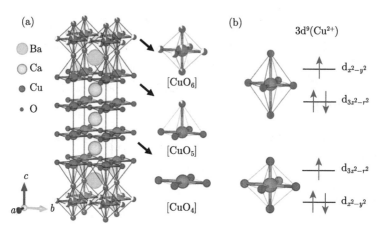

图 4.10　　Cu-1234 超导体中独特的压缩型 CuO$_6$ 八面体 [10]

(a) Cu-1234 超导体的结构示意图；(b) 拉伸型 CuO$_6$ 八面体中，3d$_{x^2-y^2}$ 轨道能量高于 3d$_{3z^2-r^2}$ 轨道，3d$_{x^2-y^2}$ 轨道半占据，而对于压缩型 CuO$_6$ 八面体，3d$_{3z^2-r^2}$ 轨道能量高于 3d$_{x^2-y^2}$ 轨道，3d$_{3z^2-r^2}$ 轨道半占据

　　上述 CuO$_6$ 八面体的晶格压缩特征与轨道中空穴分布特点间的关联关系可以通过 EELS 进行有效验证。实验中，对 Cu-1234 超导材料 $q//a,b$ 和 $q//c$ 的 EELS 测得，如图 4.11 所示，528 eV 左右的峰对应空穴浓度的大小，代表 O 1s 轨道到 Zhang-Rice 自旋单带的跃迁 [6,11]。从 $q//c$ 和 $q//a, b$ 的 EELS 可以看出，在 2p$_z$ 和 2p$_{x,y}$ 的对称性轨道上均具有相当量的空穴，并且前者的浓度高于后者。这与传统铜氧化物超导体空穴主要占据 2p$_{xy}$ 轨道明显不同。进一步根据 London 理论 [12]，Cu-1234 超导材料中提高 c 方向空穴的浓度，可以降低超导各向异性，增强层间耦合作用，对提高超导体临界电流密度具有重要促进作用。

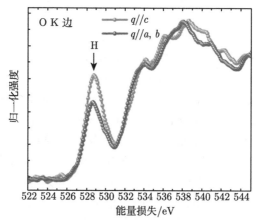

图 4.11　　Cu-1234 超导材料的特定动量转移的 EELS 实验结果 [13]

其中，H 峰的强度可衡量空穴浓度的大小

3. 阴离子的轨道跃迁谱中背散射的影响及其与点阵序参量的关联

当 O 与过渡金属形成杂化轨道时，O K 边 (对应于 1s→2p 轨道跃迁) 的精细结构可划分为两部分：第一部分反映的是 (1s 轨道)→(2p-3d 杂化轨道) 跃迁的情况，对应于从起始位置至其上 5∼10eV 的区域，前文已有详细介绍；O K 边的第二部分 (起始后 5∼10eV 至约 30eV) 则主要反映 O 2p 轨道与过渡金属具有金属化性质的 4sp 能带间的杂化。

对于一些材料，O K 边的第二部分在反映 (1s 轨道)→(2p-4sp 杂化轨道) 跃迁的同时，其峰形还会受到近邻原子最外电子层背散射所引发的共振效应调制。这种由近邻原子背散射引发的共振效应会在 O K 边中引入明显的共振峰特征，其峰位记为 ΔE，对应于从 O K 边起始位置至共振峰处的能量间距。

研究发现，共振峰的峰位 ΔE 和最近邻原子间距 R 之间表现出定量关系，可表达为

$$\Delta ER^2 = \text{constant} \qquad (4.9)$$

其中，constant 表示某一常量。对 NiO，MnO，MnO_2，TiO_2 及 $LaMnO_3$ 等材料的 EELS 谱 O K 边测量 [14,15] 发现，其均满足上述定量关系 (图 4.12)。因此可以利用 O K 边轨道跃迁谱中这一由近邻原子背散射引起的共振峰特征，来测量晶格点阵中氧原子与其最近邻原子间的距离，从而可以将轨道序参量与点阵序参量关联起来。

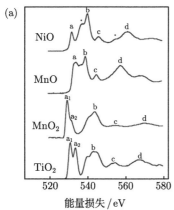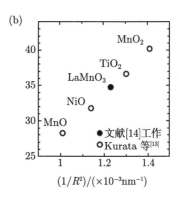

图 4.12　(a) NiO，MnO，MnO_2 和 TiO_2 的 O K 边的近边精细结构 [14]；(b) 紧邻原子外层轨道背散射所引起的共振峰位 ΔE 与氧原子到最近邻原子的距离 R 间所表现出的定量关系 [14,15]

4.2.2　材料各向异性与轨道序参量的测量

在电子能量损失谱的测量中，电子与样品的非弹性散射过程同时满足能量守恒和角动量守恒。当入射电子在非弹性散射中发生不同动量变化时，对于样品内

原子核外电子由初始轨道到激发轨道的跃迁，其跃迁会被激发到具有不同角动量的激发轨道空态中。因此限定不同的动量转移可以反映沿特定动量转移对称性方向上原子末态轨道的信息，这称为非弹性电子散射的取向效应。对于各向异性材料，可以利用该取向效应研究和反映材料中原子轨道的各向异性特征。

例如，对于各向异性材料石墨中碳元素的 K 电离边对应于从内壳层 1s 电子至 2p 轨道的跃迁。相邻 C 原子间可以形成平行于原子面的 σ 键，和垂直于原子面的 π 轨道，其反键轨道分别是 σ* 键和 π* 键。通过倾转石墨晶体样品的取向，Leapman 和 Silcox[16] 系统记录了不同动量转移矢量下的 C 原子的 K 边，观察到 $q//c$(c 轴为垂直于原子面的晶轴) 时 π* 键特征峰占主导，反映垂直于原子面的轨道特征，$q//a,b$ 时 σ* 键特征峰占主导，反映平行于原子面的轨道特征。

利用各向异性材料电子能量损失谱的取向效应，Klie 等 [17] 实验和还原了 MgB_2 超导材料在对称性投影下的态密度。如图 4.13 所示，实验中使入射电子方向分别沿平行于 MgB_2(0001) 晶带轴 c 轴的方向和垂直于 c 轴的方向来采集 EELS，可以进一步还原和模拟得出 MgB_2 不同对称性轨道下的投影分波态密度。

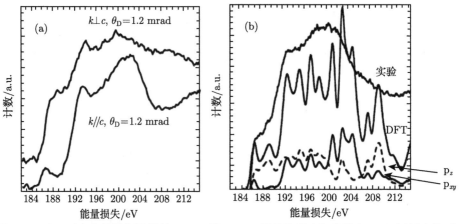

图 4.13   (a) 对各向异性超导材料 MgB_2 的 EELS 测量体现出取向效应；(b) 还原出的对于 MgB_2 的不同对称性轨道取向下的投影分波态密度 [17]

在 4.2.1 节中，对 YBCO 和 Cu-1234 超导体判断其在 $2p_z$ 和 $2p_{x,y}$ 不同对称性下轨道上空穴浓度的表征，同样采用了本节中所介绍的对材料各向异性进行 EELS 测量的原理和方法。

EELS 中的非弹性散射轨道跃迁过程能够反映出材料中的轨道各向异性信息，那么如何从理论上对此进行描述呢？大体而言，关于 EELS 中轨道跃迁的散射模型主要有两种：一种基于微观量子力学的轨道跃迁理论，本章前文已有基本的介绍；另一种基于介电函数理论，侧重于从材料在外场作用下的宏观介电性质引入讨论。两种理论框架都可以对各向异性材料的非弹性散射过程进行描述，这里分别加以介绍。

1. 介电函数理论下对各向异性材料二次微分散射截面的分析 [18,19]

材料各向异性的体现可以表示为宏观材料的介电函数张量 $\{\varepsilon^{ij}\}$，其定义如下：

$$D_i = \sum_j \varepsilon_0 \varepsilon^{ij} E_j \tag{4.10}$$

其中，$\boldsymbol{E}$ 为电场矢量；$\boldsymbol{D}$ 为所对应产生的电位移；ε_0 为真空介电常数。

在非弹性散射过程中，$\{-1/\varepsilon^{ij}\}$ 的虚部称为能量损失函数 (energy loss function，ELF)，非弹性散射的二次微分散射截面可以表示如下：

$$\frac{\mathrm{d}^2\sigma(\boldsymbol{q})}{\mathrm{d}E\mathrm{d}\Omega} \propto \mathrm{Im}\left(-\frac{1}{\displaystyle\sum_{i,j} q_i \varepsilon^{ij} q_j}\right) \tag{4.11}$$

其中，q_i 为动量转移矢量 $\boldsymbol{q}$ 在样品正交坐标 (x,y,z) 中 i 轴的投影。更进一步，对内壳层电子跃迁，近似有介电函数实部 $\varepsilon_1 \approx 1$ 和虚部 $\varepsilon_2 \approx 0$，因此有

$$\frac{\mathrm{d}^2\sigma(\boldsymbol{q})}{\mathrm{d}E\mathrm{d}\Omega} \propto \sum_{i,j} \frac{q_i q_j}{q^4} \varepsilon_2^{ij} \tag{4.12}$$

其中，$\{\varepsilon_2{}^{ij}\}$ 为介电函数张量的虚部，对各向异性材料，$\{\varepsilon_2{}^{ij}\}$ 取决于系统的对称性，其独立元素个数各不相同。

2. 量子力学轨道跃迁架构下对各向异性材料二次微分散射截面的分析

前文对非弹性散射轨道跃迁的量子力学理论已有一些介绍，可以参见式 (4.5) 及其相关讨论。简言之，应用费米黄金跃迁规则，在量子力学架构下的二次微分散射截面形式可以写为

$$\frac{\mathrm{d}^2\sigma(\boldsymbol{q})}{\mathrm{d}E\mathrm{d}\Omega} = \left(\frac{m_0}{2\pi\hbar^2}\right)^2 \frac{k_1}{k_0} \left|\int V(\boldsymbol{r}',\boldsymbol{r})\,\psi_\mathrm{f}(\boldsymbol{r}')*\psi_i(\boldsymbol{r})\exp(\mathrm{i}\boldsymbol{q}\cdot\boldsymbol{r}')\mathrm{d}\boldsymbol{r}\mathrm{d}\boldsymbol{r}'\right|^2 \tag{4.13}$$

考虑到出射电子收集角度范围很小，非弹性散射电子的动量转移满足偶极子近似 $\exp(\mathrm{i}\boldsymbol{q}\cdot\boldsymbol{r}) = 1 - \mathrm{i}\boldsymbol{q}\cdot\boldsymbol{r}$，则二次微分散射截面可进一步改写为

$$\frac{\mathrm{d}^2\sigma(\boldsymbol{q})}{\mathrm{d}E\mathrm{d}\Omega} \approx \frac{4}{a_0{}^2 q^4} |\langle\psi_\mathrm{f}|\boldsymbol{q}\cdot\boldsymbol{r}|\psi_\mathrm{i}\rangle|^2 \propto \sum_{i,j} \frac{q_i q_j}{q^4} \langle x_i\rangle\langle x_j\rangle \tag{4.14}$$

其中，a_0 为玻尔 (Bohr) 原子半径；$\langle x_i\rangle$ 表示在样品坐标 (x,y,z) 中，i 轴坐标算符 x_i 在电子初态 ψ_i 和末态 ψ_f 作用下的跃迁矩阵元，该跃迁矩阵元的完整数学表示为 $\langle\psi_\mathrm{f}|x_i|\psi_\mathrm{i}\rangle$。材料的各向异性则体现于跃迁矩阵元的乘积项 $\langle x_i\rangle\langle x_j\rangle$。

　　量子力学表述和介电函数表述给出的二次微分散射截面具有某种相似的形式。概括而言，其分布特征均受两部分影响：第一部分是受与材料对称性相关的本征各向异性结构影响，其对应于 ε_2^{ij} 或者 $\langle x_i \rangle \langle x_j \rangle$ 项，理论上它们相关于各向异性材料在不同对称性轨道下的分波态密度投影；第二部分是受取向效应相关因子 $(q_i q_j / q^4)$ 的调制，因而在不同取向上会呈现出不同权重组合，在 EELS 中体现出不同的精细结构特征。

　　与材料各向异性相关的一个重要概念是材料的二向色性 (dichroism)。在概念辨析上，各向异性包含二向色性，各向异性是对材料在不同方向性质存在差异的最一般描述，各向异性的起源可以来自结构、轨道或自旋等不同序参量因素 (本节中侧重于其轨道序参量方面)。而二向色性则对应更具体的所指，二向色性的概念来自于对不同偏振光光学吸收的差异，典型的包括线性二向色性 (linear dichroism) 和圆二向色性 (circular dichroism)。在本书后续介绍自旋序参量表征的章节中，将具体介绍材料磁圆二向色性的概念与电镜表征方法。材料磁线性二向色性和磁圆二向色性广义上亦属于材料的各向异性，其测量原理也部分地沿用了本节所介绍的理论框架。

4.3　5d 电子轨道的电子显微学表征

　　5d 电子材料通常指含有 5d 电子的过渡金属氧化物，例如烧绿石铱酸盐 $R_2Ir_2O_7$ (R 为稀土元素)[20,21]、六角绝缘体 $(Na/Li)_2IrO_3$[22,23] 等。相比于 3d 和 4d 电子，5d 电子具有很强的自旋轨道耦合效应 (spin-orbit coupling, SOC) 及不可忽略的电子关联效应，二者之间的相互耦合使这类材料展现出一系列复杂而新奇的量子特性，如轴子绝缘体、外尔半金属、拓扑莫特绝缘体等，目前人们对二者之间耦合对材料物性影响的理解如图 4.14 所示。5d 电子的强自旋轨道耦合导致能级劈裂产生新电子态，与空间、时间对称性破缺相互作用，带来了诸多非平庸新量子效应 [24]。5d 电子涉及的材料范围很广，几乎涵盖了凝聚态物理的前沿研究领域。5d 基超导体可以表现出 p 波超导等非常规的超导特性，如 Li_2Pt_3B 体系 [25]。5d 离子之间可以形成较强的金属键，诱导出了电荷密度波相变和金属-绝缘体相变等，如 $CuIr_2S_4$ 体系 [26]。5d 电子自旋与晶格的耦合还可以实现金属中的铁电结构转变，如 $LiOsO_3$ 体系 [27]。Hf 基铁电薄膜表现出的高矫顽场和越薄越强的反常铁电极化特性，为新型铁电存储奠定了强有力的材料基础 [28]。5d 电子材料在超导、能源、信息、催化等多个领域都显示了重要的基础科学研究意义和巨大的潜在应用价值。

　　尽管 5d 电子材料具有众多的新奇物性和广阔的应用前景，但多数新奇物性的发现和调控处于早期阶段，5d 电子的复杂行为缺乏合适的表征手段，5d 电子相关的物理机制尚欠清晰。表征方面，轨道属性是描述 5d 电子状态和揭示诸多功能材料新奇物性的关键因素。但由于 5d 元素较重，使得低阶衍射消光效应和相对论效应显著，因而目前对 5d 电子轨道探测的谱学技术存在局限性，无法直接给出定量和高空间分辨的轨道信息。目前为止，国内外对 5d 电子材料的基态、激发态性质的系统性理论认知和实验表征都十分欠缺。

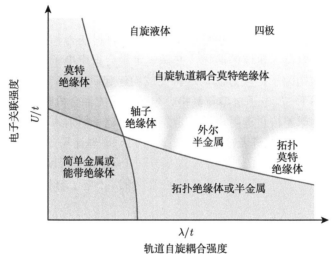

图 4.14   材料电子性质随自旋轨道耦合、电子关联效应强度变化的示意图 [24]

而在电子显微技术中，定量会聚束电子衍射 (CBED)[29] 可以对轨道电子电荷密度的分布进行探测 (参见 5.2 节)。为了揭示上述 5d 电子独特效应内涵，高分辨率的球差校正透射电镜与定量会聚束电子衍射技术相结合，则有希望为在实空间下定量解析晶格、电荷密度和 5d 电子轨道的空间分布提供一条行之有效的路径。

定量会聚束电子衍射相对于其他谱学手段，对价电子敏感度高，且能实现实空间电荷与轨道的表征。相对于 X 射线衍射，定量会聚束电子衍射束斑小、无消光效应和吸收效应、精度高，能够更精确地测量价电子和轨道信息 [30−32]。5d 电子体系中，更大的原子序数导致更强的相对论效应，使 5d 电子轨道膨胀和 6s 电子塌缩，导致两者的能量更加接近，且 5d 电子的自旋轨道耦合带来的能级劈裂显著提高，这些都对轨道的表征高精度提出了较高要求。

在具体方法上，利用定量会聚束电子衍射精确测量 5d 电子材料的低阶结构因子时，在系列衍射条件下可以调节一组晶面接近满足布拉格衍射条件，此条件附近的衍射强度对其结构因子非常敏感，结构因子微小的变化都可以体现在其衍射强度上。利用精修方法可以比较实验和理论的衍射强度，并进行优化以达到最佳拟合。在精修优化过程中，理论模型中的参数可以调整以寻求实验和理论之间的最小差异，并通过使用动力学理论来计算衍射强度，将多重散射效应考虑在内。进一步结合同步辐射 X 射线衍射或第一性原理计算得到高阶结构因子，并将径向函数进行相对论修正后对结构因子进行多极拟合，可以得到实空间下 5d 电子的电荷密度与轨道信息。比如，对于锂离子电池正极 $Li_{1-x}CoO_2$ 的 Co 3d 轨道电子占据的研究中，已经可以利用会聚束电子衍射模拟和拟合而实现对电子轨道的测定。

在上述基础上，更进一步可以研究 5d 电子材料在力、热、电等外场原位条件调控下晶格、电荷、轨道的演化，并探索定量会聚束电子衍射在外场和室温等条件下可靠的结构因子提取方法，这将促成构建起研究 5d 电子体系基态以及外场调控的激发态下 5d 电子轨道与晶格、电荷之间的耦合机制的新方法。

综上，借助球差校正透射电镜、定量会聚束电子衍射，并结合扫描隧道显微镜/谱 (STM/STS) 等先进表征技术和高通量第一原理计算方法，原理上可以在实空间下直观地解析 5d 电子轨道信息，这将有利于在原子尺度上探究 5d 轨道电子在新奇量子物性中的关键作用，促进特定功能的 5d 电子材料设计。

参 考 文 献

[1] Griffiths D J, Schroeter D F. Introduction to Quantum Mechanics. 3rd ed. Cambridge: Cambridge University Press, 2018.

[2] Inokuti M. Inelastic collisions of fast charged particles with atoms and molecules—The Bethe theory revisited. Reviews of Modern Physics, 1971, 43(3): 297-347.

[3] Torres-Pardo A, Gloter A, Zubko P, et al. Spectroscopic mapping of local structural distortions in ferroelectric $PbTiO_3/SrTiO_3$ superlattices at the unit-cell scale. Physical Review B, 2011, 84(22): 220102.

[4] Hoglund E R, Bao D L, O'Hara A, et al. Direct visualization of localized vibrations at complex grain boundaries. Advanced Materials, 2023, 35(13): 2208920.

[5] Xu K, Zhang L, Godfrey A, et al. Atomic-scale insights into quantum-order parameters in bismuth-doped iron garnet. Proceedings of the National Academy of Sciences, 2021, 118(20): e2101106118.

[6] Fink J. Recent developments in energy-loss spectroscopy. Adv. Electron Electron Phys., 1989, 75: 121-232.

[7] Fink J, Nücker N, Pellegrin E, et al. Electron energy-loss and X-ray absorption spectroscopy of cuprate superconductors and related compounds. J. Electron Spectrosc Relat Phenom., 1994, 66(3/4): 395-452.

[8] Zhang F C, Rice T M. Effective Hamiltonian for the superconducting Cu oxides. Phys. Rev. B, 1988, 37(7): 3759-3761.

[9] Gauquelin N, Hawthorn D G, Sawatzky G A, et al. Atomic scale real-space mapping of holes in $YBa_2Cu_3O_{6+\delta}$. Nat. Commun., 2014, 5: 4275.

[10] Li W M, Zhao J F, Cao L P, et al. Superconductivity in a unique type of copper oxide. Proc. Natl. Acad. Sci. U S A, 2019, 116(25): 12156-12160.

[11] Nücker N, Pellegriss E, Schweiss P, et al. Site-specific and doping-dependent electronic structure of $YBa_2Cu_3O_x$ probed by O 1s and Cu 2p X-ray-absorption spectroscopy. Phys. Rev. B Condens. Matter., 1995, 51(13): 8529-8542.

[12] London F, London H. The electromagnetic equations of the supraconductor. Proc. R. Soc. London Ser. A, 1935, 149(866): 71-88.

[13] Zhang X F, Zhao J F, Zhao H J, et al. Atomic origin of the coexistence of high critical current density and high T_c in $CuBa_2Ca_3Cu_4O_{10+\delta}$ superconductors. NPG Asia Materials, 2022, 14: 50.

[14] Kurata H, Lefèvre E, Colliex C, et al. Electron-energy-loss near-edge structures in the oxygen K-edge spectra of transition-metal oxides. Physical Review B, 1993, 47(20): 13763-13768.

[15] Murakami Y, Shindo D, Kikuchi M, et al. Resonance effect in ELNES from perovskite-type manganites $BiMnO_3$ and $LaMnO_3$. Journal of Electron Microscopy, 2002, 51(2): 99-103.

[16] Leapman R D, Silcox J. Orientation dependence of core edges in electron-energy-loss spectra from anisotropic materials. Physical Review Letters, 1979, 42(20): 1361-1364.

[17] Klie R F, Nellist P D, Zhu Y, et al. Measuring the hole state anisotropy in MgB_2 by high-resolution angular-resolved electron energy-loss spectroscopy. Microscopy and Microanalysis, 2003, 9(S02): 824-825.

[18] Browning N D, Yuan J, Brown L M. Real-space determination of anisotropic electronic structure by electron energy loss spectroscopy. Ultramicroscopy, 1991, 38(3/4): 291-298.

[19] Browning N D, Yuan J, Brown L M. Theoretical determination of angularly-integrated energy loss functions for anisotropic materials. Philosophical Magazine A, 1993, 67(1): 261-271.

[20] Pesin D, Balents L. Mott physics and band topology in materials with strong spin-orbit interaction. Nature Physics, 2010, 6(5): 376-381.

[21] Kurita M, Yamaji Y, Imada M. Topological insulators from spontaneous symmetry breaking induced by electron correlation on pyrochlore lattices. Journal of the Physical Society of Japan, 2011, 80(4): 044708.

[22] Singh Y, Manni S, Reuther J, et al. Relevance of the Heisenberg-Kitaev model for the honeycomb lattice iridates A_2IrO_3. Physical Review Letters, 2012, 108(12): 127203.

[23] Gretarsson H, Clancy J P, Liu X, et al. Crystal-field splitting and correlation effect on the electronic structure of A_2IrO_3. Physical Review Letters, 2013, 110(7): 076402.

[24] Witczak-Krempa W, Chen G, Kim Y B, et al. Correlated quantum phenomena in the strong spin-orbit regime. Annu. Rev. Condens. Matter Phys., 2014, 5(1): 57-82.

[25] Yuan H Q, Agterberg D F, Hayashi N, et al. S-wave spin-triplet order in superconductors without inversion symmetry: Li_2Pd_3B and Li_2Pt_3B. Physical Review Letters, 2006, 97(1): 017006.

[26] Radaelli P G, Horibe Y, Gutmann M J, et al. Formation of isomorphic Ir^{3+} and Ir^{4+} octamers and spin dimerization in the spinel $CuIr_2S_4$. Nature, 2002, 416(6877): 155-158.

[27] Shi Y, Guo Y, Wang X, et al. A ferroelectric-like structural transition in a metal. Nature materials, 2013, 12(11): 1024-1027.

[28] Cheema S S, Kwon D, Shanker N, et al. Enhanced ferroelectricity in ultrathin films grown directly on silicon. Nature, 2020, 580(7804) : 478-482.

[29] Zhu J, Miao Y, Guo J T. The effect of boron on charge density distribution in Ni_3Al. Acta materialia, 1997, 45(5): 1989-1994.

[30] Zuo J M, Kim M, O'Keeffe M, et al. Direct observation of d-orbital holes and Cu—Cu bonding in Cu_2O. Nature, 1999, 401(6748): 49-52.

[31] Nakashima P N H, Smith A E, Etheridge J, et al. The bonding electron density in aluminum. Science, 2011, 331(6024): 1583-1586.

[32] Shang T T, Xiao D, Meng F, et al. Real-space measurement of orbital electron populations for $Li_{1-x} CoO_2$. Nature communications, 2022, 13(1): 5810.

第 5 章　电荷序参量

5.1　电荷序参量的定义

材料中原子由原子核及绕核运动的核外电子构成, 其分别携带有正、负电荷。电荷序参量所描述的是材料中原子及原子成键后的电荷转移及电荷密度的分布。物质中电子及其电荷的分布可以表现出丰富多种的行为和现象。

在原子层面上, 孤立原子/离子中电荷密度分布取决于其原子中电子轨道形式和特点 (参见第 4 章 "轨道序参量" 中相关描述)。在微观尺度下根据量子力学, 电子电荷密度需要通过电子的概率密度来阐释, 即电子可以由其波函数 $\psi(x, y, z)$ 来描述, 而电子的概率密度 $\rho(x, y, z)$ 等于电子波函数模的平方:

$$\rho(x, y, z) = \psi^*(x, y, z)\psi(x, y, z) \tag{5.1}$$

更具体地, 对于孤立原子/离子中的电子波函数 $\psi(x, y, z)$, 其一般会具有球谐函数的形式特点 (参见第 4 章)。

在分子和晶体中, 相邻原子间成键形成杂化轨道, 则电子电荷密度的分布受形成杂化轨道的特点影响, 其电子概率密度对应于成键杂化轨道中电子波函数模的平方。相邻原子间的成键形式包括共价键、离子键、金属键等。此过程包含电荷在原子间的转移, 对应于元素化学价态的变化; 也可能包含电子在不同轨道 (或能带) 之间的转移和重新排布, 这会相应地改变轨道/能带结构、费米面附近态密度等材料物性。

强关联体系中, 由于电子-电子关联作用, 经典能带理论中自由电子近似不满足, 可以出现例如 "电荷转移能隙" 的较复杂轨道分裂与电荷转移现象。比如, 铜氧化物高温超导体具有复杂电学特性, 相图上表现出多种有序态。不考虑电子-电子关联, Cu 的 3d 轨道会与 O 的 2p 轨道杂化, 形成能带、反键能带和非成键能带。根据 Cu 3d 轨道上电子占据情况, 其中反键能带为半充满, 在单电子近似下应表现为金属态特性。然而由于电子-电子间强关联作用, 原有反键能带会劈裂为上下哈伯德带, 则电子由半充满态转变为满带填充, 晶体会表现出绝缘态特性。上哈伯德带 (UHB) 和下哈伯德带 (LHB) 之间的能隙取决于 Cu 外层两个电子之间的库仑相互作用 U。对铜氧化物母体而言, U 值很大 (5~8 eV), 这时形成的绝缘体能隙表现为上哈伯德带和非成键能带之间的能隙 Δ, 此能隙称为电荷转移能隙。

对于晶体中电子与电荷的分布, 晶体的平移周期性会导致晶格中电子波函数形成为布洛赫波的形式, 对应于晶格周期, 且受到晶体内周期性原子势场的调制。因此, 晶格中电子电荷密度的分布一般会保持与晶格相同的周期性。

除了上述从量子力学的电子波函数角度理解材料中电子电荷密度的空间分布外, 分析电子显微学的理论和实验中, 还常从静电学角度考虑和测量材料中电势、电场与电荷分布间的关系。在可以不计磁场影响的条件下, 静电学中电场分布 $E(r)$ 对应于电势分布 $V(r)$ 梯度的负值:

$$E(r) = -\nabla V(r) \tag{5.2}$$

电场分布 $E(r)$ 与电荷分布 $\rho(r)$ 之间则满足高斯定律, 即电荷密度正比于电场的散度:

$$\nabla \cdot E(r) = \frac{1}{\varepsilon_0} \rho(r) \tag{5.3}$$

其中, ε_0 是真空介电常数。在电子显微学中, 差分相位衬度技术、定量会聚束电子衍射测量电荷密度分布等方法均应用了上述静电学基本关系。

此外, 材料中电荷密度的分布还会受到空位注入/离子掺杂、外电场调控、空间电荷界面等其他因素影响。

空位注入、离子掺杂等方法可以在晶体材料中直接引起阴阳离子浓度的变化, 并通过离子扩散过程改变材料中阴阳离子所对应的正/负电荷密度分布形式; 对于半导体材料, 离子掺杂可能引起空穴/电子浓度的变化, 并通过载流子的扩散和漂移作用, 改变局域位置处导带、价带、掺杂能带中电子与空穴的分布方式, 进而改变材料中 (电子或空穴) 电荷密度的空间分布。

对于外电场调控, 比如在场效应管中, 控制栅极对于源极、漏极的相对电势, 可以有效调控场效应管中材料内部电场、电流和电荷密度的分布形式。

5.2　定量会聚束电子衍射测量电荷密度分布

定量会聚束电子衍射 (quantitative convergent beam electron diffraction, Q-CBED) 技术可以用来测量晶体内的电子电荷密度分布。在 CBED 实验中, 在聚焦电子束条件下可以得到样品的衍射斑图样, 另一方面, 衍射斑图样也可以通过多束衍射动力学来进行计算拟合和解析, 由此实验与模拟分析相结合, 可以得到包括晶格常数、晶体对称性、结构因子、晶胞内电子电荷密度分布等信息[1,2]。相比通过 X 射线衍射得到样品内的电子电荷密度分布，CBED 可以避免 X 射线衍射中的消光效应，可以更好地得到与价电子分布相关的低阶结构因子。同时 CBED 具有微区分析能力，可以分析感兴趣纳米微区中的电子电荷密度分布，并且可以选择样品中接近完美单晶性的区域来进行更精确的分析。

1997 年，朱静等利用透射电子显微镜的 CBED 技术研究了 Ni_3Al 合金中的电荷密度分布情况 [1]，并发现 B 添加可引起 Ni_3Al 合金中 Ni—Ni 键的各向异性。图 5.1(a) 中的流程框架概述了定量会聚束电子电荷衍射技术表征得到晶胞内电荷密度分布的主要过程。其中左上框架对应于在实验中对特定样品厚度和晶体取向下所采集得到的 CBED 数据，右上框架对应于通过多束电子衍射动力学理论计算模拟得到的 CBED 强度分布，二者比较通过精修可以拟合确定一组关于样品的结构因子 U_g。进一步通过 U_g 的傅里叶变换可以获得受照射区域内样品的电势分布 $V(r)$。电势 $V(r)$ 与电子电荷密度 $\rho(r)$ 之间满足则泊松方程 (其中 ε_0 是真空介电常量):

$$\nabla^2 V(r) = -\rho(r)/\varepsilon_0 \tag{5.4}$$

由式 (5.4) 可以定量得到晶胞内电子电荷密度的分布情况。图 5.1(b) 展示了 Ni_3Al 合金中在 Ni-Ni 平面与 Ni-Al 平面上的电荷密度分布信息。

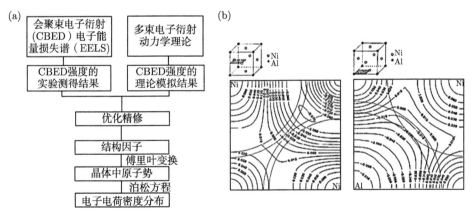

图 5.1　(a) 定量会聚束电子衍射技术表征电子电荷密度分布的方法框架流程；(b) 所得到 Ni_3Al 合金中在 Ni-Ni 平面与 Ni-Al 平面上的电子电荷密度分布信息 [1]

1999 年，左建民等利用定量会聚束电子衍射技术获得了 Cu_2O 中的电子电荷密度分布信息 [2]。该工作中首先利用 CBED 定量得到晶体的低阶结构因子，以避免 X 射线衍射对于低阶结构因子的消光效应，但对较弱或高阶衍射指数的结构因子仍采用 X 射线衍射所得到的结果，并且其中通过将结构因子、吸收系数、电子束取向、样品厚度作为精修参数微调拟合，使数据处理结果优化。经过上述实验与模拟的优化，图 5.2 展示了对于简单氧化物 Cu_2O 的电子电荷密度分布信息，从中可以观察到 Cu^+ 周围非球形的电子电荷密度分布扭曲，这对应于铜 d 轨道的空穴分布，并且说明 Cu_2O 化合物中 Cu—Cu 键的存在。

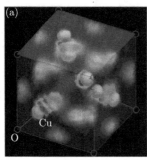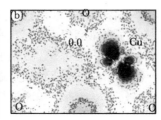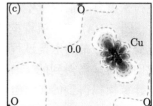

图 5.2　(a) 定量会聚束电子衍射实验得到 Cu_2O 中电子电荷密度的三维分布图；(b) 实验得到 $Cu_2O(110)$ 晶面上的电子电荷密度分布图；(c) 理论计算得到 $Cu_2O(110)$ 晶面上的电子电荷密度分布图 [2]

　　此外，除了定量会聚束电子衍射外，X 射线衍射和中子衍射也可以表征电子电荷密度的分布 [3,4]。X 射线衍射和中子衍射二者间的区别在于，X 射线衍射可得到电子电荷密度分布信息，中子衍射可得到原子核密度分布信息。其原理上与定量会聚束电子衍射方法具有相近的地方，即从衍射谱图反演得到晶体结构因子，进而通过傅里叶变换得到电子 (或原子核) 密度的分布图。在表征量子材料的电子电荷密度分布方面，不同粒子束衍射方法可互为补充。

5.3　4D-STEM 与 DPC 技术对电荷序参量的表征

　　4D-STEM 与 STEM-DPC 技术可以对材料内部在实空间中电场/电荷密度的分布进行高空间分辨率的成像。在 4D-STEM 中会聚电子束在样品上进行扫描，每个扫描位置的 CBED 图案会被同步记录在像素探测器上 (图 5.3(a))。由于 CBED 衍射图案表现的是电子束探针与样品作用后的动量空间图像，因此透射电子的动量变化会包含于衍射之中。对于较薄满足弱相位近似的样品，原理上其相位梯度与透射电子束的动量变化成正比，并与样品内感知到的局域电场成正比 [5-8]。实验数据处理中，相位梯度可以通过在 4D-STEM 数据中对每个衍射图案计算其平均动量变化得到，也就是计算相应衍射图案强度的加权平均位置 (质心位置)。由此 4D-STEM 通过在二维平面上的栅格式扫描，可以构建起样品内的电场分布矢量图，进一步使用高斯定律 (参见式 (5.2)，式 (5.3)) 可以计算得到电荷密度分布图。在 4D-STEM 技术中，电荷密度分布图像的空间分辨率主要受限于电子束探针的尺寸和电子束探针步长。4D-STEM 像素探测器近年来得到显著发展。最初是使用 CCD 相机收集 4D-STEM 数据，近来直接电子探测器越发成熟普遍，其可在更快帧速下采集高质量数据，现有最快的直接电子探测器可以在与传统 STEM 探头相当的帧时间内采集得到整个会聚束衍射图案[6]。

DPC 技术则起始于 H. Rose 等[9-11]自 20 世纪 70 年代开始在理论和实验上的探索实践。1973 年，H. Rose[9]指出在 STEM 光路模式下，随着分辨率的提升，经样品的出射电子会更多集中在小角度范围。因而若采用通常的 STEM 高角度暗场环状探头对材料进行成像，对比于平行光束 TEM 模式下成像，在相同的高分辨率下，STEM 暗场成像所需的电子辐照剂量会相较高出很多。对此，H. Rose 提出在高分辨率的 STEM 光路中，应采用小角度的圆形与环状探头，这样可以在低辐照剂量下对材料的"相位衬度"进行成像，并且，Rose 论证了该模式成像所需的电子辐照剂量与 TEM 模式下的相比基本相当 (不会高于 TEM 模式下辐照剂量四倍)，而所得成像中假像也会显著减少。随后在此基础上，Dekkers 和 De-Lang[10] 及 Rose[11] 又进一步提出将 STEM 中的探头分割为小角度的四个分瓣构型，对四个分瓣探头所得信号进行组合差分，可以对材料的"差分相位衬度"进行成像，其可以反映出材料中原子势梯度的信息。

历史上，4D-STEM 技术对电场和电荷密度成像的理论原理来自于上述的 DPC 技术。二者在理论原理上基本相同，主要不同在于 DPC 使用的是分瓣探头，而 4D-STEM 中使用的是像素探测器[12]。在 DPC 技术中，通过检测分瓣探头不同象限中接收到的信号差异，可以确定衍射图案的质心移位。理论和模拟研究已经证明，DPC 能够准确近似 4D-STEM 中的质心成像[5,6]。因而，尽管硬件上能分辨探头与像素探测器的差别，但在进行电场/电荷密度成像时，实验研究中通常认为两种技术是等效的[6]。

依托于像差校正扫描透射电子显微技术的发展，4D-STEM 和 STEM-DPC 都可达到亚埃尺度的高空间分辨率。因而 4D-STEM 和 STEM-DPC 在高空间分辨率下对电场/电荷密度成像的能力使其适合于反映材料内部和异质区域处 (界面或缺陷) 一定程度上的电场/电荷密度分布情形[8,13,14]。

如图 5.3 所示，Gao 等[8] 利用 4D-STEM 技术展示了对 $BiFeO_3$ 多铁材料实空间电场与电荷密度分布的亚埃分辨率成像测量。图 5.3(b) 和 (c) 中可以观察到 Bi 原子柱相对 FeO 原子柱的位置偏移，以及其对应的电场分布矢量图。在图 5.3(d) 关于 $BiFeO_3$ 的电荷密度分布图中，可以观察到由氧八面体扭转造成的 O 原子周围电荷密度呈椭圆形状分布的特征，由氧原子位移带来各向异性造成的 Fe 原子周围电荷密度呈三角形状分布的特征，以及 Bi 正电荷分布区域与最近的 O 原子柱之间相连接的特征。而对于 $BiFeO_3$-$SrTiO_3$ 界面位置的 4D-STEM 电荷密度分布观察还发现，$BiFeO_3$ 中正负电荷区域之间的分离在接近 $BiFeO_3$-$SrTiO_3$ 界面时会逐渐减弱。4D-STEM 技术可以帮助理解例如多铁材料等量子材料中电荷序参量与其他序参量间的关联性，以及薄膜界面位置处电荷密度分布的变化。但同时需要指出的是，关于 4D-STEM 与 DPC 技术对电场、电荷密度分布的成像，由于电子束与晶体原子间的复杂作用，其解释和运用需要谨慎，并有一定适用条件限制。有些研究也指出了对于其成像解释的复杂性和争议性 [15]，以下也具体介绍之。

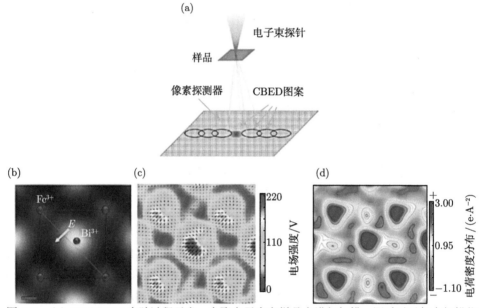

图 5.3 　(a) 4D-STEM 实验过程示意，会聚电子束在样品上进行扫描，同时对于每个扫描位置同步将 CBED 图案记录在像素探测器上；(b) $BiFeO_3$ 的 STEM 暗场原子成像；(c) $BiFeO_3$ 晶胞内的电场分布矢量图；(d) $BiFeO_3$ 晶胞内的电荷密度分布图 [8]

对于 DPC (或 4D-STEM) 图像，作为样品内电磁场分布和入射电子束斑强度的卷积，通过 DPC 获得的电磁场分布实际上会受入射电子束斑的影响。当束斑尺寸远小于样品所测电磁场分布尺寸时，STEM 透射束会出现明显偏转，因此 DPC 直接代表样品内电磁场的分布；而当束斑尺寸远大于样品所测电磁场分布尺寸时，STEM 透射束仅会出现强度的重新分布而不会偏转，DPC 像近似为样品电磁场和入射束斑强度卷积的平均场 [12,16]。并且，强的衍射衬度 (如样品的局域弯曲产生) 在电磁场测量中可能会引入大量假像，因此 DPC 测量电磁场通常需要偏离正带轴强的动力学衍射条件，或者使用旋进电子衍射条件 [17]。

在原子分辨率 DPC 测量时，DPC 能反映原子势场产生的电场分布，近年来有很多研究工作尝试用 DPC 进行原子内部电场的测量 [18,19]。然而，需要指出的是，在原子尺度，入射电子束斑大小一般比原子静电势场尺寸大，因此像差所引起的入射电子束斑形状和尺寸改变会引起 DPC 图像衬度的改变 [20]。并且在厚样品中，受多次散射影响，DPC 图像会强烈依赖于样品厚度，厚样品的 DPC 并不能直接解释成原子势场分布 [12,17]。同时，DPC 测量的是原子核、内层电子、外层价电子的电场 (或电荷密度) 分布的总贡献，价电子密度分布对整个原子或离子的电场分布影响一般也较小。近期的实验和模拟结果研究表明，典型位移型铁电材料的 DPC 图像因受偏离带轴等结构畸变所产生的动力学散射效应影响，较难获得铁电极化场的直接测量 [15]。因此，若希望使用 DPC 技术直接获得样品价电荷密度成键的信息，则可能需要模拟计算方法相配合，并且也有待于 DPC 方法的进一步发展。

5.4 EELS 方法测量核外电子电荷得失转移引起的元素化合价变化

电子能量损失谱除了对原子种类和原子含量进行定量分析以外，同时也可以对材料中局域的配位环境和电子结构变化进行探测，其中主要的探测原理为：材料结构中元素的电荷状态会影响电子能量损失谱中的低能损失区域或者芯壳层能量损失区域中的近边精细结构和广延能量损失精细结构。固体晶体材料主要是由原子或者分子组合在一起并形成周期有序的结构或局部有序的结构，并且外壳层的电子相互成键杂化进而影响材料的物理化学性质，通常可以用分子轨道理论或者布洛赫波函数来描述外层电子的行为和分布。虽然芯壳层电子的波函数受到邻近其他原子的影响较小，但是其能量大小会受到局域的化学环境或者原子核的有效电荷数目的影响。X 射线吸收谱可以观察到特定元素的电离边的阈值能量，可以用来表示芯部电子激发到未占据态能级所需的能量大小，广泛用来探测功能材料中的电子结构和配位环境的变化，然而受限于 X 射线的束斑尺寸大小，其分辨率大小无法达到电子束的分辨率大小。类似于 X 射线吸收谱，电子能量损失谱的芯壳层损失谱也同样可以观察元素中特定的电离损失边，相应的损失边所对应的能量大小为阈值能量。电子能量损失谱中对特定的电离边的阈值能量的测量可以用于探测阈值能量位移的大小，从而可以用于测量电荷的大小、电荷转移以及元素化合价的变化。同时相比 X 射线吸收谱，STEM-EELS 方法可以在原子尺度高空间分辨率对材料的电子结构和元素间的电荷转移进行实空间分布探测。

过渡族金属元素的电离边 L 边通常反映 d 轨道的电子态，因此电子能量损失谱也为过渡族金属元素强关联体系中精细电子结构的变化提供了有力的实验探测手段。Tan 等 [21] 在图 5.4(a) 中罗列了不同晶体结构中过渡族金属元素的特征 L 边的电子能量损失谱，其中在不同氧配比的化合物中，不同化学价态的过渡族金属元素 $L_{2,3}$ 边的阈值能量会发生化学位移；此外，如图 5.4(b) 所示，过渡族金属元素的电子损失边存在 L_2 和 L_3 两个白线边，这两个峰之间的能量间隔反映了跃迁基态中的自旋轨道耦合所导致的能量劈裂。通过对能量损失边进行扣边前背底、解卷积以及扣阶梯函数处理，可以得到 L_3/L_2 峰的相对强度大小，即为白线比。由于偶极跃迁选择定则决定了白线比强烈依赖于未占据态的态密度大小，因此当锰元素的化学价态升高时，其对应的 L 边的白线比大小逐渐变小；而对于铁元素，其 L 边的白线比随着元素价态的升高而变大。因此，通过对白线比大小的比较可以得到化学价态以及磁学性质变化的信息。

对于存在不同种配位环境的化合物中，由于金属离子中近邻配位的阴离子的作用，所以激发出来的芯壳层电子出现强烈的散射行为，因此会阻碍芯壳层电子的逸出。一般来说，这些配位环境的变化会使得对应的电子能量损失谱中的芯壳层的电离损失边的精细结构发生变化。Garvie 等 [23] 测量了平面三角配位的碳的 K 边的电子能量损失谱，如图 5.5(a) 所示，碳酸盐基团中碳的 K 的边呈现一个尖锐的 π^* 和宽化的 σ^* 峰，但是与单质碳的几种不同形态的碳的电子能量损失谱相比截然不同。图 5.5(b) 反映了 SiO_4 四面体中硅元素的 L 边的近边精细结构，

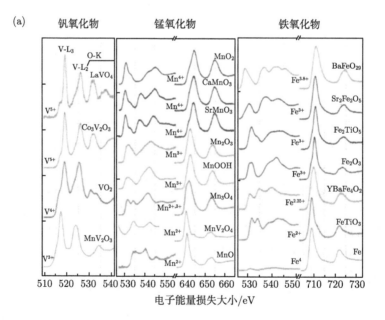

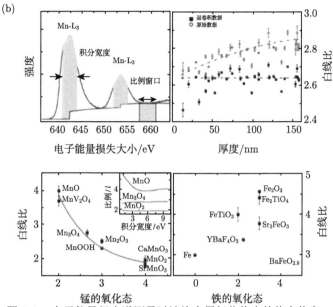

图 5.4 电子能量损失谱测量过渡族金属氧化物中的价态信息

(a) 不同过渡族金属氧化物的特征 $L_{2,3}$ 近边吸收谱, 在不同氧配比的二元氧化物中, 不同的化合价态的过渡族金属的特征 $L_{2,3}$ 吸收谱的能量位置会发生位移; (b) 利用过渡族金属元素的特征吸收边 L_3 边和 L_2 边的比值 (白线比) 同样可以反映不同价态的变化信息; 图片源自参考文献 [21] 和 [22]

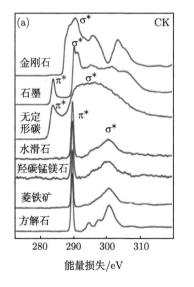

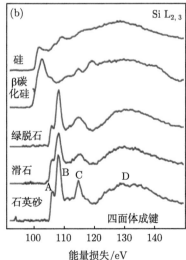

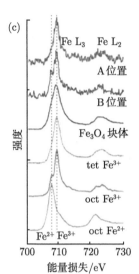

图 5.5 电子能量损失谱探测金属元素所处的阴离子配位环境 [23]

(a) 碳酸盐阴离子中碳 K 边,将碳的平面三角形配位和单质碳进行比较;(b) 三种包含四面体配位的 SiO_4 和单质 Si 以及 SiC 的 $L_{2,3}$ 的比较;(c) 不同氧配位的 Fe^{3+} 和 Fe^{2+} 的精细结构和能量边的位置比较

电子能量损失谱中可以发现两个尖锐的峰和一个宽化的峰。图 5.5(c) 中比较了铁元素不同价态和不同配位环境的电子能量损失谱,可以发现在晶体场效应的作用下,八面体配位的三价铁的电子能量损失谱的 L_3 边会劈裂成两个峰,而对于四面体配位的三价铁的 L_3 边则不会出现峰的劈裂行为,因此过渡族金属元素中的近边精细结构可以提供丰富的配位环境的结构信息。

5.5 直接探测轨道之间的电荷转移:铈元素的畴界偏聚诱导出 Fe(3d)-Ce(4f)

铈元素掺杂钇铁石榴石薄膜材料相比于其他元素掺杂具有巨磁光响应,铈元素的引入会使得原本未掺杂钇铁石榴石较弱的磁光系数提升 2 ∼ 3 个数量级,因此铈掺杂钇铁石榴石 (YIG) 薄膜在未来的磁光器件中具有较大的应用前景。然而铈元素的引入也会使得石榴石薄膜的光学系数增加,从而使得薄膜的磁光优值下降。此外,由于薄膜生长工艺和稀土元素 4f 轨道的复杂性,铈元素掺杂引起的磁光响应的提高所对应的机理研究也尚存争议,这也使得这类功能氧化物的机理研究需要深入多种序参量的协同测量研究,尤其是对轨道、电荷及点阵的高空间尺度的探测和分析,从而解析出之间的耦合关系。

稀土元素中的铈元素在不同氧化物中具有非常丰富的电荷状态 [24],其复杂的 4f 电子结构 [25],会使得其在各种外场条件下发生相变,同时由于其电荷状态在不同状态下也会发生变化，进而也会诱导出一系列新奇的物理化学现象，这些丰富的性质使其广泛地应用在催化材料、能源材料、磁性材料、金属材料以及光学材料的掺杂改性等研究。例如早期的高分辨表面分析工作指出，三价铈离子在氧化铈催化材料中具有很强的电子局域性质，因此也是很好的氧空位的受体[26]。Vasili 等在铈掺杂钇铁石榴石体系中也间接捕捉到多价态铈元素的共存，并详细解析了对磁学性质的影响，但是并没有直接解析出多种占位之间电荷转移行为的机制[27]。由于所使用铈掺杂的体系往往都是强关联体系，这也使得掺杂铈元素的引入同样会引起局域晶格、电荷、自旋以及轨道之间存在关联效应，因此也可以把这类铈掺杂引起性能变化的功能性材料归类为量子材料，而在量子材料中对称性的变化通常会诱导出材料的电子结构和晶格的调制行为，例如电荷有序 (charge order)[28]、自旋密度波 (spin density wave)[29]、电荷密度波 (charge density wave)[30] 以及局部的原子结构的畸变或位移[31] 等。例如在外场的激励下，铈元素构成的功能性氧化物材料会出现电荷转移行为，并直接诱导材料的对称性的变化[32]。此外在由铈氧化物构建的功能材料的界面结构中，铈元素的引入会直接改变界面结构的电荷分布，局域元素的变化和结构的畸变会在电荷的调制下会发生明显的变化[33,34]。

传统的一些结构材料中晶界会因为掺杂稀土或者重元素的偏聚而形成周期性有序的结构，由于掺杂的元素具有不同的离子半径和截然不同的外壳层电子结构，因此晶界存在明显不同的成键方式，进而会改变晶界区域的晶体结构和电子结构，例如 Ikuhara 等[35] 在稀土元素掺杂氧化铝陶瓷中发现，稀土元素会偏聚在晶界中，并形成周期有序的结构，一定程度上会使得陶瓷中的晶界强化。然而除了晶体结构上的改变比较容易直观理解外，实际上对于功能氧化物材料来说，这些界面由于稀土离子的掺杂引入也会极大地改变局域的电荷、轨道以及自旋等序参量。

利用高分辨的电子能量损失谱学手段，可以探究铈元素掺杂钇铁石榴石薄膜畴界区域的电荷状态的变化。图 5.6(a) 为铈元素的电子能量损失谱 M_5 边的能量位置分布图，通过对电子能量损失谱特定损失峰位置的确定，可以得到关于化学位移的信息。从图 5.6(a) 中可以明显发现，在畴界上铈元素呈现能量位置高低有序分布，这也表明在畴界上铈元素的价态分布也是呈现四价态和三价态的高低有序分布。此外，可以同时提取畴界上和远离畴界区域的铈元素的 $M_{4,5}$ 边，发现畴界上能量位置较高的区域的铈元素的 $M_{4,5}$ 边的能量位置较高，并且 M_4 边的峰强是要高于 M_5 边的峰强，这也是四价铈的典型特征。对于远离畴界，且处于体相中的铈元素 $M_{4,5}$ 边则表现相反的特征，能量位置红移，并且 M_4 边的峰强要低于 M_5 边的峰强。因此，无论是谱峰之间的相对强度的变化还是谱峰的能量边的位置变化，都很好地说明了畴界电荷有序分布。

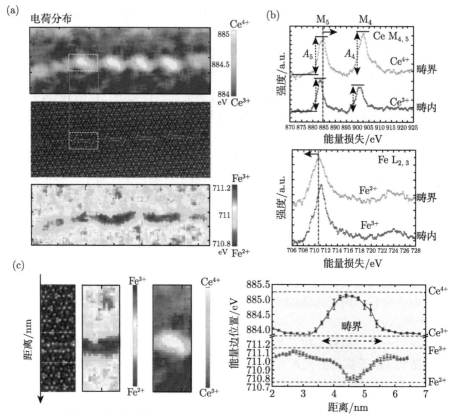

图 5.6   铈元素掺杂钇铁石榴石薄膜畴界区域的电荷有序的测量

(a) 铈元素偏聚的畴界区域进行铈元素的 M_5 边和铁元素的 L_3 边的面分布分析，彩色图表示不同区域对应的这些能量损失峰 M_5 边和 L_3 边的能量位置大小；(b) 从畴界区域和远离畴界的畴内部区域分别提取出铈的 $M_{4,5}$ 边和铁的 $L_{2,3}$ 边，黑色虚线表示畴界区域铈的 M_5 边和铁的 L_3 边的能量位置，A_5 和 A_4 分别表示 M_5 边和 M_4 边的峰强；(c) 对图 (a) 中铈的 M_5 边和铁的 L_3 边位置面分布进行纵向提取，得到远离畴界和畴界区域中铈和铁元素的电子能量损失谱能量边位置变化曲线。左侧为铁和铈在远离畴界和靠近畴界区域的 L_3 边和 M_5 边的能量位置面分布图 [37]。进一步将该畴界区域的稀土铈元素和铁元素的电荷分布图分别沿着纵向提取相应的能量边数值大小并绘制出随着距离变化的曲线分布，如 (c) 右侧所示，在畴界区域中铈元素的能量边位置向高能量方向位移，而铁元素的能量边向着低能量区域位移，通过对纵向分布曲线的定量分析，对比铈元素和铁元素在畴界的价态变化趋势，可以明显发现在畴界区域中铁元素和铈元素之间存在电荷转移行为，三价铈元素中的 4f 电子会转移到铁元素的 3d 轨道中，同时畴界上铈元素会出现三价铈和四价铈交替的电荷有序分布行为 [37]

　　此外，除了可以对稀土铈元素的电子能量损失谱进行分析外，还可以在相同的区域得到过渡族金属元素 Fe 的 $L_{2,3}$ 边的电子能量损失谱的二维分布信息，通过对 L_3 边能量位置的提取，同样可以得到其相应的能量位置的分布情况，如图 5.6(a) 下方的颜色图分布所示，可以发现，靠近畴界的区域 Fe 的 L_3 边出现明显的红移，远离畴界区域的地方则显示较高的能量边位置。进一步提取出两个不同区域的 Fe 的 $L_{2,3}$ 边的电子能量损失谱，也同样可以发现 L_3 峰在靠近畴界的区域出现明显的红移, 这也就表明了过渡族金属元素 Fe 在靠近畴界的区域显示低价态, 而远离畴界的区域则显示高价态, 即为正三价, 由于 Fe 在一般氧化物中与氧原子杂化之间的电荷转移能为负值, 根据洪特规则能量最低的要求, 所以铁元素最高价一般为正三价态, 而四价态的 Fe 一般只存在于一些少见的高压相中 [36]。

除了图 5.7(a) 所示的典型的电荷有序的畴界外, 同时还可以在薄膜中观测到另外一种典型的电荷有序畴界, 如图 5.7(b) 所示为另一种电荷有序的畴界结构, 可以发现, 上下畴之间有明显的相对位移, 同时铈元素会偏聚在中间畴界区域, 因此在畴界区域中原子会出现相对于畴内部更强的原子衬度。同样, 对该区域进行了电子能量损失谱的分析, 可以得到相同的电荷转移行为, 畴界区域的铈元素 4f 电子会转移至邻近的铁元素的 3d 轨道上, 并且在畴界上铈元素的电荷分布呈现周期性有序分布, 进一步分别将图 5.7(a) 和 (b) 中畴界区域的电荷分布强度提取出来, 并得到沿畴界方向电荷强度的分布曲线, 对比可以发现, 图 5.7(a) 中电荷有序分布的周期大约是 4 nm, 图 5.7(b) 中电荷有序分布的周期大约是 1 nm, 同时可以测量这些畴界对应的原子结构高角环状暗场像 (HAADF), 并且可以得到这些畴界区域中结构有序单元的间距大小, 实验结果发现, 电荷有序的周期大小可以和畴界周期有序的超结构单元一一对应, 这样就说明, 在实验中观测到的稀土元素在畴界中的电荷有序行为同畴界区域中的晶格结构也是有相互联系的。

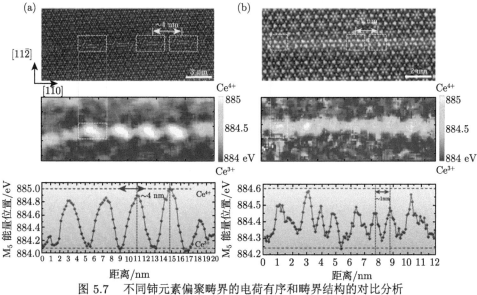

图 5.7 不同铈元素偏聚畴界的电荷有序和畴界结构的对比分析

(a) 第一种畴界电荷有序分布和畴界超结构的对应关系; (b) 第二种畴界电荷有序分布和畴界超结构的对应关系 [37]

界面电荷转移起源分析: 在对铈元素偏聚畴界的电荷分布的测量和其中电荷转移行为的讨论的基础上, 需要进一步去理解其中电荷转移所对应的结构关联效应以及电荷转移行为的起源。图 5.8(a) 和 (b) 是三种典型的电荷有序畴界的 HAADF 原子结构图，通过对畴界原子衬度的分析可以发现，图 5.8(a) 中八面体晶格占位和十二面体晶格占位的原子衬度明显要高于畴内部正常晶格占位的原子衬度。同时，对于图 5.8(b) 中第三种元素偏聚的畴界来说，实验发现在畴界区域中只有八面体晶格占位的原子呈现较强的原子衬度，值得注意的是，该类型的畴界同样也表现出典型的电荷转移行为。因此，在这三种铈元素偏聚的畴界结构特征的归类中，可以发现铈元素会部分偏聚占据到原来钇铁石榴石结构中的八面体晶格占位中，同时这些八面体晶格占位在畴界中也是有序分布的。图 5.8(c) 的原子结构模型简单地描述了这些电荷有序分布的畴界中铈元素是如何占据在这些不同的晶格占位中的，其中八面体铁的晶格占位被铈元素所取代是造成电荷转移行为的主要潜在原因，这一点在后续的理论计算中得到讨论，并且在额外的实验结果中也会得到进一步验证。

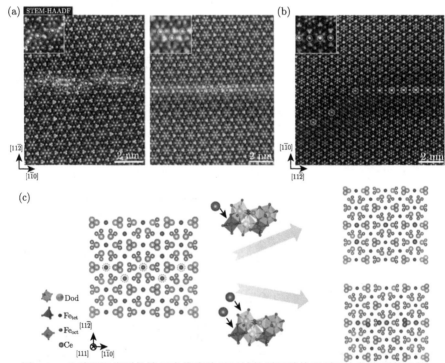

图 5.8　几种不同类型的铈元素偏聚畴界区域的原子结构和原子占位类型的比较

(a) 两种铈元素偏聚的电荷有序畴界的 HAADF 原子结构图，偏聚的铈元素分别占据在十二面体和八面体占位中；(b) 铈元素偏聚并有序占据在钇铁石榴石八面体晶格占位中；(c) 铈元素偏聚分布的两种情况，第一种铈元素偏聚占据在十二面体和八面体晶格占位中，第二种铈元素偏聚只占据在八面体晶格占位中 [37]

　　为了进一步去验证八面体铁的晶格占位在畴界中被取代和电荷转移之间的关

系,这里对图 5.8(b) 中的电荷有序分布的畴界进行了细致的定量分析,如图 5.9(a) 所示为第三种畴界的 HAADF 原子结构图和原子位置所对应的强度分析图,通过对 HAADF 图像中所有的八面体占位原子的位置进行二维高斯拟合,进而可以得到这些原子位置所对应的原子柱的强度大小,并进行归一化处理便可以得到如图 5.9(a) 右侧所示的原子柱强度分布图,可以清晰地发现:在畴界区域附近,八面体晶格占位的原子柱强度远高于正常体相中八面体铁的晶格占位所对应的原子柱的强度。铈元素的原子序数远大于铁元素的原子序数,这就表明畴界区域中的八面体晶格占位中的铁元素会被部分铈元素偏聚所置换,同时结合电子能量损失谱线扫的分析结果,也可以发现:图 5.9(c) 中畴界区域处的铈元素的 $M_{4,5}$ 边的峰强也远高于体相,并且 1 号区域和 3 号区域中所对应的电子能量损失谱相对于 2 号区域的电子能量损失谱,其能量边位置靠近左侧低能量位置。图 5.9(d) 中铈元素对应在这些区域中的电子能量损失谱也表现出一致的峰相对强度的变化,1 号区域和 3 号区域的 M_5 边峰强要高于 M_4 边峰强,即为三价铈元素的重要特征;而对于 2 号区域则相反,因此畴界区域 (3 号区域) 表现为高价态。图 5.9(d) 中铁元素在靠近畴界和远离畴界也均表现出和铈元素相反的价态变化趋势,在畴界区域中呈现低价态,远离畴界则呈现高价态,这些实验结果也验证了铈元素和铁元素之间同样存在明显的电荷转移行为。

此外,为了能更好地去验证电荷转移行为的产生是铈元素偏聚占据在八面体晶格占位中所导致的,就需要找到一种没有铈元素偏聚占据八面体晶格占位的畴界区域,进一步去验证这种畴界是否出现电荷转移和电荷有序的行为。如图 5.9(c) 所示,为第四种典型的铈元素偏聚的畴界,上方两张图分别为铈和铁的元素面分布图,可以清晰地发现,在畴界区域处铈元素高度偏聚,相应的晶格位置则均为十二面体占位,而不是八面体占位,因此铁元素的信号强度在这些位置明显下降。同时采用类似的电子能量损失谱线分析的手段对这个畴界的铈元素的电荷状态进行分析,如图 5.9(e) 下方的图所示:尽管靠近畴界的铈元素电子能量损失谱强度增强,这也是铈元素在畴界偏聚所导致的,但是铈元素的 $M_{4,5}$ 边在该畴界区域和远离畴界的区域均没有发生明显的化学位移,这表明在该铈元素偏聚的畴界中不存在铈元素电荷有序分布,同时铈元素和铁元素之间也不存在电荷转移行为。图 5.9(f) 为畴界区域处放大的 HAADF 原子结构图,右侧为钇铁石榴石在 [111] 带轴投影下的不同占位分布情况,可以发现在该畴界中十二面体晶格占位呈现出较强的原子衬度,而四面体占位的铁原子则表现出与畴内部相同的衬度,同时也并没有八面体晶格占位被铈元素取代,通过对该种畴界的电子能量损失谱学以及原子结构的分析,从反面验证了电荷有序的行为是与铈元素偏聚占据八面体晶格占位直接关联的。综合以上分析和论述,无论从正面实验现象的论证,还是从反面实验证据的讨论,都很好地说明,当畴界中的铈元素偏聚占据在八面体晶格占位中时，会诱导出铁元素和铈元素之间的电荷转移。

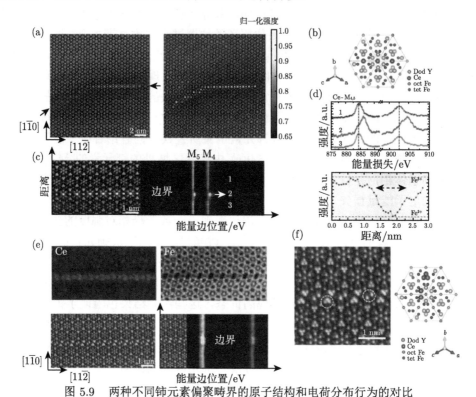

图 5.9　两种不同铈元素偏聚畴界的原子结构和电荷分布行为的对比

(a) 左图为铈元素偏聚并有序占据在八面体晶格占位中的区域的 HAADF 图像，右图为通过二维高斯拟合得到的八面体占位原子的归一化的强度分布；(b) 图 (a) 区域中铈元素偏聚占据八面体晶格占位的原子模型示意图；(c) 铈元素偏聚占据八面体占位晶格区域的铈元素 $M_{4,5}$ 边的 EELS 线分布结果；(d) 提取图 (c) 中不同区域的 EELS 和相应区域中的铁的 L_3 边能量位置的线分布图；(e) 不具有电荷有序分布的铈元素偏聚畴界的 HAADF 原子结构图和元素分布图，以及对应的铈元素 $M_{4,5}$ 边的 EELS 线分布结果；(f) 图 (e) 中铈元素偏聚畴界区域放大的 HAADF 图像和铈原子偏聚占据十二面体晶格的原子模型图 [37]

　　图 5.10 为三种电荷有序的铈元素偏聚畴界和最后一种不存在电荷有序分布的铈元素偏聚的畴界，对比可以发现，图 5.10(a) 和 (b) 所对应的畴界的取向为 [11$\bar{2}$] 晶体学方向，但是图 5.10(b) 中畴界上下两侧畴之间的相对位移要明显大于图 5.10(a) 中的相对位移，尽管图 5.10(a) 和 (b) 的畴界结构完全不同，但是通过和原子模型比较分析可以发现，两种畴界均包含了八面体晶格占位，如图中黄色原子所显示。除了八面体晶格占位外，十二面体晶格占位和四面体晶格占位也存在于该终结面中。如图 5.10(c) 和 (d) 所示为另外两种畴界，其中所对应的畴界取向为 [1$\bar{1}$0] 晶体学取向，是与前两者的晶体学取向相垂直的，这里值得注意的是：前两者畴界无论选择沿着 (11$\bar{2}$) 平行的任何终结面，都始终包含了三种不同的晶体学占位，也就是说，八面体占位始终会出现在畴界的终结面中。然而对于后两

者畴界情况相反，沿着 [1$\bar{1}$0] 平行的原子面会出现两种晶体学占位类型完全不一样的原子面，图 5.10(c) 中的原子模型所示的终结面中仅存在唯一的八面体晶格占位，结合 HAADF 原子图像分析，这些八面体晶格占位会被偏聚的铈元素有序占据。而图 5.10(d) 中的原子模型所示的终结面中仅仅存在十二面体占位和四面体占位，同样，HAADF 原子图像也显示了偏聚的铈元素主要占据在十二面体当中，由于三价铈离子的离子半径为 1.34 Å，远大于四面体铁离子的离子半径，所以在该畴界上未观察到四面体的晶格占位会被铈元素取代，同时，图 5.10(d) 中铈元素偏聚的畴界未出现电荷有序和电荷转移行为。对于前三种畴界，由于畴界中存在大量有序的八面体占位，偏聚的铈元素会部分占据到这些八面体占位中，同时，铈元素和邻近的八面体占位的铁元素之间产生电荷转移，由原来的低价态的三价铈离子变成高价态的四价铈离子，此外，电荷转移后形成的四价铈离子的离子半径可以明显变小 (Ce^{4+} 半径为 1.14 Å)，这也有助于四价铈离子在畴界的八面体占位中稳定存在。对于最后一种畴界，由于十二面体的配位环境可以容纳大离子半径的元素，因此铈元素偏聚只会稳定地占据在十二面体中，并且不会进一步产生电荷转移的现象。

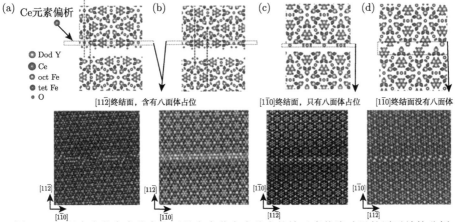

图 5.10　具有电荷有序分布和不具有电荷有序分布的铈元素偏聚畴界的原子结构分析
(a)(b) 具有 [11$\bar{2}$] 终结面的铈元素偏聚畴界具有电荷有序，并且畴界终结面包括十二面体占位和八面体晶格占位；(c) 第一种以 [1$\bar{1}$0] 终结面截止的电荷有序畴界只有八面体晶格占位；(d) 第二种以 [1$\bar{1}$0] 终结面截止的铈元素偏聚畴界不具有电荷有序，并且该终结面只存在四面体和十二面体晶格占位 [37]

5.6　EELS 方法测量铜氧化物超导体的电荷转移能隙

对于高温超导铜氧化物的研究，一个待解决的重要科学问题是：在同系铜氧化物中，为什么最大超导转变温度 ($T_{c,max}$) 会随着 CuO$_2$ 面的层数 (n) 先增加，到 $n=3$ 时 $T_{c,max}$ 达到最大，当 n 继续增加时 ($n>3$)，$T_{c,max}$ 又会下降，而形

成一个 "钟形" 曲线 (图 5.11(a))。

探索揭示控制 $T_{\mathrm{c,max}}$ 大小的物理序参量, 是解决该难题的关键一步。关于 $T_{\mathrm{c,max}}$ 的影响因素, 科学家们进行了一系列理论研究工作。对于传统的 BCS (Bardeen-Cooper-Schrieffer) 超导体, 基于电–声耦合机制的同位素效应, 研究者给出了 $T_{\mathrm{c,max}}$ 与同位素质量 (isotopic mass) 的关系为 $T_{\mathrm{c,max}} \sim m^{1/2}$[38,39]。对于铜氧化物高温超导体, 研究者们进一步发现一些物理序参量与 $T_{\mathrm{c,max}}$ 相关, 比如超流密度 (superfluid density, n_{s}, 或者更精确地称之为 phase stiffness), 以及 T_{c} 附近的金属导电性 (metallic conductivity near T_{c}), 这个关系被命名为 Uemura's law 和 Homes' law (图 5.11(a) 和 (b))[40,41]。然而, 上述理论描述超导相本身宏观性质, 它们决定了超导相变现象学 (发生超导这个现象的前后状态), 但几乎没有提供关于相关微观机制的说明。而揭示 $T_{\mathrm{c,max}}$ 和微观电子结构上某种序参量之间的直接联系会更具有本质意义。

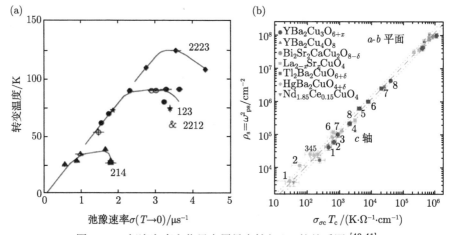

图 5.11   超流密度和临界金属导电性与 T_{c} 的关系图 [40,41]

在最近的理论和实验工作中, Weber 等通过第一性原理计算得出电荷转移能隙大小 (Δ_{CT}) 与 $T_{\mathrm{c,max}}$ 在铜氧化物中是反相关的关系 [42] (图 5.12(e) 和 (f)); 随后, 王亚愚等通过扫描隧道显微镜 (STM) 进行了实验验证 [43]。他们的实验结果发现, 双层铜氧化物的 Δ_{CT} 小于单层的 Δ_{CT}, 在一定程度上确认了 Δ_{CT} 与 $T_{\mathrm{c,max}}$ 在铜氧化物中是反相关的关系。同时, STM 观察到的 Δ_{CT} 和 $T_{\mathrm{c,max}}$ 之间的关系表明, 特定铜氧化物家族的关键性质是隐藏在其母体化合物中。然而, 在该 STM 实验中, 研究者们只测量了每个铜氧化物家族中的单层和双层化合物 (即 $n = 1$ 和 $n = 2$) 的情况, 尚未实现覆盖整个同源铜氧化物的 Δ_{CT} 的测量 (图 5.12(a)~(d))。但该实验结果实际上为每个铜酸盐家族中 $T_{\mathrm{c,max}}$ 的 n 依赖性机制提供了重要新线索。

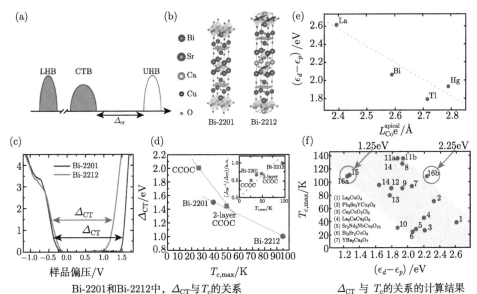

Bi-2201和Bi-2212中，Δ_{CT}与T_c的关系

Δ_{CT}与T_c的关系的计算结果

图 5.12　利用 STM 和理论计算获得的 Bi-2201 和 Bi-2212 中，Δ_{CT} 与 $T_{c,max}$ 的关系[42,43]
（a）未掺杂 CuO₂ 面的能带结构示意图；（b）Bi-2201 和 Bi-2212 的晶体结构示意图；（c）利用扫描隧道显微镜获得的 Bi-2201 和 Bi-2212 中的电荷转移能隙大小；（d）不同层的铜氧化物中电荷转移能隙与最大超导转变温度的关系；（e）不同家族的铜氧化物顶角氧到 CuO₂ 面的距离与电荷转移能隙的关系；（f）不同的铜氧化物中电荷转移能隙与最大超导转变温度的关系的计算结果

　　上述工作中提到的关键的物理参数——电荷转移能隙 Δ_{CT} (charge transfer gap, CTG)，在高温超导铜氧化物中扮演着非常重要的作用。强关联电子材料体系，会由于同一个格点上双占据的 d 电子之间强烈的库仑排斥作用而成为绝缘体，这里的基本模型是莫特–哈伯德模型：CuO₂ 平面上的电子的相互作用主要是 Cu^{2+} 内部电子之间的库仑排斥，而相邻原子之间的库仑相互作用相对较弱。由于这种同格点上的库仑排斥，向 Cu^{2+} 中增加或减少一个电子，都会导致离子能量升高。因此，使 $3d_{x^2-y^2}$ 轨道上电子双占据或者全空都是能量不利的，等效于同一格点上电子存在一个库仑排斥能 U，这种库仑相互作用称为哈伯德相互作用。除了哈伯德能 (标记为 U) 以外，另外一个就是 CuO₂ 面上的 O 的 2p 轨道的电子跳迁到最邻近的 Cu 的 d 轨道上的能量，这个能量的大小称为电荷转移能 (charge transfer energy) Δ_{CT}，在高温超导铜氧化物中对应的能带结构如图 5.13 所示。

　　图 5.13 中展示了电荷转移能隙 (Δ_{CT}) 在高温超导铜氧化物中的物理内涵。将三带模型经过严格的正则变换之后，可以得到 Zhang-Rice singlet (ZRS) 模型和 t-j 模型，对应的表达式如图 5.13 所示。电荷转移能隙对于哈密顿量表达式中的 J 值至关重要，决定了交换耦合常数 (描述配对强度) 的大小。同时，电荷转移能隙也描述了将 O 位置的电子/空穴迁移到邻位 Cu 位置所需的最低能量。可

以看出，电荷转移能隙物理量反映了高温超导材料中微观电子结构的本质物理特征，有着非常重要的作用和意义。

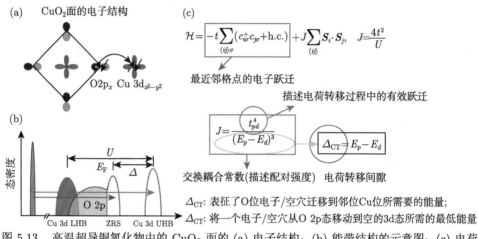

图 5.13   高温超导铜氧化物中的 CuO_2 面的 (a) 电子结构；(b) 能带结构的示意图；(c) 电荷转移能隙的物理内涵

综上所述，电荷转移能隙的大小决定了高温超导铜氧化物中微观电子结构的基本特征，尤其是结合最近的理论和实验工作的结论，电荷转移能隙的大小与 $T_{c,max}$ 是反相关的关系。然而，之前的 STM 实验中只测量了每个铜氧化物家族中的单层和双层化合物 (即 $n=1$ 和 $n=2$) 的情况，尚未实现覆盖整个同源铜氧化物的 Δ_{CT} 的测量。但这为每个铜酸盐家族中 $T_{c,max}$ 的 n 依赖性机制提供了重要的新线索。

对于上面陈述的科学问题，到目前为止，还没有研究者从实验的角度给出清晰的解释[41,44−46]。遇到的困难主要有两点。第一，是由于合成高质量单晶的困难。尤其是，当层数 $n \geqslant 3$ 时，很难获得纯的单晶，样品里面会存在很多杂相，这限制了需要高质量单晶样品的宏观表征手段的使用。第二，是由于缺乏在原子尺度下直接探测不同层的 CuO_2 面的电子结构的实验手段，在该体系中，逐层探测单个 CuO_2 面的电子结构的实验尚未实现。

对于上面提出的第一个困难，研究者们以 Bi-2223 为母相，对样品在不同氧压下进行退火处理。利用透射电子显微镜高空间分辨的优势，希望可以在样品中清晰地找到 n 从 $1 \sim 9$ 对应的相。在这些区域，可以进行晶格和电子结构序参量的直接测量。这样，就可以保证该实验中获得的数据是来自单纯单相的数据，确保实验结果品质。

对于上面提出的第二个问题，在铜氧化物高温超导体系中，大部分光谱学结果是使用空间分辨率为几微米或数百纳米的探测技术获得的，例如 X 射线吸收

光谱 (XAS) 或角分辨光电子光谱 (ARPES) 等 [47−49]。利用这些方法获得的实验结果,包含了铜氧化物中所有的 CuO_2 面的信息,甚至也包含了其他所有原子面的信息。特别是当 $n \geqslant 3$ 时,样品中存在两种不同结构环境的 CuO_2 面 (CuO_5-pyramid 和 CuO_4-plaquette)。所以,直接区分不同层中单个 CuO_2 平面的电子结构的信息尤为重要。然而,直接逐层探测不同 CuO_2 面的 Δ_{CT} 的大小的实验能力一直是电子结构表征的挑战,并且尚未在该系统中实现。

球差校正 STEM 的发展,提供了在透射电镜中实现亚埃分辨成像的能力。这种高空间分辨实验方法可以帮助研究者们在非常局部的区域,探测样品的内在物理特性和物理参数 [50]。因此,即使是在杂质相和缺陷较多的样品中,也可以选择实验所关心的纯相区,在该纯相区探测相关的序参量以及各个序参量的之间的关联。上述特点可以帮助克服上述对于其他实验技术来说难以解决的第一个困难。同时,透射电子显微镜技术中,EELS 与 STEM 相结合的技术 [51],可以在材料中沿着深度方向 (材料的 c 轴方向),逐个原子层地探测单个独立原子层的电子结构序参量。

使用上述手段,图 5.14 概括由朱静研究组发展出的利用 STEM-EELS 探测电荷转移能隙的基本原理。

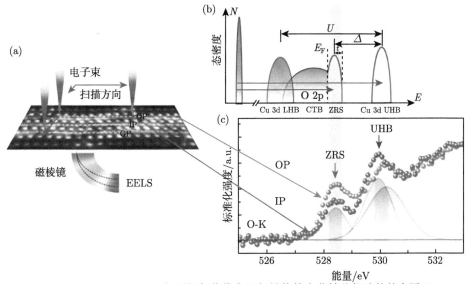

图 5.14　STEM-EELS 探测铜氧化物高温超导体的电荷转移能隙的基本原理
(a) 亚埃尺度的电子束与样品相互作用,可以逐点直接探测不同原子位置处的电子结构的信息;(b) 基于三带模型、t-j 模型和 ZRS 模型得到的铜氧化物的能带结构示意图;(c) 在样品 Bi-2223 中得到的 O 的 K 边的STEM-EELS 实验结果,O 的 K 边对应的是 O 的 1s 向 O 的 2p 跃迁的过程,O 的 K 边的第一个峰对应于ZRS 峰,第二个峰对应于 Cu 的 3d UHB 峰 [52,53]。其中,OP 指最外层 CuO_2 面,IP 指最内层 CuO_2 面 [61]

上述方法中 EELS 探测的信息对应于费米面以上的空态的态密度的信息。对于强关联电子体系——铜氧化物高温超导体, 由于强的库仑相互作用和关联效应, 基于三带模型、t-j 模型和 ZRS 模型得到如图 5.14(b) 所示的铜氧化物的能带结构示意图。与 STEM 结合的 EELS 具有亚埃分辨的特点, 亚埃尺度的电子束与样品相互作用, 可以逐点采集对应电子结构的信息, 可以直接区分不同原子面的电子结构的信息。图 5.14(c) 是利用 STEM-EELS 获得的不同原子面的 O 的 K 边的 EELS。根据 EELS 的基本原理, O 的 K 边反映的是 O 的 1s 向 O 的 2p 跃迁的过程。O 的 K 边的第一个峰对应于 ZRS 峰, 第二个峰对应于 Cu 的 3d UHB (upper hubbard band) 峰。可以看出, ZRS 峰和 UHB 峰的间距代表了电荷转移能隙的大小, 这与研究者们之前根据 X 射线吸收谱提出来的观点是一致的 [54]。

　　以上介绍了用 STEM-EELS 的方法测量电荷转移能隙的基本原理。回到最初的科学问题, 本节将进一步介绍如何从电荷序参量的角度来回答 "为何铜氧化物的最大超导转变温度在 $n = 3$ 时最高" 的科学问题。朱静等提出的基本实验思路是: 通过测量不同 n 值样品的 Δ_{CT} 大小, 来寻找 $T_{\mathrm{c,max}}$ 与 n 的依赖关系。根据相关文献 [55-60], 可以获得 Bi 系铜氧化物 n 从 1 到 9 对应的 $T_{\mathrm{c,max}}$, 其中 $n = 9$ 的 $T_{\mathrm{c,max}}$ 是通过拟合的方法得到的, n 从 1~9 的 $T_{\mathrm{c,max}}$ 的演变如图 5.15(a) 所示。

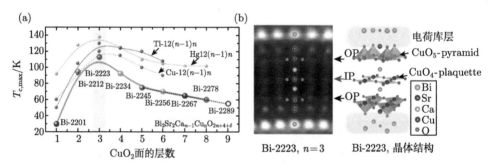

图 5.15　　(a) Bi 系铜氧化物 $T_{\mathrm{c,max}}$ 随 n 的演变规律; (b) $n = 3$ 时的原子结构和模型 [61]

　　选择 $1 \leqslant n \leqslant 9$ 的 $\mathrm{Bi_2Sr_2Ca_{n-1}Cu_nO_{2n+4+x}}$ (BSCCO) 化合物系列为研究对象, 是因为相对于其他体系的铜氧化物, 当 $n \leqslant 3$ 时, Bi 系铜氧化物的单晶比较容易合成。Bi 系铜氧化物家族的 n 与 $T_{\mathrm{c,max}}$ 的依赖关系如图 5.15(a) 所示。Bi 系铜氧化物的 $T_{\mathrm{c,max}}$ 从单层 ($n = 1$)、双层 ($n = 2$) 到三层 ($n = 3$) 逐渐增大至最大值, 当 $n \geqslant 4$ 时, 逐渐减小, 结果呈钟形曲线 (图 5.15(a))。如图 5.15(a) 所示, 三层的 BSCCO ($n = 3$, Bi-2223) 在 Bi 基铜氧化物的家族中具有最高的 $T_{\mathrm{c,max}}$ (=115K)。图 5.15(b) 显示了通过 HAADF-STEM 获得的 Bi-2223 的放大原子结构图像。Bi-2223 的对应晶体结构如图 5.15(b) 所示。内层 $\mathrm{CuO_2}$ 面 (IP) 中的 Cu 原子形成一个没有顶角氧的 $\mathrm{CuO_4}$-plaquette; 而在外层 $\mathrm{CuO_2}$ 面 (OP) 中, Cu 被带有一个顶角氧和四个平面氧的 $\mathrm{CuO_5}$-pyramid 包围。$\mathrm{CuO_2}$ 面的不同

结构环境对其超导性能有重要的影响.

以 Bi-2223 单晶为 "母体"，对样品在不同氧压下退火处理，然后通过传统样品制备流程得到 TEM 样品。利用透射电子显微镜高空间分辨的优势，可以在样品中找到 n 从 1 到 9 对应的相。在该实验中首次观察到了 Bi 系铜氧化物中 $n > 4$ 的真实原子结构，如图 5.16 所示。

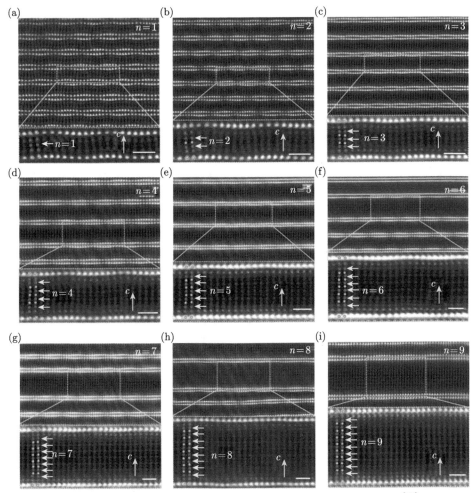

图 5.16   Bi 系铜氧化物 n 从 $1 \sim 9$ 的 HAADF-STEM 实验结果 [61]

利用透射电子显微镜高空间分辨的优势，朱静研究组在相同实验条件下获得了 Bi 系铜氧化物家族 n 从 1 到 9 的 HAADF-STEM 图像，清晰观察到对应的原子结构，如图 5.16(a)~(i) 所示。这一结果保证了该研究的实验数据的采集和分析是在纯相区域进行的，使后续的实验结果更加可信；同时，也克服了当 $n \geqslant 4$ 时无法合成高质量单晶的困难。

根据铜氧化物 t-j 模型、三带模型和 ZRS 理论 [62,63]，未掺杂的铜氧化物的能带结构如图 5.17(a) 所示。可以看出，此时的电荷转移能隙对应的是电荷转移能带 (CTB) 终末位置到 UHB 的起始位置的能量间距。$n = 1 \sim 3$ 的样品是质量很好的单晶，通过 STM 实验，可以获得 $n = 1 \sim 3$ 的样品的电荷转移能隙 (图 5.17(c))，其中 $n = 1, 2$ 是阮威等之前报道的 [43]，$n = 3$ 的电荷转移能隙数据是最新获得的。可以看出，随着 n 从 1 增大到 3，Δ_{CT} 逐渐减小。然而，对于铜氧化物高温超导体而言，要想获得几乎不掺杂的样品也是非常困难的，相比较于 STM 在未掺杂态下的测量，EELS 则可以在更加宽的掺杂区间进行 Δ_{CT} 的测量。掺杂以后的铜氧化物的能带结构示意图如图 5.17(b) 所示，此时用 EELS 测量的 Δ_{CT} 对应的是 ZRS 峰和 UHB 峰之间的间距。图 5.17(d) 展示了利用 STEM-EELS 测量得到的 $n = 1 \sim 3$ 的 O 的 K 边精细结构。可以看出，随着 n 从 1 增大到 3，

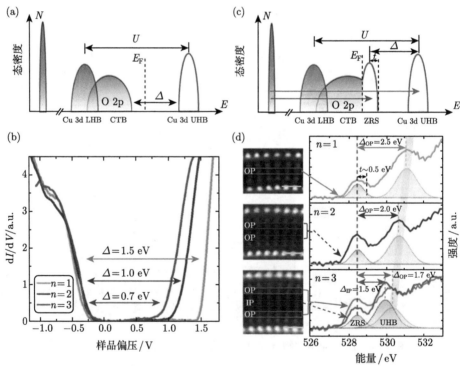

图 5.17　(a) 铜氧化物未掺杂的母体的能带结构示意图；(b) 利用 STM 测量的 Bi-2201 ($n = 1$), Bi-2212 ($n = 2$)，Bi-2223 ($n = 3$) 的 dI/dV 谱；(c) 空穴掺杂以后的铜氧化物的能带结构示意图；(d) 利用 STEM-EELS 测量的 $n = 1 \sim 3$ 的 O 的 K 边的电子能量损失谱，STEM-EELS 展示的是逐个原子层的 O 的 K 边精细结构，可以直接沿着晶体学 c 轴的方向，区分不同原子面的电子结构信息 [61]

对应的 Δ_{CT} 逐渐减小，该结果与 STM 测量的结果一致。

EELS 结合像差校正的 STEM 的方法在探测材料电子结构方面具有高度的空间选择性，可以在原子尺度探测样品局域电子结构信息。图 5.14(a) 是该技术的示意图，通过使用亚埃尺度的电子束，同时探测对应区域的原子结构和电子结构。因此，STEM-EELS 的方法非常适合在实空间中，逐层获得各个独立的 CuO_2 面的电子结构的信号。EELS-STEM 的原理如图 5.17(c) 所示，由费米能级以上特定能量的未占据电子态跃迁引起的近边缘结构 (ELNES) 是其主要的特征。

图 5.18 展示了 Bi 系铜氧化物中，Δ_{CT} 随着单胞内不同数量的 CuO_2 面 (n) 的演变过程。n 从 $1 \sim 9$ 变化，O 的 K 边的 STEM-ELNES 精细结构分别如图 5.18(a) 和 (b) 所示。O 的 K 边的边前的两个峰由与 Zhang-Rice 单重态中涉及的 O 2p 轨道相关的空穴峰 (峰 ZRS) 和上哈伯德带 (峰 UHB) 组成[64,65]。Δ_{CT} 随着 n 从 $1 \sim 9$ 的变化的统计结果清晰地展示在图 5.18(c) 和 (d) 中，呈现出 "倒钟形" 的表现形式，在 $n = 3$ 的时候具有最小值 $\Delta = 1.8$ eV，Δ 的 n 依赖性与 $T_{\mathrm{c,max}}$ 具有明显的反相关关系。

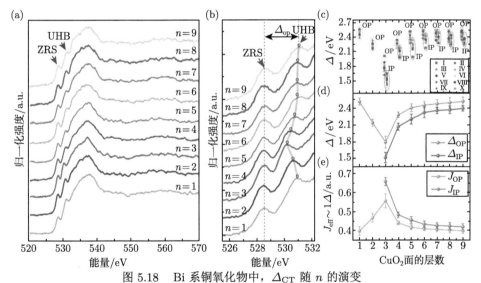

图 5.18　Bi 系铜氧化物中，Δ_{CT} 随 n 的演变

(a) Bi 系铜氧化物中，最外层 CuO_2 面 (最靠近 BiO 面的 CuO_2 面，称为 outer plane(OP))，$n = 1 \sim 9$ 的 O 的 K 边精细结构 (为了提高数据质量，图中展示的 EELS 谱是经过 10 组在相同实验条件下的实验结果的平均谱)；(b) 将能量轴放大之后的 O 的 K 边精细结构，ZRS 和 UHB 的峰位是由高斯拟合确定的；(c)(d) 在 10 次实验中不同 n 值下的 Δ_{CT} 的统计结果；(e) 有效超交换系数 J_{eff} 随 n 的演变规律[61]

由于原子面分辨的 EELS-STEM 方法的强大空间分辨率，该研究也发现了在 $n \geqslant 3$ 的样品中 OP 和 IP 之间的 Δ_{CT} 存在差异，如图 5.18(d) 所示。结合

图 5.15(b) 所示的原子结构，猜测此现象可能归因于扭曲的 CuO$_5$-pyramid (在 OP 层中) 和 CuO$_4$-plaquette (在 IP 层中) 的畸变大小的不同，以及位于两个 OP 层的畸变的 CuO$_5$-pyramid 和位于 IP 层的畸变的 CuO$_4$-plaquette 之间的相互作用 (图 5.15(b))。

在单带哈伯德模型的框架下，可以通过简化，定义一个有效的超交换能 J_{eff} $\sim 4t_{eff}^2/\Delta$，其中 t_{eff} 代表有效跃迁项，假设其在同一家族的铜氧化物中为常数。从掺杂莫特绝缘体的角度来看，局部之间的超交换耦合系数 J_{eff} 负责自旋单重态配对 [66]。J_{eff} 连接了以 CTG 为代表的大能量尺度 (1 ~ 2 eV) 和以超导序为特征的小能量尺度 (20 ~ 50 meV) 之间的关联。对于 $n = 1$ 和 2，只有 OP 的数据，J_{OP} 的演变规律与之前用 STM 得到的结论是一致的 [43]。对于 n 从 1 ~ 9 的范围，OP 层的 J_{eff} 的演变规律呈现出 "钟" 的形状，与 $T_{c,max}$ 随 n 的演变规律呈现出相同的形状。当 $n = 3$ 时，J_{eff} 达到最大值，当 $4 \leqslant n \leqslant 9$ 时，J_{eff} 下降。J_{eff} 与 $T_{c,max}$ 的密切相关性表明，至少在 $1 \leqslant n \leqslant 9$ 的 Bi 系铜氧化物中，Δ 对 $T_{c,max}$ 起着决定性作用。

STEM-EELS 和 STM 相结合的实验结果真正触及所有的铜氧化物家族中都普遍存在的 $T_{c,max}$ 和 n 的 "钟形" 演化的关键问题。从理论角度看，先前的研究 [44] 提出，约瑟夫森 (Josephson) 隧穿和竞争电子秩序之间的神秘平衡是潜在的物理机制。结果表明，电荷转移能隙物理量的演变对这一经验规律起决定性作用，与 $T_{c,max}$ 相比，Δ 表现出 "倒钟形" 趋势。图 5.19 总结了不同实验技术探测得到的 Δ。由于 ZRS 和 UHB 的带宽的存在，STM 和 EELS 测量的 Δ 的值相差约 1 eV，该信息也为 Bi 系铜氧化物中的有效跳变积分提供了有用的信息。

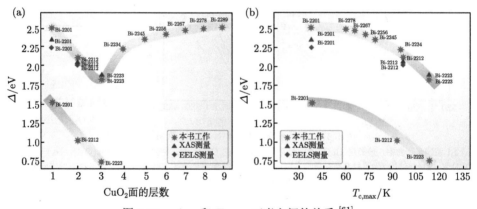

图 5.19 Δ, n 和 $T_{c,max}$ 三者之间的关系 [61]

以上的研究表明，不同顶端环境的 CuO_2 平面有非常不同的 Δ，这不仅体现在随着 n 的演化中，还体现在 IP 总是比相同化合物的 OP 有更小的 Δ 尺寸。因此 IP 的 J_{eff} 大于 OP 的 J_{eff}，如图 5.18(e) 所示，与先前研究者对配对强度的研究一致 [67,68]。因此，在同系铜氧化物中，不同的 n 的 Δ 不同，即 $T_{c,max}$ 变化显著的最终原因很可能是由于 CuO_2 平面外的轨道，并且在铜的底层电子结构和轨道参数对称性之间存在显著的相互作用 [69,70]。

参 考 文 献

[1] Zhu J, Miao Y, Guo J T. The effect of boron on charge density distribution in Ni_3Al. Acta Mater., 1997, 45: 1989-1994.

[2] Zuo J M, Kim M, O'Keeffe M, et al. Direct observation of d-orbital holes and Cu-Cu bonding in Cu_2O. Nature, 1999, 401: 49-52.

[3] Saravanan R, Rani M P. Charge Density Analysis from X-Ray Diffraction//Metal and Alloy Bonding An Experimental Analysis. London: Springer, 2010.

[4] Izumi F, Momma K. Three-dimensional visualization of electron-and nuclear-density distributions in inorganic materials by MEM-based technology. IOP Conference Series: Materials Science and Engineering, 2011, 18(2): 022001.

[5] Müller-Caspary K, Krause F F, Grieb T, et al. Measurement of atomic electric fields and charge densities from average momentum transfers using scanning transmission electron microscopy. Ultramicroscopy, 2017, 178: 62-80.

[6] Addiego C, Gao W, Huyan H, et al. Probing charge density in materials with atomic resolution in real space. Nat. Rev. Phys., 2023, 5: 117-132.

[7] Sánchez-Santolino G, Lugg N R, Seki T, et al. Probing the internal atomic charge density distributions in real space. ACS Nano., 2018, 12(9): 8875-8881.

[8] Gao W, Addiego C, Wang H, et al. Real-space charge-density imaging with sub-ångström resolution by four-dimensional electron microscopy. Nature, 2019, 575: 480-484.

[9] Rose H. Phase contrast in scanning transmission electron microscopy. Optik, 1974, 39: 416-436.

[10] Dekkers N H, De-Lang H. Differential phase contrast in a STEM. Optik, 1974, 41: 452-456.

[11] Rose H. Nonstandard imaging methods in electron microscopy. Ultramicroscopy, 1976, 2: 251-267.

[12] Close R, Chen Z, Shibata N, et al. Towards quantitative, atomic-resolution reconstruction of the electrostatic potential via differential phase contrast using electrons. Ultramicroscopy, 2015, 159: 124-137.

[13] Fang S, Wen Y, Allen C S, et al. Atomic electrostatic maps of 1D channels in 2D semiconductors using 4D scanning transmission electron microscopy. Nat. Commun., 2019, 10: 1127.

[14] Müller K, Krause F F, Béché A, et al. Atomic electric fields revealed by a quantum mechanical approach to electron picodiffraction. Nature Communications, 2014, 5(1): 5653.

[15] Strauch A, März B, Denneulin T, et al. Systematic errors of electric field measurements in ferroelectrics by unit cell averaged momentum transfers in STEM. Microscopy and Microanalysis, 2023, 29(2): 499-511.

[16] Brown H G, Shibata N, Sasaki H, et al. Measuring nanometre-scale electric fields in scanning transmission electron microscopy using segmented detectors. Ultramicroscopy, 2017, 182: 169-178.

[17] Mawson T, Nakamura A, Petersen T C, et al. Suppressing dynamical diffraction arte-facts in differential phase contrast scanning transmission electron microscopy of long-range electromagnetic fields via precession. Ultramicroscopy, 2020, 219: 113097.

[18] Müller K, Krause F F, Béché A, et al. Atomic electric fields revealed by a quantum mechanical approach to electron picodiffraction. Nature Communications, 2014, 5: 5653.

[19] Shibata N, Seki T, Sánchez-Santolino G, et al. Electric field imaging of single atoms. Nature Communications, 2017, 8: 15631.

[20] Bürger J, Riedl T, Lindner J K N. Influence of lens aberrations, specimen thickness and tilt on differential phase contrast STEM images. Ultramicroscopy, 2020, 219: 113118.

[21] Tan H, Verbeeck J, Abakumov A, et al. Oxidation state and chemical shift investigation in transition metal oxides by EELS. Ultramicroscopy, 2012, 116: 24-33.

[22] Tian H, Verbeeck J, Brück S, et al. Interface-induced modulation of charge and polar-ization in thin film Fe_3O_4. Advanced Materials, 2014, 26: 461-465.

[23] Garvie L A, Craven A J, Brydson R. Use of electron-energy loss near-edge fine structure in the study of minerals. American Mineralogist, 1994, 79: 411-425.

[24] Hao X, Yoko A, Inoue K, et al. Atomistic origin of high-concentration Ce^{3+} in {100}-faceted Cr-substituted CeO_2 nanocrystals. Acta Materialia, 2021, 203: 116473.

[25] Wu Y, Fang Y, Li P, et al. Bandwidth-control orbital-selective delocalization of 4f electrons in epitaxial Ce films. Nat. Commun., 2021, 12(1): 2520.

[26] Esch F, Fabris S, Zhou L, et al. Electron localization determines defect formation on ceria substrates. Science, 2005, 309: 752-755.

[27] Vasili H B, Casals B, Cichelero R, et al. Direct observation of multivalent states and 4f → 3d charge transfer in Ce-doped yttrium iron garnet thin films. Phys. Rev. B, 2017, 96: 014433.

[28] Staub U, Meijer G I, Fauth F, et al. Direct observation of charge order in an epitaxial $NdNiO_3$ film. Phys. Rev. Lett., 2002, 88: 126402.

[29] Lester C, Ramos S, Perry R S, et al. Field-tunable spin-density-wave phases in $Sr_3Ru_2O_7$. Nat. Mater., 2015, 14: 373-378.

[30] Ritschel T, Trinckauf J, Koepernik K, et al. Orbital textures and charge density waves in transition metal dichalcogenides. Nat. Phys., 2015, 11: 328-331.

[31] Gao Y, Lee P, Coppens P, et al. The incommensurate modulation of the 2212 Bi-Sr-Ca-Cu-O superconductor. Science, 1988, 241: 954-956.

[32] Zhu H, Yang C, Li Q, et al. Charge transfer drives anomalous phase transition in ceria. Nat. Commun., 2018, 9: 5063.

[33] Li W K, Guo G Y. First-principles study on magneto-optical effects in the ferromagnetic semiconductors $Y_3Fe_5O_{12}$ and $Bi_3Fe_5O_{12}$. Phys. Rev. B, 2021, 103: 014439.

[34] Park K W, Kim C S. Deformation-induced charge redistribution in ceria thin film at room temperature. Acta Materialia, 2020, 191: 70-80.

[35] Buban J P, Matsunaga K, Chen J, et al. Grain boundary strengthening in alumina by rare earth impurities. Science, 2006, 311: 212-215.

[36] Liang S, Yu R. Structural distortion and collinear-to-helical magnetism transition in rutile-type FeO_2. Phys. Rev. B, 2020, 102: 014448.

[37] Xu K, Lin T, Rao Y, et al. Direct investigation of the atomic structure and decreased magnetism of antiphase boundaries in garnet. Nat. Commun., 2022, 13: 3206.

[38] Reynolds C A, Serin B, Wright W H, et al. Superconductivity of isotopes of mercury. Phys. Rev., 1950, 78: 487.

[39] Maxwell E. Isotope effect in the superconductivity of mercury. Phys. Rev., 1950, 78: 477.

[40] Uemura Y J, Luke G M, Sternlieb B J, et al. Universal correlations between T_c and n_s/m^* (carrier density over effective mass) in high-T_c cuprate superconductors. Phys. Rev. Lett., 1989, 62: 2317-2320.

[41] Homes C C, Dordevic S V, Strongin M, et al. A universal scaling relation in high-temperature superconductors. Nature, 2004, 430: 539-541.

[42] Weber C, Yee C, Haule K, et al. Scaling of the transition temperature of hole-doped cuprate superconductors with the charge-transfer energy. Europhys. Lett., 2012, 100: 37001.

[43] Ruan W, Hu C, Zhao J, et al. Relationship between the parent charge transfer gap and maximum transition temperature in cuprates. Sci. Bull., 2016, 61: 1826-1832.

[44] Chakravarty S, Kee H Y, Völker K. An explanation for a universality of transition temperatures in families of copper oxide superconductors. Nature, 2004, 428: 53-55.

[45] Lee P A, Nagaosa N, Wen X G. Doping a Mott insulator: physics of high-temperature superconductivity. Rev. Mod. Phys., 2006, 78: 17-85.

[46] Keimer B, Kivelson S A, Norman M R, et al. From quantum matter to high-temperature superconductivity in copper oxides. Nature, 2015, 518: 179-186.

[47] Karppinen M, Lee S, Lee J M, et al. Hole doping in Pb-free and Pb-substituted $(Bi,Pb)_2Sr_2Ca_2Cu_3O_{10+x}$ superconductors. Phys. Rev. B, 2003, 68: 054502.

[48] Müller R, Schneider M, Mitdank R, et al. Systematic X-ray absorption study of hole doping in BSCCO-phases. Physica B, 2002, 312: 94-96.

[49] Sobota J A, He S Y, Shen Z X. Angle-resolved photoemission studies of quantum materials. Rev. Mod. Phys., 2021, 93: 025006.

[50]　Erni R, Rossell M D, Kisielowski C, et al. Atomic-resolution imaging with a sub-50-pm electron probe. Phys. Rev. Lett., 2009, 102: 096101.

[51]　Muller D A. Structure and bonding at the atomic scale by scanning transmission electron microscopy. Nat. Mater., 2009, 8: 263-270.

[52]　Egerton R F. Electron Energy-Loss Spectroscopy in The Electron Microscope. Boston: Springer, 2011.

[53]　Pal R, Sikder A K, Saito K, et al. Electron energy loss spectroscopy for polymers: a review. Polymer Chemistry, 2017, 8: 6927-6937.

[54]　Chen C T, Sette F, Ma Y, et al. Electronic states in $La_{2-x}Sr_xCuO_{4+\delta}$ probed by soft-X-ray absorption. Phys. Rev. Lett., 1991, 66: 104-107.

[55]　Mukuda H, Shimizu S, Iyo A, et al. High-T_c superconductivity and antiferromagnetism in multi-layered copper oxides-a new paradigm of superconducting mechanism. Journal of the Physical Society of Japan, 2012, 81: 011008.

[56]　Chu C W, Deng L Z, Lv B. Hole-doped cuprate high temperature superconductors. Physica C, 2015, 514: 290-313.

[57]　Maeda H, Tagano K. Bismuth-Based High-Temperature Superconductors. Boca Raton: CRC Press, 1996.

[58]　Wang H, Wang X L, Shang S X, et al. Possible presence of 2234 phase with T_c (zero) of 95 K in a Bi-Pb-Sb-Sr-Ca-Cu-O ceramic. Appl. Phys. Lett., 1990, 57: 710-711.

[59]　Narita H, Hatano T, Nakamura K, et al. Synthesis and characterization of $Bi_2Sr_2Ca_{n-1}Cu_nO_y(n = 1 - 7)$ thin films grown by off-axis, three target magnetron sputtering. Journal of Applied Physics, 1992, 72: 5778-5785.

[60]　Bozovic I, Eckstein J N, Virshup G F, et al. Atomic-level engineering of cuprates and manganates, Physica C, 1994, 235: 178-181.

[61]　Wang Z C, Zou C W, Lin C T, et al. Deterministic role of the charge transfer gap on the maximum transition temperature in $Bi_2Sr_2Ca_{n-1}Cu_nO_{2n+4+\delta}$ cuprates. Science, 2023, 381: 227-231.

[62]　Emery V J. Theory of high-T_c superconductivity in oxides. Phys. Rev. Lett., 1987, 58(26): 2794-2797.

[63]　Zaanen J, Sawatzky G A, Allen J W. Band gaps and electronic structure of transition-metal compounds. Phys. Rev. Lett., 1985, 55: 418-421.

[64]　Fink J, Nücker N, Romberg H, et al. Electron energy-loss studies on high-temperature superconductors. Physica C, 1989, 162-164: 1415-1418.

[65]　Zhang F C, Rice T M. Effective Hamiltonian for the superconducting Cu oxides. Phys. Rev. B, 1988, 37: 3759-3761.

[66]　Anderson P W. The resonating valence bond state in La_2CuO_4 and superconductivity. Science, 1987, 235: 1196-1198.

[67]　Kunisada S, Isono S, Kohama Y, et al. Observation of small Fermi pockets protected by clean CuO_2 sheets of a high-T_c superconductor. Science, 2020, 369: 833-838.

[68]　Kotegawa H, Tokunaga Y, Ishida K, et al. Unusual magnetic and superconducting

characteristics in multilayered high-T_c cuprates: ^{63}Cu NMR study. Phys. Rev. B, 2001, 64: 064515.

[69] Pavarini E, Dasgupta I, Saha-Dasgupta T, et al. Band-structure trend in hole-doped cuprates and correlation with $T_{c,max}$. Phys. Rev. Lett., 2001, 87: 047003.

[70] Xiang T, Wheatley J M. c axis superfluid response of copper oxide superconductors. Phys. Rev. Lett., 1996, 77: 4632-4635.

第 6 章　自旋序参量

　　材料磁性质的研究离不开先进的磁性表征技术，传统的测量表征技术如超导量子干涉仪 (superconducting quantum interference device，SQUID)、磁力显微镜 (magnetic force microscope，MFM)、中子衍射 (neutron diffraction)、磁光效应 (magneto-optic effect)、X 射线磁圆二向色性 (X-ray magnetic circular dichroism，XMCD) 技术 [1,2] 等，分辨率较低，在一定程度上限制了人们从更小的尺度和更微观的层次去研究材料的磁性质。

　　基于透射电子显微镜的磁性表征技术，由于利用电子束作为探测源，因此具有很高的空间分辨率。这其中包括传统的洛伦兹 (Lorentz)、电子全息 (electron holography) 和微分相位衬度 (differential phase contrast, DPC) 磁成像技术。近年来，随着电子显微镜硬件技术的更新，磁成像技术也向着定量化、高空间分辨率和高精度测量等方面发展。2006 年，基于电子能量损失谱 (electron energy loss spectra, EELS) 技术，奥地利科学家 Schattschneider 发明了电子磁圆二向色性技术 [3,4](electron magnetic circular dichroism，EMCD), 可以获得材料的磁参数，与基于同步辐射的 XMCD 技术十分类似。经过近十多年的探索和发展，EMCD 已经发展成为了一种完善的定量磁性测量技术，空间分辨率方面也从纳米尺度提高到了原子尺度，并与透射电子显微镜中其他先进的原子结构、电子结构和化学成分等手段协同使用，在解决材料科学问题中发挥着重要的作用。本章将分别介绍定量 EMCD 技术和实空间磁成像技术的原理及其在材料磁性研究中的应用。

6.1　定量 EMCD 技术

6.1.1　EMCD 技术的基本原理

　　EMCD 技术这一术语来源于 X 射线中的 XMCD 技术，两者首先的不同就在于使用不同的探测源。但在基本原理方面有很多相似之处，因此可以对比讨论。EMCD 技术是基于 EELS，XMCD 技术是基于 X 射线吸收谱 (X-ray absorption spectra, XAS)，EELS 和 XAS 在原理上也基本类似。因为 EMCD 和 XMCD 技术研究的能量范围都是对应于内壳层电子的电离跃迁，即在近边精细结构的能量吸收或者损失范围内 (X-ray absorption near edge structure, XANES 和 electron-energy loss near edge structure, ELNES)，所以以下讨论也都限于此范围，对于

低能损失峰的部分这里不作讨论。XANES 和 ELNES 的 (二次微分) 散射截面可以分别表示为如下形式 [3]:

$$\sigma = \sum_{i,f} 4\pi^2 \hbar \alpha \omega | \langle f| \, \boldsymbol{\varepsilon} \cdot \boldsymbol{R} \, |i \rangle |^2 \delta \left(E + E_i - E_f\right) \tag{6.1}$$

$$\frac{\partial^2 \sigma}{\partial E \partial \Omega} = \sum_{i,f} \frac{4\gamma^2}{a_0^2 q^4} \frac{k_f}{k_i} | \langle f| \, \boldsymbol{q} \cdot \boldsymbol{R} \, |i \rangle |^2 \delta \left(E + E_i - E_f\right) \tag{6.2}$$

其中，σ 为散射截面；E 为能量损失；E_i 和 E_f 为跃迁前后的电子能量；$\langle f|$ 和 $|i \rangle$ 分别为初始态和末态的波函数；$\boldsymbol{R}$ 为原子的位置矢量；$\boldsymbol{\varepsilon}$ 为 X 射线的偏振矢量；$\boldsymbol{q}$ 为电子与物质作用之后的动量转移。

从公式中可以看出，两者在形式上基本类似，X 射线的偏振矢量 $\boldsymbol{\varepsilon}$ 与电子的动量转移 $\boldsymbol{q}$ 相对应。对于 XMCD 技术，入射的 X 射线具有左旋圆偏振和右旋圆偏振的特性，此时偏振矢量为 $\boldsymbol{\varepsilon} + i\boldsymbol{\varepsilon}'$ 和 $\boldsymbol{\varepsilon} - i\boldsymbol{\varepsilon}'$，i 表示 $\boldsymbol{\varepsilon}$ 和 $\boldsymbol{\varepsilon}'$ 之间存在 $\pi/2$ 的相位差。对于具有铁磁性的材料，左旋圆偏振和右旋圆偏振的 X 射线分别与物质作用之后，铁磁性元素的 XANES 在相应电离边位置会产生不同的信号，这个信号的差异就反映了材料的磁信息。如图 6.1 所示，为单质 Fe 在 L_3 和 L_2 电离边位置的 XMCD 信号 [1]，其中 $\boldsymbol{H}$ 为外加磁场的方向，$\boldsymbol{M}$ 为净磁矩，E_F 为费米能级，μ_+ 和 μ_- 分别为左、右圆偏振光产生的信号，$\mu_+ - \mu_-$ 为 XMCD 信号，$(\mu_+ + \mu_-)/2$ 为 XAS 信号。

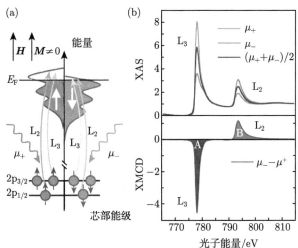

图 6.1 XMCD 技术基本原理示意图 [1]

(a) 铁磁材料 3d 轨道的自旋态密度示意图；(b) 单质 Fe 的 XMCD 的信号

XMCD 所对应物理机制可通过 "两步模型" 来理解。① 第一步中，辐照的光子具有某种螺旋性，同时过渡金属中存在着轨道自旋耦合，即轨道自旋间存在相互作用。具体而言，在 $2p_{1/2}$ 轨道中 l 与 s 是近似反平行的 $(j = 1 - 1/2 = 1/2)$，而在 $2p_{3/2}$ 轨道中 l 与 s 是近似平行的 $(j = 1 + 1/2 = 3/2)$。具有螺旋性的光子或动量转移等价于具有螺旋性的电子通过电场扰动，直接作用于样品中原子核外 2p 电子的轨道角动量，并通过轨道自旋耦合，间接使得 $2p_{1/2}$ 与 $2p_{3/2}$ 轨道电子的自旋角动量改变具有方向性。需要注意，$2p_{1/2}$ 与 $2p_{3/2}$ 轨道电子的轨道自旋耦合方式相反，因此 $2p_{1/2}$ 与 $2p_{3/2}$ 轨道电子的自旋角动量改变方向性也相反，这是 EMCD 信号中 L_3 峰 (对应于 $2p_{3/2}$ 轨道电子的跃迁) 和 L_2 峰 (对应于 $2p_{1/2}$ 轨道电子的跃迁) 符号相反的起源。② 第二步中，比如铁磁性材料的 3d 能带中，按自旋方向区分其 3d 能带未占据态的态密度是不同的。因此，当自旋角动量改变方向相反的 $2p_{1/2}$ 与 $2p_{3/2}$ 电子发生跃迁，且相应未占据态密度不同的 3d 能带时，其跃迁概率 (或二次微分散射截面) 也会存在差别，因此会产生磁圆二向色性信号。另外，3d 能带中未占据态的轨道量子数 m_l 也存在不平衡，因此 EMCD 信号也能对轨道角动量 (或轨道角动量磁矩) 进行探测。

　　然而，对于透射电子显微镜中的高能快电子而言，并不能像 X 射线一样实现类似的左旋或者右旋圆偏振特性。Schattschneider 等指出 [3,4]，透射电子与物质相互作用后的动量转移在形式上对应于 X 射线的偏振矢量，用光阑在衍射平面上选择特定位置，使其对应的动量变化分别为 $q + iq'$ 和 $q - iq'$，如图 6.2(a) 所示，其中 q 为动量转移。那么在该位置得到的 EELS 信号就等价于 X 射线的左旋或者右旋圆偏振光与物质作用之后产生的信号。将对称两个位置的 EELS 信号相减，就能够得到与材料磁性质相关的 EMCD 信号。在实验上，选择了生长在 GaAs 基底上的单晶 Fe 薄膜，将样品倾转到 (110) 衍射面强激发的双束条件下，用电子能量损失谱仪的入口光阑或者物镜光阑选择衍射平面上特定的位置，就得

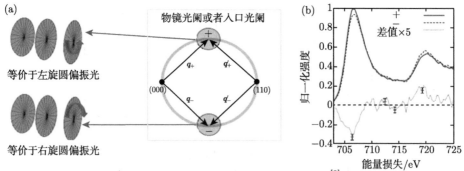

图 6.2　EMCD 技术的基本原理示意图 [3]

(a) XMCD 左、右圆偏振光与 EMCD 双束衍射几何中正负位置的对照；(b) 单质 Fe 的 EMCD 信号实验结果，
+ 和 − 表示从对称位置获得的 EELS 谱

到了正负位置的 EELS 信号，两者之差就得到了 EMCD 信号，如图 6.2(b) 所示。对比图 6.1 和 6.2(b) 中 Fe 元素的 XMCD 和 EMCD 磁信号，可以发现两者在信号的强度、信噪比等方面存在着很大的差异。这主要是因为快电子在周期性晶体中存在显著的衍射动力学效应，这也是 EMCD 技术与 XMCD 技术的最大差别。

对于实验得到的 EMCD 或 XMCD 信号，可以通过加和定则 (sum rule) 得到原子或离子的轨道磁矩和自旋磁矩。与 XMCD 谱的加和定则 [5,6] 有所区别，EMCD 谱的加和定则还需要增添与衍射动力学效应相关的系数 $K^{[7,8]}$。式 (6.3) ~ 式 (6.5) 给出了 EMCD 信号的加和公式 [8]：

$$\frac{\displaystyle\int_{L_3}(\sigma_2-\sigma_1)\,\mathrm{d}E - 2\int_{L_2}(\sigma_2-\sigma_1)\,\mathrm{d}E}{\displaystyle\int_{L_3+L_2}(\sigma_2+\sigma_1)\,\mathrm{d}E} = K\left(\frac{2}{3}\frac{\langle S_z\rangle}{N_h} + \frac{7}{3}\frac{\langle T_z\rangle}{N_h}\right) \tag{6.3}$$

$$\frac{\displaystyle\int_{L_3+L_2}(\sigma_2-\sigma_1)\,\mathrm{d}E}{\displaystyle\int_{L_3+L_2}(\sigma_2+\sigma_1)\,\mathrm{d}E} = K\frac{1}{2}\frac{\langle L_z\rangle}{N_h} \tag{6.4}$$

$$\frac{\displaystyle\int_{L_3}(\sigma_2-\sigma_1)\,\mathrm{d}E - 2\int_{L_2}(\sigma_2-\sigma_1)\,\mathrm{d}E}{\displaystyle\int_{L_3+L_2}(\sigma_2-\sigma_1)\,\mathrm{d}E} = \frac{4\langle S_z\rangle + 14\langle T_z\rangle}{3\langle L_z\rangle} \tag{6.5}$$

其中，T_z 为磁偶极子磁矩，可忽略不计；$\langle S_z\rangle$ 和 $\langle L_z\rangle$ 分别为自旋角动量算符与轨道角动量算符对应的基态本征值，对应于原子或离子中自旋磁矩和轨道磁矩。

6.1.2 EMCD 技术与衍射动力学效应

电子进入具有周期性势场的晶体中后，以布洛赫波的形式存在。入射电子束和出射电子束都可以用布洛赫波的形式来表示，每支布洛赫波又可以展开成多支平面波的叠加。布洛赫波的具体形式都可以通过求解周期性势场下的薛定谔方程得到。有了入射电子波函数的具体形式以及入射条件，就能知道电子波在晶体中的分布位置和强度。比如对于严格的布拉格衍射的双束条件，晶体中有两支布洛赫波，如图 6.3 所示。这两支布洛赫波都是在平行于强激发衍射面的方向上向前传播的，在垂直于强激发衍射面的方向上，这两支布洛赫波的强度受到晶体场势能的调制。一支布洛赫波的强度极大值出现在原子面之间，另一支布洛赫波的强度极大值出现在原子面上。这两支布洛赫波的相对强度取决于选取的衍射条件。在入射角等于布拉格角的条件下，两者布洛赫波的强度相等，所以具有不同晶体势能的原子面同等程度地被激发；当入射角小于布拉格角时，第二支布洛赫波强度较大，所以晶体势能较大的原子面被强激发；当入射角小于布拉格角时，第一支布洛赫波强度较大，晶体势能较小的原子面被强激发。因此，通过调整入射条件，能够实现晶体中不同势能原子面选择性地被激发。在平行于强激发衍射面的方向上，布洛赫波的强度随着传播距离的增加也发生变化，因此晶体的厚度也会调控电子波在晶体中的分布。根据倒易原理，入射束和出射束是等同的。因此综上来看，入射条件、出射条件和样品厚度都是影响衍射动力学效应的主要因素。

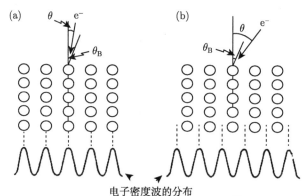

电子密度波的分布

图 6.3　衍射动力学的通道效应 [9]

(a) 入射角小于布拉格角；(b) 入射角大于布拉格角

通过改变影响衍射动力学的因素，就可以改变电子波在晶体内部的分布，进而选择性地增强特定的衍射面，这就是面通道效应。这种方法与能谱 (energy dispersive spectrum，EDS) 分析相结合，人们发展出了原子位置确定的通道增强微分析技术 (atom location channeling enhanced micro-analysis，ALCHMI)，用于确定掺杂元素在晶体中位置 [10]。与电子能量损失谱相结合，人们发展出了电子能量损失的通道效应技术 (electron-energy loss channeling effect，ELCE)，用于确定同种元素不同晶体学占位的 EELS 电子结构信息 [11]。特别地，将其与 EMCD 技术相结合，发展出了占位分辨的 EMCD 技术，能够得到同种元素不同晶体学占位的磁参数 [12]。

占位分辨 EMCD 方法通过创造性地应用电子布拉赫波在晶体中的衍射动力学效应，可以定量确定材料对于晶体学非等价占位原子的磁结构。占位分辨 EMCD 方法的实验操作中，需要通过调节晶体相对于入射电子束和出射电子束的取向，而产生特定的电子衍射动力学增强效应，其在有效增强 EMCD 信号质量强度的同时，可以增强来自晶体中特定占位原子的 EMCD 信号。进一步通过定量占位分辨 EMCD 方法的理论计算和相关数据处理，可以定量提取出来自不同特定元素、占位、原子价态所对应的磁圆二向色性谱，并测量得到来自不同占位原子的定量轨道磁矩值和定量自旋磁矩值。占位分辨 EMCD 方法首次在实验上证明了利用透射电子也可以对晶体材料进行定量磁结构的测定。XMCD 与中子衍射相比，占位分辨 EMCD 方法在一定情形中可以获得更为丰富的定量磁信息。EMCD 相比 XMCD 与中子衍射方法可达到纳米甚至原子级空间分辨率。

这里以 $NiFe_2O_4$ 单晶纳米柱为例，展示占位分辨 EMCD 方法的相关实验方法和衍射动力学效应的作用影响。而通过占位分辨 EMCD 方法定量获得磁信息及其方法则会在后续章节中陆续介绍。$NiFe_2O_4$ 具有反尖晶石结构和亚铁磁结构，可写为 $(Fe^{3+} \downarrow)_A(Ni^{2+} \uparrow Fe^{3+} \uparrow)_B O_4$ 的形式。其中 A 和 B 分别表示自旋向下的四面体原子占位和自旋向上的八面体原子占位。由于透射电子显微镜物镜内约 2 T 的强磁场，$NiFe_2O_4$ 磁化饱和。

当对 29nm 厚的 $NiFe_2O_4$ 晶体在 [004] 与 [2$\bar{2}$0] 系列衍射激发下的三束条件进行 EMCD 测量时，分别得到了如图 6.4 所示的 EMCD 信号。在图 6.4(a) 中，对应 [004] 三束条件的情形，观察到了极强的 EMCD 信号 (Fe 元素 + 与 − 谱间对应约 33% 的差别，Ni 元素间对应约 42% 的差别)，其高信噪比对后续定量磁结构确定十分重要和关键。此时 Fe 或 Ni 的 EMCD 信号可标记为 L3−L2+，即 EMCD 信号在 L_3 边取负值而 L_2 边取正值。而对于图 6.4(b)，[2$\bar{2}$0] 三束情形下的 EMCD 信号，发现 Fe 的 EMCD 信号为 L3+L2−，而 Ni 的 EMCD 信号为 L3−L2+，且 Ni 的 EMCD 信号强度相对较弱。

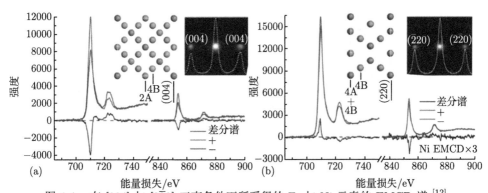

图 6.4   在 [004] 与 [2$\bar{2}$0] 三束条件下所采得的 Fe 与 Ni 元素的 EMCD 谱 [12]
(a) [004] 三束条件下的 EMCD 测量，2A、4B 晶面平行于入射电子束，插图为 Fe 与 Ni 的 + 与 − EELS 谱及 EMCD 信号；(b) [2$\bar{2}$0] 三束条件下的 EMCD 测量，4A+4B、4B 晶面平行于入射电子束，插图为 Fe 与 Ni 的 + 与 − EELS 谱及其 EMCD 信号

上述两种入射情形 ([004] 与 [2$\bar{2}$0] 三束条件) 所采集的 Fe 与 Ni 的 EMCD 信号谱符号和强度不尽相同。引入衍射动力学效应可对其进行定性诠释。在 [004] 三束条件下，交替的 (008) 八面体晶面 (晶面上对应 4B 离子) 与 (008) 四面体晶面

(晶面上对应 2A 离子) 平行入射电子束。在此衍射动力学条件下,相比于 2A 晶面,4B 阳离子晶面有更深的吸引势阱,因而更多布拉赫波电子集中于 4B 平面,由此 4B 晶面的磁圆二色 (MCD) 信号将得到增强。因此 Fe 与 Ni 元素的 EMCD 信号所对应的 L3−L2+ 符号,反映了 4B 晶面上 $2Fe^{3+}$ ↑ 和 $2Ni^{2+}$ ↑ 所产生的 MCD 信号得到加强主导的情形。而在 $[2\bar{2}0]$ 三束条件下,交替的 4A+4B 与 4B 平面平行于入射电子束,被加强的 4A+4B 晶面 (其晶面包含离子为 $4Fe^{3+}$ ↓+$2Fe^{3+}$ ↑+$2Ni^{2+}$ ↑) 上的 Fe^{3+} ↓ 与 Ni^{2+} ↑ 离子所产生的 MCD 信号会被加强占主导,因而实验中观察到符号为 L3+L2− 的 Fe 的 EMCD 信号与符号为 L3−L2+ 的 Ni 的 EMCD 信号。简言之,两种入射衍射动力学条件下,八面体 (B) 占位与四面体 (A) 占位上的 MCD 信号的相对权重的不同导致了来自 Fe 的 EMCD 信号符号的反向。

八面体和四面体占位的 EMCD 信号的相对权重也可通过变化出射条件来实现,如图 6.5 所示。为了展示出射条件的影响效果,对一厚度为 42nm 的 $NiFe_2O_4$ 晶体样品,在 [004] 系列衍射斑点激发的条件下,入射角 $\theta_{in,004}$ (入射电子束与 (004) 晶面间的夹角) 被转至 $2\theta_B$ (θ_B 是 (004) 晶面的布拉格角),在此入射条件,四面体 (2A) 面应该被增强。改变 + 与 − 入口光阑位置对应不同的出射角度 ($2\theta_B$, θ_B, 0, $-\theta_B$, $-2\theta_B$),并测量 EMCD 信号,可以观察到 EMCD 实验谱符号会随出射角度的变化而变化,这是由于出射衍射动力学条件的作用影响。利用理论计算方法所得到的结果,与实验所观察到的 EMCD 信号符号变化情况相一致。

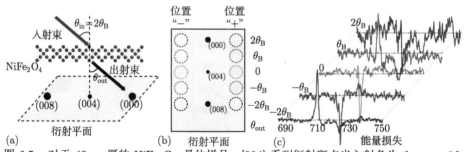

图 6.5 对于 42nm 厚的 $NiFe_2O_4$ 晶体样品,[004] 系列衍射斑点当入射角为 $\theta_{in,004} = 2\theta_B$ 时,在 5 个不同的出射角度处对应的 Fe 的 EMCD 谱 [12]

(a) [004] 系列衍射斑点下入射角为 $\theta_{in,004} = 2\theta_B$ 时,入射束、出射束、晶体以及衍射平面的示意图;(b) + 与 − 入口光阑分别放在对应出射角 $2\theta_B$, θ_B, 0, $-\theta_B$, $-2\theta_B$ 位置,在某个出射条件下,+ 与 − 光阑与 [004] 系列衍射斑点所成直线的垂直距离为 0.8 $g_{[004]}$;(c) 在五个不同的出射角处所得得的 Fe 的 EMCD 谱,出射角 0 和 $-\theta_B$ 处 EMCD 符号为 L3−L2+,出射角 θ_B 和 $-2\theta_B$ 处 EMCD 符号为 L3+L2−,出射角 $2\theta_B$ 处的谱没有显示出 EMCD 信号

6.1.3 定量 EMCD 方法的理论计算框架

这里结合多束电子衍射动力学计算给出定量 EMCD 技术的理论模拟框架。首先,EELS 的二次微分散射截面 (double differential scattering cross-section,

DDSCS) 可以表达为如下形式 [13]：

$$\frac{\partial^2 \sigma}{\partial \Omega \partial E} = \frac{4\gamma^2}{a_0^2} \frac{\chi_f}{\chi_0} \sum_{ghg'h'} \frac{1}{N_u} \sum_u \frac{S_u\left(\boldsymbol{q}, \boldsymbol{q}', E\right)}{\boldsymbol{q}^2 \boldsymbol{q}'^2} e^{i(\boldsymbol{q}-\boldsymbol{q}')\cdot \boldsymbol{u}} \times \sum_{jlj'l'} Y_{ghg'h'}^{jlj'l'} T_{jlj'l'}\left(t\right) \quad (6.6)$$

式 (6.6) 中的混合动力学因子 (mixed dynamical form factor, MDFF)，可以展开为

$$S\left(\boldsymbol{q}, \boldsymbol{q}', E\right) = \sum \langle i| e^{i\boldsymbol{q}\cdot\boldsymbol{R}} |f\rangle \langle f| e^{-i\boldsymbol{q}'\cdot\boldsymbol{R}} |i\rangle \, \delta\left(E_f - E_i - E\right) \quad (6.7)$$

其中，$|i\rangle$, $|f\rangle$ 分别为晶体中原子核外电子激发前后初态和末态的波函数。式 (6.6) 与 (6.7) 的具体解释可参见文献 [13]，这里简要描述各式的大致物理含义。式 (6.6) 描述了不同入射、出射布拉赫波间干涉情况下的混合动力学形成因子 $S(\boldsymbol{q}, \boldsymbol{q}', E)$ 的加权和形式。$S(\boldsymbol{q}, \boldsymbol{q}', E)$ 对应于不同衍射动力学条件下和不同动量转移的两束间的相干项，此相干项描述电子同时发生动量转移 $\boldsymbol{q}$ 与 $\boldsymbol{q}'$ 时所对应的联合概率密度。

在晶体样品中，入射布拉赫波和出射布拉赫波可按照电子波动力学理论分别写成如下的形式：

$$\psi\left(r\right) = \sum_g \sum_j \varepsilon^{(j)} C_{\boldsymbol{g}}^{(j)} e^{i\left(\boldsymbol{k}^{(j)}+\boldsymbol{g}\right)\cdot \boldsymbol{r}} \quad (6.8)$$

$$\psi'\left(r\right) = \sum_h \sum_l \varepsilon^{(l)} D_{\boldsymbol{h}}^{(l)} e^{i\left(\boldsymbol{k}^{(l)}+\boldsymbol{h}\right)\cdot \boldsymbol{r}} \quad (6.9)$$

式 (6.6) 中，$Y_{ghg'h'}^{jlj'l'}$ 是特定衍射动力学条件下布拉赫波系数的乘积，表述如下：

$$Y_{ghg'h'}^{jlj'l'} = C_0^{(j)*} C_{\boldsymbol{g}}^{(j)} D_0^{(l)} D_{\boldsymbol{h}}^{(l)*} \times C_0^{(j')*} C_{\boldsymbol{g}'}^{(j')*} D_0^{(l')*} D_{\boldsymbol{h}'}^{(l')*} \quad (6.10)$$

式 (6.6) 中的 $T_{jlj'l'}(t)$ 则是与厚度相关的函数，可以展开为

$$T_{jlj'l'}\left(t\right) = e^{i\left[\left(\gamma^{(j)}-\gamma^{(j')}\right)+\left(\gamma^{(l)}-\gamma^{(l')}\right)\right]\frac{t}{2}} \frac{\sin \Delta \frac{t}{2}}{\Delta \frac{t}{2}} \quad (6.11)$$

式 (6.6) 中的 $e^{i(\boldsymbol{q}-\boldsymbol{q}')\boldsymbol{u}}$ 则是位于晶胞内位置 u 处的原子的相位因子。

更进一步，借鉴 XMCD 中关于左旋圆偏振光和右旋圆偏振光相关理论，可定义若干变量 $\mu_+(E)$, $\mu_-(E)$, $\mu_0(E)$ 如下 [14]：

$$\mu_+\left(E\right) = \sum_f \left| \left\langle f \left| \frac{x+iy}{\sqrt{2}} \right| i \right\rangle \right|^2 \delta\left(E - E_f + E_i\right) \quad (6.12)$$

$$\mu_-(E) = \sum_f \left| \left\langle f \left| \frac{x - \mathrm{i}y}{\sqrt{2}} \right| i \right\rangle \right|^2 \delta\left(E - E_\mathrm{f} + E_\mathrm{i}\right) \tag{6.13}$$

$$\mu_0(E) = \sum_f |\langle f|z|i\rangle|^2 \delta\left(E - E_\mathrm{f} + E_\mathrm{i}\right) \tag{6.14}$$

则混合动力学因子可对于 μ_+, μ_-, μ_0 展开如下 [14]：

$$S(q, q', E) = \frac{q_x q_x' + q_y q_y'}{2}\left[\mu_+(E) + \mu_-(E)\right]$$
$$+ q_z^2 \mu_0(E) + \mathrm{i}\frac{q_x q_y' - q_y q_x'}{2}\left[\mu_+(E) - \mu_-(E)\right] \tag{6.15}$$

式 (6.15) 中 μ_+, μ_- 与 μ_0 物理上可以被认为等价于在左旋圆偏振、右旋圆偏振以及平行于波矢方向线偏振的 X 射线照射下，所分别对应的 X 射线吸收谱。

更进一步，使用近似 $\mu_0 \approx \frac{1}{3}(\mu_+ + \mu_- + \mu_0)^{19}$，并定义 $A_{q,q'}$ 如下：

$$A_{q,q'} = Y_{ghg'h'}^{jlj'l'} T_{jlj'l'}(t) = C_0^{(j)*} C_g^{(j)} D_0^{(l)} D_h^{(l)*} \times C_0^{(j')} C_{g'}^{(j')*} D_0^{(l')*} D_{h'}^{(l')} T_{jlj'l'}(t) \tag{6.16}$$

则 EMCD 实验中在 $+$ 和 $-$ 位置处，所收集 EELS 的二次微分散射截面可以表示为 [12]

$$\left(\frac{\partial^2 \sigma}{\partial E \partial \Omega}\right)_\pm = \sum_u \left[\mu_+(E) + \mu_-(E) + \mu_0(E)\right]_u$$
$$\cdot \frac{2}{3}\sum_{q,q'} \frac{q_x q_x' + q_y q_y' + q_z q_z'}{2q^2 q'^2} \mathrm{e}^{\mathrm{i}(q-q')\cdot u} \times \mathrm{Re}\left(A_{q,q'}\right)$$
$$\pm \sum_u \left[\mu_+(E) - \mu_-(E)\right]_u \cdot \sum_{q,q'} \frac{q_x q_y' - q_y q_x'}{2q^2 q'^2} \mathrm{e}^{\mathrm{i}(q-q)\cdot u} \times \mathrm{Im}\left(A_{q,q'}\right) \tag{6.17}$$

式 (6.17) 中的 u 表示不同种类原子所处的位置。

具体地，如果以 $NiFe_2O_4$ 晶体作为具体样品，则可按不同的占位和原子种类，即八面体 Fe (oct Fe)、四面体 Fe (tet Fe)、八面体 Ni (oct Ni)，将式 (6.17) 改写为如下形式：

$$S_\pm = \frac{1}{2}[\alpha \cdot (\mu_+ + \mu_- + \mu_0)_{\mathrm{oct,Fe}} + \beta \cdot (\mu_+ + \mu_- + \mu_0)_{\mathrm{tet,Fe}}$$
$$+ \alpha \cdot (\mu_+ + \mu_- + \mu_0)_{\mathrm{oct,Ni}}$$

$$\pm a \cdot (\mu_+ - \mu_-)_{\text{oct,Fe}} \pm b \cdot (\mu_+ - \mu_-)_{\text{tet,Fe}} \pm a \cdot (\mu_+ - \mu_-)_{\text{oct,Ni}}] \quad (6.18)$$

将式 (6.18) 中的 α, β, a, b,称为动力学系数,它们可以通过式 (6.16)、式 (6.17) 中的定义定量计算得到。

EMCD 信号是 S_+ 与 S_- 间的差分谱,则根据式 (6.18),在某一特定衍射动力学条件下,EMCD 谱等价于如下形式:

$$\text{EMCD} = S_+ - S_- = a \cdot (\mu_+ - \mu_-)_{\text{oct,Fe}} + b \cdot (\mu_+ - \mu_-)_{\text{tet,Fe}} + a \cdot (\mu_+ - \mu_-)_{\text{oct,Ni}} \quad (6.19)$$

根据上述理论计算框架,更深入地,EMCD 信号的物理含义可以被诠释为关于三个过程的联合概率大小 [13]:① 发生非弹性散射之前入射布拉赫波的弹性散射过程,即所谓的通道效应 (channeling effect),式 (6.17) 中对应于 $C_0^{(j)*} C_g^{(j)} \times C_0^{(j')} C_{g'}^{(j')*} T_{jlj'l'}(t) \mathrm{e}^{\mathrm{i}(q-q') \cdot u}$ 项;② 发生在非弹性散射之后出射布拉赫波的弹性散射过程,即所谓的阻塞效应 (blocking effect),式 (6.17) 中对应于 $D_0^{(l)} D_h^{(l)*} \times D_0^{(l')*} D_{h'}^{(l')} T_{jlj'l'}(t) \mathrm{e}^{\mathrm{i}(q-q') \cdot u}$ 项;③ 发生的非弹性散射中与磁圆二色性相关的部分,对应于式 (6.4) ~ 式 (6.12) 中 $[\mu_+(E) - \mu_-(E)]_u (q_x q_y' - q_y q_x')/(2q^2 q'^2)$ 项,是混合动力学形成因子 $S(q, q', E)$ 中的一部分。入射和出射电子束相对于样品晶体取向的改变,会相应地引起入射布拉赫波和出射布拉赫波在晶体中分布情况的变化,并因此改变不同晶体学占位处原子所对应的 $\mathrm{Im}(A_{q,q'})$ 值的变化,进而促成来自不同原子处 MCD 信号相对权重的变化。此外,EMCD 信号强度随厚度的变化,则可以从式 (6.11) 中得到。

根据 EMCD 技术的理论框架,目前人们已经开发了不同的程序和软件对 EMCD 信号进行模拟。这其中主要包括三个研究组的工作。最早是由 S. Loffler 等基于布洛赫波理论发展出来 BW(bloch wave) 软件 [15],可以同时给出 EMCD 信号在实空间或者倒空间的分布。但主要的问题在于,这个软件只能考虑比较少的衍射束之间的相互干涉,否则将大大增加计算的耗时,并且能够处理的材料体系也比较简单。后来,朱静研究组在 BW 软件的基础上,将 BW 软件与自己编写的 Matlab 代码相结合,发展出来了新的模拟软件 [12]。由于主要的动力学计算部分还是依赖于 BW 软件,所以仍然不能够处理更多的衍射束和复杂的材料体系。2013 年,J. Rusz 等发展出了 MATS(modified automatic term selection algorithm) 软件进行 EMCD 信号的模拟计算 [16,17]。该软件通过对计算过程中的加和项进行判定和筛选,能够大大减小计算的工作量和计算时间,所以能够处理更多的衍射束和复杂的材料体系。该软件基于 Linux 平台,所有的实验参数都包含在单一的输入文件中,操作也非常简单。

6.1.4　定量 EMCD 方法的数据处理方法

在占位分辨 EMCD 方法中，选定不同晶体取向 (或衍射动力学条件) 采集一组 EMCD 谱，可以定量求出在不同衍射动力学条件下所对应的动力学系数，进而通过对不同衍射动力学条件下一组 EMCD 谱做最小二乘拟合，可以定量得到各占位原子分辨的磁圆二色谱。这里具体介绍这种定量占位分辨 EMCD 方法的计算和数据处理方法。

对于某特定衍射动力学的一次 EMCD 测量，实验中 + 与 − 位置两处 EELS 原谱，记为 S_+ 与 S_- 谱。则对第 i 次 EMCD 测量，可以获得各向同性谱 $(S_++S_-)_i$ 与 EMCD 谱 $(S_+ - S_-)_i$，形式表述如下：

$$(S_+ + S_-)_i = w_i[\alpha_i(\mu_+ + \mu_- + \mu_0)_{\text{oct,Fe}}$$
$$+ \beta_i(\mu_+ + \mu_- + \mu_0)_{\text{tet,Fe}} + \alpha_i (\mu_+ + \mu_- + \mu_0)_{\text{oct,Ni}}] \quad (6.20)$$

$$(S_+ - S_-)_i = w_i[a_i(\mu_+ - \mu_-)_{\text{oct,Fe}} + b_i(\mu_+ - \mu_-)_{\text{tet,Fe}} + a_i (\mu_+ - \mu_-)_{\text{oct,Ni}}] \quad (6.21)$$

这里，w_i 是第 i 次 EMCD 实验测量中与 EELS 计数强度相关的参数，这是因为不同次 EMCD 和 EELS 的测量中计数总量是相互差别的。对不同次的 EMCD 测量之间进行相互比对，就需要首先在数学上对 w_i 进行归一化处理。

比如对于 Fe 元素，可以定义参数 N_i 为在第 i 次 EMCD 实验中，在 + 与 − 位置处收集的 Fe 的 $L_{2,3}$ 边 EELS 之和 $(S_+ + S_-)_i$，所对应的在 L_3 与 L_2 边的能量范围 (大体在 $704 \sim 731\text{eV}$) 上的积分面积之和。则 N_i 是可直接从实验谱中获得的参数，表达如下：

$$N_i = \int_{\text{L}_2+\text{L}_3 \text{ of Fe}} (S_++S_-)_i \mathrm{d}E = w_i \cdot (\alpha_i + \beta_i) \cdot \int_{\text{L}_2+\text{L}_3} (\mu_++\mu_-+\mu_0)_{\text{Fe}} \mathrm{d}E \quad (6.22)$$

式中 N_i 正比于 Fe 的 $\mu_+ + \mu_- + \mu_0$ 在 L_3 与 L_2 的能量范围上的积分总和，w_i 可被表达如下：

$$w_i = \frac{N_i}{(\alpha_i + \beta_i) \cdot \int (\mu_+ + \mu_- + \mu_0)_{\text{Fe}} \, \mathrm{d}E} \quad (6.23)$$

将式 (6.23) 代入式 (6.21) 中，则可得到第 i 次测量 EMCD 谱所对应的 $(S_+ - S_-)_i$ 有如下形式：

$$(S_+ - S_-)_i = \frac{N_i \cdot a_i}{(\alpha_i + \beta_i)} \frac{(\mu_+ - \mu_-)_{\text{oct,Fe}}}{\int (\mu_+ + \mu_- + \mu_0)_{\text{Fe}} \, \mathrm{d}E}$$

$$+ \frac{N_i \cdot b_i}{(\alpha_i + \beta_i)} \frac{(\mu_+ - \mu_-)_{\mathrm{tet,Fe}}}{\int (\mu_+ + \mu_- + \mu_0)_{\mathrm{Fe}} \, \mathrm{d}E}$$

$$+ \frac{N_i \cdot a_i}{(\alpha_i + \beta_i)} \frac{(\mu_+ - \mu_-)_{\mathrm{oct,Ni}}}{\int (\mu_+ + \mu_- + \mu_0)_{\mathrm{Fe}} \, \mathrm{d}E} \tag{6.24}$$

在式 (6.24) 中, 第 i 次 EMCD 测量中的参数 w_i 已被削掉, 其中 N_i 值可按其定义由实验谱得到, 动力学系数 α_i, β_i, a_i, b_i 可由 EMCD 的计算模拟方法得到。因此在按照式 (6.24) 做好数据处理准备后, 就可以方便地将一组 EMCD 实验谱相互比较, 并进一步通过适当的统计学方法 (比如最小二乘拟合), 将占位分辨的磁圆二色 (MCD) 谱 $(\mu_+ - \mu_-)_{\mathrm{tet,Fe}} \Big/ \int (\mu_+ + \mu_- + \mu_0)_{\mathrm{Fe}} \mathrm{d}E$, $(\mu_+ - \mu_-)_{\mathrm{oct,Fe}} \Big/ \int (\mu_+ + \mu_- + \mu_0)_{\mathrm{Fe}} \mathrm{d}E$ 与 $(\mu_+ - \mu_-)_{\mathrm{oct,Ni}} \Big/ \int (\mu_+ + \mu_- + \mu_0)_{\mathrm{Fe}} \mathrm{d}E$ 定量提取得到。分母 $\int (\mu_+ + \mu_- + \mu_0)_{\mathrm{Fe}} \mathrm{d}E$ 仅是一个固定常数, 它并不影响不同占位原子的 MCD 谱间的相对强度的大小。

在比较一系列不同衍射动力学条件下的 EMCD 测量时, 可将式 (6.24) 写为矩阵形式。假设进行 m 次 EMCD 测量, 每次 EMCD 测量中有 n 个能量分辨通道, 有两个占位分辨的 MCD 谱 (对应于八面体占位和四面体占位), 那么可以用矩阵 $D(m \times n$ 阶) 表示实验测得的一系列混合的 EMCD 谱, 矩阵 $S(n \times 2$ 阶) 表示两张 MCD 谱的组合; 矩阵 $W(m \times 2$ 阶) 表示每次 EMCD 测量两种占位原子所对应的动力学条件相关系数, 则矩阵 D 可以在矩阵形式下分解为 MCD 谱的线性组合形式:

$$D = WS^{\mathrm{T}} + E \tag{6.25}$$

其中, E 表示由于数据噪声而存在的残差矩阵。对于式 (6.25), 可以使用最小二乘拟合求得最优的包含八面体与四面体纯的 MCD 谱的矩阵 S^{T}, 以使得 WS^{T} 可以在最小二乘意义下最大程度上拟合实验谱矩阵 D。图 6.6 所示为对 $\mathrm{NiFe_2O_4}$ 进行占位分辨 EMCD 测量所选取的实验谱矩阵 D, 其对应 18 张不同衍射动力学条件下的 EMCD 实验谱。其中包括了 [004] 和 $[2\bar{2}0]$ 三束条件下测得的实验谱。实验谱所选择的动力学衍射条件, 需要考虑一些细节, 主要包括: 动力学系数间应有显著不同, 以避免因组合系数过于接近而引入较大数值误差。EMCD 信号对于衍射动力学条件十分敏感, 因此需要精确调节到所需衍射动力学条件, 故较适合采用三束条件, 可以应用菊池线相对于衍射斑点的位置, 或测量两个衍射束间的强度对称均衡来准确判断三束条件的达成。另外需要考虑入口光阑在衍射平面上占据了一定区域大小，需计算入口光阑内不同位置格点处动力学系数 (α, β, a, b)，再计算其平均值，以给出较准确的入口光阑所占区域对应的平均动力学系数。

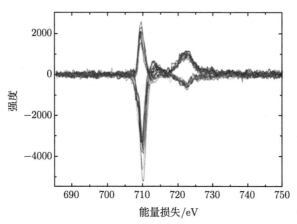

图 6.6　在不同衍射动力学条件下所采得的 18 张 Fe 的 EMCD 谱 [12]

通过上述计算和数据处理方法，对于 $NiFe_2O_4$，运用占位分辨定量 EMCD 方法可以提取出占位原子分辨 (包括八面体 Fe、四面体 Fe 和八面体 Ni) 的 MCD 谱，如图 6.7 所示。其中八面体 Fe 与四面体 Fe 的峰值处有大致 0.4eV 的能量区别，这可能反映了不同配位晶体场所造成的化学位移。

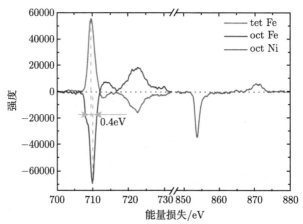

图 6.7　八面体 Fe(oct Fe)、四面体 Fe(tet Fe) 和八面体 Ni(oct Ni) 占位分辨磁圆二色谱 [12]

需要指出，通过占位分辨 EMCD 方法可以明确判断 $NiFe_2O_4$ 具有亚铁磁磁结构 $(Fe^{3+}\downarrow)_A(Ni^{2+}\uparrow, Fe^{3+}\uparrow)_BO_4$。上述结论的得到，除了实验数据，在理论计算中只是利用了 $NiFe_2O_4$ 的晶体学知识来计算其动力学系数 (α, β, a, b)，而并未引入关于其磁结构的已知信息。这意味着占位分辨 EMCD 技术可以在纳米尺度下独立测定未知磁性材料的原子占位分辨磁结构。然而，在 $NiFe_2O_4$ 的 Fe 元素的 XMCD 谱中，由于不具有透射电子的衍射动力学效应，自旋方向相反、磁矩值相当的八面体 Fe 与四面体 Fe 的 XMCD 信号会几乎全部相抵消，而不具备有占位分辨能力。

6.1.5 定量磁参数的计算

从不同衍射动力学条件的 EMCD 谱中所提取出的占位分辨的磁圆二色谱，可进一步通过关于磁圆二色谱的加和定则，计算得到占位分辨原子自旋和轨道磁矩的定量磁信息。具体如式 (6.3) ∼ 式 (6.5) 所示，对于八面体 Fe 和四面体 Fe，由于 $3d^5$ 的最外层电子排布，n_h 取值为 5；对于八面体 Ni，由于 $3d^8$ 的最外层电子排布，n_h 取值为 2。原子的总磁矩对应于轨道磁矩与自旋磁矩之和，而磁偶极矩算符 $\langle T_z \rangle$ 一般可忽略不计。按上述加和定则和数据处理细节，通过占位分辨 EMCD 方法得到的关于 $NiFe_2O_4$ 的定量磁矩信息如表 6.1 所示。

表 6.1   由占位分辨 EMCD 方法得到的关于 $NiFe_2O_4$ 的磁矩信息值以及与其他磁表征方法的结果间的比对

	EMCD (不考虑不对称性)	EMCD (考虑不对称性)	XMCD	第一原理计算	中子衍射	宏观测量
m_L/m_s (oct Fe)	0.01±0.02	0.01±0.02				
m_L/m_s (tet Fe)	0.06±0.02	0.06±0.02				
m_L/m_s (oct Ni)	0.24±0.02	0.24±0.02	0.135±0.035 0.17±0.055			
$M_{oct,Fe}$	3.5±0.6	3.5±0.6		3.70,4.1,4.11*	4.73	
$M_{tet,Fe}$	−2.9±0.4	2.9±0.4		−3.24, −4.1, −4.00*	−4.86	
$M_{oct,Ni}$	1.7±0.2	1.7±0.2		1.38, 2.2, 1.58*	2.22	
$M_{oct,Ni}/$ $M_{oct,Fe}$	0.49±0.04	0.49±0.04		0.37,0.54,0.38*	0.46	
M_{tot} $NiFe_2O_4$	−2.4±0.9	2.4±0.9		1.74,2.2,2.0*	2.1	2.3

注：m_L/m_s 表示轨道自旋磁矩比；$M_{oct,Fe}$，$M_{tet,Fe}$ 和 $M_{oct,Ni}$ 分别是八面体 Fe、四面体 Fe、八面体 Ni 所对应的总磁矩 (等于轨道磁矩与自旋磁矩之和)，以 μ_B 每原子为单位；M_{tot} 是单个 $NiFe_2O_4$ 单胞对应的总磁矩；第一原理计算一列中，打星号 (*) 的结果是由密度泛函理论计算得到的结果；其中 "宏观测量" 指的是用 pondermotor(衡量马达) 方法宏观测量得到的饱和磁矩值。

表 6.1 中列出 $NiFe_2O_4$ 的占位分辨原子的轨道自旋磁矩比与总磁矩值。表 6.1 中也有其他磁性表征方法所能得到的定量磁信息，通过比照，很明显，占位分辨 EMCD 方法可获得更为丰富的定量磁信息。其中占位分辨八面体 Fe 与四面体 Fe 的轨道自旋磁矩比 (m_L/m_s 比值) 是首次由占位分辨 EMCD 实验测得，而实验技术很难获得其值。EMCD 信号得到的八面体 Ni 的 m_L/m_s 值与 XMCD 中

所得到的值相接近。所得到的占位分辨原子的总磁矩值与中子衍射、第一原理计算所得到的值相比要小一些,但大致相当。另外需要指出这里所用的定量 EMCD 方法也可能可以扩展至相应的 XMCD 方法。

6.1.6   衍射几何不对称性对定量磁参数的影响

衍射几何决定着实验中 EMCD 信号的采集方式和采集位置,其对称性对信号的获取和定量磁参数的测量有着关键的作用。双束和三束衍射几何的提出,其中一个主要的考虑就是降低衍射动力学效应的复杂性,使更少的衍射束参与干涉,贡献于 EMCD 信号。衍射几何决定了 EMCD 技术实验中的衍射条件,也决定了实验中衍射平面上信号采集的位置。EMCD 信号的获得需要选取两个共轭的位置分别采集 EELS 信号。位置的共轭不仅是指几何位置上的对称,从根本上讲,应包含衍射动力学条件和动量转移的对称。对于双束或者三束这种已经偏离高对称性正带轴的衍射几何而言,需要深入地去考究其是否满足 EMCD 技术对共轭位置的要求 [18]。

对于 EMCD 技术,动力学系数的存在就引入了一个很重要的问题:三束条件下,一、四象限 (或者二、三象限) 信号的动力学系数是否对称相等。在上述推导中,认为在正负位置处非磁性信号的动力学系数是相等的,磁性信号的系数是相反的,所以非磁性信号能够完全抵消。然而这是建立在三束位置对称的情形下。Calmes 也指出,只有在位置对称的情况下,才能使用加和定则 [8]。因此衍射几何对称性的问题对于定量 EMCD 技术是至关重要的。实际上,三束条件下,这种不对称是存在的。首先从三束条件的获得进行讨论。从正带轴取向下倾转样品,沿着与系列反射轴相互垂直的方向转动一定的角度,直到系列反射以外的衍射点的强度贡献几乎可以忽略不计,就认为达到了三束的条件。用晶体相对于劳厄圆心的偏离位置来定义偏转的角度,那么在三束条件下,如图 6.8 所示,A 和 B 为几何对称的两个采谱位置,K_{out} 为出射束的波矢。一、四 (或者二、三) 象限的 A 和 B 位置相对于圆心的位置是不对称的,也就是说它们的动力学效应是存在差别的。在加和定则的讨论中,Calmes 指出,三束条件下正负位置的布洛赫系数的差别很小 [8]。但是对于动量转移部分,由于三束条件已经远远地偏离了高对称位置,因此这两个位置的动量转移是不同的,这就导致了动力学系数并不是对称的。这种差别的大小决定着非磁性信号能否相互抵消而得到纯净的 EMCD 信号。另外,在定量磁矩的提取过程中,这种不对称性对于磁参数的测量结果有多大的影响,也需要定量地进行估计。接下来,以 $NiFe_2O_4$ 为例来说明三束条件不对称的影响。

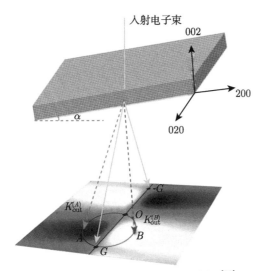

图 6.8　三束衍射几何下的不对称性[19]

在三束衍射几何的条件下,通过合理地选择收集光阑的位置,避开透射斑和衍射斑附近不对称性影响较大的位置,可以较好地抵消非磁性信号,得到纯的 EMCD 信号。但是,对于磁性信号,在对称位置是否也存在动力学系数的不对称性? 不论是否存在,这对于轨道自旋比的计算是没有影响的。因为在加和定则中,两者的比值已经不包含动力学系数。但是对于定量磁矩的提取,由于计算中使用了动力学系数,所以必须给予考虑[19]。因此,对对称位置的动力学系数进行如下修正:

$$\text{EMCD} = \text{Spectra}_{1+} - \text{Spectra}_{4-} = \sum_u \frac{a_1 + a_4}{2}(\mu_+ - \mu_-) \qquad (6.26)$$

在计算中需要同时考虑第一和第四象限的动力学系数。将修正后的动力学系数重新用于提取本征的 EMCD 信号,最终的磁参数结果也列在表 6.1 中。与之前没有考虑不对称性的结果对比,可以看出很多磁参数都发生了不同程度的改变。并且八面体 Fe 的磁矩,以及八面体 Fe 和八面体 Ni 磁矩的比值,也与第一性原理和中子衍射的结果更加接近。因此,在 EMCD 技术定量磁参数测量中不对称性的影响是必须给予考虑的。

6.1.7　定量 EMCD 技术一般方法

占位分辨定量 EMCD 磁参数测量技术,成功地解析了 $NiFe_2O_4$ 的磁结构,得到了同一元素不同晶体学占位的自旋磁矩和轨道磁矩。然而占位分辨 ECMD 技术仍然是一门较为复杂的技术,这主要体现在以下几个方面。首先,EMCD 技术中关于衍射几何的构建、衍射动力学导致的不对称性对信号和定量测量的影响、信噪比较低等方面的问题，在实验设计、数据采集和定量磁参数提取的过程中都需要给予清楚的认识和足够的重视。其次，占位分辨 EMCD 技术解析磁结构本身就需要满足很多条件，比如对于材料的晶体结构、衍射动力学条件等方面都有着严格的要求。并且，占位分辨 EMCD 技术需要详细的衍射动力学计算给予辅助。衍射动力学效应作为占位分辨 EMCD 技术的核心，其本身的复杂性也增加了使用占位分辨 EMCD 技术的难度。因此，在占位分辨 EMCD 技术的基础上，确立 EMCD 技术定量磁参数测量一般方法非常必要，如图 6.9 所示 [20,21]。这其中主要包括以下几个方面。① 寻找衍射条件的一般方法。占位分辨 EMCD 技术对晶体结构的依赖性，就表现在对衍射条件的寻找局限在面通道衍射条件。从调控影响衍射动力学条件的多种因素出发，就可以打破这种局限性。② 在光阑采集信号位置的选择中，应从信号的模拟计算出发，去优化光阑位置，保证得到信噪比高的 EMCD 信号，用于提高定量测量的精度，而不是直接从实验出发去进行大量的摸索和尝试。③ 将不对称性在光阑位置的选择中进行考虑，保证得到纯净的 EMCD 信号；在磁参数计算中，考虑不对称性，保证定量测量的准确性。这里以钇铁石榴石结构的 $Y_3Fe_5O_{12}$ 为例，进一步展示定量 EMCD 技术的一般方法。

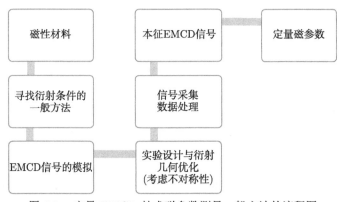

图 6.9   定量 EMCD 技术磁参数测量一般方法的流程图

1. $Y_3Fe_5O_{12}$ 晶体结构的分析

$Y_3Fe_5O_{12}$(YIG) 为钇铁石榴石亚铁磁结构，空间群 $Ia\bar{3}d$，晶胞参数 12.376 Å，每个单胞含有 160 个原子，各元素分别位于氧原子构成的晶体学间隙中。其中，Fe 元素位于四面体和八面体占位，原子个数比例为 3 : 2；Y 元素位于十二面体占位。沿着 [111] 方向，四面体 Fe 和八面体 Fe 交替排列，相互之间为反铁磁耦合，可以表示为 $Y_3[Fe_2^{3+}, \downarrow]_{oct}[Fe_3^{3+}, \uparrow]_{tet}O_{12}$。图 6.10 中给出了 $Y_3Fe_5O_{12}$ 沿着

[1$\bar{1}$0] 方向的投影 (不包含氧原子)。可以很明显地发现，四面体和八面体占位的 Fe 可以很好地区分开，然而 Y 原子和四面体的 Fe 原子不能够分开，它们在投影方向上总是相互重叠。图中示意出了三个晶面 (001)、(110) 和 (444)，接下来分别分析面通道条件下它们能够获得怎样的占位增强。(001) 面的原子面排列为 4Y+4tet Fe+4oct Fe/2Y+2tet Fe，重原子面中同时含有八面体和四面体 Fe，所以不容易进行区分，很难实现四面体和八面体 Fe 的占位分辨。(110) 面的原子面排列为 Y+tet Fe/Y+tet Fe/ Y+tet Fe/2oct Fe，这几个原子面的势能相当，由于四面体 Fe 和八面体 Fe 的 EMCD 信号相反，所以不能够得到很强的 EMCD 信号，增强的效果不明显。(444) 面的原子面排列为 3Y+3tet Fe/2oct Fe，不仅可以实现四面体和八面体 Fe 的区分，由于四面体 Fe 所在面的势能很强，所以可以获得很强的 EMCD 信号。然而，通过对其他常见晶面的分析，并没有找到能够增强八面体 Fe 的面通道条件。对于 $NiFe_2O_4$，在 (004) 和 (220) 两个面通道条件下，可以分别实现对八面体 Fe 和四面体 Fe EMCD 信号的增强。然而 $Y_3Fe_5O_{12}$ 复杂的结构增加了衍射条件选择的难度，如何得到 YIG 八面体 Fe 的增强，是一个关键的问题。这里也体现出了基于衍射动力学面通道效应的占位分辨 EMCD 技术对晶体结构的依赖性，能否找到合适的衍射条件，是获取占位分辨磁参数测量的先决条件。

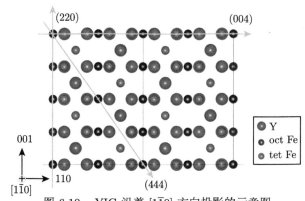

图 6.10　YIG 沿着 [1$\bar{1}$0] 方向投影的示意图

氧原子没有画出，浅蓝色线分别示意给出了 (004)、(220) 和 (444) 三组晶面

2. 寻找衍射条件的一般方法

通过上面对入射条件的分析，这里得到了可以增强四面体 Fe 的衍射条件。然而 EMCD 信号不仅与入射条件相关，也取决于样品的厚度和出射条件，所以除了通过计算验证以上对四面体 Fe 增强的分析，同时也希望通过计算和分析来寻找增强八面体 Fe 的衍射条件。

前面对多个面通道条件的分析都对应四面体 Fe 增强的结果,但是对于定量的磁性测量,需要具有很高强度和信噪比的 EMCD 信号。图 6.11(a)～(c) 分别为 (002)、(220) 和 (444) 面三束衍射条件下 EMCD 信号在衍射平面上的模拟结果,计算中加速电压为 300 kV,厚度为 45 nm。相比于 (444) 面强激发的面通道条件,其他几个面通道下的 EMCD 信号强度要低 5～10 倍,因此 (444) 面通道条件为最好的四面体增强的衍射条件,这也与上面定性分析的结果相符合。双束与三束衍射几何相对比,三束衍射几何比双束具有更高的对称性,能够保证非磁性信号更好地抵消,进而得到纯净的 EMCD 信号。但实际上,根据 6.1.6 节的讨论,三束和双束的不对称性都是存在的,所以不论在三束还是双束下,只要能够合理地选择光阑位置,避开不对称性影响的区域,就都可以得到纯净的 EMCD 信号。此外,从图 6.11(d) 的计算结果可以看出,双束条件能够获得更大范围的 EMCD 信号分布,这样就可以在实验中获得更强的 EMCD 信号。这对于定量磁参数测量十分必要,因为信噪比较低是制约 EMCD 技术普遍使用的一个重要问题。关于不对称性对实验信号采集区域的影响,在下面"衍射几何的优化"中详细讨论。

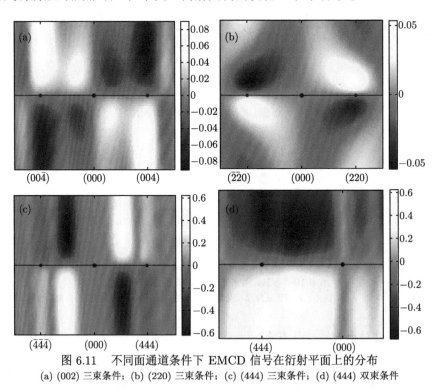

图 6.11   不同面通道条件下 EMCD 信号在衍射平面上的分布
(a) (002) 三束条件; (b) (220) 三束条件; (c) (444) 三束条件; (d) (444) 双束条件

要实现八面体 Fe 的增强,也就是 EMCD 信号的符号翻转,利用常见的面通道条件下的双束和三束衍射几何并不能够实现。然而衍射动力学效应的复杂多变性也为问题的解决带来了很多契机。影响衍射动力学的因素主要有入射条件、出射条件和样品的厚度。因此可以通过两种方法实现八面体 Fe 的增强。最简单的就是计算信号随着样品厚度的变化，如果信号的强度发生了翻转，那么就可以在这个阈值的两侧分别采集信号，得到四面体和八面体 Fe 分别增强条件下的 EMCD 信号。对应于 $Y_3Fe_5O_{12}$ 体系，计算了 (444) 双束条件不同厚度下 EMCD 信号的相对强度，如图 6.12 所示。除了在 130 nm 左右出现信号的翻转外，其他位置的信号均对应于四面体 Fe 位置的增强。然而，厚度过大会导致 EELS 信号的背底很高，信噪比变差，并且 130 nm 左右对应的 EMCD 信号强度也很弱，这些都不利于信号的采集和定量磁参数的提取，因此这种方法在这里对于 $Y_3Fe_5O_{12}$ 并不适用。

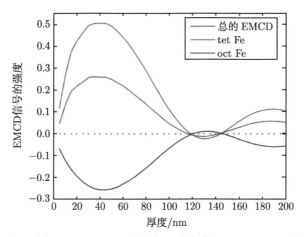

图 6.12　不同厚度下，(444) 面强激发的双束条件下 EMCD 信号的强度变化

　　另一种实现八面体增强的方法是改变入射条件和出射条件。对于定量 EMCD 技术而言，能够精确地控制衍射动力学条件是十分必要的，这关系到定量结果的可靠性。三束和双束分别对应于 0 和 θ_B (θ_B 为布拉格角) 的入射角，另外一种比较容易控制的入射条件就是 $2\theta_B$ 入射。$2\theta_B$ 入射的条件下，可以在出射平面上获得 $-2\theta_B$ 到 $2\theta_B$ 范围的出射条件。根据倒易原理，也可以在衍射平面上确定光阑的位置，通过改变不同的入射角 (改变入射电子束的方向) 来实现相同的目的。但是，固定入射条件对于实验条件的精确控制更容易实现。图 6.13(a) 中给出了 300 kV 下，样品厚度 45 nm，$2\theta_B$ 入射，(888) 面强激发衍射条件下，$Y_3Fe_5O_{12}$ 中 Fe 元素 EMCD 信号相对强度在衍射平面上的分布。从图中可以看出，对应于不同的出射位置，可以看到 EMCD 信号发生了翻转，因此可以同时实现四面体和八面体占位信号的加强。并且信号相对较强，能够满足定量测量的需要。为了确定不同位置是对应八面体 Fe 还是四面体 Fe 的增强，在图 6.13(b) 中给出了四

面体 Fe 与八面体 Fe 动力学系数的比值，比值小于 1 则对应于八面体 Fe 增强的位置。在衍射平面上，八面体 Fe 增强的区域主要分布在 (222) 和 (777) 附近的区域，并且与四面体增强的位置交替分布，所以实验中通过精确地控制光阑位置就可以获取八面体 Fe 增强的 EMCD 信号，满足 EMCD 技术对不同晶体学占位磁参数测量的要求。

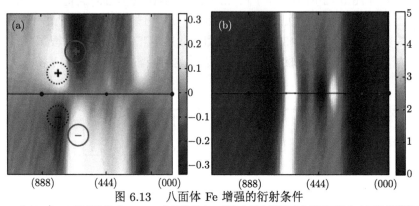

图 6.13 　八面体 Fe 增强的衍射条件

(a) $2\theta_B$ 入射，(888) 面强激发时 EMCD 信号的分布，蓝色和黑色圆圈对应于四面体和八面体增强的位置；
(b) 四面体 Fe 与八面体 Fe 动力学系数的比值

3. 实验衍射几何的优化和光阑位置的选择

这里通过晶体结构的分析和衍射动力学的计算，找到了分别加强四面体和八面体 Fe 的衍射条件。可以在 (444) 面强激发的三束或者双束条件下采集四面体 Fe 增强对应的 EMCD 信号；在 (888) 面强激发的入射条件下，采集八面体 Fe 增强对应的 EMCD 信号。实验中入射条件的控制至关重要，对于对称性较高的三束条件，可以以对称两侧衍射斑点的强度相等作为判据；对于双束和 $2\theta_B$ 的入射条件，通过菊池线的位置能够实现较好的控制。样品厚度的选择既要保证信号的强度，同时也不能厚度过厚而导致 EELS 信号背底过高，或者过薄而不能承受辐照损伤。此外，也需要保证实验中菊池线足够明显，能够很好地控制样品的取向。从图 6.12 的计算中可以看出，厚度在 30~50 nm 较为合适，信号强度较大，并且实验中菊池线明显，没有发现明显的辐照损伤。具体样品的厚度通过 EELS 的低能损失峰和 CBED 两种方法确定，实验中采谱位置样品厚度为 (46.7±1.7) nm。

实验中衍射平面上信号的采集位置也非常关键。在 6.1.6 节中已经讨论过，光阑位置的选择不仅要保证信号的强度，同时也需要考虑不对称性的影响。用对称位置非磁性信号动力学系数的相对误差来表示不对称性的大小，数值越大，说明非磁性信号不能很好地抵消，那么实际得到的信号就不是纯净的 EMCD 信号。图 6.14 中分别给出了三束、双束和 $2\theta_B$ 入射条件下不对称性在衍射平面上的分布，类似于之前的结果，这种不对称性仍然分布在透射斑和衍射点附近局域区域内，在实验中需要避开这些不对称性影响较大的区域，保证 EMCD 信号的可靠性。从图中也可以看出，双束衍射几何由于其对称性低，所以不对称性的影响区域要比三束衍射几何大。然而，衍射平面上仍然有足够大的区域供实验采集，并且具有很高的信号强度。

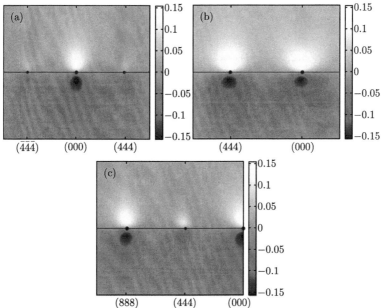

图 6.14　不同衍射几何下非磁性信号不对称性在衍射平面的分布

(a) (444) 面三束条件；(b) (444) 面双束条件；(c) $2\theta_B$ 入射条件

4. EMCD 信号的实验采集

按照以上衍射几何的确定和信号采集位置的选择，实验中采集得到了 $Y_3Fe_5O_{12}$ 中 Fe 元素在不同衍射动力学条件下的 EMCD 信号。实验中使用 FEI Titan 300 kV 球差校正电镜，配置有能量分辨率为 0.7 eV 的 Gatan Tridium 系统的 EELS 附件，信号采集位置通过 EELS 谱仪入口光阑进行选择。

图 6.15 中分别给出不同衍射几何下得到的 EMCD 信号，插图为衍射几何和光阑位置的示意图。对比三束 (图 6.15(a)) 和双束条件 (图 6.15(b))，可以明显看出，双束得到的信号强度要高很多，同时由于考虑了不对称性的影响，所以实验结果可以用于定量测量。在 $2\theta_B$ 入射条件下，分别采集了八面体 Fe (图 6.15(c)) 和四面体 Fe (图 6.15(d)) 信号增强对应的位置，也确实看到了信号的翻转，验证了计算结果的正确性，也说明了衍射动力学效应对 EMCD 信号的微妙调控。此

外，在图 6.15(c)EELS 的近边精细结构中，八面体 Fe 增强时，L_3 边前的肩部特征也显现了出来，这与文献中报道的八面体 Fe 的 EELS 谱特征相同 [22]，进一步证明了八面体 Fe 确实得到了增强。

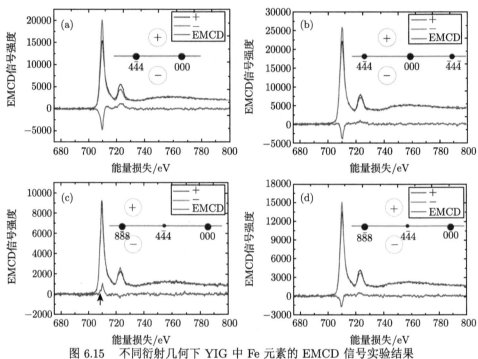

图 6.15   不同衍射几何下 YIG 中 Fe 元素的 EMCD 信号实验结果

(a) (444) 面双束条件；(b) 三束条件下的 EMCD 信号；(c) $2\theta_B$ 入射条件下，八面体 Fe 增强位置的 EMCD 信号；(d) $2\theta_B$ 入射条件下，四面体 Fe 增强位置的 EMCD 信号

5. 本征 EMCD 信号的提取和定量磁参数的计算

实验中，分别在双束、三束和 $2\theta_B$ 入射条件下，在衍射平面上不同的对称位置处采集了一系列的 EELS 信号。根据 6.1.4 节中本征 EMCD 信号的提取方法，用最小二乘法最小化残差矩阵 E，就可以得到四面体 Fe 和八面体 Fe 本征 EMCD 信号，如图 6.16 所示。四面体 Fe 和八面体 Fe EMCD 信号符号相反，表明两者之间为反铁磁耦合。因为在动力学系数的计算和信号提取过程中，并没有用到磁结构的信息，所以 $Y_3Fe_5O_{12}$ 的亚铁磁磁结构也可以通过占位分辨 EMCD 技术得到解析。从四面体 Fe 和八面体 Fe 由晶体场环境不同而产生的化学位移也可以明显地看出，如果提高能量分辨率，就可以得到 EMCD 信号中更为精细的结构。

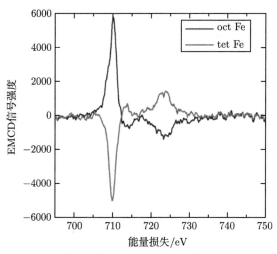

图 6.16   YIG 中四面体 Fe 和八面体 Fe 本征的 EMCD 信号

通过将加和定则应用于提取得到的本征 EMCD 信号，就可以得到不同占位 Fe 元素的自旋磁矩和轨道磁矩，并且最终得到单胞的总磁矩，如表 6.2 所示。同时也与文献中已经报道的 $Y_3Fe_5O_{12}$ 中子衍射、宏观测量和第一性原理计算的结果进行了对比。通过宏观的磁性测量方法得到的实验所用 YIG 薄膜的单胞磁矩为 3.3，与 EMCD 技术得到的结果接近。

表 6.2 $Y_3Fe_5O_{12}$ 定量磁参数结果

磁参数	数值
m_L/m_S (oct)	0.07 ± 0.02
m_L/m_S (tet)	0.08 ± 0.02
M_{oct}	4.8 ± 0.2
M_{tet}	4.2 ± 0.3
M (单胞)	3.0 ± 0.7
宏观测量	3.3
中子衍射	3.1
第一性原理计算	4.20(tet), 4.12(oct)

注：oct 表示八面体；tet 表示四面体；M 为原子磁矩；m_L/m_S 为轨道磁矩和自旋磁矩的比值。

6.2   原子面分辨的定量 EMCD

具有高空间分辨的磁成像技术，目前应用较多的有磁交换力显微学与自旋极化扫描隧道显微学等扫描探针显微学，它们是以扫描隧道显微镜、原子力显微镜为基础发展而来的，具有原子尺度分辨率。然而这些磁性测量的方法都是基于对材料表面原子磁性信息的测量，难以测量材料内部的磁性能，且无法获得磁圆二色性谱。当关注材料内部磁学性能时,上述方法就无法应用。而以透射电子显微镜为基础的 EMCD 技术的建立,可以在材料内部沿深度方向进行高空间分辨的磁性探测,并实现原子面分辨的磁性测量。

6.2.1　原子面分辨 EMCD 的基本原理

随着像差校正电子显微学技术的出现,对于在原子尺度上理解材料的结构信息有突破性的进展。基于电子磁圆二色性谱的实验技术,原子面分辨电子磁圆二色性谱 (atomic resolution electron magnetic circular dichroism, AREMCD) 实验方法,是基于电子能量损失谱纵剖成像 (electron energy-loss spectroscopic profiling, ELSP) 所发展起来的 [23]。ELSP[24] 是指谱仪入口光阑共轭像面的强度会在能量色散平面处沿能量轴展开,即在能量色散平面的 ELSP 像中,图像的每列对应同样的损失能量 (x 方向由实空间横坐标变为损失能量轴),每行对应入口光阑处坐标 y 值相同的样品区域 (实空间中 y 方向上的纵坐标仍保留)。朱静研究组在此基础上,结合像差校正技术,发展出原子面分辨电子能量损失谱纵剖成像 (atomic resolution electron energy-loss spectroscopic profiling, ARELSP) 方法,该方法的基本原理与 ELSP 原理类似,只是在实验上使用了色差校正器,使其具有了原子面分辨的能力 [23]。其基本原理如下:以钙钛矿 ABO_3 为例,在成像模式下可获得沿 [001] 方向二维原子像,沿实空间 y 方向 A-O 面与 B-O 面交替排列,结合像差校正技术与 ELSP 方法,在谱模式的能量色散平面上可获得对应于不同 A-O 面与 B-O 面的 EELS 谱信息,即获得在空间特定方向上具有原子分辨的 EELS,如图 6.17 所示。

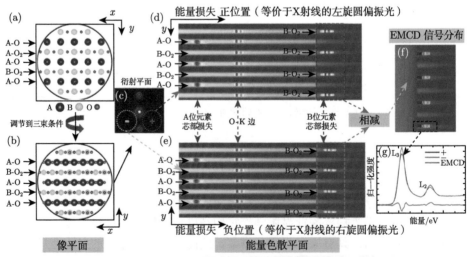

图 6.17　原子面分辨的 EMCD 的基本原理示意图 [23]

ARELSP 方法可在平行光照明下获得不同原子面的 EELS。结合原子分辨 ARELSP 与 EMCD 技术，可在平行光照明模式下，突破会聚束下衍射盘的重叠效应，获得原子面分辨的 EMCD 谱。

结合 ARELSP 与 EMCD 技术，可以建立 AREMCD 实验方法。其基本原理如下 (以钙钛矿 ABO_3 结构为例)：

(1) 在成像模式下可获得沿 [001] 方向二维原子像；

(2) 沿实空间 y 方向，即钙钛矿 ABO_3 的 [100] 方向，旋转样品至 (100) 三束条件，此时 A-O 原子面与 B-O 原子面沿 [100] 方向交替排列；

(3) 在衍射平面内分别选取特定的 + 和 − 位置；

(4) 在 + 和 − 位置分别在能量色散平面内采集对应的原子尺度 ELSP 谱；

(5) 针对某一特定 (100) 原子面，如图 6.17 中红色与蓝色虚线方框所选取的 B-O 原子面，分别提取其在 + 和 − 位置采集的 EELS，将两个 EELS 相减可获得从单一原子面上的 EMCD 谱，即获得在空间特定方向上具有原子分辨的 EMCD 谱。

6.2.2 原子面分辨 EMCD 信号的测量

在实验中，选择室温亚铁磁双钙钛矿体系 Sr_2FeMoO_6 材料来验证所发展的 AREMCD 方法的可靠性。在 Sr_2FeMoO_6 材料中 Sr 原子占据 A 位，占据 B 位的 Fe 原子与 Mo 原子有序排列呈 NaCl 结构且反铁磁耦合，沿赝立方 [001] 方向 Sr-O(001) 面和 Fe-Mo-O(001) 面交替排布，两个原子层间的距离约为 1.98Å。在实验中，获得的 2D 能量损失的 ARELSP 图可以清楚地展现沿赝立方 [001] 方向 O 的 K 峰与 Fe 的 $L_{2,3}$ 峰的强度分布，在 O 的 K 峰处可分辨 2Å 的晶面间距，在 Fe 的 $L_{2,3}$ 峰处可分辨 4Å 的晶面间距。可以实现在三束条件下获得具有原子面分辨的 ARELSP，为后面的原子面 EMCD 的实验奠定了基础 (图 6.18)。

软磁材料 Sr_2FeMoO_6 具有室温亚铁磁结构，其 T_c 为 436K，K_1 为 28kJ·m^{-3}，占据 B 位呈 NaCl 结构的 Fe 原子与 Mo 原子沿赝立方 (111) 面反铁磁耦合，所有 Fe 原子的磁矩与所有 Mo 原子的磁矩反平行排列，净磁矩为 $3.6\mu_B$/fu。在单一赝立方 (001) 面内，所有 Fe 原子的磁矩沿外磁场方向，所有 Mo 原子的磁矩沿外磁场的反方向。依据 AREMCD 实验设计原理图，将 Sr_2FeMoO_6 晶体转到 (001) 三束条件后，选取衍射平面内 + 和 − 位置分别采集 ARELSP 图，根据所得的实验数据图，得到了在 + 和 − 位置采集的 ARELSP 图，并且能够清楚地看到其具有 4Å 的周期，显示了具有原子面分辨的 Fe 的信号。然后对正负位置采集的 AREELS 图进行扣背底，归一化和做差处理，获得了原子尺度的 EMCD 分布，如图 6.19 所示。同时，从获得的原子尺度的 EMCD 的分布中提取出每个原子面的 MCD 谱图，对每个原子面的 MCD 谱图利用求和公式进行处理，可以获得每个原子面的自旋轨道磁矩比，并将其结果与 XMCD 的结果进行对比，EMCD 的结果与其很接近，具有很好的精度，这对从原子尺度定量材料的磁学参数具有重要的意义。

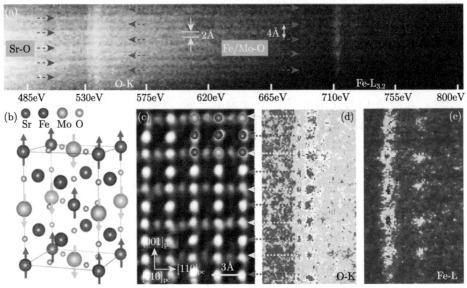

图 6.18　在平行束下的原子面分辨的 ELSP[23]

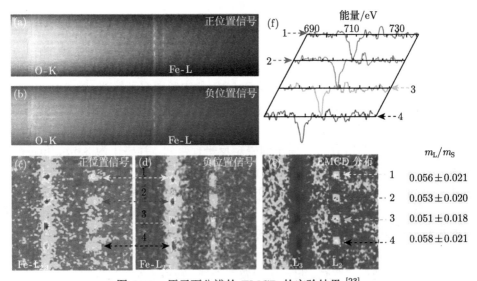

图 6.19　原子面分辨的 EMCD 的实验结果 [23]

6.2.3 原子面分辨 EMCD 信号的模拟

同时，这里利用 MATS 软件 [17] 针对 SFMO 单晶材料进行了平行电子束照射 (PBI) 下原子尺度的 EMCD 模拟，进行了与实验条件一致的衍射动力学和 EMCD 的模拟计算，模拟结果与实验结果互相吻合，互相佐证，进一步验证了实验的可行性和准确性 (原子面分辨的 EMCD 的模拟结果如图 6.20 所示)。

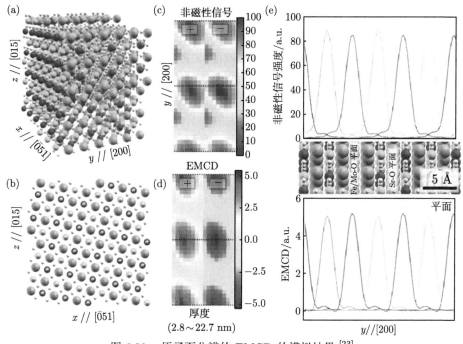

图 6.20　原子面分辨的 EMCD 的模拟结果 [23]

综上所述，应用色差校正的透射电镜技术，在近平行电子束的实验条件下将 EMCD 的空间分辨率进一步推进到原子尺度，EMCD 实验谱图的信噪比和空间分辨率均得到显著提升；同时在 EMCD 理论计算方面进行了优化。这种在原子尺度下测量材料的磁圆二色性谱的测量方法，有望在原子尺度上探索磁性材料内部 (如氧化物异质结、二维金属薄膜等)，特别是界面处的原子排布、缺陷结构、应力分布、化学配比、对称破缺、电荷转移与轨道耦合对局域磁性能的影响。

由于该方法非常受限于谱的信噪比，未来将进一步发展原子尺度分辨的 EMCD 技术，提高其分辨率与信噪比，扩展其应用范围，让其更多地应用在复杂氧化物界面、二维金属薄膜等材料体系，这对于在原子尺度理解磁性功能材料的构性关系具有直接的推动作用，解决更多大家所关心的更微观的磁性耦合机制。

6.3   面内 EMCD 技术

EMCD 技术能够获得材料局域的磁参数，并且具有元素分辨的能力和接近原子尺度的高空间分辨率。然而，目前 EMCD 技术都只能够探测平行于电子束方向的磁信息。如图 6.21 所示，在 TEM 平行电子束照射模式下，物镜附近的强磁场将样品沿着电子束方向完全饱和磁化，EMCD 技术测量的是材料电子束方向上饱和状态下的磁矩。在洛伦兹模式下，样品受到的外磁场的影响可以忽略不计，对应于材料本征状态下的磁组态，然而由于受到样品形状各向异性的影响，磁化方向多数情况下沿着面内方向，不能够被面外 EMCD 技术所探测。这与洛伦兹技术和电子全息技术正好相反，它们只能够得到材料面内的磁信息。XMCD 技术中，磁信号的来源方向取决于样品磁矩在 X 射线偏振方向的投影。但是 EMCD 技术与 XMCD 技术在本质上还是有很大的差异，信号探测的方向是由动量转移决定的。本节讨论如何利用 EMCD 技术，在材料本征的磁状态下，实现面内磁信号的探测，并在实验中给予验证。

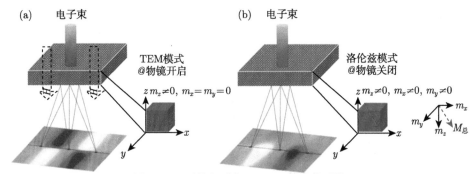

图 6.21   面外和面内 EMCD 技术的对比

(a) TEM 平行电子束照射模式下，样品沿着电子束方向被完全磁化，信号分布在衍射平面的四个象限；(b) 洛伦兹模式下，磁化沿着任意方向，衍射平面上 EMCD 信号是三个方向的叠加

6.3.1   面内 EMCD 技术的基本原理

电子经过晶体散射后在衍射平面上的分布对应着丰富的物理信息[25]。EMCD 信号来源于不同方向动量转移之间的相互干涉，那么通过在衍射平面上选择某一方向磁信号对应的特定动量转移位置，就有可能实现不同方向磁信号的探测。图 6.21 中给出了面外和面内 EMCD 技术的实验构图。EMCD 技术面外磁信号探测的基本原理可以用如下的简单形式来描述[26]：

$$\Delta\sigma = K\left(\mu_+ - \mu_-\right)\left(\boldsymbol{q} \times \boldsymbol{q}'\right) \cdot \boldsymbol{e}_m \tag{6.27}$$

其中，$\Delta\sigma$ 为正负位置的散射截面的差值，即实验中的 EMCD 信号；K 为与衍射动力学效应相关的系数，取决于实验中的衍射条件；$\mu_+ - \mu_-$ 为本征的 EMCD

信号，取决于材料的磁性质；e_m 为探测的磁化方向，$m = x, y$ 或者 z；q 和 q' 为电子的动量转移。

从式 (6.27) 中可以看出，实际测量磁信号的方向与选取的动量转移相关。在面外 EMCD 技术中，以及在物镜强磁场作用下，材料只有 z 方向的磁化分量，这时 $q \times q'$ 项中只有 x 和 y 方向的动量转移会贡献于最终的 EMCD 信号，因此这部分动量转移对应的 EMCD 信号就是面外磁化 (z 方向) 所产生的。同理，$q \times q'$ 项中 x 和 z 方向、y 和 z 方向动量转移就分别对应于 y 方向和 x 方向磁化分量所产生的 EMCD 信号。因此，衍射平面上包含了不同方向的磁信息。找到不同磁化方向对应的 EMCD 信号在衍射平面上的分布位置，构建合适的衍射几何和采谱位置，就有可能提取出不同方向的 EMCD 信号。

6.3.2 面内 EMCD 技术的信号模拟

这里选取了 hcp 结构的 Co，基于上述理论给出不同磁化方向对应的 EMCD 信号在衍射平面上的分布。衍射几何仍然采用具有较高对称性并且能够获得较强信号强度的三束条件，加速电压为 300 kV，样品厚度为 20 nm，系列反射面为 $(\bar{2}10)$，倾转角度偏离 [001] 正带轴 6°。计算中选取了处于正交坐标系的超单胞形式，如图 6.22 所示。超单胞 (s) 与原始单胞 (p) 的关系为：$[001]_p // [001]_s, [\bar{2}10]_p // [100]_s, [010]_p // [010]_s$。

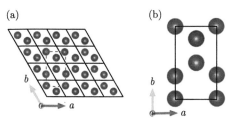

图 6.22　计算中使用的 Co 的超单胞
(a) hcp Co 的原始单胞，图中给出了 4×4 的范围，红色方框为选取的超单胞；(b) 具有正交坐标系的超单胞

图 6.23(b)~(d) 中分别给出了三个方向的磁信号分布，其中 x、y、z 方向分别对应于系列反射轴方向、面内垂直于系列反射轴的方向和面外电子束的方向。计算中假设三个方向都处于饱和磁化状态。利用实空间和倒空间取向的对应关系，就可以找到三个磁化方向对应的晶体学取向，如图 6.23(a) 所示。从计算的结果可以看出，EMCD 技术对于面外和面内的磁信号都是敏感的。图中给出的是不同方向上 EMCD 信号的相对强度，实验的信号应该乘以这一方向上的磁矩分量。比如，在 TEM 模式下，x 和 y 方向的磁矩分量为 0，因此就只剩下 z 方向的信号分布，对应于传统的 EMCD 技术。

对于 z 方向的 EMCD 信号，分布在四个象限，并且信号相对于 x 轴和 y 轴都是反对称的。因此可以将光阑放置在四个象限分别去采集 EMCD 信号。相反地, y 方向的 EMCD 信号主要分布在 x 轴上, 相对于 y 轴反对称, 将光阑左右对称放置即可得到 y 方向的 EMCD 信号。x 方向的 EMCD 信号分布相比于 y 和 z 方向均不相同, 信号相对于 y 轴对称分布, 具有相同的符号, 所以左右放置光阑就会导致信号的抵消, 无法获取 x 方向的 EMCD 信号。

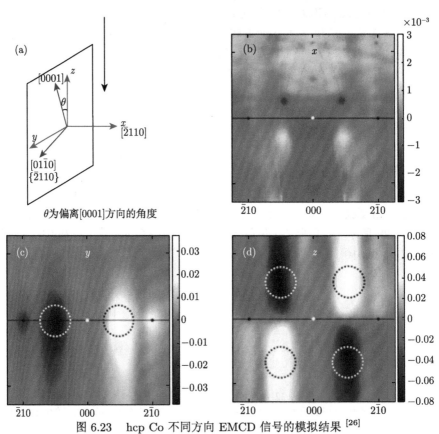

图 6.23　hcp Co 不同方向 EMCD 信号的模拟结果 [26]

(a) ($\bar{2}$10) 三束衍射几何下, 晶体学方向与正交坐标系之间的几何关系; (b) x 方向的 EMCD 信号; (c) y 方向的 EMCD 信号; (d) z 方向的 EMCD 信号

不同方向上 EMCD 信号的强度也存在很大的差异, 这主要是因为不同方向的动量转移不同。y 方向的动量转移 $\boldsymbol{q}_y$ 主要取决于光阑相对于入射束的放置位置。x 方向的动量转移 $\boldsymbol{q}_x$ 不仅有光阑放置位置的贡献, 同时系列反射轴上强激发的衍射点也会对 $\boldsymbol{q}_x$ 产生很大的贡献。z 方向的动量转移 $\boldsymbol{q}_z$ 主要来源于能量的损失, 因为对于 3d 过渡族金属, 能量损失一般为几百个 eV, 所以贡献相对是较小的。所以, 含有 x 方向的动量转移才能够获得较强的 EMCD 信号。从图中模拟的结果也可以看出, x 方向对应的 EMCD 强度, 由于只有 y 和 z 方向的动量

转移贡献, 比 y 和 z 方向的要小 $1 \sim 2$ 个数量级。一般来说, 对于这样的信号强度非常低, 因此不论 x 方向上是否有磁化的分量, 这个方向上的磁信号在衍射平面上的分布都是可以忽略不计的。

上述计算中, 对于三个方向 EMCD 信号是分别进行模拟的。实际上, 三个方向的磁信号在衍射平面上是叠加在一起的, 如何将两者区分并且分别提取出来, 是一个十分关键的问题。对于最简单的情况, 比如在 TEM 模式下, $M_x = M_y = 0$, 就不需要进行信号的分离。在洛伦兹模式下, 对于 TEM 样品, 一般情况下, 由于强的形状各向异性和退磁场的影响, 磁矩稳定在面内方向排列, 面外方向 (z) 对于 EMCD 的贡献就可以忽略不计。为了得到面内 y 方向的 EMCD 信号, 可以将光阑放在左右半衍射平面对称的位置上, 如图 6.23(c) 中标记的光阑位置。但是要同时获得面内 x 方向的 EMCD 信号是不可能的, 这是由 x 方向信号分布的对称性和信号强度决定的。但是可以改变三束衍射几何, 将 y 方向作为新的系列反射轴, 即调换 x 和 y 轴的位置来实现面内 x 方向 EMCD 信号的探测。如果在三个方向上同时都有磁化分量, 在这种情况下, 可以利用上下衍射平面上 z 方向信号的反对称性来分离出 y 方向的 EMCD 信号。此时, 必须把光阑放置在 x 轴上, 这样光阑上下半侧中包含的符号相反的 z 方向的 EMCD 信号就会抵消。

6.3.3 面内 EMCD 技术的实验测量

要实现面内磁信息的 EMCD 技术探测, 实验就必须在洛伦兹模式下, 保证有面内的磁化分量。另外, 由于在 TEM 平行电子束照射模式下进行面内 EMCD 信号的测量, 所以要保证磁畴的尺寸大于束斑尺寸, 否则可能因为束斑同时选择了不同磁化方向的磁畴, 最终导致 EMCD 信号相互抵消。实验中选择了 hcp 结构 Co 纳米片, 如图 6.24 所示, 宽度约 10 μm, 长度 30 μm, 厚度约 20 nm。这样的几何构型也能够保证面内有较大的磁化分量。实验中使用了于利希研究中心的 Titan PICO 电镜, 实验中工作电压为 300 kV, 同时安装有色差校正系统、物镜球差校正系统和聚光镜球差校正系统, 具有洛伦兹模式和电子全息模式, 以及电子能量损失谱仪。

图 6.24(a)~(c) 中分别给出了洛伦兹菲涅耳模式下, 不同离焦量下的图像。明暗衬度对应于磁畴壁的位置, 利用 TIE (transport of intensity equation) 的方法确定了磁畴的分布和取向 (具体 TIE 的基本原理参考 6.4 节), 从图 6.24(d) 可以清楚地看到纳米片中的涡旋畴。根据电子衍射图标定了 Co 纳米片的晶体学取向, 以及对应的面内 x 和 y 方向。EELS 对于 O 的 K 边的探测如图 6.24(e) 所示, 表明 Co 纳米片的氧化可以忽略不计。这里选择了两个磁畴, 如图 6.24(c) 所示, 标记为 D1 和 D2, 作为研究对象。这两个磁畴的面内磁化方向相反, 并且基本平行于 y 轴方向。所以理论上可以获得较强的符号翻转的 EMCD 信号。实验中

(−210) 三束条件是从 [001] 正带轴倾转 6° 左右实现的, 理论计算也采用 6° 的倾转角度。样品的厚度通过 EELS 的低能损失峰进行估计。

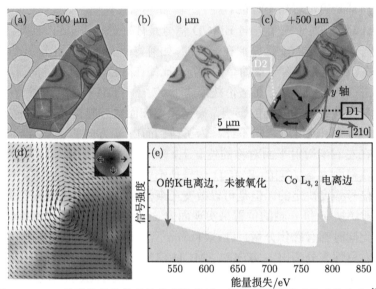

图 6.24 Co 纳米片的洛伦兹技术磁性表征, 黑色箭头为磁畴的磁化方向 [26]

(a) 离焦量 −500 μm; (b) 正焦; (c) 离焦量 500 μm; (d) 图 (a) 中红色方框内 TIE 分析给出的磁化矢量分布图; (e) Co 纳米片的 EELS 谱, 蓝色箭头标记对应于 O 的 K 电离边位置

在 TEM 模式下研究 ($\bar{2}$10) 三束衍射几何下 z 方向的 EMCD 信号。由于物镜强磁场的作用, 整个 Co 纳米片都沿着 z 方向被饱和磁化, 整个纳米片也就变成了单畴。这里分别在标记的两个磁畴区域, 采集第一和第四象限的 EELS 信号, 两者做差得到 EMCD 信号, 如图 6.25(a)、(b) 所示。由于此时两个区域都饱和磁化, 并且都在同样的衍射条件下, 因此信号的强度基本相等。同样地, 将光阑放置在了 x 轴上左右对称的两个位置上, 如图 6.25(c) 所示, 没有 EMCD 信号被探测到。这也与预期的结果一样, 因为此时没有面内磁化的分量, 所以在面内 EMCD 技术的衍射几何下得不到信号。

在洛伦兹模式下, 样品中 Co 纳米片的磁畴组态为图 6.24(c) 所示的状态。利用面内 EMCD 技术的衍射几何去测量 y 方向的 EMCD 信号, 光阑放置在 x 轴上对称的位置。图 6.26(a)、(b) 中分别给出了两个磁畴的 EMCD 信号, 两者的符号相反。这个结果也直接证明了理论的预测, 选取合适的衍射几何可以实现面内磁信号的测量。虽然面内和面外都具有同样的磁化强度, 但相比于面外的 EMCD 信号强度, 面内 EMCD 信号的强度下降, 这与理论模拟的结果也是一致的。这里对信号的强度进行定量的估计。对于图 6.25(a)、(b) 中面外的 EMCD 信号, L_3 边的相对强度分别为 8.3%± 0.4% 和 8.4%± 0.4%。对于图 6.26(a)、(b) 中面内的

EMCD 信号，强度分别为 4.8%± 0.9%和 5.0%± 0.8%。此外，从图 6.23(c)、(d) 模拟的结果中提取了实验中光阑范围内 EMCD 信号的平均强度，对于面外 z 方向和面内 y 方向，强度分别为 11.0%和 5.0%，这也与实验结果基本一致。

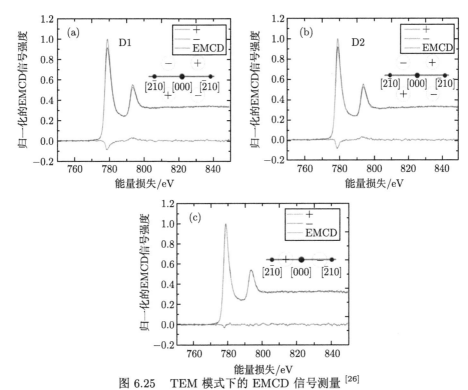

图 6.25　TEM 模式下的 EMCD 信号测量 [26]

(a) 磁畴 D1z 方向的 EMCD 信号；(b) 磁畴 D2z 方向的 EMCD 信号；(c) 采用面内衍射几何采集的 y 方向的 EMCD 信号

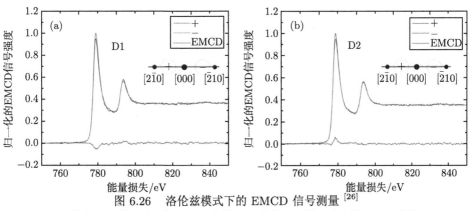

图 6.26　洛伦兹模式下的 EMCD 信号测量 [26]

(a) 磁畴 D1 面内 y 方向的 EMCD 信号；(b) 磁畴 D2 面内 y 方向的 EMCD 信号

　　此外，通过激发物镜电流，可以施加一定大小的沿着电子束方向的面外磁场研究信号的变化。当施加磁场为 400 mT 和 833 mT 时，纳米片中的磁畴结构消失，变为单畴结构。利用面外的 EMCD 衍射几何分别测量了两个磁场下的 EMCD 信号，如图 6.27 所示，信号的强度都与 TEM 模式下得到的信号强度相当，这也说明了样品已经完全沿着电子束方向饱和磁化。总之，通过使用面内或者面外 EMCD 技术的衍射几何，可以实现不同方向上 EMCD 信号的探测。

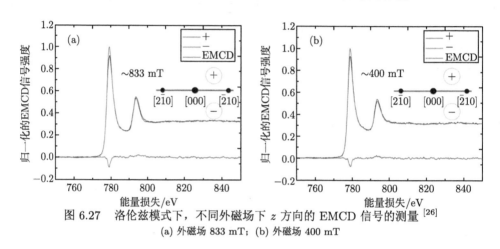

图 6.27　洛伦兹模式下，不同外磁场下 z 方向的 EMCD 信号的测量 [26]

(a) 外磁场 833 mT；(b) 外磁场 400 mT

6.4　磁结构成像的正空间直接观察

6.4.1　洛伦兹磁成像技术

　　洛伦兹磁成像技术包括菲涅耳模式和傅科模式，主要用来观察材料中的磁畴结构 [27]。其中菲涅耳模式的应用较为普遍，这里主要讲述菲涅耳成像模式的基本原理，以及从中提取出磁性相位的 TIE 方法。

　　入射电子受到样品内磁场洛伦兹力的作用，发生偏转，如图 6.28(a) 所示。受力方向服从左手定则，可以表示为

$$F = \frac{-e\boldsymbol{v} \times \boldsymbol{B}}{c} \tag{6.28}$$

其中，v 为电子的速度；$\boldsymbol{B}$ 为磁感应强度；c 为光速；e 为单位电荷量。

　　对于厚度为 t 的样品，电子的偏转角 ϕ_x 可以表示为

$$\phi_x = \frac{4\pi et}{mcv} I_y^{\mathrm{B}} \tag{6.29}$$

其中，m 为电子的质量；t 为样品的厚度；I_y^{B} 表示 y 方向的磁化强度。

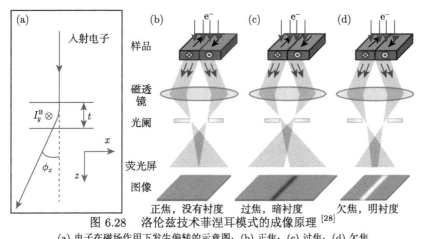

图 6.28 洛伦兹技术菲涅耳模式的成像原理 [28]

(a) 电子在磁场作用下发生偏转的示意图；(b) 正焦；(c) 过焦；(d) 欠焦

可以看出，加速电压越高，电子的速度越大，偏转的角度越小，但是电子的穿透厚度也会增大，因此对于较厚的样品可以选择超高电压的电镜。此外，面外方向上 (平行于电子束，z 方向) 的磁场没有贡献于电子束的偏转，所以洛伦兹技术只能够研究材料面内的磁信息。

菲涅耳模式是在离焦条件下工作的，如图 6.28(b)、(d) 所示，以 180° 磁畴为例 [28]。电子在畴壁的两侧，由于相反的磁化强度，分别偏转向左侧和右侧。在正焦条件下，偏转的电子都正好聚焦在像平面上，不能观察到磁衬度；在过焦模式下，偏转的电子束在像平面上形成发散像，磁畴壁的像强度减弱；在欠焦模式下，在像平面上形成会聚像，磁畴壁的像强度增强。因为工作在离焦模式下，所以看到的磁畴壁宽度要比实际的宽度大。要精确确定磁畴壁的宽度，可以利用在正焦模式下工作的傅科成像方式，或者通过测量不同离焦量下畴壁的宽度，外推出正焦条件下畴壁的宽度。所谓傅科 (Foucault) 磁畴成像模式的基本原理是，不同磁化方向的磁畴会导致布拉格衍射点沿着相应的方向发生劈裂，通过物镜光阑选择劈裂的衍射点进行成像 (类似于衍射衬度中的明暗场成像) 就可以观测到磁畴在实空间的分布。另外，离焦成像也导致在样品边缘形成了菲涅耳条纹，因此边界的衬度被模糊掉，无法获取真实的磁信息。这也是洛伦兹菲涅耳成像模式的一个缺点。

TIE 是在小角近似的情况下描述波函数相位与强度关系的方程。通过强度的分布，可以确定出相位的分布，具体如式 (6.30) 所示 [29]：

$$\frac{2\pi}{\lambda}\frac{\partial}{\partial_z}I\left(xyz\right) = -\nabla_{xy}\cdot\left[I\left(xyz\right)\nabla_{xy}\phi\left(xyz\right)\right] \tag{6.30}$$

其中，$I(xyz)$ 为图像的强度分布；$\phi(xyz)$ 对应于相位的分布。TIE 的推导过程中并没有考虑任何散射模型，所以对于强相位体仍然能够使用。TIE 是一个偏微分方程，经过相关的数学处理，最终得到的相位解析表达式如下 [29]：

$$\phi(xyz) = -\frac{2\pi}{\lambda} \nabla_{xy}^{-2} \nabla_{xy} \cdot \left[\frac{1}{I(xyz)} \nabla_{xy} \nabla_{xy}^{-2} \frac{\partial}{\partial z} I(xyz) \right] \tag{6.31}$$

其中，∇_{xy}^{-2} 为二维逆拉普拉斯算子。

实验中只需要在同一区域采集正焦、欠焦和过焦的图像，然后利用式 (6.31) 就可以提取出相位的分布。具体的算法目前已经集成在商用的 QPt 程序中，而这里使用的是自行编写的程序来求解 TIE 获取相位的分布。相位与磁化强度之间的关系如下 [30]：

$$\nabla_{xy}\phi(xyz) = -\frac{e}{\hbar}(\boldsymbol{M} \times \boldsymbol{n})t \tag{6.32}$$

其中，$\boldsymbol{M}$ 为样品内部的磁化强度；t 为样品的厚度。对得到的相位进行求导就可以得到样品内磁化强度的分布，从而确定出磁畴壁的位置、磁化的方向和大小。但是这里需要注意的是，洛伦兹技术仍然是一种半定量的磁性表征手段。这不仅仅是因为在相位提取的过程中采用了很多的近似，更重要的是相位与强度的二阶偏导相关，实验中获取的是图像的强度信息，所以得到的相位误差就会很大。

图 6.29(a)~(c) 为 FeGe 纳米条带在洛伦兹模式下不同离焦量下的图像。实验的温度为 95 K，外加磁场为 400 mT，方向平行于电子束，离焦量为 ±300 μm。从洛伦兹的图像中可以明显地看到 skyrmion 的分布，在欠焦和过焦的模式下 skyrmion

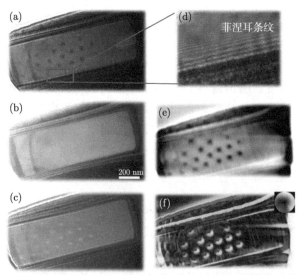

图 6.29　95 K 不同磁场下 FeGe 纳米条带 (宽 400 nm) 的洛伦兹技术表征 [28]

(a) 400 mT，离焦量 −300 μm；(b) 400 mT，正焦；(c) 400 mT，离焦量 −300 μm；(d) 欠焦条件下纳米条带边缘菲涅耳条纹的放大图；(e) TIE 分析得到的磁性相位分布；(f) 磁化强度的分布

的衬度发生翻转。同时在条带边界处，也观察到了菲涅耳条纹，如图 6.29(c) 所示，因此边界的磁信息也就无法准确地提取出来。利用 TIE 的方法，得到了相位的分布，如图 6.29(e) 所示。利用公式 (6.32)，可以给出纳米条带中磁化强度的分布，可以清楚地看出 skyrmion 的大小和分布，如图 6.29(f) 所示。但是对于纳米条带的边界，信号的分布比较混乱，这主要是由菲涅耳条纹导致的。

6.4.2 电子全息磁成像技术

电子全息 (electron holography) 技术最早是在透射电镜中用来校正磁透镜的像差。相比于绝大多数只能够记录强度分布的 TEM 成像技术，电子全息能给出电子波经过样品之后的相位信息。因为相位的改变敏感于材料内部局域的电势和磁势，因此电子全息技术在材料的电场和磁场研究中得到了广泛的应用[31]。

图 6.30 为电子全息技术的基本原理示意图。经过样品的电子波与经过真空的电子波，在全息丝的位置处，在外电场的作用下发生偏转，在像平面上相互干涉形成全息干涉条纹[32]。可以用式 (6.33) 来表示这个干涉过程：

$$I_{hol}(r) = |\psi_i(r) + \exp[2\pi i q_c \cdot r]|^2 \tag{6.33}$$

其中，$\exp[2\pi i q_c \cdot r]$ 为经过真空的参考波，没有发生振幅的改变；$\psi_i(r)$ 为经过样品的物波；q_c 为二维的倒空间矢量；r 为二维的实空间位置矢量。物波的形式可以表示为

$$\psi_i(r) = A_i(r) \exp[i\phi_i(r)] \tag{6.34}$$

其中，A 为振幅；ϕ 为相位。

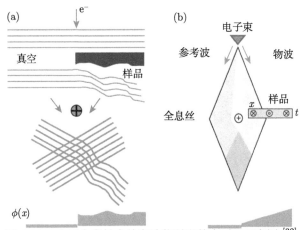

图 6.30　电子全息技术的实验装置和基本原理示意图[32]

(a) 经过样品的物波和经过真空的参考波在全息丝电场作用下会聚形成全息条纹；(b) 样品内部均匀磁场引起的相位变化

将这两部分结合起来展开就可以表示为

$$I_{\text{hol}}(r) = 1 + A_i^2(r) + 2A_i(r)\cos\left[2\pi\boldsymbol{q}_{\text{c}}\cdot\boldsymbol{r} + \phi_i(r)\right] \tag{6.35}$$

为了得到物波波函数的相位和振幅，对干涉后的条纹进行快速傅里叶变换 (FFT)：

$$\text{FT}\left[I_{\text{hol}}(r)\right] = \delta(\boldsymbol{q}) + \text{FT}\left[A_i^2(r)\right] + \delta(\boldsymbol{q}+\boldsymbol{q}_{\text{c}}) * \text{FT}\left[A_i(r)\exp\left[\text{i}\phi_i(r)\right]\right]$$
$$+ \delta(\boldsymbol{q}-\boldsymbol{q}_{\text{c}}) * \text{FT}\left[A_i(r)\exp\left[-\text{i}\phi_i(r)\right]\right] \tag{6.36}$$

FFT 变换后就会产生两个中心对称的边带 (sideband)，它们都包含有相同的物波相位和振幅信息。选取任何一个边带进行快速傅里叶逆变换 (IFFT)，就能够得到物波的波函数。从波函数中就可以提取出振幅和相位。

图 6.31 中给出了具体提取相位信息的操作步骤，展示了如何从全息的干涉条纹中提取出相位信息。在多数情况下，忽略样品周围电场和磁场的影响，则相位与材料内部电势磁势的关系如下：

$$\phi(x) = C_{\text{E}}\int V(x,z)\,\text{d}z - \left(\frac{e}{\hbar}\right)\iint B_{\perp}(x,z)\,\text{d}x\text{d}z \tag{6.37}$$

其中，

$$C_{\text{E}} = \left(\frac{2\pi}{\lambda}\right)\left[\frac{E+E_0}{E(E+2E_0)}\right] \tag{6.38}$$

这里，z 是电子束的方向；x 是样品面内的方向；B 是磁感应强度；V 是材料内部的电势；λ 是电子的波长；E 和 E_0 分别为入射电子的动能和相对静止能量。

对于非磁性的材料，只有电势会引起相位的改变。如图 6.30(a) 所示，假设材料成分均匀，具有相同的电势，那么相位的改变就只与厚度有关，相位就反映出了材料厚度的信息。利用全息技术来研究材料的电势这方面的研究很多，这里不作详细的介绍，主要关注材料内部磁势改变对相位的影响。如图 6.30(b) 所示，对于厚度均匀的磁性样品，相位的梯度对应于磁感应强度的分布。但是如果厚度不均匀，相位的梯度就不仅仅对应于磁势的变化，必须扣除电势对相位的贡献才能够得到真实的磁信息。有时为了研究磁性材料中电势的分布，也需要扣除掉磁性对相位的贡献。所以，如何分离磁势和电势对相位的贡献，是全息技术中经常遇到的问题。

磁势和电势对相位贡献的分离方法有很多种，每种方法对实验条件的要求、操作方法以及适用的样品类型都是不同的，下面介绍几种比较常用的操作方法。

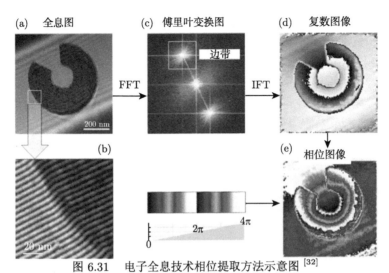

图 6.31 电子全息技术相位提取方法示意图[32]

(a) 原始的全息图；(b) 局部放大的全息条纹；(c) 全息图的傅里叶变换产生的两个边带；(d) 选取单个边带傅里叶逆变换得到的复数图像；(e) 从复数图像中提取得到的相位

(1) 不同温度下的相位测量。这也是目前最常用的方法。在居里温度以上，材料的磁性消失，得到的相位就对应于材料的电势。在居里温度以下，得到的相位是电势和磁势贡献的叠加。利用这两组数据，就能够分别得到磁势和电势对应的相位。这种方法需要借助于原位的变温样品台，包括低温台和高温台。这里需要注意的是，对于两个不同的测量温度，如果材料发生了相变，此时材料的电势就会发生改变，这种方法就不再适用。所以在使用过程中必须考虑材料自身的一些特殊性质。本章对于斯格明子的研究就是采用了这种方法。因为对于 FeGe 的斯格明子体系，材料的居里温度在室温以下，分别将低温获取的相位与室温的相位相减就能够得到低温下的磁相位。

(2) 利用物镜磁场翻转样品的磁化方向。根据公式 (6.37)，如果样品的磁化方向发生反转，那么只有磁性贡献的相位部分的符号反转。通过采集两组相反磁化方向下的相位，两者相加的二分之一就是电势的贡献，两者相减的二分之一就是磁势的贡献。这种方法需要借助于外加的磁场去实现样品磁化的 180° 完全反转，所以一般对于具有很强磁晶各向异性和形状各向异性的样品比较适合，比如纳米线等，可以保证磁化在 180° 反转后能够稳定不变。

(3) 不同加速电压下获取相位。根据公式 (6.37)，在不同的加速电压下，常数 C_E 会发生改变，即改变电势对应相位的大小，但是磁势引起的相位保持不变。不同电压下的 C_E 是已知的，所以从两组不同电压下的相位结果中就能够分离出电势和磁势的贡献。但是，不同电压下电镜的对中状态差别很大，并且也需要电镜至少有两个电压的工作模式，所以这种方法没有得到普遍的应用。

(4) 将样品完全磁化到电子束方向。因为沿着电子束方向的磁感应强度不会贡献于磁相位的变化。电子全息技术进行磁性样品表征时，都是在洛伦兹模式下进行的。首先，在洛伦兹模式下获取相位，是电势和磁势的叠加。然后，切换到 TEM 模式下，一般情况下样品就会被物镜强磁场沿着电子束方向完全饱和磁化，此时得到的相位完全是电势的贡献。因此，这样也可以实现电势和磁势相位的分离。

(5) 180° 反转样品。这种方法在实验中需要将样品取出，翻面后再放入电镜。由于样品反转后，磁性相位的符号发生反转，电势相位的符号不变，所以可以分离出电势和磁势的贡献。这种方法操作简单，也被经常使用。

6.4.3 洛伦兹扫描透射电子显微术

洛伦兹扫描透射电子显微术 (LSTEM) 是利用会聚电子束斑测量样品内局域磁场的一种磁成像技术。当电子束穿过磁性材料时，样品面内方向的磁场使电子束产生偏转，如图 6.32 所示，偏转角度可以表示为

$$\beta_{\mathrm{L}} = e^- Bt\lambda/h \tag{6.39}$$

其中，e^- 为电子电量；B 为样品磁场面内分量；t 为样品厚度；λ 为电子波长；h 为普朗克常量。由此可以看出，电子束偏转角度正比于样品局域的磁场大小。因此，通过精确测量电子束偏转角度即可定量确定样品局域磁场大小和方向，如图 6.32 所示。与传统的洛伦兹菲涅耳成像相比，LSTEM 由于在正焦下操作，不需要采用大的离焦量，并且能够定量地给出样品内的磁化强度，具有高分辨率和高精度定量磁场等优势。一般电镜的 LSTEM 可以实现优于 5 nm 的空间分辨率，而最新设计的零磁场球差校正电镜，可以在零磁场下实现亚埃原子分辨率[33]。需要指出的是，目前大多数电镜中不存在标准的 LSTEM 模式，一般使用 LowMag 低倍 STEM 模式，进一步将物镜电流调至 0，从而实现零磁场的 LSTEM 模式。同时，精确的磁场测量需要对入射电子束的像差进行精确调节，特别是注意消除扫描过程中大的束倾转，否则会在磁场测量时引入很大的背底，影响磁衬度的显示和磁场强度的定量。这种束倾转一般和扫描中偏离视场中心的距离相关，小的剩余束偏转可以通过测量无场时真空区域作为参考来扣除。

早在 1978 年，Chapman 等即用差分相位衬度图 (DPC) 测量了磁畴分布[34]。但是由于磁场对电子束的偏转一般很小，在 10μrad 数量级，而 DPC 一般使用四分割探头，由于透射盘和探测器的对中存在一定误差，同时早期的四分割探测器探测效率和动态范围均有限，因此 DPC-LSTEM 研究磁畴结构应用不多。近年来，更优的分割探测器和二维面阵探测器的广泛应用使得 LSTEM 测量磁畴结构有了新的发展。例如，使用 DPC-LSTEM 技术，Matsumoto 等在 $FeGe_{1-x}Si_x$ 中观察到了磁斯格明子晶格缺陷等磁组态[35]。

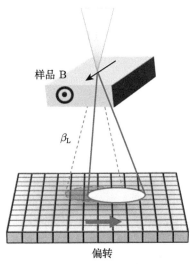

样品 B

β_{L}

偏转

图 6.32 洛伦兹扫描透射电子显微术示意图

LSTEM 在磁成像方面进一步的发展源于高动态范围的二维像素化相机和 4D-STEM 的发展, 由此形成了 4D-LSTEM。4D-LSTEM 的优势在于可以获取每个电子束扫描位置的二维衍射, 可以合成不同的 STEM 图像模式, 进而同时和高效地获取样品结构和磁结构的信息[36]。并且, 进一步引入先进的数据后处理技术还能够很好地分离不同结构和磁结构信息的贡献。例如, 利用不同空间频率对电子束偏转效应的不同, 晶界对纳米电子束更多的是改变透射盘内强度分布, 而大尺度的磁结构产生了电子束透射盘的偏转, 因此应用边缘探测技术, 可以将晶界的衍射衬度和磁织构的磁结构信息很好地分离[37]。

4D-LSTEM 磁成像的精度或者灵敏度主要取决于测量电子束偏转的精度[34,37], $\langle \beta_{\mathrm{L}} \rangle = \dfrac{\pi \alpha}{4\sqrt{n}}$, 其中 α 为入射电子束的会聚角, n 为用于成像的电子数目。因此, 高亮度的电子枪和高动态范围的探测器是提高磁测量的关键指标。利用高动态范围的相机, Xu 等成功实现了奈尔型斯格明子不同手性产生的弱的磁感应强度的测量, 从而确定了其手性[38]。

基于 4D-LSTEM, 我们还可以利用测量的大量衍射图实现样品内磁场对电子束波函数的相位改变。最近, Z. Chen 等首次实现了洛伦兹叠层电子衍射技术, 成功实现了磁斯格明子内部精细结构的精确测量, 并进一步突破了球差系数确定的分辨率极限, 实现了大约 2 nm 的分辨率[39]。利用该技术可以获得对相位和磁场的更高测量精度, 初步展示的结果超越了常规电子全息的测量精度, 在低剂量定量磁结构测量方面有很大的应用前景。另外, DPC 和洛伦兹叠层衍射成像方法获得的相位和磁场均是静电势场和磁矢势产生的贡献的叠加。对于复杂样品, 分离出净的磁场贡献，需要类似于电子全息的处理，6.4.2 节"电子全息磁成像技术"中提到的方法原则上也都适用于 4D-LSTEM 和 DPC 磁成像方法。

6.4.4　试样在极靴中的磁化状态

电磁透镜是透射电镜的核心部件，主要是利用通电线圈产生的磁场来约束电子在镜筒中的轨迹，从而实现电子束的聚焦。这就导致了在极靴的附近产生了一个沿着电子束方向的外磁场，大小为 1 ~ 2T。然而，透射电镜样品的放置位置恰好又在极靴内部，这就引入了一个重要的问题：样品始终受到一个垂直于样品表面的强磁场。对于非磁性样品而言，这个问题可以忽略不计，磁场的存在一般不会导致材料结构或者性质的改变，不会影响表征的结果。对于磁性样品的测量，如果仅测量普通的原子结构、电子结构和化学成分，这样大小的磁场通常不会引起影响；但如果是测量样品磁性，就必须考虑样品的磁化状态。此外，磁性样品也可能会被吸附在极靴附近，所以对于电镜操作的安全性也需要考虑。

常规模式下，物镜一般是开启的，普通的样品都会沿着电子束方向被完全磁化，样品本征的磁化状态就会被破坏，例如从多磁畴变成单磁畴组态。此时，洛伦兹菲涅耳成像、DPC 和离轴电子全息技术都无法去测量材料内部的磁性，因为它们只是对垂直于电子束方向的磁信号敏感。然而，EMCD 技术对于面外磁化强度是敏感的，利用面外 EMCD 技术，就能够获得样品饱和状态下的磁信号，进而结合加和定则，得到元素分辨的自旋磁矩和轨道磁矩。并且，得到的磁矩值对应于本征的原子磁矩。因此，EMCD 技术也是对相位衬度磁成像技术的补充。

在洛伦兹模式下，即物镜关闭，样品处于本征的磁化状态。此时，相位衬度磁成像技术就能够直接测量出样品内部或者周围的磁场或者磁化强度分布。并且，物镜仍然可以被部分激发，即产生一定大小的面外磁场，这对于磁性材料磁化过程和磁性相变过程的研究，如斯格明子等拓扑磁结构，具有重要的意义。此外，也可以通过使用原位磁样品台，施加一个沿着样品面内方向的磁场，研究材料的磁性质。这里需要说明的是，即使在洛伦兹模式下，仍然可以利用 EMCD 技术进行磁性测量。利用面外 EMCD 技术就可以测量样品在样品沿着电子束方向的磁化 (通常由于受到退磁场和形状各向异性的影响，面外磁化分量为零)。利用面内 EMCD 技术，可以测量垂直于电子束方向的磁信号，可以与相位衬度磁成像技术相对比。

近年来，日本研究小组也设计并研制出了无磁场的透射电镜 [33]，主要是利用对称性原理，设计了一对极靴，样品处于两个极靴中间的位置，最终即使在物镜开启的模式下，样品附近的磁场也为零。这就保证了在原子分辨的模式下，仍然能够进行样品磁性的测量。特别地，结合 DPC 技术，已经展示了 Fe_2O_3 反铁磁材料中原子分辨的局域磁场测量 [40]，展示了很大的应用前景。

参 考 文 献

[1] van der Laan G, Figueroa A I. X-ray magnetic circular dichroism—A versatile tool to study magnetism. Coordination Chemistry Reviews, 2014, 277/278: 95-129.

[2] Fischer P. X-ray imaging of magnetic structures. IEEE Transactions on Magnetics, 2015, 51(2): 1-31.

[3] Schattschneider P, Rubino S, Hébert C, et al. Detection of magnetic circular dichroism using a transmission electron microscope. Nature, 2006, 441(7092): 486-488.

[4] Hébert C, Schattschneider P. A proposal for dichroic experiments in the electron microscope. Ultramicroscopy, 2003, 96(3/4): 463-468.

[5] Chen C T, Sette F, Ma Y, et al. Soft-X-ray magnetic circular dichroism at the $L_{2,3}$ edges of nickel. Physical Review B, 1990, 42(11): 7262-7265.

[6] Chen C T, Idzerda Y U, Lin H J, et al. Experimental confirmation of the X-ray magnetic circular dichroism sum rules for iron and cobalt. Physical Review Letters, 1995, 75(1): 152-155.

[7] Rusz J, Eriksson O, Novák P, et al. Sum rules for electron energy loss near edge spectra. Physical Review B, 2007, 76(6): 060408.

[8] Calmels L, Houdellier F, Warot-Fonrose B, et al. Experimental application of sum rules for electron energy loss magnetic chiral dichroism. Physical Review B, 2007, 76(6): 060409.

[9] 王蓉. 电子衍射物理教程. 北京: 冶金工业出版社, 2002.

[10] Turner P S, White T J, O'Connor A J, et al. Advances in ALCHEMI analysis. Journal of Microscopy, 1991, 162(3): 369-378.

[11] Taftø J, Krivanek O L. Site-specific valence determination by electron energy-loss spectroscopy. Physical Review Letters, 1982, 48(8): 560-563.

[12] Wang Z Q, Zhong X Y, Yu R, et al. Quantitative experimental determination of site-specific magnetic structures by transmitted electrons. Nature Communications, 2013, 4(1): 1395.

[13] Rusz J, Rubino S, Schattschneider P. First-principles theory of chiral dichroism in electron microscopy applied to 3d ferromagnets. Physical Review B, 2007, 75(21): 214425.

[14] Calmels L, Rusz J. Momentum-resolved EELS and EMCD spectra from the atomic multiplet theory: Application to magnetite. Ultramicroscopy, 2010, 110(8): 1042-1045.

[15] Loffler S, Schattschneider P. A software package for the simulation of energy-loss magnetic chiral dichroism. Ultramicroscopy, 2010, 110(7): 831-835.

[16] Rusz J, Muto S, Tatsumi K. New algorithm for efficient Bloch-waves calculations of orientation-sensitive ELNES. Ultramicroscopy, 2013, 125: 81-88.

[17] Rusz J. Modified automatic term selection v2: A faster algorithm to calculate inelastic scattering cross-sections. Ultramicroscopy, 2017, 177: 20-25.

[18] Rusz J, Oppeneer P M, Lidbaum H, et al. Asymmetry of the two-beam geometry in EMCD experiments. Journal of Microscopy, 2010, 237(3): 465-468.

[19] Song D, Wang Z, Zhu J. Effect of the asymmetry of dynamical electron diffraction on intensity of acquired EMCD signals. Ultramicroscopy, 2015, 148: 42-51.

[20] Song D S, Wang Z Q, Zhong X Y, et al. Quantitative measurement of magnetic parameters by electron magnetic chiral dichroism. Chinese Physics B, 2018, 27(5): 056801.

[21] Song D, Li G, Cai J, et al. A general way for quantitative magnetic measurement by transmitted electrons. Scientific Reports, 2016, 6(1): 18489.

[22] Tian H, Verbeeck J, Brück S, et al. Interface-induced modulation of charge and polarization in thin film Fe_3O_4. Advanced Materials, 2014, 26(3): 461-465.

[23] Wang Z, Tavabi A H, Jin L, et al. Atomic scale imaging of magnetic circular dichroism by achromatic electron microscopy. Nature Materials, 2018, 17(3): 221-225.

[24] Hu X, Sun Y, Yuan J. Multivariate statistical analysis of electron energy-loss spectroscopy in anisotropic materials. Ultramicroscopy, 2008, 108(5): 465-471.

[25] Rusz J, Rubino S, Eriksson O, et al. Local electronic structure information contained in energy-filtered diffraction patterns. Physical Review B, 2011, 84(6): 064444.

[26] Song D, Tavabi A H, Li Z A, et al. An in-plane magnetic chiral dichroism approach for measurement of intrinsic magnetic signals using transmitted electrons. Nature Communications, 2017, 8(1): 15348.

[27] Volkov V V, Zhu Y. Lorentz phase microscopy of magnetic materials. Ultramicroscopy, 2004, 98(2-4): 271-281.

[28] Du H, Che R, Kong L, et al. Edge-mediated skyrmion chain and its collective dynamics in a confined geometry. Nature Communications, 2015, 6(1): 8504.

[29] Ishizuka K, Allman B. Phase measurement of atomic resolution image using transport of intensity equation. Journal of Electron Microscopy, 2005, 54(3): 191-197.

[30] Yu X Z, Onose Y, Kanazawa N, et al. Real-space observation of a two-dimensional skyrmion crystal. Nature, 2010, 465(7300): 901-904.

[31] Midgley P A, Dunin-Borkowski R E. Electron tomography and holography in materials science. Nature Materials, 2009, 8(4): 271-280.

[32] McCartney M R, Agarwal N, Chung S, et al. Quantitative phase imaging of nanoscale electrostatic and magnetic fields using off-axis electron holography. Ultramicroscopy, 2010, 110(5): 375-382.

[33] Shibata N, Kohno Y, Nakamura A, et al. Atomic resolution electron microscopy in a magnetic field free environment. Nature Communications, 2019, 10(1): 2308.

[34] Chapman J N, Batson P E, Waddell E M, et al. The direct determination of magnetic domain wall profiles by differential phase contrast electron microscopy. Ultramicroscopy, 1978, 3: 203-214.

[35] Matsumoto T, So Y G, Kohno Y, et al. Direct observation of $\Sigma 7$ domain boundary core structure in magnetic skyrmion lattice. Science Advances, 2016, 2(2): e1501280.

[36] Krajnak M, McGrouther D, Maneuski D, et al. Pixelated detectors and improved efficiency for magnetic imaging in STEM differential phase contrast. Ultramicroscopy, 2016, 165: 42-50.

[37] Nguyen K X, Zhang X S, Turgut E, et al. Disentangling magnetic and grain contrast in polycrystalline FeGe thin films using four-dimensional Lorentz scanning transmission electron microscopy. Physical Review Applied, 2022, 17(3): 034066.

[38] Xu T, Chen Z, Zhou H A, et al. Imaging the spin chirality of ferrimagnetic Néel skyrmions stabilized on topological antiferromagnetic Mn_3Sn. Physical Review Materials, 2021, 5(8): 084406.

[39] Chen Z, Turgut E, Jiang Y, et al. Lorentz electron ptychography for imaging magnetic textures beyond the diffraction limit. Nature Nanotechnology, 2022, 17(11): 1165-1170.

[40] Kohno Y, Seki T, Findlay S D, et al. Real-space visualization of intrinsic magnetic fields of an antiferromagnet. Nature, 2022, 602(7896): 234-239.

第 7 章   拓扑序参量——拓扑与拓扑材料

7.1   拓扑学

"拓扑" 一词是由英文 topology 翻译而来，topology 源自希腊词 τόπος(意为 "地点、位置") 和 λóγος(意为 "研究")。拓扑学是数学的一个重要分支，是由几何学和集合论发展而来、用于研究拓扑空间的学科。拓扑空间是具有结构的集合，称为拓扑，拓扑空间可以表示子空间的连续变形。拓扑学主要研究空间、维度和变换等，研究几何对象在拉伸、扭曲、压皱、弯曲等连续变形下，没有孔、撕裂、黏合穿过，依然保持不变的性质，在拓扑变形中不变的性质称为拓扑性质。拓扑中考虑的变形是同胚和同伦，重要的拓扑性质包括连通性与紧致性 [1]。

7.1.1   拓扑空间

拓扑空间是一种几何空间，更具体地说，拓扑空间是一个集合 X 和其定义的拓扑结构组成的二元组 (X, τ)，集合 X 的元素称为拓扑空间的点，拓扑可以定义为每个点的邻域集合，这些邻域满足一些公理，涵盖了开集、闭集、邻域、开核、闭包、导集、滤子等若干概念。拓扑有多种等价定义，最直观的是邻域定义拓扑，最常用开集定义拓扑，即设 X 是一集合，O 是一些 X 的子集构成的族，则 (X, O) 称为一个拓扑空间，若：①空集和 X 属于 O；②O 中任意多个元素的并集属于 O；③O 中有限个元素的交集属于 O，则 X 和 O 中的元素分别称为点和开集，O 也是 X 上的一个拓扑。拓扑空间这种数学结构可以形象地定义出收敛、连通、连续等概念，常见的拓扑空间有欧几里得空间、度量空间和流形。对拓扑空间的研究称为点集拓扑或一般拓扑。拓扑空间范畴是由拓扑空间作为对象，连续映射作为态射构成的，是数学中的一个基础性的范畴，拓扑空间之间的函数称为连续函数。同伦论、同调论和 K 理论是通过不变量来对拓扑空间范畴进行分类的。拓扑空间的一个例子是度量空间，它是一类重要的拓扑空间，许多最常见的拓扑空间都是度量空间，可以在集合中的点对 (pairs of points) 上定义实数、非负距离，也称为度量 [2,3]。

7.1.2   拓扑性质

拓扑性质有连通性、紧致性、维度等。连通性允许将一个圆与两个不相交的圆区分开来，如果一个拓扑空间不是两个不相交的非空开集的并集，则称它是连通的。如果一个集合的边界上没有点，那么这个集合是开放的。一个空间可以被划分为不相交的开放集合，表明这两个集合之间的边界不是空间的一部分，因此将它分割成两个独立的部分。紧致性允许区分线和圆，通过精确定义没有 "洞" 或 "缺失端点" 的空间概念来概括欧几里得空间的封闭和有界子集的概念，不排除点的任何限制值。任何有限空间都是紧的，通过为每个点选择一个包含它的开放集来获得有限子覆盖。维度允许区分线和面，拓扑空间的勒贝格 (Lebesgue) 覆盖维数或拓扑维数是以拓扑不变的方式定义空间维数的一种方法[1,4]。

在拓扑学中，不考虑物体的形状和大小。拓扑学中考虑的变形是同胚和同伦，在拓扑变形下，不变的性质是拓扑性质。同胚是指几何对象不断地拉伸弯曲而变形成新的形状，在变换过程中，不产生新的点，不同的点也不能结合成一个点，即变换前后一一对应，此外，变换及逆变换都要是连续的。例如正方形–圆形，马克杯–甜甜圈 (圆环) 之间的连续变形 (图 7.1) 表明它们是同胚的，而球体和圆环不是同胚。也有一些同胚不是连续变形，例如三叶结和圆之间的同胚。还有一些连续变形不是同胚，例如线变形为点。对于两个空间来说，同胚并不需要一个连续的变形——只有一个具有连续反函数的连续映射。同伦是指两个拓扑空间的映射存在连续变形。空间 X 到空间 Y 的两个映射之间存在等价关系，即存在连续变形使空间 X 的映射变为空间 Y 的映射，所有 X 到 Y 的映射可以在同伦等价变换下分为同伦类，集合用 $[X, Y]$ 表示[5]。

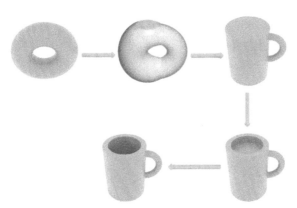

图 7.1 甜甜圈 (圆环) 和马克杯之间的演变

7.1.3 拓扑学的起源与发展

拓扑学的基础思想可追溯到 17 世纪戈特弗里德·莱布尼茨 (Gottfried Leibniz) 设想了几何位置和分析位置，18 世纪，莱昂哈德·欧拉 (Leonhard Euler) 的哥尼斯堡七桥问题和欧拉示性数是拓扑学领域的第一个定理。19 世纪，约翰·本尼迪克特·李斯特引入 topology"拓扑" 这一术语，直到 20 世纪的前几十年发展出拓扑空间的概念。20 世纪后，集合论引入拓扑学，拓扑学的研究演变成关于任意点集的对应的概念，集合可以论述拓扑学中一些需要精确描述的问题。通过拓扑学可以阐明空间的集合结构，掌握空间之间的函数关系，且由于很多自然现象具有连续性，因此拓扑学可以广泛联系到各种实际事物。

　　在拓扑学发展历程中，哥尼斯堡七桥问题、多面体的欧拉定理、四色问题等都是拓扑学发展史的重要问题。七桥问题指的是，普鲁士的哥尼斯堡 (今俄罗斯加里宁格勒) 位于普雷格尔河的两岸，城市中有两个彼此相连的岛，而这两个岛也与城市的两个大陆相连，两个岛之间以及岛与大陆之间一共由七座桥相连，需要设计一条穿过城市的路线，每座桥都只穿过一次 (图 7.2(a))。欧拉提出，路线唯一重要的特征是经过桥的顺序，因此可以消除其他特征，用 "点" 来代替陆地，用 "边" 来代替桥 (图 7.2(b))。若每座桥都只经过一次，则除了起点和终点陆地，接触该陆地的桥的数量必须是偶数，然而七桥问题中的一个陆地被 5 个桥接触，另外 3 个陆地被 3 个桥接触，因此欧拉认为这个问题没有解。多面体的欧拉定理是指，一个凸多面体的顶点数与面数的和，比棱数大 2。依据多面体的欧拉定理，可推断出只存在五种正多面体，即正四面体、正六面体、正八面体、正十二面体、正二十面体。在代数拓扑学和多面体组合学中，欧拉特征 (或欧拉数，或欧拉-庞加莱特征) 是一个拓扑不变量，而无论其如何弯曲，描述拓扑空间的形状或结构的数，通常表示为 χ(希腊字母 chi)。在现代数学中，欧拉特征源于同调，是同调代数。四色问题是在 1852 年由南非数学家法兰西斯·古德里提出的，被称为 "四色问题"，又称为 "四色猜想"，即用四种颜色填充地图的颜色，使得每两个邻接区域填充的颜色都不一样 [6,7]。

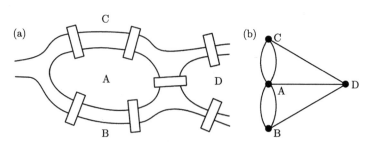

图 7.2　七桥问题图示

(a) 哥尼斯堡七桥图示，A，B，C，D 分别为四个陆地 [8]；(b) 陆地与七桥简示图，
黑点为陆地，黑线为桥 [8]

7.1.4　拓扑学的分支

　　拓扑学发展到今天，在理论上已形成多个分支，主要有一般拓扑和代数拓扑

两大分支 [9,10]。一般拓扑又叫点集拓扑，研究拓扑空间以及定义在其上的数学结构的基本性质，一般拓扑把几何图形看作点的集合，再把集合看作一个空间；侧重用分析的方法来研究，是微分拓扑、几何拓扑、代数拓扑等的基础。一般拓扑学源于对实数轴上点集的细致研究、流形的概念、度量空间的概念，以及早期的泛函分析。

代数拓扑则是把几何图形看作构件的组合，使用代数工具研究拓扑空间，将拓扑空间分为同胚的代数不变量，这些不变量中主要为同伦群、同调、上同调。代数拓扑的重要分支有同伦群、同调、上同调、流行、纽结理论、复形等。同伦群记录着拓扑空间中的基本形状 ("孔洞")。同调是将一个阿贝尔群或模的序列联系到一个给定数学对象 (如拓扑空间、群等) 的过程。上同调指为拓扑空间赋予代数不变量，但上同调的代数结构较同调简单，源于同调的构造过程的代数对偶，上同调是对 "上链"、余圈和上边缘的抽象研究。流形是局部近似欧几里得空间的拓扑空间，n-流形上的每一点都有一个同胚于 n 维欧氏空间的邻域。例如直线和圆属于一维流形，而 "8 字形" 则不属于一维流形。代数拓扑可以用来证明自由群的任何子群也是自由群。

7.1.5 拓扑学的应用

部分几何问题的解决方法并不是依据其确切的形状，而是其组合在一起的方式。拓扑学在泛函分析、微分几何、微分方程及其他数学分支中有广泛的应用。此外，拓扑与凝聚态物理、量子场论和物理宇宙学等领域的物理学相关。拓扑量子场论 (TQFT，也称为拓扑场论) 是一种计算拓扑不变量的量子场论。在凝聚态物理中，拓扑量子场论是拓扑有序态的低能有效理论，如分数量子霍尔态、弦网凝聚态等强相关量子液态。在量子霍尔效应的电子学中发现并获得了单向电流，这是一种防止反向散射的电流，它被推广到物理的其他领域，如光子学。

拓扑学的观点和方法影响着众多学科和领域。拓扑学于 20 世纪 50 年代被引入物理学科，广泛应用在凝聚态物理、量子场论、宇宙学等领域，近年来在量子材料研究中的影响越来越突出 [11,12]。此外，拓扑学也已被应用在时空拓扑学 [13]、化学、生物及医学、心理学、经济学等。

7.2 霍尔效应

拓扑材料的发展始于拓扑绝缘体，而拓扑绝缘体的发现与量子霍尔效应紧密相关，本节内容主要介绍霍尔效应的发展，包括普通霍尔效应 (Hall effect)，反常霍尔效应 (anomalous Hall effect)，自旋霍尔效应 (spin Hall effect) 和量子霍尔效应 (quantum Hall effect)。

7.2.1　霍尔效应的发现

霍尔效应是由美国物理学家埃德温·赫伯特·霍尔 (Edwin Herbert Hall) 在 1879 年发现的 (图 7.3(a))[14]。当在磁场中放入一个固体材料,在垂直于磁场的方向上施加电场时,在固体材料的两端会出现电势差,这个电势差就称为霍尔电压。霍尔效应主要是由固体材料中的电荷载流子 (电子、空穴、离子等) 的运动造成的。当存在磁场 B 时,这些电荷会受到洛伦兹力的作用,聚集在固体材料的边缘,在材料的另一边缘会聚集相反的电荷,电荷的分立从而形成电场 E。该电场会阻止电荷的进一步迁移,最终电荷所受到的电场力与洛伦兹力将会达到平衡,电荷所受到的合外力为

$$\boldsymbol{F} = q(\boldsymbol{E} + \boldsymbol{v} \times \boldsymbol{B}) \tag{7.1}$$

其中, q 为带电粒子的电荷量; v 为带电粒子的运动速度矢量, 在达到平衡态时 $F = 0$。材料两端的霍尔电压 V_H 为

$$V_H = EW \quad (W为材料宽度) \tag{7.2}$$

通过材料的电流为

$$I = q\rho_e vW \quad (\rho_e为载流子浓度,v为载流子运动速度大小) \tag{7.3}$$

霍尔电压与这个电流的比值称为霍尔电阻:

$$R_H = \frac{V_H}{I} = \frac{B}{q\rho_e} \tag{7.4}$$

由此可看出,霍尔电阻 R_H 与磁场强度大小 B 呈正比关系。因此,霍尔效应通常被用来测量磁场强度、固体材料中的载流子类型以及载流子浓度。

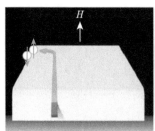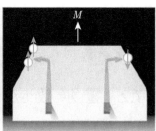

(a) 普通霍尔效应　　　　　　(b) 反常霍尔效应　　　　　　(c) 自旋霍尔效应
(需要磁场H)　　　　　　　(需要磁化强度M)　　　　　　(需要磁场H)
有霍尔电压但无自旋积累　　有霍尔电压且有自旋积累　　无霍尔电压但有自旋积累

图 7.3　普通霍尔效应、反常霍尔效应和自旋霍尔效应示意图 [22]

7.2.2　反常霍尔效应

在 1881 年，霍尔在测量铁磁性材料时，发现霍尔电阻不仅和磁场强度呈线性关系，而且还包括一个额外的贡献，这个贡献正比于铁磁材料的磁矩大小 (M)[15]。这表明，即使不施加外磁场，也可以观察到霍尔效应，这种现象称为反常霍尔效应 (图 7.3(b))，有如下关系：

$$R_{\rm H} = R_{\rm O}B + R_{\rm A}M \tag{7.5}$$

其中，$R_{\rm O}$ 为常规霍尔系数；$R_{\rm A}$ 为反常霍尔系数；第二项来自于磁矩的贡献，其内在机制不能简单地用磁场的洛伦兹力来理解。反常霍尔效应的机制被认为有两种。一种是美国物理学家卡普拉斯 (Karplus) 和拉廷格 (Luttinger) 在 1954 年提出的，他们认为反常霍尔效应是自旋–轨道耦合的结果，只与材料固有的能带结构有关，属于材料的本征机制 [16]。但是这个理论中并未考虑到晶体散射的作用。另一种是斯密特 (Smit) 等提出的螺旋散射机制 (skew scattering)，表明反常霍尔效应与散射势的类型和距离相关，与晶体内的载流子自旋依赖的散射有关，属于非本征机制 [17]。但是，无论是哪一种理论，都表明反常霍尔效应是电子自旋与轨道运动的耦合。当电子在外电场中运动时，会受到一个横向力，这个横向力正比于电子的自旋流，自旋向上和自旋向下的电子会朝相反的方向运动，在铁磁性材料中，磁矩会打乱两种不同自旋方向电子的平衡态从而产生反常霍尔效应。

7.2.3　自旋霍尔效应

自旋霍尔效应 (图 7.3(c)) 是由俄罗斯物理学家季亚科诺夫 (Dyakonov) 在 1971 年提出的，他发现在有电流通过的样品中，自旋向上和自旋向下的电子分别会向样品相反的两侧移动，当通过相反的电流时，两侧的电子自旋方向也随之反过来，这种现象被认为是由自旋向上和自旋向下的电子对杂质势的不对称散射造成的 [18]。但是后来有科学家证明，即使在没有杂质散射的情况下，电子能带结构中的自旋轨道耦合也可以产生横向的自旋流 [19,20]。

目前，自旋霍尔效应的机制和反常霍尔效应类似，在磁性材料中，由于载流子自旋极化的特征，在纵向电流的作用下，在材料的两个侧面形成了自旋积累和电荷积累。而在非磁性材料中，载流子的数量在两侧的分布是相同的，导致了只有自旋积累而没有电荷积累，这一点在实验上是很难被观测到的。多年以后，Kato 等在砷化镓薄膜中首次观察到了自旋霍尔效应 [21]。

7.2.4　量子霍尔效应

量子霍尔效应是近年来的热门话题之一，目前为止发现的量子霍尔效应主要有整数量子霍尔效应、分数量子霍尔效应、量子反常霍尔效应 (quantum anomalous Hall effect) 和量子自旋霍尔效应 (quantum spin Hall effect)(图 7.4)。

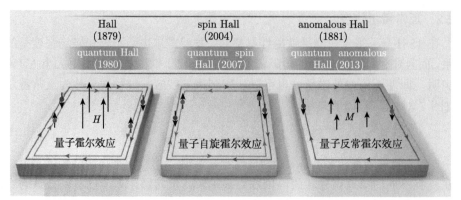

图 7.4　量子霍尔效应、量子自旋霍尔效应和量子反常霍尔效应示意图 [31]

在经典的霍尔效应理论中，霍尔电阻的变化是连续的。在 1980 年，德国物理学家冯·克利青 (Klaus von Klitzing) 等在研究场效应晶体管时发现，在液氦温度和强磁场作用下，二维电子气的纵向电阻率为零，横向电阻率 ρ_{xy} 会呈现量子化 [23]：

$$\rho_{xy} = ne^2/h \tag{7.6}$$

式中，h 为普朗克常量；n 为填充系数，可以取整数 ($n = 1,\ 2,\ 3, \cdots$)，这被称为整数量子霍尔效应。然而，在 1982 年，华裔物理学家崔琦等在高迁移率的样品中发现了分数化的量子霍尔效应，填充系数 n 不仅可以是整数，也可以是分数 ($n = 1/3,\ 2/3,\ 1/5,\ 3/5,\ 12/5,\ \cdots$)，这被称为分数量子霍尔效应 [24]。

量子反常霍尔效应是指在没有磁场情况下，依赖于材料自身磁化而产生的霍尔效应，这种现象最先由英国物理学家霍尔丹 (Haldane) 提出 [25]。2010 年，我国物理学家方忠、戴希等与张首晟教授合作，提出一种磁性离子掺杂的拓扑绝缘体存在着特殊的铁磁交换机制，这是实现量子反常霍尔效应的最佳体系 [26]。在实验上，直到 2013 年，我国薛其坤院士主导的研究团队首次在 Cr 掺杂的 (Bi, Sb)$_2$Te$_3$ 磁性拓扑绝缘体薄膜中观察到了量子反常霍尔效应 [27]。

量子自旋霍尔效应可以看成是两个相反手性边缘态的量子反常霍尔效应的结合，电荷的霍尔电导为零而自旋的霍尔电导不为零。2006 年，美国物理学家凯恩 (Kane) 和梅乐 (Mele) 在基于石墨烯应力场下，提出可以用自旋陈数来描述量子自旋霍尔效应，但是这种描述要求不同朝向的电子自旋态之间是相互独立的，不能存在轨道耦合 [28]。但是大多数材料是存在轨道耦合的，后来又提出 Z_2 拓扑数进行描述，Z_2 拓扑数为 1 时，在时间反演对称的二维绝缘体中，在轨道耦合的情况下可以实现量子自旋霍尔效应。张首晟等提出，在 CdTe/HgTe/CdTe 体系的量子阱中能够观察到量子自旋霍尔效应 [29]。随后在 2008 年，König 等在该体系中首次观察到了量子自旋霍尔效应 [30]。

7.3 拓扑材料及能带结构

拓扑材料主要指拓扑绝缘体，是一种内部绝缘、表面可以有电荷流动的材料。在拓扑绝缘体内部，电子能带结构和普通绝缘体相同，费米能级位于价带和导带之间。而在拓扑绝缘体表面，存在一些量子态，这些量子态位于材料能带带隙内从而允许导电。本节主要介绍一些主要的拓扑材料，包括拓扑绝缘体、拓扑晶体绝缘体、拓扑半金属和拓扑超导体。

7.3.1 拓扑绝缘体

1. 二维拓扑绝缘体 (topological insulator)

二维拓扑绝缘体又叫量子自旋霍尔态，首先在 HgTe 量子阱 (quantum well, QW) 中发现 [29]。在 2006 年，Bernevig 等提出了发现拓扑绝缘体的一般机制，尤其是预测了 HgTe/CdTe 量子阱拓扑绝缘体 (将 HgTe 薄膜夹在两个 CdTe 绝缘体之间)，其量子相变与 HgTe 量子阱厚度 d_{QW} 呈现函数关系 [29]。对于传统绝缘体，$d_{QW} < d_c$(d_c 为临界厚度)；而对于 $d_{QW} > d_c$，量子阱被预测是具有单对螺旋形边缘态的二维拓扑绝缘体。一般的机制是能带反转，其中导带和价带的一般顺序通过自旋轨道耦合被 "反转"，这一机制后来被用于发现大多数拓扑绝缘体 [29]。在理论预测之后不久，实验观察到 HgTe 量子阱中的量子自旋霍尔态 [30]。

HgTe 是类似于金刚石的闪锌矿晶体结构，是具有反向带序的零隙半导体。当立方对称性被应力破坏时，HgTe 就可以打开带隙，传统的半导体 CdTe 具有较大的带隙和适配的晶体结构，能够作为量子阱中理想的势垒层。在 CdTe/HgTe/CdTe 结构中，由于 HgTe 量子阱的倒带结构，其电子性质能够通过改变量子阱的厚度 d_{QW} 来调节。如图 7.5 所示，在 HgTe 的厚度小于 6.3nm 时，CdTe 决定了能带结构，能带是正常排布的；而在 HgTe 的厚度大于 6.3nm 时，量子阱的自旋轨道耦合作用随之增强，价带与导带发生反转，使量子阱具有拓扑性质 [30]。此后，根据能带反转的一般机制，科学家们在二维材料中陆续发现大量的二维拓扑绝缘体，如 III-V 族化合物 [32]、过渡金属硫化物 [33]、Mxene[34] 等。

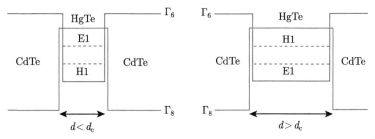

图 7.5 两种不同量子阱 (HgTe) 厚度的 CdTe/HgTe/CdTe 的结构示意图 [29]

2. 三维拓扑绝缘体

2007 年，量子自旋霍尔态在 HgTe 量子阱中的发现奠定了二维拓扑绝缘体发展的基础 [30]。科学家们打开了拓扑材料的大门，随后人们把目光转向了三维体系，相继发现了三维拓扑绝缘体、拓扑晶体绝缘体、拓扑半金属和拓扑超导体等 [35]。

2007 年，傅亮和 Kane 等利用反演对称性 (inversion symmetry) 预测了量子自旋霍尔效应在三维体系的存在 [36]。随后，Hasan 等通过角分辨光电子谱 (angular resolved photoemission spectroscopy，ARPES) 证实了三维拓扑绝缘体锑铋合金 $Bi_{1-x}Sb_x$ 的存在 [37]。这种利用单粒子态宇称的简单方法后来被广泛应用于识别新拓扑材料的带结构计算中。Hsieh 等通过 ARPES 揭示了 $Bi_{0.9}Sb_{0.1}$ 在 (111) 面的能带结构，具有复合狄拉克锥色散的表面态，而且表面态与费米面有 5 个交点 (图 7.6)，这与第一性原理计算的结果相一致 [37]。这一结果证明了 $Bi_{1-x}Sb_x$ 是一个强拓扑绝缘体。此外，Heish 等还用自旋分辨的 ARPES 测量了表面态的自旋极化，在费米面上，发现自旋是与动量有关的，旋转 360° 之后会导致一个 π 的贝里 (Berry) 相位 [38]。由于其表面态与费米面存在多个交点，所以 $Bi_{1-x}Sb_x$ 并不是一个理想的研究表面态的体系。

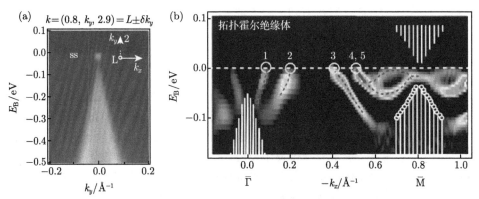

图 7.6   通过 ARPES 测得 $Bi_{1-x}Sb_x$ 合金的能带结构图
(a) 表面态的狄拉克锥的色散；(b) 在两个时间反演不变的点 Γ 与 M 之间，表面态与费米面的交点 [37]

后来，在 2009 年，方忠等预言了三维拓扑绝缘体 Sb_2Te_3、Bi_2Te_3、Bi_2Se_3 的存在，这些化合物具有相同结构，统称为 Bi_2Se_3 家族 [39]。这为狄拉克费米子 (Dirac fermion)、外尔费米子 (Weyl fermion) 和马约拉纳费米子 (Majorana fermion) 在三维拓扑绝缘体的实现奠定了基础。Bi_2Se_3 家族化合物晶体具有菱方结构，空间群为 $D_{3d}^5(R\bar{3}m)$[39]。如图 7.7 所示，Bi_2Se_3 晶体是层状结构，由沿着 z 轴的五原子层 (quintuple layer) 堆叠组成。每个五原子层内原子成共价键，而相邻的五原子层之间为范德瓦耳斯作用。在 Bi_2Se_3 结构中，Se2 位点起着反演中心的作用，Bi1 映射到 Bi1′，Se1 映射到 Se1′，这种反演对称性使得构建具有确定宇称的本征态成为可能[39]。

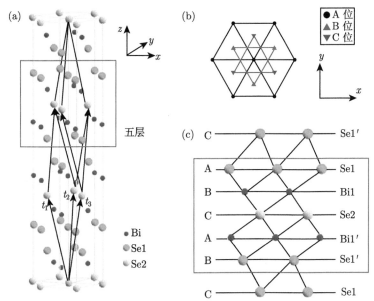

图 7.7　(a)Bi_2Se_3 晶体结构示意图；(b)Bi_2Se_3 结构沿 z 方向的俯视图；
(c)Bi_2Se_3 结构的侧视图[39]

2009 年，Hasan 等通过 ARPES 和第一性原理分析发现，其表面态具有狄拉克锥结构，且相交于一点，称为狄拉克点。对于三维绝缘体 $Bi_{1-x}Sb_x$，布里渊区表面具有四个时间反演对称点，需要用 4 个 Z_2 拓扑数 (1 个强拓扑数，3 个弱拓扑数) 来描述。因此，三维体系中可分为平庸的普通绝缘体、弱拓扑绝缘体和强拓扑绝缘体。表面布里渊区中狄拉克点的数量的奇偶性决定了拓扑绝缘体的强弱，奇数个狄拉克点为强拓扑绝缘体，偶数个则为弱拓扑绝缘体[40]。在 Bi_2Se_3 家族化合物中，如图 7.8 所示，Sb_2Te_3、Bi_2Te_3、Bi_2Se_3 三种材料都有无带隙的表面态，而 Sb_2Se_3 则没有。Sb_2Te_3、Bi_2Se_3 的狄拉克点在带隙内，而 Bi_2Te_3 的狄拉克点在价带中。而且 Bi_2Se_3 的带隙较大，更适合用作研究狄拉克点附近的物理性质。Bi_2Se_3 族化合物适合用于拓扑绝缘体表面态的研究[39]。

然而,实验合成 Bi_2Se_3 族的化合物具有本征的晶体缺陷,会造成严重的载流子掺杂,二元化合物的掺杂会导致输运性质主要由体载流子主导,表面载流子的低迁移率不适合用于研究表面态的输运性质。后来人们把目光投向了三元化合物,发现掺杂比例可以有效调节表面态结构和费米能级,张金松等发现在 $(Bi_xSb_{1-x})_2Te_3$

中,随着 Sb 掺杂比例的提高,费米能级能够从体导带变化到体价带,狄拉克点的位置从体价带变化到带隙中 [41]。Ando 等又研究了四元化合物 $Bi_{2-x}Sb_xTe_{3-y}Se_y$,发现在合理的化学配比下,能够得到理想的费米能级位置和表面态结构,适合研究表面态的输运性质 [42]。

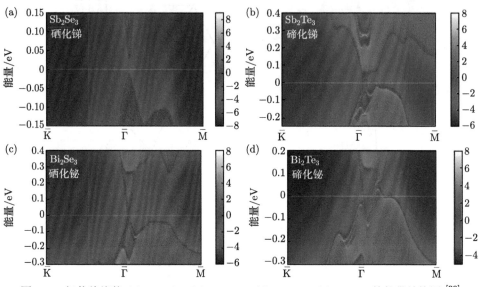

图 7.8　拓扑绝缘体 (a)Sb_2Se_3,(b)Sb_2Te_3,(c)Bi_2Se_3,(d)Bi_2Te_3 的能带结构图 [39]

7.3.2　拓扑晶体绝缘体

二维或三维拓扑绝缘体是时间反演对称保护的,然而,新的拓扑态还可以由其他对称性构建,如空间反演、镜面反射、旋转对称等对称性。拓扑晶体绝缘体 (topological crystalline insulator, TCI) 是同时具有时间反演对称性和镜面反射对称性保护的 [43]。拓扑晶体绝缘体存在无能隙的表面态。拓扑晶体绝缘体最早是由 $SnTe$[44] 和一定配比的 $Pb_{1-x}Sn_xSe$[45]、$Pb_{1-x}Sn_xTe$[46] 通过 ARPES 被证明。拓扑晶体绝缘体的表面态对外界散射敏感,电子结构可被调节。外界的电场和应力场能够改变晶体的对称性,拓扑晶体绝缘体在场效应晶体管、应力传感器中有巨大的应用潜力 [47]。

7.3.3　拓扑半金属

如果把拓扑的概念从有能隙的绝缘体拓展到无能隙的体系中,就可以得到一类新的拓扑材料,即拓扑半金属材料。拓扑半金属主要包括狄拉克半金属 (Dirac semimetal,DSM),外尔半金属 (Weyl semimetal,WSM) 和节线半金属 (nodal line semimetal,NLSM)[48]。

1. 狄拉克半金属

调控电子能带的能隙减小为零再逐渐增大，能够实现拓扑绝缘体到普通绝缘体的转变。当价带顶与导带底相交于一点且不打开能隙时，形成无能隙的狄拉克锥，即狄拉克半金属。狄拉克半金属的狄拉克点在费米面附近，狄拉克点是双重简并能级相交产生的四重简并能级的交叉点。由于空间反演和时间反演对称性同时存在，狄拉克点的能带色散与 k 线性相关。这种线性分散的能带结构会导致狄拉克半金属的低能准粒子激发为狄拉克费米子，且沿着空间的三个动量方向 (k_x, k_y, k_z) 线性色散[49,50]。

2012 年，方忠院士等通过理论计算发现 Na_3Bi 家族化合物中具有狄拉克半金属态[49]。随后，Liu 等通过 ARPES 在 Na_3Bi 中观察并发现了三维狄拉克锥[51]。如图 7.9 所示，在 ARPES 测量 Na_3Bi 中，连续改变光子能得到三个动量方向 (k_x, k_y, k_z) 色散的三维费米面结构，可以看到一对狄拉克点在 k_z 方向上关于 Γ 点呈对称分布。而且，在 k_x、k_y、E 的空间和 k_y、k_z、E 的空间中，二维费米子都表现出了狄拉克费米子的线性色散[51]。

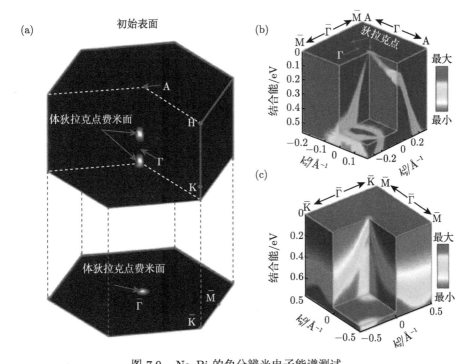

图 7.9　Na_3Bi 的角分辨光电子能谱测试

(a) 三维费米面图，表明一对狄拉克点沿 z 方向对称分布在 Γ 点的两侧；(b) 能带在 k_z、k_y、E 空间的色散；(c) 能带在 k_x、k_y、E 空间的色散，表面两个空间的狄拉克锥呈线性分散[51]

三维狄拉克半金属 Na_3Bi 的发现实现了二维石墨烯在三维空间的对应,打开了探索其他三维狄拉克半金属的大门。随后狄拉克半金属态在 Cd_3As_2 中被发现,相对于 Na_3Bi 来说,Cd_3As_2 结构更加稳定,具有更好的输运性质和巨磁阻,适合用作功能性器件。

2. 外尔半金属

在三维狄拉克半金属中,时间反演和空间反演对称性同时存在,狄拉克费米子可以看成是两个重合的外尔费米子[50,52]。外尔费米子是一种无质量有手性的费米子。如果时间反演对称性或空间反演对称性被破坏,在动量空间中,狄拉克点就会分成一对手性相反的外尔点,形成三维的外尔费米子相,这样就得到了三维的拓扑外尔半金属[52]。

最早的外尔半金属被预测是在时间反演对称性破缺的材料中,但是实验上并未观察到[53]。随后在中心反演对称性破缺的材料中,Xu 等首次在过渡金属化合物 TaAs 中发现了外尔半金属表面态[54]。通过 ARPES,可以观察到体态的外尔点和表面态的费米弧。如图 7.10(a) 所示,外尔半金属的表面态具有特殊结构,两个外尔点由非闭合的费米弧连接[55]。Liu 等对几种过渡金属单磷化物 (NbP、TaP、TaAs) 进行了 ARPES 实验的研究,表明该族化合物 NbP、TaP、TaAs 均为拓扑外尔半金属 (图 7.10(b)),而且自旋轨道耦合可以作为有效的控制手段用于调节外尔点和费米弧的劈裂 (图 7.10(c))[56]。这一结果为调节外尔半金属的电子结构提供了方法,进一步验证了过渡金属磷化物的外尔半金属相的存在。

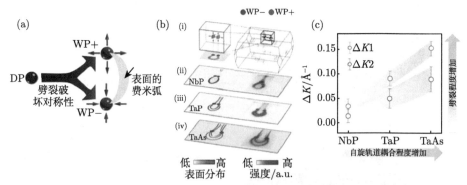

图 7.10　(a) 狄拉克点分离成一对手性相反的外尔点的示意图[55];(b) 通过 ARPES 测量得到的 NbP、TaP 和 TaAs 的费米面结果 (红色为模拟结果,蓝色为实验结果)[35];(c) 外尔点的分离程度随自旋轨道耦合程度的增加而增加[35]

如图 7.11 所示,根据体能带的两个狄拉克锥的倾斜程度 α,可以把外尔半金属分为第一类外尔半金属 (type-I)($|\alpha|<1$) 和第二类外尔半金属 (type-II)($|\alpha|>1$)[57]。

TaAs 类化合物属于第一类外尔半金属，在外尔半金属 TaAs 被发现后，第二类外尔半金属也被预测出[57]。相对于第一类外尔半金属来说，这类外尔半金属不具有洛伦兹对称性。这类外尔半金属具有电子空穴口袋型费米面，由外尔点相连[58,59]。通过观察表面态的费米弧，第二类外尔半金属最早发现于 $MoTe_2$ 中 (图 7.11)。随后，在 $TaIrTe_4^{[60]}$、$WTe_2^{[61]}$、$WP_2^{[62]}$ 中也发现了外尔半金属的表面态。

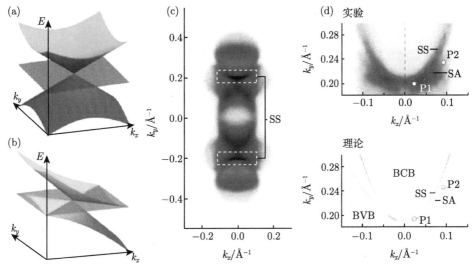

图 7.11   (a) 第一类与 (b) 第二类外尔半金属的能带结构示意图与费米面[57]；通过 ARPES 测试得到的 $MoTe_2$ 的 (c) 费米面，(d) 实验与理论模拟的能带结构[63]

前面提到的外尔半金属都是关于中心反演对称性破缺的，而关于时间反演对称性破缺的外尔半金属一直是科学家探索的目标。在磁场中，狄拉克半金属的时间反演对称性产生破缺，狄拉克点会分裂成两个外尔点[64]。因此时间反演对称性破缺的外尔半金属的实现需要在磁性材料中。2019 年，Cava 等通过 ARPES 在磁性材料 $YbMnBi_2$ 中发现了具有时间反演对称性破缺的外尔半金属态[65]。随后，Chen 等通过 ARPES 在磁性晶体 $Co_3Sn_2S_2$ 中发现了外尔半金属相[66]。如图 7.12 所示，在 $Co_3Sn_2S_2$ 中，通过改变光子能量，在体布里渊区中有三对外尔点，由费米弧连接，拓扑表面态呈线性分散[66]。这一发现为探索时间反演对称性破缺的外尔半金属的奇异性质提供了可能性。

3. 节线半金属

狄拉克半金属与外尔半金属的体能带在三维动量空间中相交于零维的点，分别为狄拉克点与外尔点。除此之外，体能带在动量空间还可以相交于一维的线，如

图 7.13 所示，具有这种能带结构的就是拓扑节线半金属[67,68]。在节线半金属中，能带反转发生在沿布里渊区的一个或多个高对称性的点上，这就产生了由两个双重简并能带交叉形成的四重简并的节线。

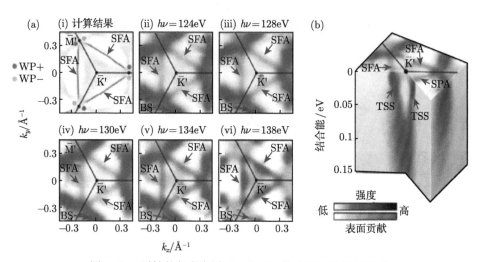

图 7.12　磁性外尔半金属 $Co_3Sn_2S_2$ 的 ARPES 测试结果

(a) 表面费米弧 (SFA) 和 (b) 拓扑表面态 (TSS) 在 (001) 表面的分散情况[66]

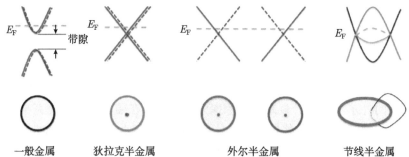

图 7.13　普通金属和三种拓扑半金属: 狄拉克半金属 (DSM)、外尔半金属 (WSM) 和节线半金属 (NLSM) 的能带结构和费米面[67]

在不同的节线半金属中，节线有不同的形状，如闭合的圈、环或线[68]。节点环 (nodal-ring) 半金属可以具有嵌入体带隙的二维拓扑 "鼓面" 表面态[69]。鼓面的表面态通常色散较弱，这导致了非常大的态密度。因此，这些表面态有利于承载高温超导、磁性和其他相关效应[70,71]。此外，节线半金属还具有其他有趣的物理现象，例如与电荷极化有关的准拓扑电磁响应、轨道磁化等[72]。

节线半金属大致可以分为两类: 四重简并的狄拉克节线半金属 (Dirac nodal

line semimetal，DNLS)，二重简并的外尔节线半金属 (Weyl nodal line semimetal，WNSL)。若要实现拓扑对称性保护的狄拉克节线半金属，就需要中心反演对称性和时间反演对称性同时存在，可以实现节点环的四重简并。加入自旋轨道耦合后，这些简并点可能会打开能隙变成狄拉克半金属或拓扑绝缘体。在自旋轨道耦合很弱的情况下，时间空间反演对称性保护下，体能带会发生反转而产生节线。在理论预测上，已经发现了许多狄拉克节线半金属材料，如 Cu_3NX、$CaTa$、LaX、Ca_3P_2 等化合物，以及自旋轨道耦合可忽略的 Mackay-Terrones 晶体。此外，在二维材料体系中，可能存在节线费米子，也可以实现节线半金属。在 Cu_2Si、$CuSe$、$AgTe$ 的电子结构中已经预测具有节线半金属态。

除了时间反演对称性和中心反演对称性保护的节线半金属材料，还存在一些其他对称性保护的节线半金属。如非点式对称性保护的节线半金属，这种对称性是不受自旋轨道耦合影响的整体对称性，对应的材料有四方 PbFCl 结构的 MSiS 化合物、正交型钙钛矿铱化物、金红石型氧化物等。在晶体对称性保护下，拓扑半金属的体能带在布里渊区的交叠不仅可以形成点和线，还有可能形成面，这就是节面半金属 (nodal surface semimetal)。目前发现节面半金属的研究还在发展中，已经预测的有四方结构的 ZrSiS 存在节面半金属态，后来 Ding 等通过 ARPES 在 ZrSiS 中观察到了节面半金属态。

7.3.4 拓扑超导体

在拓扑量子材料研究过程中，拓扑超导体 (topological superconductor，TSC) 的发现是具有重大意义的，其体能带和拓扑表面态都存在超导配对能隙。而且，拓扑表面态中存在马约拉纳费米子 (Majorana fermion)[73,74]。这和拓扑绝缘体与狄拉克半金属中的狄拉克费米子不同，狄拉克费米子可以是粒子或空穴，而马约拉纳费米子是自身的反粒子，其自由度是狄拉克费米子的一半[73,74]。在一维和二维体系中，拓扑超导体的边界态可以在具有强自旋轨道耦合半导体和时间反演对称性破缺的超导体的界面处实现，或者在二维拓扑绝缘体和超导体的界面处实现[73,74]。通过结合不同的材料，这种具有拓扑超导相的体系可以被制成，这在实验上是可行的。

在一维、二维体系中，邻近效应可被用来产生拓扑超导体，然而这不能用于构建三维拓扑超导体。在近几年的研究中，已经有很多材料被预测是拓扑超导体，如中心对称晶体 $Cu_xBi_2Se_3$[75]、$Sn_{1-x}In_xTe$[76]、$TlBiTe_2$[77] 和压力下的 Bi_2Te_3[78]，非中心对称的晶体如半霍伊斯勒 (half-Heusler) 化合物[79]、重费米子材料[80] 和金属硼化物[81] 等。最新实验表明，铁基超导体 $FeTe_{1-x}Se_x$ ($x = 0.45$) 具有拓扑超导体相[82]。这些拓扑超导材料的出现积极地促进了 ARPES 的研究。

7.4　拓扑自旋结构 (topological spin textures) 和磁/极化斯格明子 (magnetic/polar skyrmions)

7.4.1　引言

将拓扑概念应用于物理研究中，探索物质科学中新奇的拓扑相变，是当前物理学科的热点。2016 年，戴维·索利斯、邓肯·霍尔丹和迈克尔·科斯特利茨三位科学家也因为在这一领域的开创性研究和突出贡献，获得了诺贝尔物理学奖。特别地，近来拓扑学在铁电和铁磁领域的应用，促生了一系列具有丰富物理现象的拓扑极化/自旋结构，不仅成为物理学研究的重点，对于材料学科和未来电子器件的发展，也都提供了新的契机。

在磁学领域，拓扑概念的引入成功地描述和解释了一些复杂的拓扑磁结构，这其中包括磁涡旋态 (vortices)、磁斯格明子 (skyrmion)、磁半子 (meron)、磁浮子 (bobber)、磁束子 (bundle)、反斯格明子 (antiskyrmion) 和磁霍普夫子 (hopfion) 等。这些磁组态具有特定的拓扑荷和拓扑电子学效应 (如拓扑霍尔效应等)，其空间自旋组态受到拓扑保护，因此可以被认为是一种准粒子。研究表明，这些拓扑磁结构能够被电场、磁场、应力场和温度场等有效调控，其低功耗、小尺寸和拓扑保护等特性，使其成为一种理想的信息载体，对于未来磁存储技术、逻辑计算等自旋电子学器件的发展具有重要的应用前景。

拓扑学在磁学领域的研究和发现，也极大地促使人们去探索铁电材料中的拓扑极化组态。借助于应变工程和原子尺度精确可控的外延薄膜生长技术，特别是球差校正电子显微镜亚埃尺度分辨表征技术的应用，科学家们在钛酸铅/钛酸锶 (PbTiO$_3$/SrTiO$_3$) 的超晶格薄膜中，先后发现了闭合通量铁电畴、铁电涡旋畴、铁电斯格明子和铁电半子等拓扑电极化结构。特别地，铁电极性拓扑畴的手性、畴结构等都可以被应力场和电场所操控，展现出了其在新型高密度铁电非易失性存储器的应用前景。

7.4.2　磁斯格明子

1. 磁斯格明子及其基本性质

斯格明子 (skyrmion) 最早在高能物理中被提出，是由英国物理学家 Skyrme 于 1962 年在理论上求解非线性 sigma 模型时得出的一个非平庸经典解，是一种拓扑孤立子。现在常指磁性材料中的斯格明子。1989 年，Bogdanov 和 Yablonskii 理论预言了磁斯格明子结构能够存在于具有 Dzyaloshinskii-Moriya(DM) 相互作用的磁性薄膜或者螺旋磁体中 [83]。2009 年，德国慕尼黑工业大学 Pfleiderer 小组利用小角度中子衍射技术，在具有 B20 非中心对称结构的 MnSi 单晶中，实验证实了磁斯格明子有序晶格的存在 [84]。紧接着，2010 年，日本 Yu 等利用洛伦兹透射电镜，第一次在实空间上观测到了磁斯格明子 [85]。同年，Pfleiderer 小组利用中子衍射技术，观察到了斯格明子晶格在超低电流密度 (约 $1 \times 10^6 \mathrm{A \cdot m^{-2}}$) 下的旋转运动，这相比于传统铁磁体中磁畴壁运动所需的电流密度 (约 $1 \times 10^{12} \mathrm{A \cdot m^{-2}}$) 小了 6 个数量级，展现了磁斯格明子作为信息存储单元在未来低功耗自旋电子学等领域的应用前景 [86]。

在铁磁体中可以产生斯格明子的机制有很多种，主要包括 DM 相互作用、长程磁偶极相互作用、磁阻挫的体系和四轴自旋交换相互作用 [87]。其中 DM 机制诱导的磁斯格明子是最常见、最主要的一种。DM 相互作用最开始是为了解释反铁磁材料 Fe_2O_3 中存在弱的铁磁性而提出的理论 [88,89]。一个唯象的合理解释是：相邻原子自旋之间存在一种相互作用，它们倾向于使磁矩相互垂直排列来实现能量最低，即非共线结构。这种磁矩的非共线现象源于由自旋轨道耦合引起的不对称交换相互作用，其形式为

$$H_{\mathrm{DM}} = -\boldsymbol{D} \cdot (\boldsymbol{S}_1 \times \boldsymbol{S}_2) \tag{7.7}$$

其中，$\boldsymbol{D}$ 是 DM 相互作用的矢量，取决于材料的性质；$\boldsymbol{S}_1$ 和 $\boldsymbol{S}_2$ 是相邻自旋矢量。

在具有非中心对称的手性磁体中，磁斯格明子的拓扑磁结构是由 DM 交互作用、铁磁交互作用和塞曼 (Zeeman) 能相互竞争的结果。磁斯格明子的空间磁构型如图 7.14 所示。斯格明子中的磁矩以独特的方向旋转并包裹在单位球体周围，核心的旋转指向下方，外围的旋转指向上方。斯格明子作为一种新型的二维空间局域态，其拓扑性质可以用拓扑数 (N_{sk}) 来定义，即从二维实空间坐标 $\boldsymbol{r}$ 到沿磁矩的单位向量 $\boldsymbol{n}$ 的映射包裹单位球体的次数 [87]：

$$N_{\mathrm{sk}} = \frac{1}{4\pi} \iint \boldsymbol{n} \cdot \left(\frac{\partial n}{\partial x} \times \frac{\partial n}{\partial y} \right) \mathrm{d}x \mathrm{d}y \tag{7.8}$$

其中，$n(x, y)$ 是沿自旋方向的单位向量，积分计算 n 绕单位球体缠绕的次数，因此也称为绕组数。对于图 7.14 所示的布洛赫型斯格明子，它的值是整数，为 -1。斯格明子外围的磁矩指向施加磁场的方向，与斯格明子核心的方向相反。这种非平凡的拓扑构型预示着这些拓扑粒子不能通过场的连续变形而更改，即所谓的拓扑保护或拓扑稳定性。这种拓扑保护相当于一种能量壁垒，使这些拓扑粒子不容易被湮灭，从而表现得很稳定。

图 7.15 为斯格明子的磁场–温度相图，可以看出磁斯格明子只有在一定的温度和磁场范围内才能够稳定地存在，占据相图中一个很小的区域内 [90]。在一个特定的温度范围内，在较低的磁场下，样品呈现出螺旋的磁结构；随着磁场增加，逐渐变为圆锥形的磁结构；继续施加磁场就会出现磁斯格明子。而过高的磁场就

会导致磁斯格明子的消失，最终变为铁磁态，自旋沿着外场方向平行排列。在螺旋和圆锥形的磁结构中，磁矩的方向都沿着一个方向进动，而磁斯格明子由于磁矩在两个方向进动，所以就形成了双扭曲 (double-twist) 的磁调制结构。磁斯格明子在相图中存在区域的大小不仅取决于材料体系本征的磁性质，也与样品的厚度、成分等因素相关 [91-96]。

图 7.14   布洛赫型磁斯格明子的空间自旋排列

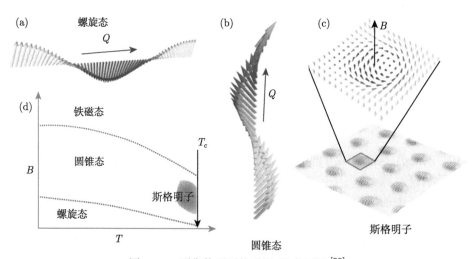

图 7.15   磁斯格明子的磁场–温度相图 [90]

(a) 螺旋态中磁化矢量的进动形式，Q 为波矢；(b) 圆锥态中的磁化矢量进动形式；(c) 磁斯格明子二维磁化矢量进动形式；(d) 磁场–温度相图，T_c 为居里温度，红色区域对应于磁斯格明子的稳定区间。随着磁场增加，圆锥态变为磁斯格明子；继续增加磁场，磁斯格明子变为圆锥态；继续增加磁场，最终变为铁磁态

目前已经在很多材料体系中发现了磁斯格明子，这些体系一个共同的特征

就是晶体结构都没有中心对称。例如，具有 B20 结构的 FeGe[96]、MnSi[97−99]、(FeCo)Si[85]、Cu_2OSeO_3 [100] 等体系。磁斯格明子的尺寸取决于 DM 相互作用的大小，目前实验观测到的尺寸在几个纳米到几百纳米。此外，在这些体系中，磁斯格明子存在的温度范围都在室温以下。开发出更多的能够在室温下稳定存在的材料体系，是磁斯格明子得以应用的关键。Yu 等 2016 年在 CoZnMn (空间群 $P4_132$) 中发现了室温下能够稳定存在的磁斯格明子，并且能够被电流驱动 [101]。此外，人们在研究这些低温磁斯格明子体系的同时，也将焦点放在了人造磁斯格明子体系中，在超薄的薄膜中，利用自旋轨道耦合作用很强的贵金属通过界面 DM 作用来得到这种拓扑磁结构 [102−104]。

2. 磁斯格明子的透射电镜表征

磁斯格明子最早是通过小角度中子衍射发现的。后来人们也利用磁化率测量、拓扑霍尔效应等方法来表征和测量磁斯格明子的性质。但是这些方法都不能直观地观察磁斯格明子。高空间分辨的洛伦兹透射电镜是实现纳米尺度上磁性材料表征的强有力工具。Yu 等在 2010 年 *Nature* 上首次报道了利用洛伦兹成像技术来直接观察二维磁斯格明子的磁组态，并且研究了磁斯格明子在不同温度和磁场下的相变过程 [85]。从此人们大量地开展了利用洛伦兹电镜研究磁斯格明子的工作。然而洛伦兹技术虽然能够给出二维的磁化分布，但仍旧是一种半定量的磁性表征方法。对于一些需要磁结构定量的研究工作还不能实现。2014 年，日本 Tokura 研究组利用电子全息磁成像技术研究了磁斯格明子的三维磁结构，认为二维薄膜中磁斯格明子轴向厚度方向上的磁结构是一致的 [105]。同时，全息技术也被应用到了磁斯格明子点阵中的缺陷 (晶界、位错等)、磁斯格明子在限域结构中的形态、磁斯格明子磁结构在外磁场下演化这些研究中 [90,106−108]。此外，日本 Ikuhara 研究组也利用微分相位衬度 (DPC) 技术观察了磁斯格明子点阵中的位错缺陷 [109]。总而言之，洛伦兹菲涅耳成像、电子全息磁相位成像和 DPC 技术是透射电镜研究磁斯格明子的强有力手段。这三种技术中，洛伦兹菲涅耳成像操作简单、现象直观，有利于磁结构的原位研究，但大的离焦量导致了分辨率较低，一般为 5 nm 以上；DPC 技术和电子全息技术，由于在正焦下成像，因此分辨率较高，特别地，这两种技术由于能够直接获得样品的磁相位或者磁通量大小，所以在拓扑磁结构的高分辨定量解析中发挥着重要作用。

3. 磁斯格明子的动力学行为

磁斯格明子具有尺寸小、稳定性高、电流易操控等优点，因此有望作为下一代数据载体，构筑突破传统磁存储技术限制的磁电子学器件 [110]。特别地，利用磁斯格明子替代传统磁畴壁的高密度赛道存储器，由于其驱动电流密度比磁畴壁低六个数量级，因此展示出了低功耗的应用前景。要实现这一器件功能，就必须利用电流来操控磁斯格明子的产生、运动和擦除等[111]。此外，由于磁斯格明子本征的拓扑荷，导致其在电流驱动下具有明显的斯格明子霍尔效应，对精准操控斯格明子带来了挑战。虽然磁斯格明子表现出了很多新的物理特性以及在自旋电子学中的应用前景，但要真正地作为信息载体应用在纳米磁电子器件中，还需要研究磁斯格明子在纳米限域几何结构中的性质，如纳米条带、纳米线、纳米盘等。因此，研究磁斯格明子在限域几何中的形成、消失、探测和调控有着重要的意义。

Fert 等利用数值模拟的方法研究了磁斯格明子在纳米条带中的性质，研究表明，磁斯格明子可以在纳米条带中稳定地存在，并且在外界自旋极化电流的驱动下磁斯格明子会发生移动[112]；即使纳米条带中存在缺陷，比如缺口，在足够大的电流驱动下仍然能够实现磁斯格明子的运动；从理论上证明了限域几何中磁斯格明子用于自旋电子器件的可能性。同时，Iwasaki 等通过理论研究也发现，在外界电流的驱动下，磁斯格明子可以在缺口等边界处形核产生，并且在外界电流驱动下发生迁移[113]。当磁斯格明子运动到纳米条带的边界时，如果电流较小，磁斯格明子就会发生反弹；当电流很大时，就能够使磁斯格明子在条带的边界消失。因此，限域几何的边界与磁斯格明子的运动、产生和消失之间有着密切的关系。从实验上揭示边缘的磁结构和性质对磁斯格明子的应用具有重要的意义。

4. 限域几何中磁斯格明子的边缘态

边界由于较低的对称性，导致交换作用和磁晶各向异性的改变，因此形成了新的磁组态，称为边缘态，其在磁斯格明子的形核和动力学中扮演着重要的角色。2015 年，杜海峰等在不同宽度纳米条带下，研究磁斯格明子在外磁场作用的产生、演变和消失过程，指出纳米条带中畸变的边缘态磁结构是磁斯格明子形核的主要原因[90]。理论研究也表明，边缘态具有与块体内部不同的磁组态，使得磁斯格明子在边界受到很强的排斥作用而稳定在条带中间，以及磁斯格明子在电流的驱动下能够沿着条带的长轴方向运动。研究边缘态在磁场、温度等外界激励作用下磁组态的变化和性质，有利于深入理解限域结构中磁斯格明子的形核消失机制、稳定性，以及电流驱动下磁斯格明子的运动特性。

图 7.16 为 B20 结构的 FeGe 样品，样品的晶体结构和形貌分别如图 7.16(b)，(c) 所示。FeGe 纳米条带利用聚焦离子束技术 (focused ion beam，FIB) 制备，其条带宽度约 360 nm，长度约 3 μm。首先，利用洛伦兹菲涅耳成像技术，观察了纳米条带中磁斯格明子磁组态变化。图 7.17 中分别给出了 95 K 和 240 K 下，纳米条带中磁斯格明子的形成和消失过程，离焦量为 −350 μm。在零磁场下，以螺旋态的形式存在，波矢平行于纳米条带的长轴方向；随着磁场的增加，螺旋态的条带结构逐渐发生断裂，形成磁斯格明子；继续增加磁场，磁斯格明子逐渐向条带中间移动，并且磁斯格明子也开始变得更小；当磁场很高时，磁斯格明子消失。

这种磁组态的演变过程对于 95 K 和 240 K 时都是基本类似的，与之前报道的纳米条带中边缘磁结构畸变调控磁斯格明子形核的结果是一致的。同样地，条带边缘也出现了明显的一定宽度的菲涅耳条纹，导致边缘的磁组态不能利用 TIE 的方法清楚地识别。电子全息技术工作在正焦模式下，可以克服洛伦兹技术的这个缺点，定量得到边缘态的磁结构。

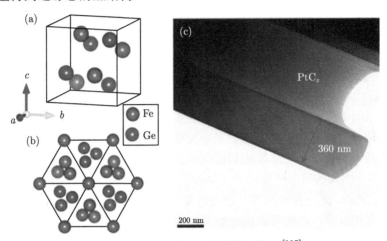

图 7.16   FeGe 纳米条带的样品信息 [115]

(a)FeGe B20 晶体结构的单胞示意图；(b)[111] 方向的原子投影图；(c)FIB 制备的 FeGe 纳米条带

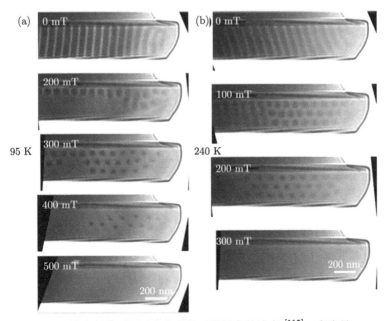

图 7.17   FeGe 纳米条带不同温度和磁场下磁组态的演变 [115]，离焦量 −350 μm

(a)95 K；(b)240 K

　　为了进一步研究边缘态在不同温度和磁场下的变化，这里利用电子全息成像技术分别获得了正焦模式下，纳米条带在 295 K、240 K 和 95 K 下的相位分布图。由于在 295 K 下，FeGe 处于居里温度以上，所以相位完全是由电势部分贡献的。将 240 K 和 95 K 下的相位分别与 295 K 下的相位做差，就能够得到低温下磁性引起的相位变化，相位的梯度正比于磁通量的分布。图 7.18 和图 7.19 分别为 240 K 和 95 K 下，通过将全息获得的磁相位求导得到的磁通量分布。在 240 K 零场下接近边界的地方，可以明显地看出螺旋的磁结构发生畸变。这种畸变的螺旋态是磁斯格明子形核的位点，调控着磁斯格明子的形成，但此时边缘态还没有形成。随着磁场逐渐增加到 100 mT，磁斯格明子已经形成，并且边缘也出现了新的磁组态，即边缘态。之后，边缘态随着磁场的增大变得越来越明显，并且整个边缘态的手性与磁斯格明子的手性相反。因此纳米条带的整个拓扑磁结构也就保持了下来。边缘态的这种拓扑结构能够对磁斯格明子施加排斥作用，使得磁斯格明子能够稳定在条带的中间。随着磁场的增加磁斯格明子的尺寸逐渐减小，并进一步地向中间靠拢。最终整个纳米条带中磁斯格明子完全消失，转变成铁磁态，磁化方向沿着外磁场的方向。然而，此时在纳米条带的边界依旧可以看到边缘态，但是此时边缘态的厚度已经变得很窄。因此可以得出结论，此时边缘的磁组态具有比铁磁态更低的能量，所以在很大的外磁场上依然能够稳定存在。在图 7.19 中 95 K 的条件下，也观察到了类似的现象，因此边缘态是磁斯格明子纳米条带中本征的磁组态。这种磁组态的产生源于边界对称性的降低，低的对称性导致了交换作用与磁晶各向异性的竞争并产生了边缘态，使得边缘的磁化方向在偏离外磁场的方向上仍旧处于稳定。

　　之前的理论研究中，对于边缘态的磁结构也提出了多种模型，比如，面内完全平行的自旋排列、圆锥螺旋态的磁矩分布等[114]，但是真实的磁结构并没有实验上的报道，这主要是因为缺乏一种能够定量研究边缘磁结构的方法，而定量电子全息技术正好可以实现这一点。但是磁性相位的梯度是正比于磁通量，而不是磁化强度。因此这里借助于逆问题求解的迭代算法，从相位的分布出发，考虑磁相互作用的最低能量原理反推出磁化强度，即磁矢量的分布[115]，如图 7.18 和图 7.19 中白色矩形框中放大的区域。从中可以清楚地看到，边缘磁矩的排列并不是完全平行的，而是类似于螺旋态的磁矩分布，这不同于之前理论预测的结果。此外，由于这种类似于螺旋态的磁结构与磁斯格明子的磁结构十分类似，因此可以推断这种磁结构的边缘态能够降低磁斯格明子形核和消失的能量。这也解释了之前理论计算的结果：在自旋电流的作用下边缘处容易发生磁斯格明子的形核，或者磁斯格明子容易在边缘消失。从磁矩的大小来看，距离边缘越远，则磁矩衰减越迅速。随着磁场的增加，边缘态的磁矩也会不断地向面外倾转而逐渐减小。当磁场足够大时，最终也会使边缘态发生拓扑磁性变，从类似螺旋态的磁组态变为铁磁态，磁矩完全平行于电子束方向。

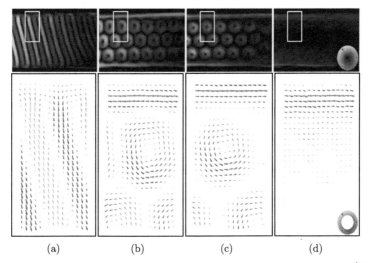

图 7.18   FeGe 纳米条带 240 K 不同磁场下磁通量和磁化矢量的分布 [115]
(a)0 mT；(b)100 mT；(c)200 mT；(d)300 mT

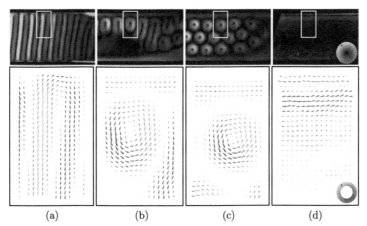

图 7.19   FeGe 纳米条带 95 K 不同磁场下磁通量和磁化矢量的分布 [115]
(a) 0 mT；(b) 200 mT；(c) 300 mT；(d) 500 mT

综上所述，这里利用定量的电子全息技术揭示了纳米条带中的边缘态及其在外磁场下的演化过程。同时，也测量了边缘态的磁结构，揭示了磁斯格明子在自旋电流作用下优先在边界形核或者消失的微观机制。

7.4.3　铁电极化斯格明子

1. 极化斯格明子的发现与空间构型

1) 通量全闭合 (flux closure) 畴

随着先进的透射电子显微技术的发展，Jia 等[116] 和 Nelson 等[117] 在 2011 年利用像差校正透射电子显微镜分别在 Pb(Zr,Ti)O$_3$(PZT) 和 BiFeO$_3$ 材料中观察到通量半闭合畴结构，分别如图 7.20(a)、(b) 所示。2015 年，Tang 等[118] 利用大的拉应变调控，在 GdScO$_3$ 衬底上生长了 PbTiO$_3$/SrTiO$_3$ 多层膜，有效降低了空间电荷对退极化的屏蔽作用，在 PbTiO$_3$ 薄膜内调控出规则的通量全闭合畴，如图 7.20(c)、(d) 所示。图 7.20(c) 为 PbTiO$_3$ 薄膜内原子尺度的 HAADF 图像，图 7.20(d) 为图 7.20(c) 对应的原子位移矢量图。由图中可以清楚地看出，通量闭合畴是由多个 a、c 畴组成的，在进一步的研究中发现，这种结构可以稳定存在于较大厚度范围的薄膜内。

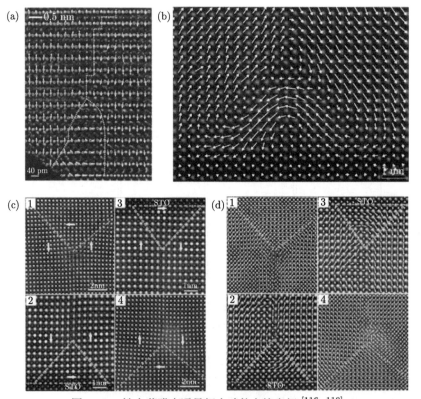

图 7.20　铁电薄膜中通量闭合畴的电镜表征[116–118]

(a)PZT 薄膜中的通量半闭合畴；(b) BiFeO$_3$ 薄膜中的通量半闭合畴；(c)PbTiO$_3$ 薄膜中通量全闭合畴的 HAADF 图像；(d) 为对应图 (c) 的原子位移矢量图

2) 涡旋畴 (vortex)

2016 年，Yadav 等[119] 在较大拉应变的 DyScO$_3$(DSO) 衬底上外延生长出了 (PbTiO$_3$)$_{10}$/(SrTiO$_3$)$_{10}$(PTO/STO) 超晶格结构，在这些超晶格结构中，较薄的 PTO 薄膜内 (约 4nm) 出现了稳定的具有手性的涡旋畴排列，如图 7.21(a) 所示。在这些极化矢量图中，可以明显地看出在 PTO 层中形成的顺时针和逆时针交替排列的涡旋阵列，并通过相场模拟得到涡旋阵列的三维结构，如图 7.21(b) 所示。Hong 等[120] 通过相场模拟，表明在 DSO 衬底上生长的 PTO/STO 超晶格结构存在静电能、弹性能、极化梯度能的微妙竞争关系，从而影响不同的拓扑畴结构的产生。随后，Yadav 等[121] 在涡旋畴结构中观察到负电容现象，在涡旋核心处的极化被抑制并显示出更大的能量密度，可用于降低铁电材料的能耗。

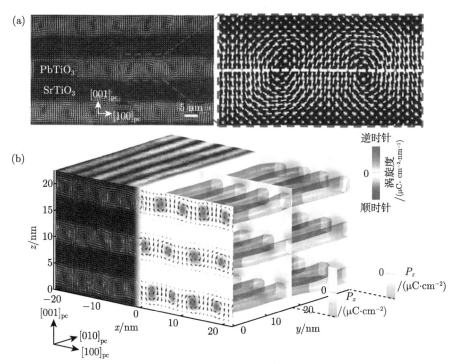

图 7.21　铁电材料中的涡旋畴结构[119]

(a)DSO 衬底上 PTO/STO 超晶格中的拓扑涡旋畴阵列；(b)HAADF-STEM 图像 (左) 与相场模拟 (右) 结合得到的 3D 涡旋畴排布

3) 极化斯格明子和半子 (polar skyrmion and meron)

随着磁斯格明子的发现，人们开始致力于在铁电材料中寻找类似的极化拓扑结构。2019 年，Das 等[122] 在单晶 SrTiO$_3$ 衬底上外延生长出 (PbTiO$_3$)$_{16}$/(SrTiO$_3$)$_{16}$ 的超晶格薄膜中发现了泡状的极化斯格明子，如图 7.22(a)、(b) 所示。局域电场和应力场耦合作用使畴壁和内部的极化连续旋转形成一个整体。利用相场模拟和共振软 X 射线证明,这种结构具有和磁斯格明子类似的手性特征,拓扑数为 +1,如图 7.22(c) 所示。这种极化斯格明子的奇特物理现象在未来信息存储方面仍值得研究学者更深一步的探索。

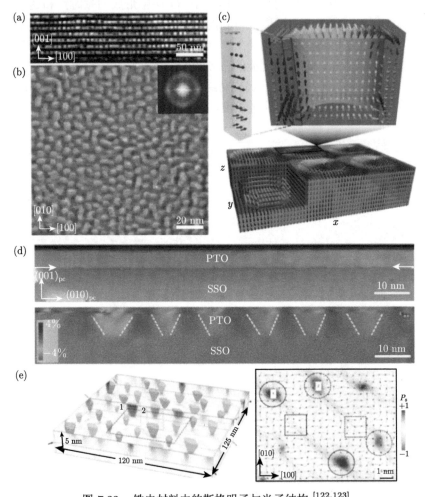

图 7.22 铁电材料中的斯格明子与半子结构 [122,123]

(a)STO 衬底上的 PTO/STO 超晶格中的斯格明子的透射电镜图像;(b) 面内的斯格明子的 STEM 图像;(c) 理论计算得出的斯格明子结构;(d)SmScO$_3$ 衬底上 PTO 薄膜中的半子结构;(e) 相场模拟得到的半子结构模型

在极化斯格明子发现之后,人们又在铁电材料中发现了拓扑数为 +1/2 的半子结构。Wang 等 [123] 在 SmScO$_3$ 的衬底上外延生长超薄的 PbTiO$_3$ 薄膜 (5nm) 内出现了具有拓扑保护的半子结构,如图 7.22(d) 所示。这种拓扑结构在畴中心处的极化垂直指向面外,四周极化指向面内,如图 7.22(e) 所示,与相场模拟推测

的半子将出现在 a/c 畴，$a1/a2$ 畴共存的结果一致。

4) 极化波 (polar wave)

2021 年，Gong 等 [124] 在大的拉应变 GdScO$_3$ 的衬底上外延生长出了 (Pb-TiO$_3$)$_7$/(SrTiO$_3$)$_7$ 的超晶格薄膜，并通过急冷处理得到了具有周期性的极化波，如图 7.23(a)、(b) 所示。利用应变工程，在不同拉应变的衬底上得到的极化波周期性不变，如图 7.23(c) 所示。这种在室温下稳定存在的极化波结构，为铁电纳米器件拓扑结构的应用提供了广阔的发展前景。

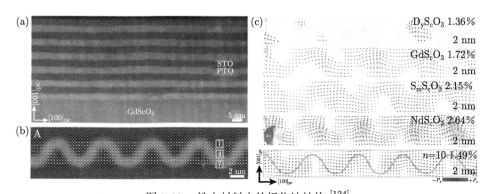

图 7.23　铁电材料中的极化波结构 [124]

(a)GSO 衬底上生长的 PTO/STO 超晶格；(b)PTO 层内出现的周期性极化波的原子级 HAADF-STEM 图像；(c) 利用相场模拟得到的不同拉应变衬底上极化波的分布

2. 极化斯格明子的外场调控

利用外场调控铁电材料中的拓扑畴的变化，为极化拓扑畴在电子器件中的应用提供了有利的条件。Du 等 [125] 利用钨针尖对 PTO/STO 薄膜施加一个非接触式偏压，在电镜中原位观察到，拓扑畴结构在电场驱动下从开始的涡旋畴逐渐转变成极化波结构，最后转变为与外场方向一致的极化单畴，如图 7.24(a)、(b) 所示。Li 等 [126] 在 PTO/STO 的超晶格薄膜中发现，PTO 薄膜在外加电场的作用下，通量闭合畴中与电场反向的 c 畴逐渐减小，PTO 薄膜内首先转变成 a/c 畴，在电压逐渐增加的过程中，靠近钨针尖电极处的畴转变成均匀的 c 畴结构，如图 7.24(c) 所示。Zhu 等 [127] 利用电场实现了单个极化斯格明子的可逆拓扑相变。

在应力场调控下，超晶格薄膜 PTO/STO 中的通量闭合畴表现出不同的拓扑变化。在外加应力的过程中 [126]，从通量闭合畴逐渐变成 a/c 畴，最后完全变成面内 a 畴。这一过程随着外加应力的增加，畴结构变化非均匀地向横向和纵向扩展，在撤去应力后，畴又变回原始状态。除了电场和应力场的调控外，还可以利用光场和热场耦合调控铁电材料中的拓扑畴的转变。例如，Stoica 等 [128] 利用亚皮秒超快脉冲激光，使 PTO/STO 超晶格中的涡旋畴和面内 $a1/a2$ 畴的混合畴，转变成室温下有序的拓扑阵列，并通过加热恢复到初始混合畴状态。这种现象为多场条件下调控铁电拓扑畴提供了一个新的途径。

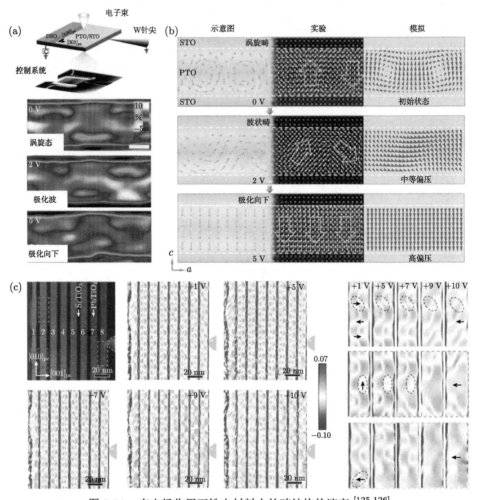

图 7.24　在电场作用下铁电材料中的畴结构的演变 [125,126]
(a) 原位加电实验的示意图；(b) 在外加电场下拓扑畴实时动态演变的结果；(c) 在外加电场条件下，超晶格薄膜内通量闭合畴的演变过程

7.5　磁性材料、铁电材料和多铁材料的拓扑性

拓扑起源于几何学，它是指当几何图形等连续地变化时，若干基本属性保持不变的特性。比如在图 7.25 中，每样物体的大小、体积和材质都不同，但是可以根据它们的"孔洞"数量进行拓扑分类 [129]。比如定义孔洞的数量为 g，那么这些物体的拓扑数 g 依次为 0~3。

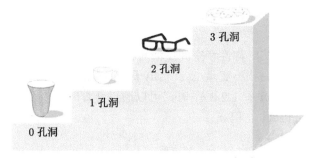

图 7.25   几何学中的拓扑示意图 [129]

在 1980 年，德国物理学家 von Klitzing 等发现了整数量子霍尔效应 (integer quantum Hall effect，IQHE)，即界面二维电子气系统中的量子化霍尔电导现象 [130]。而后 Thouless 等科学家提出了 TKNN number，数学上称为陈数 (Chern number)，并结合 Kubo 公式解释了二维系统的量子霍尔电导 [131]。经过科学家的不断探索，他们成功地将拓扑学引入了凝聚态物理，这类拓扑体系中不存在由朗道相变理论定义的局域序参量，而是由一种全局序参量–拓扑不变量 (拓扑数) 来描述它从拓扑平庸态到拓扑非平庸态的相变。经过长年累月的理论和实验研究，科学家提出内禀的自旋轨道耦合可以替代外磁场，发现和预测了大量具有拓扑性质的量子材料，如图 7.26 所示，拓扑绝缘体的体相是具有带隙的绝缘体，而表面是受拓扑保护的金属性。

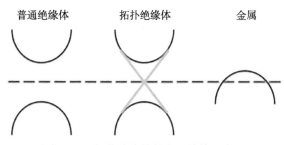

图 7.26   拓扑绝缘体的电子结构示意图
黑线表示体态，绿线为表明态

7.5.1   二维材料的拓扑数和拓扑结构

1. Z_2 拓扑不变量 (拓扑数)

2005 年，Kane 等研究了时间反演对称性不变的二维材料体系，提出了一类拓扑数——Z_2 拓扑不变量，它可以表征时间反演对称性不变的二维材料的拓扑性质 [132]。当 $Z_2=0$ 时为普通绝缘体；而当 $Z_2=1$ 时为拓扑绝缘体。目前关于 Z_2 拓扑数的计算有多种方法，比如 Pfaffian 方法、贝里曲率积分法 [133-135] 和万尼尔函数演化 [136] 等方法。

首先对于时间反演对称性和空间反演对称性不变的二维体系，简化的 Pfaffian 方法可以便捷地计算拓扑不变量 Z_2。当电子占据态的总数为 $2N$，二维体系的时间反演不变点为 $\Gamma_m(m=1,2,3,4)$ 时，可以通过计算时间反演不变点的第 $2n$ 个波函数的宇称 $\varepsilon_{2n}(\Gamma_m)$ 之积 δ_m：

$$\delta_m = \prod_{n=1}^{N} \varepsilon_{2n}\left(\Gamma_m\right) \tag{7.9}$$

$$(-1)^{Z_2} = \prod_{m=1}^{4} \delta_m \tag{7.10}$$

此外，可以通过对布里渊区中的贝里联络 (Berry connection) 和贝里曲率 (Berry curvature) 的方法积分来计算 Z_2 拓扑不变量 [133-135]。此时定义半个布里渊区和其边界分别为 BZ 和 ∂BZ，N 为占据态波函数的数目，而贝利联络和贝利曲率分别为 $A(k)$ 和 $F(k)=\nabla\times A(k)$，则拓扑数 Z_2 为

$$Z_2 = \frac{1}{2\pi}\left[\oint_{\partial\mathrm{BZ}} A(k)\mathrm{d}l - \int_{\mathrm{BZ}} F(k)\mathrm{d}k^2\right]\mathrm{mod}2 \tag{7.11}$$

如果把 Z_2 拓扑不变量扩展为 1 个强拓扑数 δ_0 和 3 个弱拓扑数：δ_1、δ_2 和 δ_3，即 $Z_2=(\delta_0;\delta_1,\delta_2,\delta_3)$，它可以用来描述时间反演对称性不变的三维材料的拓扑物性 [137]。

2. 几类二维拓扑绝缘体简介

历史上最早的二维拓扑绝缘体是 2005 年由 Kane 和 Mele 理论预测的 Z_2 拓扑绝缘体单层石墨烯 [138]，之后不少研究者提出二维半导体量子阱体系也具备拓扑性质，比如 InAs/GaSb 量子阱 [139] 等。图 7.27 总结了拓扑材料的发展历史，包括拓扑绝缘体、拓扑晶体绝缘体和拓扑半金属等 [140]。

1) 石墨烯

石墨烯具有六角蜂窝型晶格 (honeycomb lattice)，如图 7.28 所示，石墨烯的布里渊区存在两种高对称的 K 点，而且碳原子之间的 sp^2 杂化导致石墨烯的能带结构中存在特殊的狄拉克锥 [141]。在高对称点 K 附近，狄拉克锥的能量和动量关系为线性色散，从而在费米能级处无电子态密度。一般把该交点称为狄拉克点，对应的电子态为狄拉克费米子。

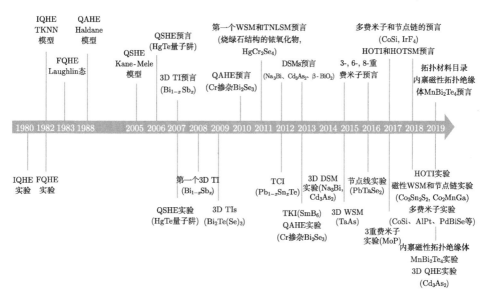

图 7.27 拓扑材料的发展历程[139]

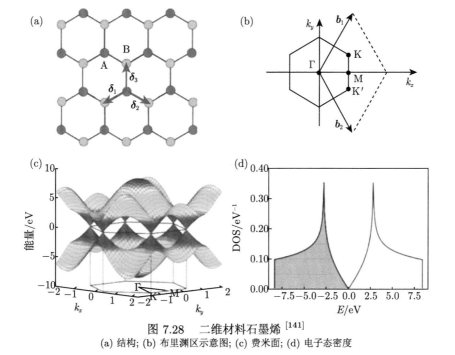

图 7.28 二维材料石墨烯[141]

(a) 结构; (b) 布里渊区示意图; (c) 费米面; (d) 电子态密度

当考虑石墨烯中自旋轨道耦合导致的内禀磁场时，能带结构中 K 点的狄拉克锥会打开能隙，变为具有量子自旋霍尔效应的拓扑绝缘体。此时石墨烯在无磁场条件下会出现自旋霍尔电导量子化的现象,边缘态的电子受到自旋–动量锁定,而且会在能隙内出现由边缘电子态形成的狄拉克点。

但是石墨烯中的碳元素的原子序数 $Z = 6$,这类轻元素的自旋轨道耦合作用极小,导致体能带的能隙大小在室温的实验条件下难以观测。为此,只有寻找具有更强自旋轨道耦合的二维材料,才能实现大带隙的二维拓扑绝缘体。如图 7.29 所示,清华大学朱静院士课题组提出,由于钌元素的原子序数较大 ($Z = 44$),原子质量约为碳元素的 8 倍,因此钌元素的自旋轨道耦合效应远大于碳元素;通过钌元素部分替代石墨烯中的碳元素形成单相碳化钌,成功地把该体系的带隙增大为约 76 meV,远高于室温下的热扰动 (26 meV),而且这种碳化钌单层材料是一类拓扑保护的非平庸拓扑绝缘体 [142](如图 7.29 所示)。通常拓扑材料可以通过和超导电性结合来实现马约拉纳费米子,为此通过载流子掺杂,在碳化钌中实现了拓扑绝缘体–超导转变,同时揭示了其中光学声子软膜和平带的重要作用,可能会为探索马约拉纳费米子提供新的材料平台。

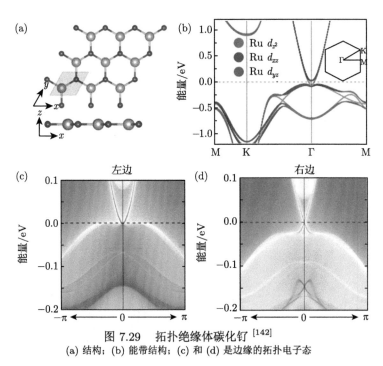

图 7.29　拓扑绝缘体碳化钌 [142]

(a) 结构;(b) 能带结构;(c) 和 (d) 是边缘的拓扑电子态

2) HgTe/CdTe 量子阱

另一类具有代表性的二维拓扑绝缘体是半导体量子阱体系,比如 CdTe/HgTe/CdTe 体系。在 2006 年,张首晟等提出,CdTe/HgTe/CdTe 体系由于能带反转,会出现量子自旋霍尔效应 [29],而且不久便被实验所证实。碲化汞 HgTe 具有闪锌矿结构，块体为黑色的立方晶体，它有着优异的光电性能，被用于红外探测等领域。如图 7.5 所示，理论研究表明，HgTe 的厚度会改变其拓扑物性：当 HgTe 层的厚度低于临界厚度 d_c 时，体系的 p 带位于 s 带下方，此时不表现拓扑性质；而当 HgTe 层的厚度增大，此时 HgTe 的自旋轨道耦合效应起主导，导致 p 带位于 s 带上方，使得出现量子自旋霍尔态 [143]。

3. 二维拓扑绝缘体的性质、调控和应用

拓扑绝缘体材料一般都是具有强自旋轨道耦合的体系，有着独特的性质。比如，拓扑保护的表面金属态具有鲁棒性，即使拓扑材料出现局域的缺陷或杂质，或者将拓扑材料进行解离和切割，这种拓扑金属态也都保持不变。而且拓扑材料的边缘态的电子可以无损传输，不受各种杂质的散射，表现出无背散射的输运行为。

由于拓扑绝缘体的上述特性，它可以用于制备低能耗、高运行速度的半导体晶体管、自旋电子学器件等。更重要的是，如果拓扑材料同时具有超导电性，就可以用来寻找马约拉纳费米子，实现拓扑量子计算。目前二维拓扑绝缘体的调控方式包括载流子掺杂、应变工程、元素掺杂和界面近邻效应等。如图 7.30 所示，

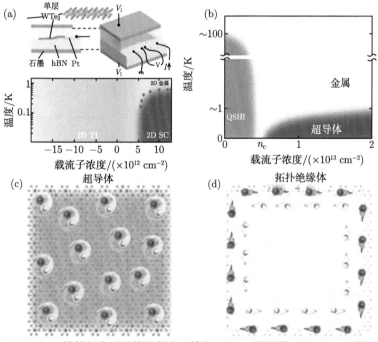

图 7.30　(a) Sajadi 等的门电压器件和载流子掺杂 WTe₂ 的相图; (b) Fatemi 等调控拓扑导相变的相图; (c) 和 (d) 分别是体内的超导能隙和边缘的拓扑电子态示意图 [143,144]

栅极电压实验可以调控二维拓扑绝缘体 WTe$_2$ 的载流子浓度，并且实现超导温度为 0.6~0.8 K 的超导电性，这种内部超导和表面拓扑的特性使得拓扑材料 WTe$_2$ 成为了寻找马约拉纳费米子和实现量子计算的候选材料 [143-145]。

　　类似于上述 WTe$_2$ 体系的拓扑绝缘体–超导转变现象，通过掺杂二维拓扑材料碳化钌 (RuC) 也能实现超导转变 (图 7.31)。纯净的 RuC 是具有带隙的拓扑绝缘体，而通过载流子掺杂二维 RuC 可以在其费米面几何中诱导出多个费米口袋 (Fermi pockets)，有效地增加了电子–声子散射通道，从而诱导面外振动的光学声子出现部分软膜，导致电子–声子耦合效应显著增强，同时在厄立希伯格 (Eliashberg) 谱函数中诱导出强的电声耦合峰值，实现了超导转变温度约为 1.4 K 的超导电性 [142]。

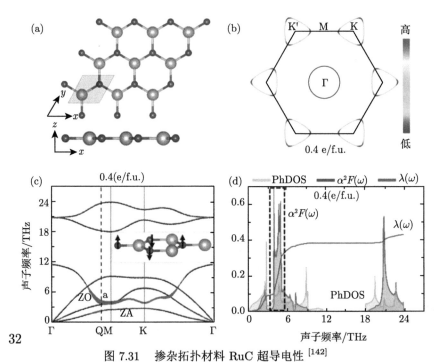

图 7.31　掺杂拓扑材料 RuC 超导电性 [142]

(a) RuC 的结构示意图; (b) 载流子掺杂 RuC 的费米面; (c) 载流子掺杂 RuC 的声子谱和电声耦合; (d) 载流子掺杂 RuC 的厄立希伯格谱函数

　　此外，Fu 和 Kane 提出，可以通过拓扑绝缘体和 s 波超导界面的近邻效应来实现等效的 p 波超导 [145]，从而诱导出马约拉纳费米子。如图 7.32 所示，在由拓扑材料 Bi$_2$Se$_3$ 和 s 波超导体 NbSe$_2$ 构成的异质结的二维界面，研究者通过自旋分辨的扫描隧道显微镜发现了马约拉纳零能模的迹象 [146]。

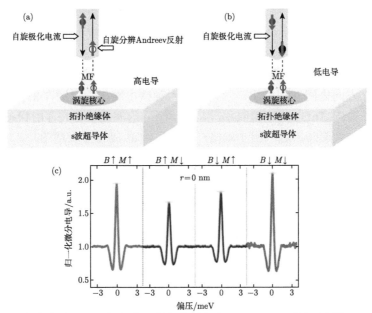

图 7.32   (a) 极化向上和 (b) 极化向下的安德烈也夫 (Andreev) 反射示意图; (c) 不同偏压下的 STM 电导[146]

实际上，目前拓扑领域仍在蓬勃发展，人们虽然预测了大量的拓扑材料，但是对其拓扑量子物性的实验研究仍然较少，尤其是拓扑量子态结合超导态等有望探索到马约拉纳费米子的实验和理论研究，这仍然是凝聚态物理领域的前沿科学研究之一，这些研究都将有力地推动人们早日实现拓扑量子计算，促进基础研究和开创新的科学领域。

7.5.2   六方多铁 YMnO$_3$ 中的拓扑畴结构 [147]

在凝聚态物理中，普遍会观察到在自发对称破缺跃变附近出现不同的拓扑结构[148−153]，这种拓扑结构可以广泛应用于信息存储技术领域当中。斯格明子、多铁涡旋、畴壁和位错是常见的拓扑缺陷结构[85,154−158]，理解拓扑结构对于预测这些拓扑缺陷产生的行为和功能至关重要[159,160]。然而到目前为止，由于实验观测和验证的困难，拓扑缺陷之间的相互作用研究很少，理解拓扑缺陷之间的相互作用可以有助于操控产生新功能。

六方多铁锰氧化物 (化学式为 RMnO$_3$, R 为稀土元素) 在高温下具有 $P6_3mmc$ 的空间群，在温度降低时，在 K_3 声子模的缩聚作用下会发生结构相变，对称性变为 $P6_3cm$。在该过程中，相邻的三个 MnO$_5$ 六面体会向中心一致倾转，使得 A 位原子产生上下位移，从而打破空间对称性产生宏观的铁电性。如图 7.33(a) 所示，有 2/3 的 R 原子沿着 c 方向向下位移，1/3 的 R 原子沿着 c 方向向上位移，所以该单胞的铁电极化方向向下。$RMnO_3$ 中具有六种铁电畴结构，这六种铁电畴分别对应六种不同的序参量，如图 7.33(b) 所示，其中 α、β、γ 为三种不同的相位，$+$ 和 $-$ 分别代表沿着 c 轴向上和向下的铁电极化方向，每种相位和不同的铁电极化方向之间互相搭配，一共具有六种铁电畴构型。图 7.33(c) 展示了透射电镜暗场像 $YMnO_3$ 的电镜照片，显示了不同的涡旋核心共存的状态。红色方框标明了八瓣涡旋畴核心。图 7.33(d) 是图 7.33(c) 的模型示意图。

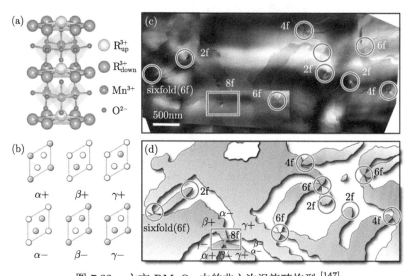

图 7.33　六方 $RMnO_3$ 中的非六次涡旋畴构型 [147]

(a) $P6_3cm$ 对称性下的原子单胞，单胞铁电极化向下，黄色和橘色小球分别代表位于 2a 和 4b 外科夫 (Wyckoff) 位置的 R 原子；(b) 三种反相畴 (α, β, γ) 和两种铁电极化方向 ($+$, $-$) 的原子模型 (沿着 [001] 方向观察)；(c) 拼接的低倍暗场透射电镜照片显示了 $YMnO_3$ 中两瓣、四瓣、六瓣、八瓣涡旋畴结构；(d) 为实验图 (c) 的示意图，更加清楚地标明了不同瓣数的畴的分布

如图 7.34(a)、(b) 所示，利用扫描透射电镜的高角环形暗场像来在原子尺度上观察八瓣和四瓣涡旋核心的构型。在图 7.34(a) 的右侧，在同一个极化畴中，可以分布不同的相位 ($\alpha-$, $\beta-$)，这种构型的畴在能量上不稳定，主要是由嵌在涡旋核心的两个不全刃位错导致的，每个不全刃位错都具有 1/3[120] 的伯格斯矢量。利用几何相位分析的办法 (geometric phase analysis)，能够分析不全刃位错在涡旋核心引起的应变场。显然，涡旋核心的非均匀应变场对改变涡旋核心的构型起着重要的作用。为了避免由不全刃位错导致的能量上的不稳定，原来的六瓣畴 $\alpha- \rightarrow \beta+ \rightarrow \gamma- \rightarrow \alpha+ \rightarrow \beta- \rightarrow \gamma+$ 转化为四瓣畴 $\alpha- \rightarrow \beta+ \rightarrow \gamma- \rightarrow \beta- \rightarrow \gamma+$。根据破缺的弗里德定律 (Friedel's law)，可以使用透射电镜暗场像来观察涡旋的核心数。实验中观察到的所有非六瓣涡旋核心总结在图 7.34(c)~(g) 中，

而图 7.34(h)~(j) 为三种预测的畴构型。

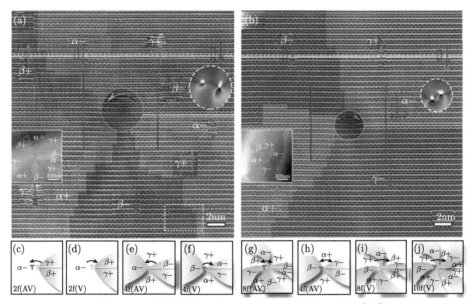

图 7.34 非六瓣畴核心的原子构型和畴结构示意图 [147]

(a)、(b)YMnO₃[100] 方向观察的八瓣反涡旋和四瓣涡旋畴核心结构，在扫描透射电子显微镜的高角环形暗场像照片中，原子亮度正比于原子序数，图中最亮的原子是 Y 原子，次亮的原子是 Mn 原子，图中上方的原子标尺用于判断每个畴内的原子构型及序参量，图中嵌入的是每个涡旋核心的低倍暗场像图片，以及涡旋核心的应变分布图；(c)~(j) 八种可能的非六瓣涡旋畴构型，其中前五种在实验中已观察到，AV 是反涡旋，V 是涡旋；图 (a) 和 (b) 中的涡旋畴构型可以用 $(-2)\times(-2)$ 和 $0\times(-2)$ 来表示；(c)~(j) 中的畴可以分别用 $(-1)\times(-2)$、$0\times(-1)$、$(-1)\times(-1)$、$0\times(-2)$、$(-2)\times(-2)$、$(-1)\times(-2)$、$1\times(-1)$、$1\times(-2)$ 来表示；(a)~(j) 图中的水平点划线是序参量 θ 的分隔线

在 RMnO₃ 中，六次涡旋核心的形成过程可以用一个双参数的序参量来描述：MnO₅ 三角双锥的倾斜幅度 Q 和方位角 φ。简并的序参量空间在低温下由 6 个不同的点组成，如图 7.35(a) 所示，并在结构相变温度附近时拓展为连续圆，圆的半径和 Q 的值成正比。当温度高于结构相变温度时，圆收缩为一个单点。当有不全刃位错时，位错会引起附加的位移场，导致双参数不足以描述序参量，因此，我们就需要引入另一个标量参数 θ 来描述沿着 x 方向的位移场。该参数描述了绕着位错核心的几何相位，并且和 R 原子的位移相关。图 7.35(b) 展示了 θ 围绕着一个伯格斯矢量为 1，泊松比为 0.3 的刃位错的分布情况。从分割线起 (水平点划线)，沿着顺时针方向，θ 从 0 连续增加到 2π。不全刃位错沿着 x 方向产生的位移可以用 Peierls-Nabarro 模型来描述 [161−163]：

$$u_x = -\frac{\boldsymbol{b}}{2\pi}\arctan\frac{2(1-\nu)\boldsymbol{x}}{\boldsymbol{y}} \tag{7.12}$$

其中，x，y 为连接求解的位置坐标和位错核心位置的两个矢量；b 为伯格斯矢量；ν 为泊松比。在单畴中，分割线上方的上-下-下原子结构在分割线下方变为下-下-上，在分割线处形成了一个反相畴壁。在刃位错出现的情况下，铁电畴壁和反相畴壁不再互锁。由于在涡旋核心嵌套的是不全刃位错，所以这条分界线总是出现，Y 离子的位移也受到 θ 序参量的调制。如图 7.35(c) 所示，含有不全刃位错的 $RMnO_3$ 中的序参量空间可以用圆柱体的表面来描述，圆柱侧壁的线代表不全刃位错。通过对该圆柱体进行拓扑变换，将图 7.35(c) 中的两个圆柱体的两端卷曲拉伸并连接起来，可以得到一个 "甜甜圈" 式的环面序参量空间，如图 7.35(d) 所示。因此，系统中任何以 (Q, φ, θ) 三个序参量来描述的闭环都可以在这个环面序参量中映射成一个连续的轨迹。固定 θ、φ 从 $0\sim2\pi$ 变化相当于沿着 "甜甜圈" 小圆旋转一圈 (黑色圈)，固定 φ，将 θ 从 $0\sim2\pi$ 变化一圈等价于沿着 "甜甜圈" 大圆转动一圈。

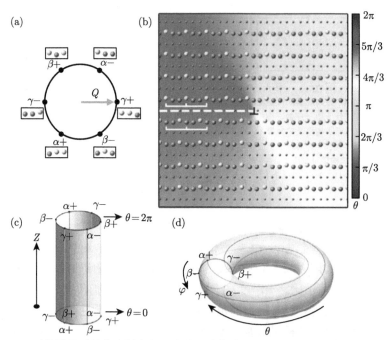

图 7.35　(a) 无位错体系的序参量空间，六个黑点代表了低温下 Z_6 对称性时的六个简并态，每个简并态的 R 原子位移情况也显示在图中，随着温度升高，简并空间变为连续的 $U(1)$ 对称性的圆形，圆形的半径正比于 Q；(b) 具有伯格斯矢量为 1 的刃位错单畴区的原子构型示意图，θ 序参量场用彩色表示，在 θ 不连续的地方放置一条水平点划线作为该序参量的分界线；(c) 具有位错的 $RMnO_3$ 体系的序参量空间，沿着 z 方向，θ 序参量从 0 变为 2π；(d) 从图 (c) 圆柱形序参量变化而来的 "甜甜圈" 式序参量空间，即将圆柱上下两端通过扭曲后对齐并水平放置[147]

根据同伦群理论，图 7.34(c)~(g) 中的涡旋构型都可以用 $\pi 1(R) = Z \times Z$ 中的基本元素 (m, n) 来表示，这里 m 和 n 分别为绕着 "甜甜圈" 式序参量空间的小圆和大圆转动的圈数。如果缠绕方向如图 7.35(d) 中箭头所示的方向，则数字为正值。基于这个定义，n 就等价于伯格斯矢量的数目 (把每个不全刃位错的伯格斯矢量进行归一化，记为 1)。这个同伦群不同于之前文献中给出的结果 [164]，主要是因为在不全刃位错的作用下，序参量空间从圆变为了曲面。一般而言，低缠绕数 (即 m 和 n 绝对值很小的情况) 的拓扑缺陷更容易形成，涡旋核心处的铁电畴壁可以用 $|6m - 2n|$ 来表示。我们在实验中观察到了五种畴构型 (图 7.34(c)~(g))。根据同伦群理论，我们能够预测其他三种畴态 (图 7.34(h)~(j))。这三种预测的畴态可能由于能量太高，在实验中并未观察到。

可以利用朗道自由能模型来解释涡旋的形成机制，用蒙特卡罗方法来模拟退火的过程 [165](如图 7.36 所示)。模拟结果表明，位错形成温度对不同涡旋的形成起着重要作用。当位错在 $RMnO_3$ 结构相变温度以上形成时，能够经常观察到 $0 \times (\pm 1)$ 和 $0 \times (\pm 2)$ 畴的形成，而 $(\pm 1) \times (\pm 1)$，$(\pm 1) \times (\mp 1)$，$(\pm 1) \times (\pm 2)$ 和 $(\pm 1) \times (\mp 2)$ 偶尔能观察到。从 $RMnO_3$ 结构相变温度往下，为降低局域自由能，φ 序参量可以自由演化，由此可以获得最低能量的涡旋构型。计算结果表明，涡旋核心更容易在位错核心附近形成。如果降低位错的形成温度 (当位错形成温度小于结构相变温度时)，则 $[(\pm 1) \times n]$ 类型的涡旋核心变得常见，$(\pm 2) \times (\pm 2)$ 型

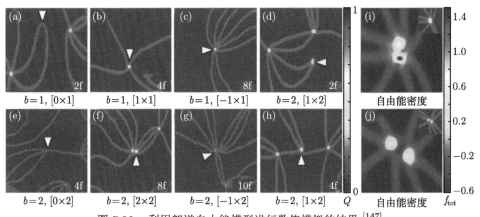

图 7.36 利用朗道自由能模型进行数值模拟的结果 [147]

(a)~(h) 模拟结果显示，六次涡旋可以和其他非六次涡旋共存，黄色箭头标明位错的位置，对应的伯格斯矢量 **b** 和同伦群元素 $[m \times n]$ 标注在每个图的下方；亮红线表示畴壁的位置，因为 Q 在畴壁处的数值要小于畴内；由于在一些涡旋核心处 ((b)~(d) 和 (f)~(h)) 自由能密度梯度很高，Q 在这些核心处数值会降得很低，在图中显示为绿色和黄色亮点；在图 (f) 中看到两个亮点，是由于这个核心不稳定，容易分裂成两个核心。(i) 和 (j) 显示的是在不同位错形成温度下得到的两个 (2×2) 型八瓣畴核心处的自由能密度分布；涡旋核心的分裂能够降低局域位置的自由能密度

涡旋核心也可以观察到。在位错形成温度附近，六次涡旋核心已经形成，且在此温度下，涡旋核心和畴壁的移动能力相比于高温时变弱。为了平衡由位移场导致的自由能增加，则只有相对高能量的涡旋可以形成，因为温度已经不够克服形成 $(0 \times n)$ 型涡旋的势垒了。当伯格斯矢量为 2 的位错正好在六瓣涡旋核中心的时候，会形成 $(\pm 2) \times (\pm 2)$ 涡旋核心。此外，$(\pm 1) \times (\pm 2)$ 类型的四瓣涡旋核心也会经常出现。$(\pm 2) \times (\pm 2)$ 涡旋核心由于能量不稳定，倾向于分裂为两个相邻涡旋。这也解释了在透射电镜照片中八瓣畴核心的两个涡旋之间的距离偏大，而且八瓣核心比较少见。

　　综上，本书系统分析了六方锰氧化物中的非六瓣畴核心的几何构型和产生机制，发现非六瓣涡旋核心都伴有不全刃位错，刃位错的数目和涡旋核心的旋转方向会共同影响涡旋的瓣数。此外，还对不同的非六瓣涡旋核心进行了同伦群分类，并利用拓展的序参量空间，对其形成机制作了系统的解释。本书发现，不全刃位错的数量、伯格斯矢量、形成温度和成核位点均是控制涡旋核心的重要参数。理解和掌握六方锰氧化物中畴及畴核心的拓扑结构，能够大大促进其在功能器件领域的应用。

参 考 文 献

[1] Munkres J R. Topology. 2nd ed. Upper Saddle River: Prentice Hall (America), 2000.
[2] Padlewska B, Darmochwa A. Topological spaces and continuous functions. Formalized Mathematics, 1990, 1(1): 223-230.
[3] Bing R H. Metrization of topological spaces. Can. J. Math., 1951, 3: 175-186.
[4] Gamelin T W, Greene R E. Introduction to Topology. Dover Publications (America), 1999.
[5] Dijkstra J J. On homeomorphism groups and the compact-open topology. Am. Math. Mon., 2005, 112(10): 910-912.
[6] Euler L. Solutio problematis ad geometriam situs pertinentis. Novi Comment. Acad. Sci. Imp. Petropol., 1741: 128-140.
[7] Appel K, Haken W, 江嘉禾. 四色地图问题的解决. 世界科学译刊, 1979, (4):40-54.
[8] Boguslawski P. Modelling and analysing 3d building interiors with the dual half-edge data structure. University of South Wales (United Kingdom), 2011.
[9] Hatcher A. Algebraic Topology. 北京: 清华大学出版社有限公司 (中国), 2005.
[10] Kelley J L. General Topology. Courier Dover Publications (America), 2017.
[11] Okamura Y, Handa H, Yoshimi R, et al. Terahertz lattice and charge dynamics in ferroelectric semiconductor $Sn_xPb1_{-x}Te$. NPJ Quantum Materials, 2022, 7 (1): 91.
[12] 冯硝, 徐勇, 何珂, 等. 拓扑量子材料简介. 物理,2022,51(9):624-632.
[13] Hawking S W, King A R, McCarthy P J. A new topology for curved space–time which incorporates the causal, differential, and conformal structures. J. Math. Phys.,1976, 17: 174-181.

[14] Hall E H. On a new action of the magnet on electric currents. Am. J. Math., 1880, 21 (537): 361.

[15] Hall E H. XVIII. On the "Rotational Coefficient" in nickel and cobalt. The London, Edinburgh, and Dublin Philosophical Magazine and Journal of Science, 1881, 12 (74): 157-172.

[16] Karplus R, Luttinger J M. Hall effect in ferromagnetics. Phys. Rev., 1954, 95 (5): 1154-1160.

[17] Smit J. The spontaneous hall effect in ferromagnetics II. Physica, 1958, 24(1-5): 39-51.

[18] Dyakonov M I, Perel V I. Current-induced spin orientation of electrons in semiconductors. Phys. Lett. A, 1971, 35 (6): 459-460.

[19] Murakami S, Nagaosa N, Zhang S C. Dissipationless quantum spin current at room temperature. Science, 2003, 301 (5638): 1348-1351.

[20] Sinova J, Culcer D, Niu Q, et al. Universal intrinsic spin Hall effect. Phys. Rev. Lett., 2004, 92 (12): 126603.

[21] Kato Y K, Myers R C, Gossard A C, et al. Observation of the spin Hall effect in semiconductors. Science, 2004, 306 (5703): 1910-1913.

[22] 张跃林, 张金星. 自旋轨道耦合与自旋霍尔效应. 北京师范大学学报 (自然科学版), 2016, 52 (6): 781-789.

[23] von Klitzing K, Dorda G, Pepper M. New method for high-accuracy determination of the fine-structure constant based on quantized Hall resistance. Phys. Rev. Lett., 1980, 45 (6): 494-497.

[24] Tsui D C, Stormer H L, Gossard A C. Two-dimensional magnetotransport in the extreme quantum limit. Phys. Rev. Lett., 1982, 48 (22): 1559-1562.

[25] Haldane F D M. Model for a quantum Hall effect without Landau levels: Condensed-matter realization of the "parity anomaly". Phys. Rev. Lett., 1988, 61 (18): 2015-2018.

[26] Yu R, Zhang W, Zhang H J, et al. Quantized anomalous Hall effect in magnetic topological insulators. Science, 2010, 329 (5987): 61-64.

[27] Chang C Z, Zhang J, Feng X, et al. Experimental observation of the quantum anomalous Hall effect in a magnetic topological insulator. Science, 2013, 340 (6129): 167-170.

[28] Kane C L, Mele E J. Quantum spin Hall effect in graphene. Physical Review Letters, 2005, 95 (22): 226801.

[29] Bernevig B A, Hughes T L, Zhang S C. Quantum spin Hall effect and topological phase transition in HgTe quantum wells. Science, 2006, 314 (5806): 1757-1761.

[30] König M, Wiedmann S, Brüne C, et al. Quantum spin Hall insulator state in HgTe quantum wells. Science, 2007, 318 (5851): 766-770.

[31] Oh S. The complete quantum Hall trio. Science, 2013, 340 (6129): 153-154.

[32] Zhang D, Lou W, Miao M, et al. Interface-induced topological insulator transition in GaAs/Ge/GaAs quantum wells. Phys. Rev. Lett., 2013, 111 (15): 156402.

[33] Sufyan A, Macam G, Hsu C H, et al. Theoretical prediction of topological insulators in two-dimensional ternary transition metal chalcogenides (MM′X4, M = Ta, Nb, or V;

M'= Ir, Rh, or Co; X = Se or Te). Chinese J. Phys., 2021, 73: 95-102.

[34] Liang T, Khazaei M, Ranjbar A, et al. Theoretical prediction of two-dimensional functionalized MXene nitrides as topological insulators. Phys. Rev. B, 2017, 96 (19): 195414.

[35] Yang H, Liang A, Chen C, et al. Visualizing electronic structures of quantum materials by angle-resolved photoemission spectroscopy. Nat. Rev. Mater., 2018, 3 (9): 341-353.

[36] Fu L, Kane C L, Mele E J. Topological insulators in three dimensions. Phys. Rev. Lett., 2007, 98 (10): 106803.

[37] Hsieh D, Qian D, Wray L, et al. A topological Dirac insulator in a quantum spin Hall phase. Nature, 2008, 452 (7190): 970-974.

[38] Hsieh D, Xia Y, Wray L, et al. Observation of unconventional quantum spin textures in topological insulators. Science, 2009, 323: 919-922.

[39] Zhang H, Liu C X, Qi X L, et al. Topological insulators in Bi_2Se_3, Bi_2Te_3 and Sb_2Te_3 with a single Dirac cone on the surface. Nat. Phys., 2009, 5 (6): 438-442.

[40] Hasan M Z, Moore J E. Three-dimensional topological insulators. Annu. Rev. Condens. Matter Phys., 2011, 2 (1): 55-78.

[41] Zhang J, Chang C Z, Zhang Z, et al. Band structure engineering in $(Bi_{1-x}Sb_x)_2Te_3$ ternary topological insulators. Nat. Commun., 2011, 2 (1): 574.

[42] Ren Z, Taskin A A, Sasaki S, et al. Optimizing $Bi_{2-x}Sb_xTe_{3-y}Se_y$ solid solutions to approach the intrinsic topological insulator regime. Phys. Rev. B, 2011, 84 (16): 165311.

[43] Fu L. Topological crystalline insulators. Phys. Rev. Lett., 2011, 106 (10): 106802.

[44] Tanaka Y, Ren Z , Sato T, et al. Experimental realization of a topological crystalline insulator in SnTe. Nat. Phys., 2012, 8 (11): 800-803.

[45] Dziawa P, Kowalski B J, Dybko K, et al. Topological crystalline insulator states in $Pb_{1-x}Sn_xSe$. Nat. Mater., 2012, 11 (12): 1023-1027.

[46] Tanaka Y, Sato T, Nakayama K, et al. Tunability of the $Pb_{1-x}Sn_xTe$. Phys. Rev. B, 2013, 87 (15): 155105.

[47] Liu J, Hsieh T H, Wei P, et al. Spin-filtered edge states with an electrically tunable gap in a two-dimensional topological crystalline insulator. Nat. Mater., 2014, 13 (2): 178-183.

[48] Yan B, Felser C. Topological materials: Weyl semimetals. Annu. Rev. Condens. Matter Phys., 2017, 8 (1): 337-354.

[49] Wang Z, Sun Y, Chen X Q, et al. Dirac semimetal and topological phase transitions in A_3Bi (A=Na, K, Rb). Phys. Rev. B, 2012, 85 (19): 195320.

[50] Wang Z, Weng H, Wu Q, et al. Three-dimensional Dirac semimetal and quantum transport in Cd_3As_2. Phys. Rev. B, 2013, 88 (12): 125427.

[51] Liu Z K, Zhou B, Zhang Y, et al. Discovery of a three-dimensional topological Dirac semimetal, Na_3Bi. Science, 2014, 343 (6173): 864-867.

[52] Wan X, Turner A M, ishwanath A V, et al. Topological semimetal and Fermi-arc surface

states in the electronic structure of pyrochlore iridates. Phys. Rev. B, 2011, 83 (20): 205101.

[53] Xu G, Weng H, Wang Z, et al. Chern semimetal and the quantized anomalous Hall effect in HgCr$_2$Se$_4$. Phys. Rev. Lett., 2011, 107 (18): 186806.

[54] Xu S Y, Belopolski I, Alidoust N, et al. Discovery of a Weyl fermion semimetal and topological Fermi arcs. Science, 2015, 349 (6248): 613-617.

[55] Yang L X, Liu Z K, Sun Y, et al. Weyl semimetal phase in the non-centrosymmetric compound TaAs. Nat. Phys., 2015, 11 (9): 728-732.

[56] Liu Z K, Yang L X, Sun Y. et al. Evolution of the Fermi surface of Weyl semimetals in the transition metal pnictide family. Nat. Mater., 2016, 15 (1): 27-31.

[57] Soluyanov A A, Gresch D, Wang Z, et al. Type-II Weyl semimetals. Nature, 2015, 527 (7579): 495-498.

[58] Sun Y, Wu S C, Ali M N, et al. Prediction of Weyl semimetal in orthorhombic MoTe$_2$. Phys. Rev. B, 2015, 92 (16): 161107.

[59] Wang Z, Gresch D, Soluyanov A A, et al. MoTe$_2$: A type-II Weyl topological metal. Phys. Rev. Lett., 2016, 117 (5): 056805.

[60] Belopolski I, Yu P, Sanchez D S, et al. Signatures of a time-reversal symmetric Weyl semimetal with only four Weyl points. Nat. Commun., 2017, 8 (1): 942.

[61] Wang C L, Zhang Y, Huang J W, et al. Evidence of electron-hole imbalance in WTe$_2$ from high-resolution angle-resolved photoemission spectroscopy. Chinese Phys. Lett., 2017, 34 (9): 097305.

[62] Razzoli E, Zwartsenberg B, Michiardi M, et al. Stable Weyl points, trivial surface states, and particle-hole compensation in WP$_2$. Phys. Rev. B, 2018, 97 (20): 201103.

[63] Jiang J, Liu Z K, Sun Y, et al. Signature of type-II Weyl semimetal phase in MoTe$_2$. Nat. Commun., 2017, 8 (1): 13973.

[64] Feng J, Pang Y, Wu D, et al. Large linear magnetoresistance in Dirac semimetal Cd$_3$As$_2$ with Fermi surfaces close to the Dirac points. Phys. Rev. B, 2015, 92(8): 081306.

[65] Borisenko S, Evtushinsky D, Gibson Q, et al. Time-reversal symmetry breaking type-II Weyl state in YbMnBi$_2$. Nat. Commun., 2019, 10 (1): 3424.

[66] Liu D F, Liang A J, Liu E K, et al. Magnetic Weyl semimetal phase in a Kagomé crystal. Science, 2019, 365 (6459): 1282-1285.

[67] Weng H, Dai X, Fang Z. Topological semimetals predicted from first-principles calculations. J. Phys: Condens Matter, 2016, 28 (30): 303001.

[68] Bzdušek T, Wu Q, Rüegg A, et al. Nodal-chain metals. Nature, 2016, 538 (7623): 75-78.

[69] Burkov A A, Hook M D, Balents L. Topological nodal semimetals. Phys. Rev. B, 2011, 84 (23): 235126.

[70] Kopnin N B, Heikkilä T T, Volovik G E. High-temperature surface superconductivity in topological flat-band systems. Phys. Rev. B, 2011, 83 (22): 220503.

[71]　Huh Y, Moon E G, Kim Y B. Long-range Coulomb interaction in nodal-ring semimetals. Phys. Rev. B, 2016, 93 (3): 035138.

[72]　Ramamurthy S T, Hughes T L. Quasitopological electromagnetic response of line-node semimetals. Phys. Rev. B, 2017, 95 (7): 075138.

[73]　Qi X L, Zhang S C. Topological insulators and superconductors. Rev. Mod. Phys., 2011, 83 (4): 1057-1110.

[74]　Hasan M Z, Kane C L. Colloquium: Topological insulators. Rev. Mod. Phys., 2010, 82 (4): 3045-3067.

[75]　Sasaki S, Kriener M, Segawa K, et al. Topological Superconductivity in $Cu_xBi_2Se_3$. Phys. Rev. Lett., 2011, 107 (21): 217001.

[76]　Sato T, Tanaka Y, Nakayama K, et al. Fermiology of the strongly spin-orbit coupled superconductor $Sn_{1-x}in_xTe$: Implications for topological superconductivity. Phys. Rev. Lett., 2013, 110 (20): 206804.

[77]　Chen Y L, Liu Z K, Analytis J G, et al. Single Dirac cone topological surface state and unusual thermoelectric property of compounds from a new topological insulator family. Phys. Rev. Lett., 2010, 105 (26): 266401.

[78]　Zhang J L, Zhang S J, Weng H M, et al. Pressure-induced superconductivity in topological parent compound Bi_2Te_3. Proc. Nat. Acad. Sci., 2011, 108 (1): 24-28.

[79]　Tafti F F, Fujii T, Juneau-Fecteau A, et al. Superconductivity in the noncentrosymmetric half-Heusler compound LuPtBi: A candidate for topological superconductivity. Phys. Rev. B, 2013, 87 (18): 184504.

[80]　Tsutsumi Y, Ishikawa M, Kawakami T, et al. UPt_3 as a Topological Crystalline Superconductor. J. Phys. Soc. Jpn., 2013, 82 (11): 113707.

[81]　Yuan H Q, Agterberg D F, Hayashi N, et al. S-wave spin-triplet order in superconductors without inversion symmetry: Li_2Pd_3B and Li_2Pt_3B. Phys. Rev. Lett., 2006, 97 (1): 017006.

[82]　Xu G, Lian B, Tang P, et al. Topological superconductivity on the surface of Fe-based superconductors. Phys. Rev. Lett., 2016, 117 (4): 047001.

[83]　Bogdanov A, Yablonskii D. Thermodynamically stable "Vortices" in magnetically ordered crystals. The Mixed State of Magnets, Sov. Phys. JETP, 1989, 68: 101.

[84]　Mühlbauer S, Binz B, Jonietz F, et al. Skyrmion lattice in a chiral magnet. Science, 2009, 323: 915-919.

[85]　Yu X Z, Onose Y, Kanazawa N, et al. Real-space observation of a two-dimensional skyrmion crystal. Nature, 2010, 465: 901.

[86]　Jonietz F, Mühlbauer S, Pfleiderer C, et al. Spin transfer torques in MnSi at ultralow current densities. Science, 2010, 330: 1648-1651.

[87]　Nagaosa N, Tokura Y. Topological properties and dynamics of magnetic skyrmions. Nat. Nanotech., 2013, 8: 899-911.

[88]　Dzyaloshinsky I. A thermodynamic theory of "weak" ferromagnetism of antiferromagnetics. J Phys. Chem. Solids., 1958, 4: 241-255.

[89] Moriya T. Anisotropic superexchange interaction and weak ferromagnetism. Phys. Rev., 1960, 120: 91-98.

[90] Du H, Che R, Kong L, et al. Edge-mediated skyrmion chain and its collective dynamics in a confined geometry. Nat. Commun., 2015, 6: 8504.

[91] Huang S X, Chien C L. Extended skyrmion phase in epitaxial FeGe(111) Thin Films. Phys. Rev. Lett., 2012, 108: 267201.

[92] Rajeswari J, Huang P, Mancini G F, et al. Filming the formation and fluctuation of skyrmion domains by Cryo-Lorentz transmission electron microscopy. Proc. Nat. Acad. Sci., 2015, 112: 14212-14217.

[93] von Bergmann K, Menzel M, Kubetzka A, et al. Influence of the local atom configuration on a hexagonal skyrmion lattice. Nano Lett., 2015, 15: 3280-3285.

[94] Rendell-Bhatti F, Lamb R J, van der Jagt J W, et al. Spontaneous creation and annihilation dynamics and strain-limited stability of magnetic skyrmions. Nat. Commun., 2020, 11: 3536.

[95] Shibata K, Yu X Z, Hara T, et al. Towards control of the size and helicity of skyrmions in helimagnetic alloys by spin–orbit coupling. Nat. Nanotech., 2013, 8: 723-728.

[96] Yu X Z, Kanazawa N, Onose Y, et al. Near room-temperature formation of a skyrmion crystal in thin-films of the helimagnet FeGe. Nat. Mater., 2011, 10: 106-109.

[97] Du H, DeGrave J P, Xue F, et al. Highly stable skyrmion state in helimagnetic MnSi nanowires. Nano Lett., 2014, 14: 2026-2032.

[98] Du H, Liang D, Jin C, et al. Electrical probing of field-driven cascading quantized transitions of skyrmion cluster states in MnSi nanowires. Nat. Commun., 2015, 6: 7637.

[99] Tonomura A, Yu X, Yanagisawa K, et al. Real-space observation of skyrmion lattice in helimagnet MnSi thin samples. Nano Lett., 2012, 12: 1673-1677.

[100] Seki S, Yu X Z, Ishiwata S, et al. Observation of skyrmions in a multiferroic material. Science, 2012, 336: 198-201.

[101] Tokunaga Y, Yu X Z, White J S, et al. A new class of chiral materials hosting magnetic skyrmions beyond room temperature. Nat. commun., 2015, 6: 7638.

[102] Moreau-Luchaire C, Mouta C, Reyren N, et al. Additive interfacial chiral interaction in multilayers for stabilization of small individual skyrmions at room temperature. Nat. Nanotech., 2016, 11: 444-448.

[103] Wiesendanger R. Nanoscale magnetic skyrmions in metallic films and multilayers: A new twist for spintronics. Nat. Rev. mater., 2016, 1: 16044.

[104] Woo S, Litzius K, Krüger B, et al. Observation of room-temperature magnetic skyrmions and their current-driven dynamics in ultrathin metallic ferromagnets. Nat. Mater., 2016, 15: 501-506.

[105] Park H S, Yu X, Aizawa T, et al. Observation of the magnetic flux and three-dimensional structure of skyrmion lattices by electron holography. Nat. Nanotech., 2014, 9: 337-342.

[106] Jin C, Li Z, Kovács A, et al. Control of morphology and formation of highly geometrically confined magnetic skyrmions. Nat. Commun., 2017, 8: 15569.

[107] Du H, Zhao X, Rybakov F N, et al. Interaction of individual skyrmions in a nanostructured cubic chiral magnet. Phys. Rev. Lett., 2018, 120: 197203.

[108] Zhao X, Jin C, Wang C, et al. Direct imaging of magnetic field-driven transitions of skyrmion cluster states in FeGe nanodisks. Proc. Natl. Acad. Sci. U.S.A.,2016, 113: 4918-4923.

[109] Matsumoto T, So Y G, Kohno Y, et al. Direct observation of $\Sigma 7$ domain boundary core structure in magnetic skyrmion lattice. Sci. Adv., 2016, 2: e1501280.

[110] Fert A, Reyren N, Cros V. Magnetic skyrmions: advances in physics and potential applications. Nat. Rev. Mater., 2017, 2: 17031.

[111] Wang W, Song D, Wei W, et al. Electrical manipulation of skyrmions in a chiral magnet. Nat. Commun., 2022, 13: 1593.

[112] Sampaio J, Cros V, Rohart S, et al. Nucleation, stability and current-induced motion of isolated magnetic skyrmions in nanostructures. Nat. Nanotech., 2013, 8: 839-844.

[113] Iwasaki J, Mochizuki M, Nagaosa N. Current-induced skyrmion dynamics in constricted geometries. Nat. Nanotech., 2013, 8: 742-747.

[114] Leonov A O, Mostovoy M. Edge states and skyrmion dynamics in nanostripes of frustrated magnets. Nat. Commun., 2017, 8: 14394.

[115] Song D, Li Z A, Caron J, et al. Quantification of magnetic surface and edge states in an FeGe nanostripe by off-axis electron holography. Phys. Rev. Lett., 2018, 120: 167204.

[116] Jia C L, Urban K W, Alexe M, et al. Direct observation of continuous electric dipole rotation in flux-closure domains in ferroelectric Pb(Zr,Ti)O$_3$. Science, 2011, 331: 1420-1423.

[117] Nelson C T, Winchester B, Zhang Y, et al. Spontaneous vortex nanodomain arrays at ferroelectric heterointerfaces. Nano Lett., 2011, 11: 828-834.

[118] Tang Y L, Zhu Y, Ma X L, et al. Observation of a periodic array of flux-closure quadrants in strained ferroelectric PbTiO$_3$ films. Science, 2015, 348: 547-551.

[119] Yadav A K, Nelson C T, Hsu S L, et al. Observation of polar vortices in oxide superlattices. Nature, 2016, 530(7589): 198-201.

[120] Hong Z J, Damodaran A R, Xue F, et al. Stability of polar vortex lattice in ferroelectric superlattices. Nano Lett., 2017, 17: 2246-2252.

[121] Yadav A K, Nguyen K X, Hong Z J, et al. Spatially resolved steady-state negative capacitance. Nature, 2019, 565(7740): 468-471.

[122] Das S, Tang Y L, Hong Z, et al. Observation of room-temperature polar skyrmions. Nature, 2019, 568(7752): 368-372.

[123] Wang Y J, Feng Y P, Zhu Y L, et al. Polar meron lattice in strained oxide ferroelectrics. Nat. Mater., 2020, 19(8): 881-886.

[124] Gong F H, Tang Y L, Zhu Y L, et al. Atomic mapping of periodic dipole waves in ferroelectric oxide. Sci. Adv., 2021, 7: eabg5503.

[125]   Du K, Zhang M, Dai C, et al. Manipulating topological transformations of polar struc-
        tures through real-time observation of the dynamic polarization evolution. Nat. Com-
        mun., 2019, 10(1): 4864.

[126]   Li X M, Tan C B, Liu C, et al. Atomic-scale observations of electrical and mechanical
        manipulation of topological polar flux closure. Proc. Nat. Acad. Sci., 2020, 117:
        18954-18961.

[127]   Zhu R X, Jiang Z X, Zhang X X, et al. Dynamics of polar skyrmion bubbles under
        electric fields. Phys. Rev. Lett., 2022, 129: 107601.

[128]   Stoica V A, Laanait N, Dai C, et al. Optical creation of a supercrystal with three-
        dimensional nanoscale periodicity. Nat. Mater., 2019, 18: 377-384.

[129]   https://plus.maths.org/content/maths-minute-topology.

[130]   von Klitzing K, Dorda G, Pepper M. Phys. Rev. Lett., 1980, 45: 494.

[131]   Thouless D J, Kohmoto M, Nightingale M P, et al. Phys. Rev. Lett., 1982, 49: 405.

[132]   Kane C L, Mele E J. Z2 topological order and the quantum spin Hall effect. Phys. Rev.
        Lett., 2005, 95(14): 146802.

[133]   Fukui T, Hatsugai Y, Suzuki H. Chern numbers in discretized Brillouin zone: Efficient
        method of computing (spin) Hall conductances. J. Phys. Soc. Jpn., 2005, 74(6): 1674-
        1677.

[134]   Xiao D, Yao Y, Feng W, et al. Half-Heusler compounds as a new class of three-
        dimensional topological insulators. Phys. Rev. Lett., 2010, 105(9): 096404.

[135]   Fukui T, Hatsugai Y. Quantum spin Hall effect in three dimensional materials: Lattice
        computation of Z_2 topological invariants and its application to Bi and Sb. J. Phys. Soc.
        Jpn., 2007, 76(5): 053702.

[136]   Marzari N, Vanderbilt D. Maximally localized generalized Wannier functions for com-
        posite energy bands. Phys. Rev. B., 1997, 56(20): 12847-12865.

[137]   Fu L, Kane C L, Mele E J. Topological insulators in three dimensions. Phys. Rev.
        Lett., 2007, 98(10): 106803.

[138]   Kane C L, Mele E J. Quantum spin Hall effect in graphene. Phys. Rev. Lett., 2005,
        95(22): 226801.

[139]   Liu C, Hughes T L, Qi X L, et al. Quantum spin Hall effect in inverted type-II semi-
        conductors. Phys. Pev Lett., 2008, 100(23): 236601.

[140]   Xiao F, Yong X, He K, et al. Introduction to topological quantum materials. Physics,
        2022, 51(9): 624-632.

[141]   Bandyopadhyay A, Jana D. Dirac materials in a matrixway. Universal Journal of Ma-
        terials Science, 2020, 8(2): 32-44.

[142]   Wen Z, Li J, Wang Z, et al. Soft-mode-phonon-mediated insulator–superconductor
        transition in doped two-dimensional topological insulator RuC. Appl. Phys. Lett.,
        2022, 121(1): 013102.

[143]   Sajadi E, Palomaki T, Fei Z, et al. Gate-induced superconductivity in a monolayer
        topological insulator. Science, 2018, 362(6417): 922-925.

[144] Wu S, Fatemi V, Gibson Q D, et al. Observation of the quantum spin Hall effect up to 100 kelvin in a monolayer crystal. Science, 2018, 359(6371): 76-79.

[145] Fu L, Kane C L. Superconducting proximity effect and Majorana fermions at the surface of a topological insulator. Phys. Rev. Lett., 2008, 100(9): 096407.

[146] Sun H H, Zhang K W, Hu L H, et al. Majorana zero mode detected with spin selective Andreev reflection in the vortex of a topological superconductor. Phys. Rev. Lett., 2016, 116(25): 257003.

[147] Cheng S B, Li J, Han M G, et al. Topologically allowed nonsixfold vortices in a six-fold multiferroic material: observation and classification. Phys.Rev. Lett., 2017,118: 145501.

[148] Kibble T W B. Topological Defects and the Non-Equilibrium Dynamics of Symmetry Breaking Phase Transitions. Dordrecht: Springer, 2000.

[149] Ovid'ko I A, Romanov A E. Methods of topological obstruction theory in condensed matter physics. Commun. Math. Phys., 1986,105: 443-453.

[150] Kibble T W B. Topology of cosmic domains and strings. J. Phys., 1976, 9: 1387-1398.

[151] Mermin N D. The topological theory of defects in ordered media. Rev. Mod. Phys., 1979, 51: 591-648.

[152] Trebin H R. The topology of non-uniform media in condensed matter physics. Adv. Phys., 1982, 31: 195-254.

[153] Vilenkin A, Shellard E P S. Cosmic Strings and Other Topological Defects. Cambridge, England: Cambridge University Press, 2000.

[154] Das H, Wysocki A L, Geng Y, et al. Bulk magnetoelectricity in the hexagonal manganites and ferrites. Nat. Commun., 2014, 5: 2998.

[155] Meier D, Seidel J, Cano A, et al. Anisotropic conductance at improper ferroelectric domain walls. Nat. Mater., 2012, 11: 284-288.

[156] Wu W, Horibe Y, Lee N, et al. Conduction of topologically protected charged ferro-electric domain walls. Phys. Rev. Lett., 2012, 108: 077203.

[157] Lavrentovich O D. Topological defects in dispersed words and worlds around liquid crystals, or liquid crystal drops. Liq. Cryst., 1998, 24: 117-126.

[158] Fiebig M, Lottermoser T, Fröhlich D, et al. Observation of coupled magnetic and electric domains. Nature (London), 2002, 419: 818-820.

[159] Brazovski S, Kirova N. Theory of plastic flows of CDWs in application to a current conversion. J. Phys. IV (France), 1999, 9: 10.

[160] Dzyaloshinskii I E. Domains and dislocations in antiferromagnets. JETP Lett., 1977, 25: 2.

[161] Peierls R. The size of a dislocation. Proc. Phys. Soc., 1940, 52:34-37.

[162] Nabarro F R N. Dislocations in a simple cubic lattice. Proc. Phys. Soc., 1946, 59: 256-272.

[163] Dong Z S, Zhao C W. Measurement of strain fields in an edge dislocation. Physica B: Condensed Matter, 2010, 405: 171-174.

[164] Griffin S M, Lilienblum M, Delaney K T, et al. Scaling behavior and beyond equilibrium in the hexagonal manganites. Phys. Rev. X, 2012, 2: 041022.

[165] Li J, Chiang F K, Chen Z, et al. Homotopy-theoretic study and atomic-scale observation of vortex domains in hexagonal manganites. Sci. Rep., 2016, 6: 28047.

第 8 章　量子材料序参量的协同测量与关联性研究

　　量子材料中的序参量是互相关联的、互相影响的；正是这些序参量及其关联性影响了各类量子材料的性质。本书前面各章介绍了如何运用电子显微学方法测量量子材料的点阵、轨道、电荷、自旋和拓扑序参量。本章着重介绍如何在几类量子材料中运用这些方法进行多个序参量的协同测量和它们之间的关联性研究；探讨这些序参量的测量结果和它们之间的关联性对物质性质的影响。

8.1　铋掺杂石榴石磁光材料中多重序参量的关联性研究

　　磁光石榴石材料是目前光功能器件中广泛应用的磁性功能氧化物材料，为了进一步提高石榴石类磁光材料的性能，工业界主要采用的材料优化的方式是对石榴石晶体材料中不同晶格占位进行特定种类的离子取代。其中主要的研究是通过引入铋离子 (Bi^{3+}) 来提高该类钇铁石榴石的磁光效应。然而，由于铋离子 (Bi^{3+}) 和原本的钇离子 (Y^{3+}) 的离子半径之间存在较大的差别，这就需要在掺杂铋离子的同时掺杂其他小离子半径的元素 (如镥离子 (Lu^{3+})) 来调节掺杂薄膜材料与所需基底材料之间的晶格匹配度。此外，小的离子半径掺杂元素镥能降低原本薄膜的磁性矫顽力大小，因此也使得共掺杂的薄膜软磁性能更好，进而使得该薄膜作为磁光器件使用时对外场的响应更快。

　　有关元素掺杂石榴石材料的磁光性能起源的研究，都试图去了解掺杂离子如何影响石榴石晶体结构中的电子结构，以及掺杂所需要的工艺条件的进一步优化。Geller 和 Colville[1] 对铋元素掺杂的钇铁石榴石材料中的多种离子占位的对称性进行了理论探索，理论研究结果认为，在铋离子 (铋离子半径为 1.11Å，钇离子半径为 1.015Å) 取代的钇铁石榴石材料中，四面体占位的 Fe^{3+}—O^{2-} 键长会比纯钇铁石榴石材料中的键长缩短大约 0.15Å；而对于八面体占位的情况则相反，其中的 Fe^{3+}—O^{2-} 键长则会伸长大约 0.63Å；同时，掺杂离子并没有使得两种占位离子之间的 Fe^{3+}(四面体)—O^{2-}—Fe^{3+}(八面体) 夹角发生变化。Dionne 和 Allen[2] 进一步论述了铋取代铱铁石榴石的分子轨道模型，其研究结果表明，在 2~5eV 能量处的跃迁是来自于对应的八面体 Fe^{3+} 和四面体 Fe^{3+} 的电子跃迁过程，其中铋离子具有较强的自旋轨道耦合作用，通过 Bi—O—Fe 形成杂化耦合的轨道，同时也具有很强的自旋轨道耦合作用，分子轨道模型的分析认为，磁光效应的提高主要是来自于自旋轨道耦合效应。Li 和 Guo[3] 进一步利用第一性理论来计算了铋离子掺杂石榴石材料，其中的理论计算结果也表明，铋离子掺杂造成的结构和轨道的变化以及之间强耦合作用需要考虑进去。如何实现对掺杂石榴石的量子序参量的协同测量，解读理解磁光机制中存在的一些争议，对进一步研发新型磁光材料的必要性是显而易见的。

本节运用先进的电子显微学方法，在原子尺度下的测量分别得到铋掺杂磁性石榴石磁光材料中的点阵序参量、自旋序参量、轨道序参量以及电荷序参量等重要信息，并理解这些序参量之间的相互关联效应，从而获得掺杂元素对磁光影响以及所对应的具体作用机制。

8.1.1 铋掺杂石榴石磁光材料的点阵序参量的测量

扫描透射电子显微镜中的高角环形暗场成像技术 (STEM-HAADF) 可以在原子尺度下对铋掺杂石榴石薄膜的显微结构进行细致和系统的表征分析。图 8.1.1(a) 是铋掺杂石榴石材料在 [001] 带轴投影下的高角环形暗场图像，这些原子尺度的高分辨图像表明，铋掺杂石榴石材料具有与标准的石榴石结构一致的原子结构。进一步对原子图像进行了二维高斯拟合的分析，高角环形暗场图像中心亮点的位置和强度 (图 8.1.1(a) 中用红圈标记) 显示了这些原子柱的归一化强度发生变化，其中该原子柱对应于重叠的十二面体和四面体晶格位点 (参见图 8.1.1(b) 的插图)。图 8.1.1(a) 插图中的原子单胞模型定义了高角环形暗场图像中沿着 [100] 和 [010] 两个方向的晶格常数，因此这些晶格常数的大小可以由中心最亮的原子 (红圈所标记) 之间的距离计算得出，并得出图 8.1.1(c) 中所示沿着 [100] 和 [010] 两个方向的晶格常数大小。图 8.1.1(c) 中不同颜色的原点所示为归一化强度和晶格常数大小的分布，图中晶格常数的大小和原子柱的强度大小均可以通过颜色的变化来体现。沿着 [001] 投影的原子结构模型可以发现，中心亮原子柱主要是由十二面体占位的原子占据，此外图 8.1.1(c) 的归一化的强度分布也显示了原子柱强度变化的不均匀，由于高角环形暗场图像中的强度与原子序数 Z 成比例 (大约与 Z^2 成正比)[4]，因此该实验结果发现，铋元素是不均匀地掺杂分布在十二面体的占位中。同时结合在该区域所采集得到的原子分辨的元素分布结果 (图 8.1.1(d))，进一步证明，中心亮原子的强度不均匀分布主要是由中心十二面体占位的区域被铋元素不均匀取代导致的。图 8.1.1(c) 所示相应区域中沿着 [100] 和 [010] 两个方向的晶格常数大小在一定范围内发生波动，晶格常数分布图也显示相同区域的晶格常数值在某些区域扩大，而在邻近的区域出现收缩，从而可以稳定整体晶格结构。

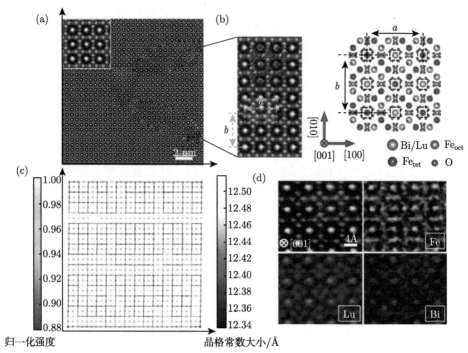

图 8.1.1　　使用 STEM-HAADF 成像技术来实现对铋元素掺杂薄膜的原子结构分析

(a) 沿着 [001] 晶体轴投影得到铋掺杂石榴石材料的原子结构图; (b) 从图 (a) 中提取出来的放大的原子结构图, 沿着 [100] 和 [010] 方向的间距 a 和 b 在图中定义为铋掺杂薄膜材料的晶格常数; (c) 图中的亮点表示图 (a) 中红色线圈所表示的原子的归一化的强度, 颜色表示原子柱强度的大小, 晶格常数 a 和 b 的大小用图中不同方向的直线来表示, 颜色表示晶格常数大小的变化; (d) 图 (a) 中部分区域的元素成分分布, 不同的颜色表示不同的元素 [5]

　　为了进一步确认掺杂铋离子在石榴石薄膜中的晶格占位分布, 需要对石榴石在 [111] 带轴投影下的元素分布进行原子尺度的测量分析。图 8.1.2(a) 所示为沿着 [111] 晶带轴的投影下三种不同的配位环境的阳离子的亚晶格位置 (包括十二面体、四面体以及八面体晶格占位), 原子模型显示, 该投影带轴下三种不同离子占位可以很好地区分开并且相互之间不重叠。图 8.1.2(b) 所示为用 X 射线色散能谱 (EDXS) 得到的元素分布图, 该元素分布结果直接揭示了铋元素成分变化与在高角环形暗场图像中观察到的强度变化一致, 并且铋元素和镥元素的元素分布缺乏任何长程有序, 但是均表明了掺杂的铋元素和镥元素位于十二面体位置, 而 Fe(K 边) 元素的元素分布显示, 该 Fe 原子主要分布在八面体和四面体位置。此外, 铋元素的元素分布信号 (L 边) 强度在不同的十二面体占位上会出现波动。如图 8.1.2(c) 所示, 将一个晶胞内的不同的十二面体位置的铋元素和镥元素的 EDXS 的信号提取出来, 进一步可以发现, 这些不同区域处的十二面体占位上的铋元素的强度是发生波动的, 并且与镥元素的信号 (L 边) 的强度的变化趋势相反。因此这些原子尺度的成分分布和晶格结构测量表明，在掺杂的铋元素存在于石榴石薄膜中的十二面体晶格位置没有形成任何长程有序，并且不均匀分布在十二面体的晶格占位，由于铋离子和镥离子 (Lu^{3+}) 之间的离子半径差异很大，从而元素掺杂石榴石薄膜中局部晶格常数会发生波动。

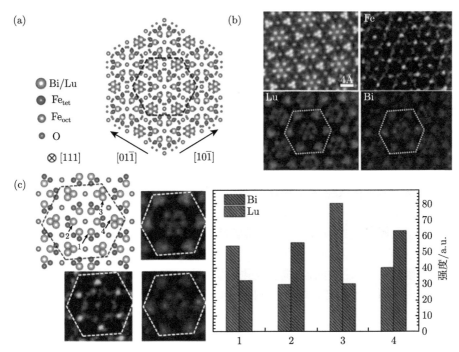

图 8.1.2　铋掺杂镥铁石榴石沿着 [111] 晶轴投影下的不同占位处的元素分布

(a) 沿着 [111] 方向投影的原子结构示意图，可以发现石榴石结构在该投影带轴下可以完全区分不同占位的原子；(b) 原子尺度的元素分布图；(c) 提取处不同占位处铋元素和镥元素的强度分布直方图 [5]

8.1.2　铋掺杂石榴石磁光材料的电荷和轨道序参量的测量

为了进一步理解掺杂铋元素对电荷序、轨道序以及自旋参量变化的影响，原子柱分辨的电子能量损失谱 (EELS) 可以在原子尺度上直接探测其中的轨道以及电荷状态的变化。基于扫描透射电子显微镜技术的电子能量损失谱，同时具有有高空间分辨和元素分辨两个优点，因此在对特定区域的原子结构进行成像的同时，特定区域所采集得到的电子能量损失谱也能同时提供高空间分辨的轨道以及自旋的信息，从而可以理解铋掺杂元素在局部结构上的变化对电子结构的影响。

在这里选择 $Lu_3Fe_5O_{12}$(LuIG) 和 $Y_3Fe_5O_{12}$(YIG) 样品作为对比，通过占位分辨的电子能量损失谱对比研究了铋掺杂引起的铁石榴石薄膜中 Fe 的电荷、轨道和精细的电子结构变化。图 8.1.3(a) 所示为分别来自 BLIG、LuIG 和 YIG 中八面体和四面体占位 Fe 的 $L_{2,3}$ 边的电子能量损失谱。其中 Fe 的 L_2 峰和 L_3 峰起源于 Fe 的 2p 轨道在自旋轨道耦合的作用下从 $2p_{1/2}$ 和 $2p_{3/2}$ 轨道到 Fe 的 3d 轨道的跃迁激发过程。因此对于过渡族金属氧化物来说,金属元素的 $L_{2,3}$ 边的精细结构特征和能量损失峰的位置都与其金属元素的电荷状态和配位结构 (例如八面体或四面体配位结构) 有关 [6]。在氧原子所形成的八面体配位结构中所受到的晶体场的作用下,Fe 的五个不同的 3d 轨道通常会劈裂成三个简并的 t_{2g} 轨道和两个简并的 e_g 轨道。图 8.1.3(b) 均显示了 LuIG 和 YIG 中八面体占位的 Fe 的 L_3 边存在一个明显的肩部精细结构,并且可以利用高斯拟合分别得到 t_{2g} 和 e_g 轨道对应的能量损失谱,而对于铋掺杂镥铁石榴石来说,八面体占位的 Fe 的电子能量损失谱并没有观察到其在晶体场作用下形成的 L_3 边前肩部这一精细结构。同时在铋掺杂镥铁石榴石与纯 LuIG 和 YIG 中,八面体和四面体占位 Fe 的 $L_{2,3}$ 边所对应的能量位置均保持相同,这些结果也表明,在镥铁石榴石材料中,掺杂铋元素不会使得八面体和四面体位点的 Fe 的电荷状态发生变化,且仍均保持了正三价状态,这也进一步说明,进入十二面体的掺杂铋元素并不会和不同占位的铁元素之间发生电荷转移行为。此外可以发现:相对于八面体占位,四面体晶格占位的晶体场劈裂能较低,这也使得在 BLIG、LuIG 和 YIG 的四面体晶格位置中均没有观察到 Fe 的 L_3 边前出现的肩部等其他特征精细结构。在铋掺杂镥铁石榴石中,八面体占位的 Fe 的 L_3 边前消失的肩部特征精细结构与上述铋离子掺杂所引入的局部结构的变化密切相关,是来自于铋原子掺杂引入,使得邻近铁氧八面体发生几何畸变。相关论述也会在后续的理论计算中进一步得到证明。

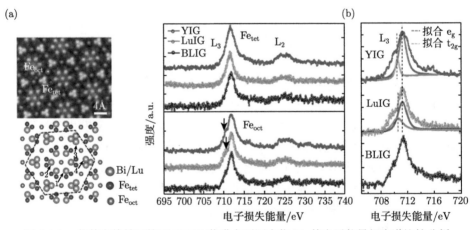

图 8.1.3 铋掺杂镥铁石榴石 BLIG 薄膜中不同占位 Fe 的电子能量损失谱比较分析
(a) 不同成分石榴石材料中提取得到的八面体和四面体的 Fe 的 $L_{2,3}$ 边; (b) 将 (a) 中得到的八面体占位 Fe 的 L_3 边进行放大显示,其中红色和深绿色曲线分别为通过高斯拟合得到的 t_{2g} 和 e_g 轨道 [5]

8.1.3 铋掺杂石榴石磁光材料的自旋序参量的测量

石榴石类磁光材料中磁结构的另一个重要的特点是两个不同占位的磁性原子会通过强超交换相互作用来实现反铁磁耦合,同时,因为两种占位的磁性离子数目不等价,石榴石结构整体会产生未补偿的亚铁磁性。为了进一步揭示铋元素掺杂对邻近磁性元素的磁性交换方式的影响,用基于电子能量损失谱发展出来的占位分辨的电子磁圆二色性谱 (EMCD) 技术可以直接探测其中的不同占位铁的磁性信号 (具体方法见本书第 6 章)。其中电子束在周期性势场中的分布可以用布洛赫波的形式来处理,如果入射电子束相对于样品的入射方向发生变化,则此时入射电子束的动力学衍射条件也会发生变化,因此以布洛赫波形式分布的电子束会在周期性势场中发生变化。其中特定的原子面上的电子束可能会发生强激发,也有可能在原子柱间隙发生强激发,由此可以发现当电子束的入射条件发生改变时,会使电子束在样品中的传递出现通道效应,利用该效应可以选择性地去强激发特定的原子面,从而可以区分不同原子面上的磁性原子,这是占位分辨的 EMCD 技术的基础。

综上所述,占位分辨的 EMCD 技术可以用于研究铋掺杂镥铁石榴石中 Fe 在八面体和四面体占位中的磁性信号。衍射动力学计算 [7] 首先可以计算出 EMCD 实验中最佳的占位分辨的衍射条件,图 8.1.4(a) 所示为占位 EMCD 实验具体的操作过程,首先需要旋转样品至 $(8\bar{8}8)$ 三束条件,然后进一步将样品转至 $(8\bar{8}8)$ 衍射斑点强激发所对应的双束条件,从而可以在该衍射条件下分别找到四面体和八面体晶格占位强激发的动力学衍射条件。由上述理论,可以通过使用布洛赫波法并结合第一性相关计算,模拟得到在该衍射动力学条件下不同占位信号强激发的位置,图 8.1.4(b) 中不同颜色的圆圈表示入口光阑的位置,不同的颜色分别对应不同占位所采集的位置,这是为了能将得到的信号限制在特定收集角大小范围,该过程可以通过改变电镜的电子光学相机长度来实现。

图 8.1.5(a) 和 (b) 分别为八面体占位和四面体占位 Fe 的 EMCD 信号,其中八面体占位的 EMCD 信号与四面体占位的 EMCD 信号相反,该自旋探测的结果表明,Fe 原子的磁矩在两个不同晶格占位是反平行的,因此也阐明,当铋元素掺杂进入十二面体中,邻近的两个不同晶格占位中 Fe 原子仍然保持了反铁磁耦合,该过程是由中间桥连的氧原子通过强超交换相互作用来实现的,其磁结构可以写成 $(Bi/Lu)_3[Fe^{3+},\downarrow]_{oct}[Fe^{3+},\uparrow]_{tet}O_{12}$。此外,BLIG 和 YIG 的宏观饱和磁化强度大小几乎相同,这也进一步说明铋离子掺杂镥铁石榴石样品后磁矩没有发生明显改变。图 8.1.5(c) 显示为不同占位 Fe 的自旋构型,对于 Fe^{3+}(八面体)-Fe^{3+}(四面体) 占位之间的交叉跃迁过程,这种不变的磁性结构满足 $\Delta S_\zeta = 0$ 自旋选择规则 (其中 ΔS_ζ 是 ζ 方向上总自旋的变化)[8],此外,由于八面体和四面体占位之间反平行自旋构型满足电子在不同轨道之间的激发跃迁不需要自旋翻转,同时电子在不同占位 Fe 原子轨道之间

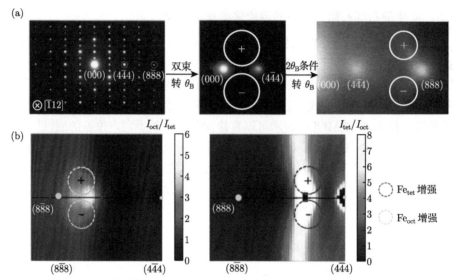

图 8.1.4　占位分辨 EMCD 测量的实验条件和衍射动力学系数计算模拟

(a) 占位分辨 EMCD 实验过程图以及对应的入口光阑放置的位置示意图；(b) 占位分辨 EMCD 实验中，动力学计算模拟得到不同离子占位的动力学系数在倒空间中的分布情况（模拟所对应的厚度为 40nm），图中圆圈表示为实验中收集不同占位信号所放置入口光阑的最佳位置 [5]

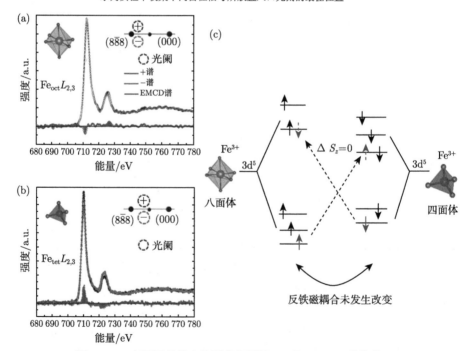

图 8.1.5　在不同晶格占位采集得到的 Fe 的 EMCD 的信号

(a) 八面体晶格占位 Fe 的 EMCD 磁信号；(b) 四面体晶格占位 Fe 的 EMCD 磁信号；
(c) 反铁磁耦合示意图 [5]

的交叉跃迁也是光学跃迁中的重要一部分，因此，这些允许的交叉跃迁也同样对可见光和红外波段范围内显著增强的磁光响应所对应的光学跃迁有重要作用[3,9]。

8.1.4　铋掺杂石榴石磁光材料的理论计算

基于对薄膜 BLIG 中结构参数的实验测量结果，密度泛函理论的第一性原理计算可以对具有不同掺杂排列方式的一系列铋掺杂石榴石原始细胞进行自洽的晶格弛豫计算。如图 8.1.6(a) 所示，每个弛豫结构的能量仅略有不同，但是 Bi 和 Lu 原子最不均匀分布的结构 (标记为 BLIG-2) 具有最低的能量。进一步，利用第一性原理计算了具有 BLIG-2 构型的完全弛豫后的原始单胞中八面体和四面体占位的 Fe—O 键长，并与 YIG、未取代的 LuIG 和 $Bi_3Fe_5O_{12}$ (BiIG) 中不同占位 Fe 的 Fe—O 键长进行了比较。BLIG-2 的一个重要特征是，八面体晶格占位的 Fe 的不同方向的 Fe—O 键长大小不一样，存在两种不同的 Fe—O 键长，如图 8.1.6(b) 所示。相比之下，四面体配位中所有 Fe—O 键长受到铋元素掺杂的影响较小，这也是由于八面体晶格占位的 Fe 与十二面体亚晶格之间共棱相连，而四面体晶格占位的 Fe 和十二面体仅仅通过单个的顶点氧桥连在一起。因此，对于八面体占位 Fe 多面体来说，铋取代到十二面体晶格占位会导致邻近八面体更强的配位多面体结构的畸变。虽然从投影下的原子结构成像中无法观察到 Fe—O 键长的这些变化，但是原子柱分辨的图像结果已经揭示，由于铋取代会导致晶体结构的变化，从而会进一步引起八面体的畸变。为了进一步研究由铋取代引起的多面体结构畸变的影响，利用第一性原理计算可以得到八面体和四面体占位的晶体场劈裂能 (CFE) 的大小。在未取代的 YIG、LuIG 中，由图 8.1.7(b) 和 (c) 中黑线和红线之间的能量差表示的晶体场劈裂能值，从 YIG 到 LuIG 再到 BiIG 会逐渐减小，该结果与以往的研究一致[10]，主要归结于较大的离子半径会导致轨道杂化强度降低，因此晶体场劈裂能会降低。此外一系列不同铋掺杂浓度的镥铁石榴石 $(Lu_{3-x}Bi_x)Fe_5O_{12}$ 化合物 ($x = 0.5 \sim 2.5$) 的晶体场劈裂能也可以通过计算得到，计算结果均显示，两个不同晶格占位 Fe 的晶体场劈裂能降低，但不随 Bi/Lu 比而单调线性变化。如图 8.1.7(b) 所示，对于四面体晶格占位 Fe 来说，BLIG 掺杂结构的晶体场劈裂能与所有未取代的化合物相比较小。因此，理论计算进一步佐证了电子能量损失谱所观察的实验现象，即八面体晶格占位 Fe L_3 边前的肩部结构在 BLIG 样品中会消失，这归因于 CFE 的显著降低，同时也揭示，掺杂在十二面体位点的铋元素会使得镥铁石榴石结构中的晶体场劈裂能大小发生波动。图 8.1.7(d) 说明，BLIG 中畸变的八面体的 d 轨道会受到 Fe—O 多面体的几何畸变影响而出现去简并。相反在未发生畸变的八面体占位中，Fe 的 $3d^5$ 轨道能级则会在晶体作用下劈裂为两个简并能级，即 t_{2g} 和 e_g。第一性原理计算出来的态密度结果也直接表明，铋元素的不均匀分布所诱导的八面体畸变，会导致 t_{2g} 和 e_g 中简并的轨道发生去简并。

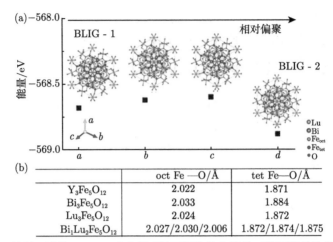

图 8.1.6　第一性原理计算 (DFT) 弛豫得到的不同铋掺杂镥铁石榴石的单胞模型以及 Fe—O
不同配位多面体的键长分析

(a) 铋掺杂镥铁石榴石的不同构型弛豫后的能量大小；(b) 不同成分的铁石榴石的
不同占位 Fe—O 配位多面体的键长分析；$Bi_1Lu_2Fe_5O_{12}$ 采用单胞模型 BLIG-2，
这是由于其基态能量最低 [5]

	oct Fe—O/Å	tet Fe—O/Å
$Y_3Fe_5O_{12}$	2.022	1.871
$Bi_3Fe_5O_{12}$	2.033	1.884
$Lu_3Fe_5O_{12}$	2.024	1.872
$Bi_1Lu_2Fe_5O_{12}$	2.027/2.030/2.006	1.872/1.874/1.875

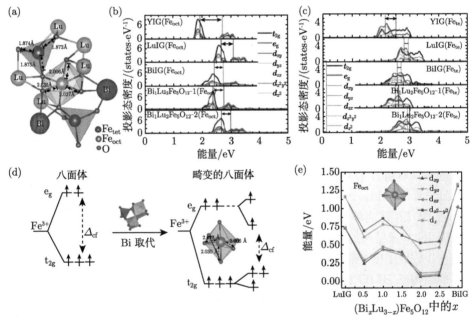

图 8.1.7　不同成分的石榴石和铋掺杂镥铁石榴石的晶体场劈裂能以及
轨道简并性的理论计算结果分析

(a)BLIG-2 单胞第一性原理弛豫后的不同占位 Fe—O 多面体的键长模型图；(b) 八面体晶格占位的 Fe 的 3d 轨
道的投影态密度图；(c) 四面体晶格占位的 Fe 的 3d 轨道的投影态密度图；(d) 铋掺杂镥铁石榴石中八面体占位
Fe—O 多面体发生畸变的示意图，轨道会进一步发生去简并；(e) 在不同铋的掺杂浓度下，八面体占位 Fe 的 3d
轨道能量分布示意图 [5]

这些研究结果表明：在铋元素取代的镥铁石榴石中，可以通过实验确定多个量子序参量，包括晶格、电荷、自旋、轨道和 CFE，以此来加深对掺杂元素如何影响磁光效应的理解。理论计算结果也进一步论述了在铋掺杂镥铁石榴石中，十二面体晶格占位的铋掺杂元素没有形成任何一种类型的长程有序，但是会导致局部晶格常数的波动和八面体占位 Fe—O 多面体的晶格畸变。局部多面体结构的几何畸变会进一步导致八面体 Fe 3d^5 轨道的去简并性，并且铋的掺杂引入会使得两个占位 Fe 的 3d^5 轨道的晶体场劈裂能大小降低。如图 8.1.8 所示，这些激发态之间跃迁所对应的能量也会随着晶体场劈裂能的变化而变化。此外，八面体和四面体晶格占位之间的反平行自旋构型在铋掺杂镥铁石榴石中仍然得到保持，这会使得不同占位磁性离子之间的交叉激发跃迁过程因满足自旋选择规则而得以发生，而且这些跃迁过程在磁光响应中所对应的可见和近红外波段处光学跃迁中扮演着重要角色。其中掺杂铋元素也会引起八面体畸变的效应，使得铋掺杂镥铁石榴石中 Fe—O 八面体的局部对称性被破坏，导致轨道的去简并性，进一步使得八面体占位中晶体场跃迁所对应的跃迁振子强度增强，并有助于入射光在低能量区域的磁光响应。

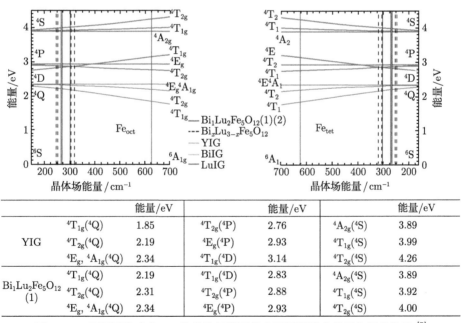

		能量/eV		能量/eV		能量/eV
	$^4T_{1g}(^4Q)$	1.85	$^4T_{2g}(^4P)$	2.76	$^4A_{2g}(^4S)$	3.89
YIG	$^4T_{2g}(^4Q)$	2.19	$^4E_g(^4P)$	2.93	$^4T_{1g}(^4S)$	3.99
	$^4E_g,\ ^4A_{1g}(^4Q)$	2.34	$^4T_{1g}(^4D)$	3.14	$^4T_{2g}(^4S)$	4.26
	$^4T_{1g}(^4Q)$	2.19	$^4T_{1g}(^4D)$	2.83	$^4A_{2g}(^4S)$	3.89
$Bi_1Lu_2Fe_5O_{12}$ (1)	$^4T_{2g}(^4Q)$	2.31	$^4T_{2g}(^4P)$	2.88	$^4T_{1g}(^4S)$	3.92
	$^4E_g,\ ^4A_{1g}(^4Q)$	2.34	$^4E_g(^4P)$	2.93	$^4T_{2g}(^4S)$	4.00

图 8.1.8　不同晶格占位 Fe 的晶体场劈裂能和不同激发态能级之间的关系 [5]

8.1.5　小结

本书基于电子显微镜所发展起来的多种先进的电子显微学方法 (包括原子尺

度成像、原子分辨的 EDXS、占位分辨的 EELS 以及 EMCD 技术等)，对铋掺杂镥铁石榴石磁光材料中多种量子序参量进行了协同测量研究。这一系列序参量测量结果表明，除了铋掺杂镥铁石榴石中铋掺杂元素引入的强自旋轨道耦合效应外，元素替代导致的局部原子/电荷/自旋/轨道结构的变化同样需要考虑，这会进一步促进对这些序参量关联效应的理解。

通过使用这些在原子尺度上进行协同测量的先进电子显微镜技术，不仅可以在原子尺度上揭示铋掺杂镥铁石榴石的结构变化，同时也进一步阐明，铋掺杂导致 Fe—O 八面体的畸变，从而使得占位 Fe 原子中关键的 d 轨道的电子能级发生去简并，以及降低不同晶格占位 Fe 的晶体场劈裂能，并结合理论计算揭示了晶体场劈裂能的变化会导致不同能级跃迁的变化。此外，该工作也表明了在高空间分辨率下对晶格/电荷/自旋/轨道/拓扑序参数进行协同实验测量的有效性和意义，能够深入了解多个量子序参数之间的隐藏耦合效应，从而进一步指导研究和开发其他新型复杂的功能材料 [11]。

参 考 文 献

[1] Geller S, Colville A A. Increased Curie temperature and superexchange interaction geometry in bismuth and vanadium substituted YIG. AIP Conf. Proc., 1975, 24(1):372-373.

[2] Dionne G F, Allen G A. Molecular-orbital analysis of magneto-optical Bi-O-Fe hybrid excited states. J. Appl. Phys., 1994, 75(10):6372-6374.

[3] Li W, Guo G. First-principles study on magneto-optical effects in the ferromagnetic semiconductors $Y_3Fe_5O_{12}$ and $Bi_3Fe_5O_{12}$. Phys. Rev. B, 2021, 103(1):014439.

[4] Kirkland E J, Loane R F, Silcox J. Simulation of annular dark field stem images using a modified multislice method. Ultramicroscopy, 1987, 23(1):77-96.

[5] Xu K, Zhang L, Godfrey A, et al. Atomic-scale insights into quantum-order parameters in bismuth-doped iron garnet. Proceedings of the National Academy of Sciences, 2021, 118(20):e2101106118.

[6] Rossell M D, Erni R, Prange M P, et al. Atomic structure of highly strained $BiFeO_3$ thin films. Phys. Rev. Lett., 2012, 108(4):047601.

[7] Löffler S, Schattschneider P. A software package for the simulation of energy-loss magnetic chiral dichroism. Ultramicroscopy, 2010, 110(7):831-835.

[8] Dionne G F, Allen G A. Intersublattice magneto-optical transitions in diluted ferrimagnetic garnets. J. Appl. Phys., 2004, 95(11):7333-7335.

[9] Crossley W A, Cooper R W, Page J L, et al. Faraday rotation in rare-earth iron garnets. Phys. Rev., 1969, 181(2):896-904.

[10] Nekrasov I A, Streltsov S V, Korotin M A, et al. Influence of rare-earth ion radii on the low-spin to intermediate-spin state transition in lanthanide cobaltite perovskites: $LaCoO_3$ versus $HoCoO_3$. Phys. Rev. B, 2003, 68(23):235113.

[11] 徐坤. 元素掺杂铁氧体磁光材料的电子显微学研究. 北京：清华大学，2022.

8.2 高温超导铜氧化物中赝能隙态下的拓扑磁涡旋序

8.2.1 引言

近三十多年，凝聚态物理领域面临的重大挑战之一是揭示和理解高温超导铜氧化物中的赝能隙态所蕴藏的丰富物理现象。各种实验表明，在特征温度 T^*(赝能隙态转变温度) 以下存在对称破缺态 [1]。高温超导铜氧化物的赝能隙态处于超导转变温度 T_c 之上，位于 T^* 温度之下。在赝能隙态下，具有异常的磁性、输运特性的热力学和光学性质。但是，对赝能隙态的起源以及它与超导性的关联仍然没有完全弄清楚。目前两个主流的理论模型想尝试去描述赝能隙态：第一种观点 [2] 认为，赝能隙是超导态的先驱，此时系统中已经存在库珀对，能隙 Δ 不为零，但是强相位涨落使得这些库珀对没有形成相位相干，因此不会形成超导；第二种观点 [3,4] 认为，赝能隙是由破缺系统的平移/旋转对称性或时间反演对称性而导致的某种电荷序或者磁序的产生，这些序参量会和超导之间相互竞争或者相互促进，这个观点在最近几年比较热门，因为越来越多的电荷序和磁序在赝能隙中被观测到。

8.2.2 赝能隙态下异常磁结构的理论预测

众多理论物理学家通过理论计算预测了赝能隙态下存在着的异常拓扑磁序。总结起来，主要有以下三个主流的观点。

(1) $SO(5)$ 对称群理论 [5]：群论是描述对称的数学理论，对称是操作下的不变性。1987 年发现高温超导现象以后，1990 年，杨振宁和张首晟发表了他们在该领域的第一篇理论工作 [6]，提出了一个哈伯德模型，即铜基高温超导具有增强的 SO_4 对称性，并引入了量子数 j 和 j'，这里 j 是一个与超导性有关的量，j' 是与体系磁序相关的量。他们的工作关注了高温超导中的对称性问题以及自旋序的问题。随后，高温超导研究的大量实验结果表明：远在超导转变温度之上，高温超导铜氧化物超导体中的电子对就已经形成。用 T_{MF} 表示电子对的形成的起始温度；如果 T_{MF} 远比 T_c 高，那为什么发生超导转变的温度 T_c 这么低呢？基于这个问题，张首晟在 1997 年提出了 $SO(5)$ 对称群理论，即强相互作用系统的低能自由度，必然经由系统的对称性而彼此关联。$SO(5)$ 对称群理论中的 "超自旋跳动"(superspin-flop) 是该理论的核心。图 8.2.1(a) 是超自旋跳动的示意图：反铁磁的易平面 (是指反铁磁易轴所在的平面) 转入易超导面，从反铁磁的基态向超导态的转变是超自旋跳动的转变过程。$SO(5)$ 理论有待实验进一步验证，它提出了许多重要的预言，比如，①当材料充分清洁 (clean) 时，有可能在反铁磁态与超导态之间存在直接的一级相变；②存在诸如双临界点、四临界点附近的行为；③超自旋模型认为，因为有五维序参量，所以在远离涡旋 (vortex) 时，超自旋可以处在超导平面 (SC plane)，但在涡旋之内超自旋却能跳动进入反铁磁球 (AF sphere)。这样的拓扑位形 (topological configuration) 称为半子 (meron)，正如场论理论中那样，如图 8.2.1(b) 所示。

(2) DM 相互作用 (Dzyaloshinskii-Moriya interaction) 和空穴导致的磁结构扭转 (hole-induced magnetization twist) 作用。1988 年，Shraiman 和 Siggia[8] 以海森伯交换作用和二维自旋方形晶格中移动 "空穴"(hole) 的动能结合的哈密尔顿量为基础，提出了空穴导致的磁结构扭转作用，即二维反铁磁体中量子空位的基态涉及交错磁化的长程偶极畸变，给出了空穴与长程自旋构型相互作用的有效哈密顿量，讨论了反铁磁长程序的意义，预测了高温超导铜氧化物中存在长程的螺旋磁结构。DM 相互作用的提出是为了解释大部分反铁磁晶体中的弱铁磁现象。1991 年，张富春等 [9] 从 DM 相互作用的基本理论出发，同时考虑到铜氧化物中的自旋轨道耦合作用，考虑 Cu—O—Cu 键 (bond) 的哈密顿量 (包含 3d 轨道的晶体场能，O 的 2p 轨道的反键能和 Cu 原子位置上的自旋轨道耦合效应)；发现该系统中的 DM 相互作用的强度 (线性关系) 取决于 O 八面体的倾转角度和 Cu^{2+} 自旋轨道的耦合强度；张富春等还预测，$YBa_2Cu_3O_{6+x}$ 中的 DM 相互作用可以使其具有螺旋磁结构 (spiral structure)。

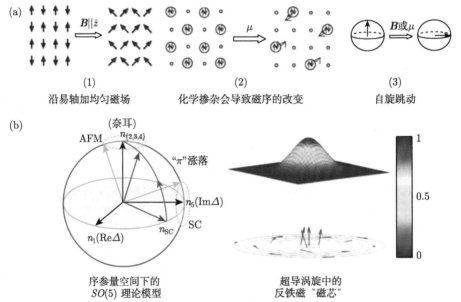

图 8.2.1　(a) 基于 $SO(5)$ 对称群理论的超自旋跳动过程；(b) 基于 $SO(5)$ 对称群理论提出的拓扑自旋结构的半子磁结构；图片源自参考文献 [5] 和 [7]

(3) 一些科学家认为：基于量子临界理论 (quantum critical points) 和环形电流 (loop current) 理论的预测 [10-12]，在可能存在于量子材料中的所有奇特的物质状态中，物质的多种物理特性会随着温度、电子密度和其他因素的变化而交织在一起，在一个特殊的因素交叉处存在一个特别奇怪的并置，称为量子临界点。就像黑洞是空间中的奇点一样，量子临界点是量子材料的不同状态之间的点状交叉点，在该状态下，预计会发生各种奇怪的电子行为。2004 年，Senthil 等 [10] 基于二阶相变理论，提出了与实验相关的二维反铁磁体中的量子临界点理论，理论预测了高温超导中存在半子的拓扑磁结构，如图 8.2.2 所示。

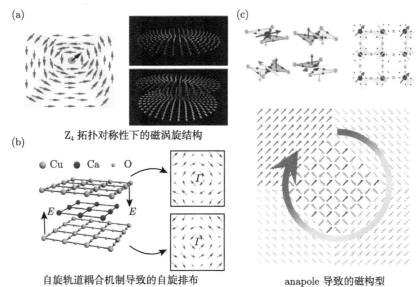

图 8.2.2　（a）基于量子临界理论的模型 [10]；（b）基于自旋轨道耦合理论的物理模型 [10]；（c）基于环形电流理论的物理模型 [12]

8.2.3　赝能隙态下时间反演对称性破缺的前期实验基础

关于高温超导铜氧化物 $YBa_2Cu_3O_{6+x}$(YBCO) 的赝能隙态的研究，最早的实验发现是 2006 年，Fauqué 等 [13] 利用极化弹性中子衍射技术发现了 $YBa_2Cu_3O_{6+x}$ 体系中一种异常的磁序。他们发现这种异常磁序保持了晶格的平移对称性，打破了时间反演对称性。这是证实赝能隙态下隐藏磁序的第一个直接的实验证据。随后，人们通过中子衍射、极化中子衍射、能斯特 (Nernst) 效应、克尔 (Kerr) 效应、超冷原子和 ν 子 (muon) 自旋弛豫谱等实验技术 [14-24]，进一步丰富和证实了 Fauqué 等的实验结果，如图 8.2.3 所示。通过拟合不同实验技术探测到的磁序转变的温度曲线，可以发现，异常磁性信号是伴随着赝能隙态同时出现的，说明磁性信号的出现与赝能隙的出现是相关的，如果能够更加清楚地解析赝能隙态下的磁序结构，则有助于人们进一步理解高温超导中赝能隙态中丰富的物理现象。

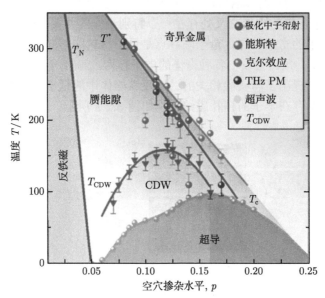

图 8.2.3　$YBa_2Cu_3O_{6+x}$ 的相图
图中展示了不同实验技术得到的赝能隙态下中异常磁序的实验结果 [14−24]

　　之前的磁性表征手段都集中于宏观的中子衍射，或者输运测量，这些实验方法的空间分辨率都处于微米或者毫米量级，难以对赝能隙态下异常磁结构进行更加精细的解析。要想进一步研究赝能隙态下异常磁结构的精细结构，实现更加精细的磁结构的表征，则空间分辨率达到纳米尺度显得非常重要。在众多的实验方法中，电子显微镜具有高空间分辨的特点，基于透射电镜发展而来的洛伦兹透射电镜 (LTEM) 具有高空间分辨、高灵敏度的磁性探测的特点，同时可以结合液氦样品台，研究从室温到 10K 温度区间内的高温超导铜氧化物在不同电子态下的磁序。

8.2.4　赝能隙态下拓扑磁涡旋结构的发现

　　LTEM 的原理是利用电子束在穿过磁场时会受到洛伦兹力而改变相位的基本作用。当电子束通过磁性样品时，样品中的磁场会使电子束发生偏转，电子束受到的洛伦兹力 f 是样品与周围静电场 E 和磁场 B 作用的结果。通过衡量电子束受到洛伦兹力而发生偏转的大小 (相位改变的大小)，便可以获得对应的磁性信号的大小和方向。图 8.2.4 展示的是利用 LTEM 结合液氦样品杆，在高温超导铜氧化物 $YBa_2Cu_3O_{6.5}$ 中发现的拓扑涡旋磁结构。

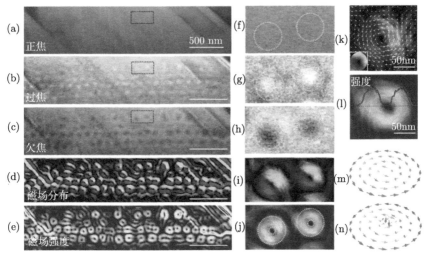

图 8.2.4 利用 LTEM 第一次获得高温超导铜氧化物 $YBa_2Cu_3O_{6.5}$ 中拓扑磁涡旋的实验结果
(a)~(c) 分别为正焦、过焦和欠焦下的 LTEM 图像, 过焦和欠焦量都是 1.08mm; (d) 利用强度传递方程 (TIE) 解析正焦、过焦和欠焦条件下的 LTEM 图像获得的磁性信号的图像; (e) 磁场信号的强度分布; (f)~(j) 分别为 (a)~(e) 图中红色虚线方框放大的结果; (k) 单个拓扑涡旋磁结构实验结果, 上面覆盖的白色箭头代表了对应的磁场的方向; (l) 对应的磁场的强度分布; (m)、(n) 由于 LTEM 只能探测面内的磁序, 无法探测面外方向, 涡旋中心的磁矩方向无法确定, 所以根据实验结果, 存在两种可能的拓扑涡旋磁结构模型 [25]

8.2.5 拓扑磁涡旋结构随外加磁场和外加温度场的演变

拓扑涡旋序本身是自旋在三维空间形成的拓扑结构, 为了研究拓扑涡旋序随外加磁场和温度场的演变, 实验中通过改变物镜电流的大小, 来改变施加在样品上的外加磁场的大小。外加磁场实验在两个温度条件下进行: ①室温 300K, 此时样品处于赝能隙态; ② 温度 10K, 此时样品处于超导态。得到的拓扑涡旋序随外加磁场强度的演变如图 8.2.5(a)~(j) 所示。通过改变实验样品区域的温度场 320~10K, 得到的拓扑涡旋序随外加温度场的演变如图 8.2.5(k)~(t) 所示。

之前的一些实验结果认为, 超导性通常出现在反铁磁序或电荷密度波 (CDW) 序等对称性被破坏的基态附近 [3,4]。理论上, 电子束的偏转可能来自于局部磁结构, 也可能来自于晶格内部电荷调制产生的局部电场。这两种可能都会造成上述的衬度, 因为已知赝能隙态下的一部分相图区间会表现出电荷密度波态。因此, 在实验中, 沿着电子束方向施加外加磁场, 用来检查观察到的拓扑涡旋序是否受到外加磁场的影响。同时, 研究清楚该拓扑磁涡旋序在不同的外加温度场和磁场下的演变, 将会帮助进一步理解其在赝能隙态和超导态下扮演的角色。图 8.2.5(a) 和 (f) 分别是 300K 和 10K, 约 0mT 条件下的 LTEM 实验结果, 可以发现, 在 300K(赝能隙态) 和 10K(超导态) 下都存在拓扑磁涡旋结构。在 300K 的条件下,当外加磁场超过 140mT 时，磁涡旋结构会变小，直至消失 (图 8.2.5(a)~(e))。在超导态下 (10K)，当外加磁场超过 338mT 时，磁涡旋便会消失 (图 8.2.5(f)~(j))。这一结果说明了拓扑涡旋序是来自磁的信号，即拓扑自旋织构的面内分量被外加磁场抑制 (可能变为面外方向)。它排除了可能的电荷调制的相关性，这些调制预计不会对小磁场作出反应。10K 下 (超导态) 的临界磁场比 300K(赝能隙态) 的更大，这表明在超导态下拓扑磁涡旋序变得更稳定，但这些临界磁场都小得惊人，意味着拓扑磁涡旋序的涌现 (是指由多个部分组成的整体出现各部分都没有的新性质的现象，即通常所说的 "1+1>2") 性质 [1]。

图 8.2.5(k)~(t) 展示的是赝能隙态下拓扑磁涡旋序随外加温度场强度的演变过程，可以看出，从 320K 开始，拓扑磁涡旋态随着温度的降低，拓扑磁涡旋序首先出现在 310 K，然后在 100 K 左右消失，在 50 K 以下进入超导状态时重新出现。信号的起始温度与中子衍射观测结果一致，在相似掺杂条件下，YBa$_2$Cu$_3$O$_{6+x}$ 中时间反演对称性破缺。因此，可以认为，拓扑磁涡旋序和时间反演对称性破缺现象是密切相关的。

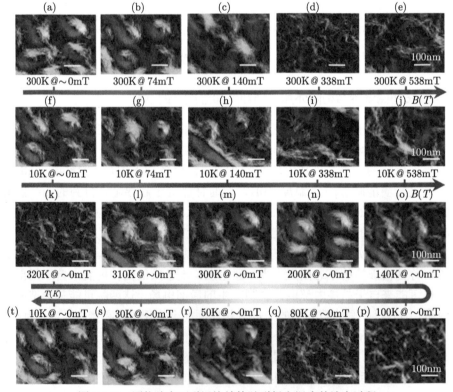

图 8.2.5　赝能隙态下磁涡旋结构随磁场和温度的演变过程

(a)~(e) 300K 温度，拓扑涡旋结构随外加场强度的演变；(f)~(j) 10K 温度，拓扑磁涡旋结构随外加磁场强度的演变；(k)~(t)YBa$_2$Cu$_3$O$_{6.5}$ 的赝能隙态下磁涡旋随外加温度场的演变 [25]

8.2.6 铜氧化物 $YBa_2Cu_3O_{6+x}$ 的拓扑磁涡旋相图的构建

在上述实验中,选择了另外两种不同氧含量的样品 ($YBa_2Cu_3O_{6.0}$, $YBa_2Cu_3O_{6.9}$),在相同的实验条件下进行了 LTEM 实验,实验结果如图 8.2.6(a)~(f) 所示。根据实验结果可以看出,在 $YBa_2Cu_3O_{6.0}$ 和 $YBa_2Cu_3O_{6.9}$ 相都未出现拓扑磁涡旋结构,说明拓扑磁涡旋结构是铜氧化物赝能隙态下独有的特征。这为

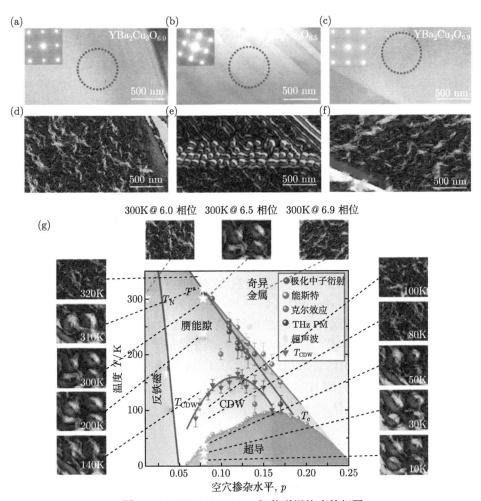

图 8.2.6 $YBa_2Cu_3O_{6+x}$ 拓扑磁涡旋序的相图

(a)~(c) 分别为 $YBa_2Cu_3O_{6.0}$、$YBa_2Cu_3O_{6.5}$ 和 $YBa_2Cu_3O_{6.9}$ 在 300K, 0mT 条件下的 LTEM 正焦图像,插图中的图像是红色虚线对应的选区电子衍射图;(d)~(f) 分别为 $YBa_2Cu_3O_{6.0}$、$YBa_2Cu_3O_{6.5}$ 和 $YBa_2Cu_3O_{6.9}$ 在 300K, 0mT 条件下经过软件 Qpt 和强度传递方程 (transport of intensity equation,TIE) 方法得到的拓扑磁涡旋结构的图像;(g) $YBa_2Cu_3O_{6+x}$ 在不同温度和空穴含量下的磁涡旋相图 [25]

人们进一步理解铜氧化物中的赝能隙态的出现提供了新的思路。图 8.2.6(g) 展示了 $YBa_2Cu_3O_{6+x}$ 在不同温度和不同空穴掺杂水平下的拓扑磁涡旋相图,可以看出,在 $YBa_2Cu_3O_{6.5}$ 相中,从 320K 开始,随着温度的降低,拓扑磁涡旋结构先出现,然后逐渐消失,在 120K 时完全消失,此时,体系正好进入电荷密度波态。随着温度的进一步降低,磁涡旋结构又重新出现,此时体系正好由电荷密度波态转变为超导态,这表明该磁涡旋结构可以和超导态共存。

拓扑磁涡旋信号在进入电荷密度波和超导状态时各自的消失和重新出现,可能包含着一个重要的物理内涵。也就是说,虽然电荷密度波可能会像上面讨论的那样扰乱拓扑磁涡旋序在 c 轴 (YBCO 的晶体学 c 轴方向) 的相关性,但拓扑磁涡旋序肯定可以与超导共存。这有点令人惊讶,因为超导状态是抗磁性的,这意味着来自超电流的磁场反馈可能弱于在 10K 抑制拓扑磁涡旋序时所需的 c 轴 (YBCO 的晶体学 c 轴方向) 磁场 (图 8.2.5(f)~(j)),或者以与拓扑磁涡旋序兼容的形式存在,即超电流的自旋序和拓扑磁涡旋序可能在超导态中形成交织存在形式。虽然超导可能通过与电荷密度波竞争来帮助恢复拓扑磁涡旋序 [26,27],但另一种独特的替代方案是超导直接增强了拓扑磁涡旋序的稳定性 [28]。这种正反馈效应在以前的反铁磁性中已经被观察到 [29]。如果可以进一步证实,则自旋织构上的类似反馈效应将有力地支持文献 [30] 与 [31] 中提到的赝能隙态相关量子临界点控制的概念,并且相关的临界涨落可能对配对很重要。

8.2.7　拓扑序与电荷序的关联作用

直接探测区域 1(对应未出现拓扑磁涡旋结构的区域) 和区域 2(对应未出现拓扑磁涡旋结构的区域) 的电子结构,可以与对应的原子结构的结果相结合,进一步理解赝能隙态下拓扑磁涡旋序产生的原因。透射电镜中的电子能量损失谱 (EELS) 具有高的空间分辨率,可以直接探测区域 1 和 2 对应的电子结构。首先利用零损失峰 (zero-loss peak) 的信息,可以获得楔形 TEM 样品的厚度分布,如图 8.2.7(a) 和 (b) 所示。可以看出,出现拓扑磁涡旋处的厚度为 80~90nm。图 8.2.7(c) 是区域 1 和区域 2 对应的 O 的 K 边, pre-peak 对应的能量值是 528.5eV, pre-peak 代表 O 的 1s 到 2p 的跃迁,反映的是 Cu 的 3d 轨道的空穴占据。从图 8.2.7(c) 可以看出,区域 1 和区域 2 样品的空穴含量是一样的,具有相同的掺杂水平。Cu 的 $L_{2,3}$ 边反映的是 O 的 2p 到 3d 轨道的跃迁,反映了 3d 轨道的信息。可以看出,区域 1 和区域 2 的 Cu 的电子结构是一致的。

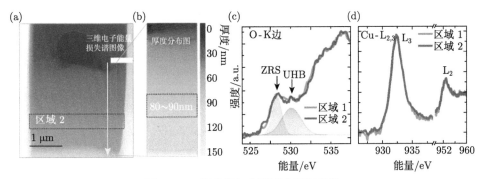

图 8.2.7 拓扑序与电荷序之间的关联

(a) 样品的 HAADF-STEM 图像, 图像中的绿色实线方框对应进行光谱图像的区域; (b) 楔形 TEM 样品的厚度的分布图; (c) 和 (d) 分别为区域 1 和区域 2 对应的 O 的 K 边和 Cu 的 $L_{2,3}$ 边的 EELS 谱图[25]

8.2.8 小结

本节通过使用洛伦兹透射电子显微镜结合低漂移液氦样品杆, 在欠掺杂的 $YBa_2Cu_3O_{6.5}$ 中, 发现了拓扑磁涡旋结构, 确定了该拓扑磁涡旋结构的温度-磁场相图, 研究了拓扑磁涡旋序随外加磁场和温度场的演变, 并结合对应的晶格序和电荷序参量, 说明了该拓扑磁涡旋序的起源, 显示了拓扑磁涡旋序与电荷密度波和超导性之间的关系。该研究的结果表明拓扑磁涡旋序能够在很宽的温度范围内与超导相共存, 进而表明这种拓扑磁结构在高温超导机制中可能具有实际的促进作用。该拓扑磁涡旋序的发现给赝能隙态下时间反演对称性破缺物理提供微观结构的直接图像。本节的研究充分展示了电子显微学应用于量子序参量 (如本节中涉及的拓扑序、自旋序、晶格序和电荷序) 的研究思想, 以及该研究思路在高温超导铜氧化物机制研究过程中的一个典型实例。

参 考 文 献

[1] Keimer B, Kivelson S A, Norman M R, et al. From quantum matter to high-temperature superconductivity in copper oxides. Nature, 2015, 518: 179-186.

[2] Scalapino D J. A common thread: The pairing interaction for unconventional superconductors. Rev. Mod. Phys., 2012, 84: 1383-1417.

[3] Zhao L, Belvin C A, Liang R, et al. A global inversion-symmetry-broken phase inside the pseudogap region of $YBa_2Cu_3O_y$. Nat. Phys.,2017, 13: 250-254.

[4] Chang J, Blackburn E, Holmes A T, et al. Direct observation of competition between superconductivity and charge density wave order in $YBa_2Cu_3O_{6.67}$. Nat. Phys., 2012, 8: 871-876.

[5] Zhang S C. A unified theory based on $SO(5)$ symmetry of superconductivity and antiferromagnetism. Science, 1997, 275: 1089-1096.

[6] Yang C N, Zhang S C. SO$_4$ symmetry in Hubbard Model. Modern Physics Letter, 1990, 4: 759-766.

[7] Arovas D P, Berlinsky A J, Kallin C, et al.Superconducting Vortex with Antiferromagnetic Core. Phys.Rev. Lett., 1997, 79(15): 2871-2874.

[8] Shraiman B I, Siggia E D. Mobile vacancies in a quantum Heisenberg antiferromagnet. Phys. Rev. Lett., 1988, 61: 467-470.

[9] Coffey D, Rice T M, Zhang F C. Dzyaloshinskii-Moriya interaction in the cuprates. Phys. Rev. B, 1991, 44: 10112-10116.

[10] Senthil T, Vishwanath A, Balents L, et al. Deconfined quantum critical Points. Science, 2004, 303: 1490-1494.

[11] Gotlieb K, Lin C Y, Serbyn M, et al. Revealing hidden spin-momentum locking in a high-temperature cuprate superconductor. Science, 2018, 362: 1271-1275.

[12] Bounoua D, Sidis Y, Loew T, et al. Hidden magnetic texture in the pseudogap phase of high-T$_c$ YBa$_2$Cu$_3$O$_{6.6}$. arXiv:2111.00525v2(2022).

[13] Fauqué B, Sidis Y, Hinkov V, et al. Magnetic order in the pseudogap phase of high-T$_C$ superconductors. Phy. Rev. Lett., 2006, 96: 197001.

[14] Sonier J E, Brewer J H, Kiefl R F, et al. Anomalous weak magnetism in superconducting YBa$_2$Cu$_3$O$_{6+x}$. Science, 2001, 292: 1692-1695.

[15] Li Y, Balédent V, Barisić N, et al. Unusual magnetic order in the pseudogap region of the superconductor HgBa$_2$CuO$_{4+\delta}$. Nature, 2008, 455: 372-375.

[16] Zhao L, Belvin C A, Ling R, et al. A global inversion-symmetry-broken phase inside the pseudogap region of YBa$_2$Cu$_3$O$_y$. Nat. Phys., 2017, 13: 250-254.

[17] Xia J, Schemm E, Deutscher G, et al. Polar Kerr-effect measurements of the high-temperature YBa$_2$Cu$_3$O$_{6+x}$ superconductor: evidence for broken symmetry near the pseudogap temperature. Phy. Rev. Lett., 2008, 100: 127002.

[18] Zhang J, Ding Z F, Tan C, et al. Discovery of slow magnetic fluctuations and critical slowing down in the pseudogap phase of YBa$_2$Cu$_3$O$_y$. Sci. Adv., 2018, 4: eaao5235.

[19] Mook H A, Sidis Y, Fauqué B, et al. Observation of magnetic order in a superconducting YBa$_2$Cu$_3$O$_{6.6}$ single crystal using polarized neutron scattering. Phys. Rev. B, 2008, 78: 020506.

[20] Shekhter A, Ramshaw B J, Liang R X, et al. Bounding the pseudogap with a line of phase transitions in YBa$_2$Cu$_3$O$_{6+\delta}$. Nature, 2013, 498: 75-77.

[21] Daou R, Chang J, LeBoeuf D, et al. Broken rotational symmetry in the pseudogap phase of a high-T$_c$ superconductor. Nature, 2010, 463: 519-522.

[22] Sato Y, Kasahara S, Murayama H, et al. Thermodynamic evidence for a nematic phase transition at the onset of the pseudogap in YBa$_2$Cu$_3$O$_y$. Nat. Phys., 2017, 13: 1074-1078.

[23] Mangin-Thro L, Sidis Y, Wildes A, et al. Intra-unit-cell magnetic correlations near optimal doping in YBa$_2$Cu$_3$O$_{6.85}$. Nat. Commun., 2015, 6: 7705.

[24] Kapitulnik K, Xia J, Schemm E, et al. Polar Kerr effect as probe for time-reversal symmetry breaking in unconventional superconductors. New J. Phys., 2009, 11: 055060.

[25] Wang Z C, Pei K, Yang L T, et al. Topological spin texture in the pseudogap phase of a high-T_c superconductor. Nature, 2023, 615: 405-410.

[26] Chang J, Blackburn E, Holmes A T, et al. Direct observation of competition between superconductivity and charge density wave order in $YBa_2Cu_3O_{6.67}$. Nat. Phys., 2012, 8: 871-876.

[27] Ghiringhelli G, Le Tacon M, Minola M, et al. Long-range incommensurate charge fluctuations in (Y, Nd) $Ba_2Cu_3O_{6+x}$. Science, 2012, 337: 821-825.

[28] Wang L, He G, Yang Z, et al. Paramagnons and high-temperature superconductivity in a model family of cuprates. Nature Commun., 2022, 13: 3163.

[29] Li Y, Le Tacon M, Bakr M, et al. Feedback effect on high-energy magnetic fluctuations in the model high-temperature superconductor $HgBa_2CuO_{4+\delta}$ observed by electronic Raman scattering. Phys. Rev. Lett., 2012, 108: 227003.

[30] Senthil T, Vishwanath A, Balents L, et al. Deconfined quantum critical points. Science, 2004, 303: 1490-1494.

[31] Varma C M. Theory of the pseudogap state of the cuprates. Phys. Rev. B, 2006, 73:155113.

8.3 自旋流器件 YIG-Pt 界面序参量的测量及关联性研究

8.3.1 自旋流器件性能与界面结构的关联性

自旋电子学的发展依赖于对电子自旋状态的有效调控。传统自旋电子学中的巨磁阻效应、隧穿磁阻效应、各向异性磁阻效应等手段,自旋和电荷其实并没有分开,因此还会受到电路电容、焦耳热、电迁移等因素的影响。不带有电荷电流的纯自旋流的实现,使得自旋电子学的发展从对电荷电流的调控转向了对自旋流的调控 [1]。纯的自旋流携带自旋角动量,没有电荷电流的特性,可以抑制焦耳热的损耗、电迁移等问题 [2]。

界面自旋流输运性质的研究以及如何提高界面自旋流传输效率,一直是自旋流研究中的重要问题。目前这方面的研究多数都是基于 YIG 和贵金属 (Pd, Pt, Au 等) 界面体系。自旋流从磁性材料中产生向贵金属电极中的传输是一种界面现象,取决于界面的自旋混合电导 (spin mixed conductance, SMC)[3]。如何提高界面的自旋混合电导,对于自旋流传输效率的提高有着重要的意义。然而,自旋混合电导不仅与材料本征的性质有关,更与界面条件有着密切的联系。已经有报道表明,$Y_3Fe_5O_{12}$-Pt 界面的粗糙度 [4−6]、生长条件的控制 [7−9]、界面改性 [10−12] 都会对自旋混合电导产生明显的影响,而自旋混合电导与铁磁绝缘体和金属层的厚度都不相关 [3]。通过对 $Y_3Fe_5O_{12}$ 进行表面处理,不仅可以提高界面的质量进而提高自旋流的输运效率, 而且也有可能导致界面处化学成分、电子结构的改变, 产生新的界面阻挡层而抑制自旋流的输运 [10,13,14]。Qiu 等 [7,8] 通过一系列实验对界面进行不同程度的热处理或者离子轰击, 研究界面改性对自旋流输运的影响, 发现界面无序层的出现会导致宏观输运性质下降, 并且随着无序层厚度的增加, 自旋混合电导呈指数下降, 大大降低了自旋流的传输效率。

然而, 对界面结构、成分等相关性质, 以及它们对输运性质的影响机制还没有非常完善的认识, 缺乏实验上的证据。此外, 自旋流的输运依赖于界面磁性离子的浓度和大小, 所以界面磁性的测量对于研究自旋流的输运机制及如何提高输运效率十分重要。因此, 从微观上揭示影响自旋流输运性质的因素, 对界面结构的设计、控制和磁性质的改善, 进而提高自旋输运效率具有重要的意义。

先进的高空间分辨分析电子显微学方法是实现这一目的的强有力工具。如第 6 章所述, 基于球差校正 (扫描) 透射电镜的 EMCD 技术, 相比于其他磁性表征技术, 如中子衍射、XMCD(X-ray magnetic circular dichroism) 技术等, 有着无可比拟的空间分辨率。此外, EMCD 技术能够与 (扫描) 透射电镜中的多种分析表征手段相结合, 实现对材料晶格点阵、电荷、轨道、自旋等序参量的协同测量。本节将展示将扫描透射电镜先进的分析表征手段与高空间分辨的 EMCD 技术相结合, 针对自旋流器件 $Y_3Fe_5O_{12}$(YIG)-Pt 的界面, 协同测量界面原子结构、电子结构、化学成分以及界面的磁性质, 进而揭示影响界面自旋流输运效率的因素和微观机制。

8.3.2　$Y_3Fe_5O_{12}$-Pt 自旋流器件界面原子结构的测量

通过脉冲激光沉积 (PLD) 的方法, [111] 取向的 $Y_3Fe_5O_{12}$(YIG) 单晶薄膜外延生长在取向为 [111] 的 $Gd_3Ga_5O_{12}$(GGG) 单晶基片上, 厚度大约为 55 nm。随后将样品转移到磁控溅射中, 在 YIG 表面生长金属 Pt, Pt 的厚度大约为 3 nm。金属 Pt 以多晶形式存在。样品的制备过程中并没有对 YIG 表面进行特殊的预处理, 主要是为了观察本征状态下的界面结构, 从微观结构上解释界面对自旋输运的影响。图 8.3.1(a) 和 (b) 中给出了 [1$\bar{1}$0] 带轴下 YIG 和 GGG 界面的高分辨像, 以及与高分辨像对应的傅里叶变换。可以看出, YIG 薄膜沿着 [111] 方向外延生长在 GGG 基底上, 由于两者之间的错配小于 0.05%, 因此没有发生应力的弛豫而出现位错。通过物镜球差校正的高分辨透射电镜, 对 YIG-Pt 的界面进行了观察, 类似于之前报道的结果 [7,8], 在薄膜中同样发现了无序结构, 如图 8.3.1(c) 所示, 无序层的厚度大约为 1nm。同样, 在样品中也观察到了不含无序结构的界面, 如图 8.3.1(d) 所示。虽然 YIG 和 Pt 之间由于较大的晶格错配而不能够实现外延生长, 但是界面十分平整。

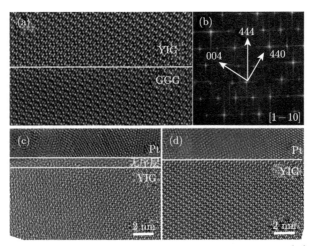

图 8.3.1 YIG-GGG-Pt 界面 [110] 带轴下的原子结构 [15]

(a)YIG-GGG 界面的原子结构; (b) 图 (a) 的傅里叶变换, 图中标出了晶体学取向; (c) 含有无序层的 YIG-Pt 界面的原子结构; (d) 不含有无序层的界面原子结构

　　界面质量的差异与 YIG 表面的性质和生长条件的控制等密切相关, 并且会导致宏观性质发生变化, 这种现象在样品的制备中非常常见。无序层的出现会降低界面的自旋混合电导, 导致自旋流输运效率降低, 甚至被完全抑制。但是对无序层出现的原因和性质, 以及对界面自旋输运性质的影响机制并不清楚, 因此进一步揭示无序界面层的性质十分必要。

8.3.3 $Y_3Fe_5O_{12}$-Pt 自旋流器件界面成分和价态的测量

　　电子能量损失谱 (electron energy loss spectra, EELS) 技术是常见的用于分析 3d 过渡金属的成分、价态和电子结构的表征技术。借助于 STEM-EELS 对两种 YIG/Pt 界面的成分和电子结构进行表征, 图 8.3.2(a) 和 (b) 中分别给出了两种界面处 Fe 元素 $L_{2,3}$ 边 EELS 线扫描的结果。为了进行成分分析, 实验中对 O 的 K 边也同时进行了采集。从图中可以明显地看出, 对于含有无序层的界面, 在靠近界面的位置处, Fe 的 $L_{2,3}$ 边的强度和峰位发生了明显的变化 (如图中虚线所示)。通过 EELS 的定量成分分析, 得到了 Fe 和 O 的原子百分比沿着界面的变化, 如图 8.3.2(c) 和 (d) 所示。对于不含有无序层的界面, 成分沿着界面方向没有发生明显变化。然而对于含有无序层的界面, 在靠近界面的位置处, Fe 的原子百分比升高, O 的原子百分比下降。距离界面越近, O 的缺失就更加严重, 可以推断氧的缺失与界面无序层的出现有关。这里需要注意的是, 图 8.3.2(c) 中高分辨图像对应无序层的厚度约 1nm, 但是成分分析对应氧缺失的区域大约为 3nm, 所以只有当氧缺失达到一定程度后, 才会导致无序层的出现。在无序层和有序区之间有 2nm 左右过渡区, 对应着不同程度氧含量的缺失。

　　氧缺失除了可以导致界面原子结构发生变化, 对于 YIG-Pt 界面的电子结构和磁性质也同样会产生影响。然而宏观的测量方法只能够得到材料平均或者块体的性质, 很难从中提取出界面的信息, 而界面的性质又对自旋流的传输起到决定作用。之前的研究也指出, 作为自旋流传输的介质, 界面磁性离子的浓度和磁矩大小决定着界面自旋流的传输, 对宏观的自旋泵浦效应和自旋泽贝克 (Seebeck) 电动势有着重要的影响 [12,14,16−20]。但是关于界面磁性质的研究还没有实验上的报道, 这主要是因为对界面磁性质的表征较为困难。接下来, 先通过对界面 Fe 的价态的研究, 间接分析其对磁性质的影响, 然后结合高空间分辨的 EMCD 技术, 对界面 Fe 元素的磁性质进行直接测量, 进一步探讨界面无序结构对输运性质的影响机制。

　　从界面 STEM-EELS 的线扫描结果 (图 8.3.2(a) 和 (b)) 中可以看出, 含无序层的界面, Fe 的 L_3 边随着离界面距离的减小而向低能位置移动, 对应于价态的降低。而对于不含无序层的界面, Fe 的近边精细结构没有发生明显变化。这里利用 EELS 中常用的白线比来定量确定 Fe 元素价态的变化。图 8.3.2(c) 和 (d) 中分别给出了两种界面价态的测量结果 (粉色五角星标记), 含无序层界面处 Fe 元

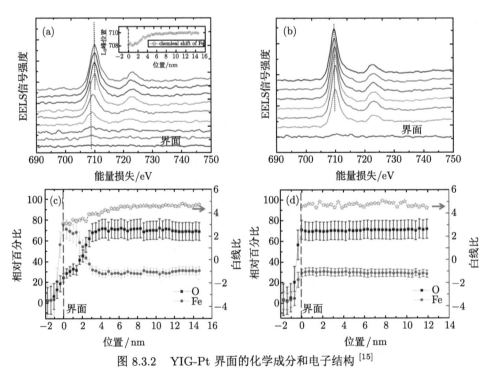

图 8.3.2　YIG-Pt 界面的化学成分和电子结构 [15]

(a) 含有无序层界面的 EELS 线扫描, 插图中给出了 L_3 边峰值位置的变化; (b) 不含无序层界面的 EELS 线扫描; (c) 含有无序层界面化学成分和白线比变化; (d) 不含无序层界面的化学成分和白线比变化

素的价态降低, 与化学位移的变化趋势一致。氧的缺失导致了界面 Fe 从 +3 价向低价态过渡, 之前 X 射线光电子发射谱的实验结果也表明界面可能有部分金属态的 Fe 存在[13], 但是这种金属态的 Fe 并不像理论预测的那样[17,21], 能够增强界面的磁性耦合而导致界面输运性能的提高, 反而是抑制了自旋流的输运, 所以这种金属态 Fe 的磁性质发生了变化。

一般来说, 低价态的 Fe 对应较小的原子磁矩, 导致无序层中 Fe 的磁性质下降, 不利于自旋流的传输。但是, 不同价态 Fe 之间的磁矩相差不是很大, 而无序层对输运性质的影响呈指数衰减, 所以价态导致的磁性降低并不能完全解释文献中观察到的现象。此外, 根据文献中的报道, 在界面插入绝缘体氧化物势垒层 (如 $SrTiO_3$, NiO 等)[14,22,23], 也会导致自旋输运效率呈指数下降。并且, 界面无序层对应的自旋流平均衰减自由程[8](约 2 nm) 相比于非磁性氧化物要高一个数量级[14](约 0.19 nm, $SrTiO_3$), 却是反铁磁绝缘氧化物的五分之一[14](约 10 nm, NiO)。这主要是因为界面无序层的磁性质与这些氧化物插入层的性质存在很大的差异。因此, 界面磁性直接测量对于这些现象的解释十分必要。

8.3.4 $Y_3Fe_5O_{12}$-Pt 自旋流器件界面磁性的测量

EMCD 技术可以用于微区磁参数的测量, 空间分辨率可以达到 1 nm 左右。为了实现高空间分辨率下界面不同局域位置处磁矩的测量, 这里结合了 STEM 模式下的会聚束衍射几何和 EMCD 技术, 对不含和含有无序层的界面磁性质分别进行了表征, 具体的实验构图如图 8.3.3(a) 所示。STEM 模式下较大的会聚角导致衍射点扩展为衍射盘, 衍射盘的交叠取决于会聚角的大小。之前的理论计算也表明, 衍射盘的交叠会导致信号强度降低, 所以目前会聚束模式下 EMCD 技术一般选取相比于 STEM 成像技术较小的会聚角, 这也是 STEM 模式下限制分辨率进一步提高的重要因素。然而, 在原子面分辨 EMCD 技术中, 必须提高会聚角以至于衍射盘与透射盘相互交叠, 此时电子束斑小于最近邻原子面之间的间距。磁性信号在衍射平面上的分布也将依赖于原子束斑的位置, 这种方法在理论上已经证明能够获得单个原子面的 EMCD 信号, 但是极低的信噪比成为获取有效信号的障碍。

在第 6 章中, YIG 的 EMCD 理论模拟和实验测量已经表明, {444} 面强激发的衍射条件能够提供强的 EMCD 信号, 有利于磁性的定量测量。因此, 这里仍然使用了 {444} 面的双束衍射条件来提高信号的强度。并且之前的研究也表明, 在会聚束模式下, 由于包含了不同方向的入射束, 所以不对称性相比于平行入射模式会大大降低。会聚角大约为 6mrad, 束斑的大小根据电镜的成像参数进行估计, 大约为 1nm。图 8.3.3(b) 中也给出了光阑的位置和大小。由于选取了较小的束斑, 为了提高信噪比, 实验中在正负位置分别进行了多次信号采集, 并进行了叠加。

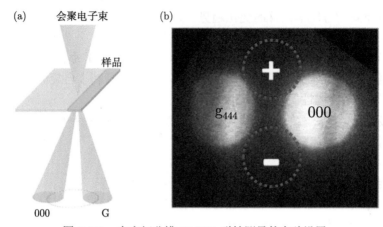

图 8.3.3　高空间分辨 EMCD 磁性测量的实验设置

(a) 会聚束双束条件与 EMCD 技术的结合；(b) 能量过滤的会聚束衍射花样和光阑的位置

图 8.3.4(a)~(c) 中分别给出了含有无序层的 YIG 块体和距离无序界面两个不同位置的 EMCD 信号的实验结果。通过对比可以明显看出，距离界面越近，

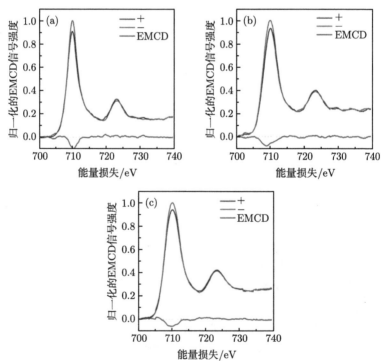

图 8.3.4　含有无序层界面不同位置 Fe 元素的 EMCD 信号 [15]

(a)YIG 块体；(b) 距离界面 3nm；(c) 距离界面 2nm

EMCD 磁信号的强度下降，对应着磁参数的变化。然而，与 XMCD 技术不同，EMCD 技术由于受到电子衍射动力学效应的影响，导致信号的强度不仅与材料本征的磁性质相关，也与实验中的衍射动力学条件相关 (详见第 6 章)。所以实验中为了保证相同的衍射条件，信号的采集是在同样的入射和出射条件下进行的。另外，由于 EMCD 信号采集的区域很小，并且从 EELS 的低能损失峰判断薄膜样品的厚度均匀，所以可以认为三个位置具有相同的动力学衍射条件，信号的强度可以进行直接比较。此外，EMCD 技术基于特定的衍射几何，要求在单晶区域进行测量，由于界面氧缺失区域中有大部分都在结构有序区，仍可满足衍射几何的要求。为了定量地描述磁信号，这里利用加和定则来估计原子的磁矩 (这里忽略了轨道磁矩的贡献，在晶体场中由于轨道冻结，所以轨道磁矩忽略不计)。

根据加和定则，对 EMCD 信号的 L_2 和 L_3 边积分，得到的定量磁参数结果如表 8.3.1 所示。这里需要注意的是，表中的数据并不是真正的原子磁矩 (括号中的磁矩是根据块体中 Fe^{3+} 的磁矩为 $5\mu_B$ 归一化得到的)，而是动力学系数与原子磁矩的乘积。但是由于实验中相同的衍射条件保证了相同的动力学系数，因此可以通过直接对比来研究磁矩的变化。对比界面和块体中的磁矩，可以明显看出无序界面处磁性下降，并且距离界面越近，氧缺失越严重，磁矩降低得越多。虽然对于界面中氧缺失更高的无序层区域无法进行磁信号的探测，但是可以推测出无序层的磁性将进一步减小。在氧缺失不是很严重的无序区域中，依旧保留着一定大小的磁矩作为自旋流传输的介质。所以，相比于在界面插入非磁性绝缘体氧化物的结构，YIG 界面的无序结构中由于依旧存在磁性介质，因此自旋流的衰减速率比非磁性绝缘体氧化物 ($SrTiO_3$) 要低，这与文献报道的它们自旋输运效率有一个数量级差异的实验结果相一致 [8,23]。由此也可以看出，通过界面层磁性质的设计和控制，可以在大范围内调控自旋流输运性质，这对于自旋流的研究和调控具有重要的意义。

表 8.3.1　YIG-Pt 界面磁性测量结果

位置	块体	距离界面约 3nm	距离界面约 2nm
含有无序层界面	1.43±0.10(5 μ_B)	1.04±0.11(3.6 μ_B)	0.76±0.10(2.7 μ_B)
不含有无序层界面	1.57±0.15(5 μ_B)	—	1.55±0.12(4.9 μ_B)

注: 括号中的磁矩按照块体内部的磁矩为 5 μ_B 进行了归一化。

为了对比，这里也对不含无序层的 YIG-Pt 界面和块体进行了 EMCD 的测量 (图 8.3.5)，定量的结果表明，磁矩没有发生明显的变化 (表 8.3.1)，这进一步表明了含无序层的 YIG-Pt 界面 Fe 原子磁矩的下降与氧的缺失密切相关。氧缺失引起 Fe 元素价态的降低会导致原子磁矩的减小，但从表 8.3.1 的定量数据中可以看出，在结构仍然有序的氧缺失区域，磁矩已经降低至块体磁矩的一半，远大于由于价态降低而引起的磁矩减小 (Fe^{2+} 的磁矩为 4 μ_B)。因此，磁矩的下降不仅来自于价态的降低，更主要是因为氧的缺失。在 YIG 中，Fe 原子之间通过氧形成超交换作用而具有亚铁磁性，氧原子作为 Fe 原子之间的桥梁，它的缺失会导致 Fe 原子之间的超交换作用被削弱，导致磁性质下降 [24,25]。对于界面无序结构的区域，氧的缺失更加严重，超交换作用的改变将会使得磁性质大幅度下降，最终导致自旋流的传输随着无序层厚度的增加而呈指数递减。这可以解释界面金属态的 Fe 在实验中抑制自旋流传输的现象。这是因为氧的严重缺失导致的界面金属态 Fe 的超交换耦合作用受到破坏，处于非磁性或者顺磁状态，已不能作为有效的磁性介质促进自旋流的输运。但是无序层中仍然存在一定的磁性质，依旧能够维持自旋流的传输，所以导致它的自旋流平均衰减距离比非磁性氧化物要大。综上所述，界面结构和磁性质的分析可以更好地从微观机制上理解界面对自旋流输运性质的影响。

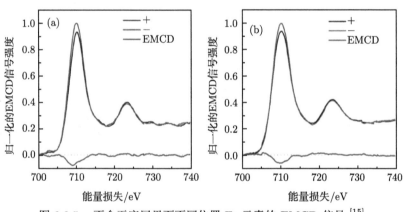

图 8.3.5　不含无序层界面不同位置 Fe 元素的 EMCD 信号 [15]

(a) 块体；(b) 距离界面 2nm

8.3.5　小结

本节利用会聚束电子衍射与 EMCD 技术相结合，通过优化会聚角减小束斑尺寸，实现了约 1nm 的空间分辨率，测量了 YIG-Pt 自旋流器件的界面磁性。同时，借助于球差校正高分辨电子显微镜原子尺度的表征技术，对 YIG-Pt 界面进行了原子结构、电子结构的测量和研究，最终实现了协同表征，揭示了界面自旋流输运效率降低的机制。研究发现，界面氧缺失是界面出现无序结构的原因，并且随着氧缺失浓度的增加，界面逐渐由有序结构变为无序结构。更重要的是，氧的缺失不仅降低了界面处 Fe 的价态，同时也削弱了 YIG 中 Fe 原子之间的超交换作用，这些最终都导致了界面区域 YIG 磁性的下降。界面弱磁性层的出现，抑制了自旋流的传输，降低了界面自旋流的输运效率。这从微观结构上揭示了影响界面自旋输运现象的因素和机制，对于通过界面结构控制和设计来提高自旋流的输运效率具有一定的指导意义。

参 考 文 献

[1] Žutić I, Dery H. Taming spin currents. Nature Materials, 2011, 10(9): 647-648.

[2] Qu D, Huang S Y, Hu J, et al. Intrinsic spin Seebeck effect in Au/YIG. Physical Review Letters, 2013, 110(6): 067206.

[3] Weiler M, Althammer M, Schreier M, et al. Experimental test of the spin mixing interface conductivity concept. Physical Review Letters, 2013, 111(17): 176601.

[4] Sun Y, Chang H, Kabatek M, et al. Damping in yttrium iron garnet nanoscale films capped by platinum. Physical Review Letters, 2013, 111(10): 106601.

[5] Sun Y, Song Y Y, Chang H, et al. Growth and ferromagnetic resonance properties of nanometer-thick yttrium iron garnet films. Applied Physics Letters, 2012, 101(15): 152405.

[6] Aqeel A, Vera-Marun I J, van Wees B J, et al. Surface sensitivity of the spin Seebeck effect. Journal of Applied Physics, 2014, 116(15): 153705.

[7] Qiu Z, Ando K, Uchida K, et al. Spin mixing conductance at a well-controlled platinum/yttrium iron garnet interface. Applied Physics Letters, 2013, 103(9): 092404.

[8] Qiu Z, Hou D, Uchida K, et al. Influence of interface condition on spin-Seebeck effects. Journal of Physics D: Applied Physics, 2015, 48(16): 164013.

[9] Saiga Y, Mizunuma K, Kono Y, et al. Platinum thickness dependence and annealing effect of the spin-Seebeck voltage in platinum/yttrium iron garnet structures. Applied Physics Express, 2014, 7(9): 093001.

[10] Jungfleisch M B, Lauer V, Neb R, et al. Improvement of the yttrium iron garnet/platinum interface for spin pumping-based applications. Applied Physics Letters, 2013, 103(2): 022411.

[11] Miao B F, Huang S Y, Qu D, et al. Inverse spin Hall effect in a ferromagnetic metal. Physical Review Letters, 2013, 111(6): 066602.

[12] Miao B F, Huang S Y, Qu D, et al. Physical origins of the new magnetoresistance in Pt/YIG. Physical Review Letters, 2014, 112(23): 236601.

[13] Geprägs S, Meyer S, Altmannshofer S, et al. Investigation of induced Pt magnetic polarization in Pt/$Y_3Fe_5O_{12}$ bilayers. Applied Physics Letters, 2012, 101(26): 262407.

[14] Wang H, Du C, Hammel P C, et al. Antiferromagnonic spin transport from $Y_3Fe_5O_{12}$ into NiO. Physical Review Letters, 2014, 113(9): 097202.

[15] Song D, Ma L, Zhou S, et al. Oxygen deficiency induced deterioration in microstructure and magnetic properties at $Y_3Fe_5O_{12}$/Pt interface. Applied Physics Letters, 2015, 107(4): 042401.

[16] Ando Y, Ichiba K, Yamada S, et al. Giant enhancement of spin pumping efficiency using Fe_3Si ferromagnet. Physical Review B, 2013, 88(14): 140406.

[17] Mosendz O, Pearson J E, Fradin F Y, et al. Suppression of spin-pumping by a MgO tunnel-barrier. Applied Physics Letters, 2010, 96(2): 022502.

[18] Burrowes C, Heinrich B, Kardasz B, et al. Enhanced spin pumping at yttrium iron garnet/Au interfaces. Applied Physics Letters, 2012, 100(9): 092403.

[19] Siegel G, Prestgard M C, Teng S, et al. Robust longitudinal spin-Seebeck effect in Bi-YIG thin films. Scientific Reports, 2014, 4(1): 4429.

[20] Hahn C, de Loubens G, Naletov V V, et al. Conduction of spin currents through insulating antiferromagnetic oxides. EPL (Europhysics Letters), 2014, 108(5): 57005.

[21] Jia X, Liu K, Xia K, et al. Spin transfer torque on magnetic insulators. EPL (Europhysics Letters), 2011, 96(1): 17005.

[22] Uchida K, Nonaka T, Kikkawa T, et al. Longitudinal spin Seebeck effect in various garnet ferrites. Physical Review B, 2013, 87(10): 104412.

[23] Du C H, Wang H L, Pu Y, et al. Probing the spin pumping mechanism: exchange coupling with exponential decay in $Y_3Fe_5O_{12}$/barrier/Pt heterostructures. Physical Review Letters, 2013, 111(24): 247202.

[24] Arras R, Calmels L, Warot-Fonrose B. Half-metallicity, magnetic moments, and gap states in oxygen-deficient magnetite for spintronic applications. Applied Physics Letters, 2012, 100(3): 032403.

[25] Jaffari G H, Rumaiz A K, Woicik J C, et al. Influence of oxygen vacancies on the electronic structure and magnetic properties of $NiFe_2O_4$ thin films. Journal of Applied Physics, 2012, 111(9): 093906.

8.4　LuFeO 中电子–晶格关联作用诱导点阵重构的实空间探测

8.4.1　LuFeO 中电子–晶格关联作用及衍生物态

经典能带理论在处理具有周期性边界条件的体系中电子行为时，通常将晶格位点看成均匀的正电荷背景，在玻恩–奥本海默近似下，离子实的位置在微扰作用下很快就会回到平衡位置，因此体系电子行为的变化不会影响晶格位点。而当体系的电子–晶格关联作用不可忽视时，晶格位点不能再被看成正电荷背景。由于电子与晶格之间强烈的相互作用，电子云分布的变化会导致离子实的位置发生不可忽视的变化，诱发不同程度的晶格重构。

这一效应在不同材料体系中衍生出了诸如巨磁阻效应、高温超导、多铁之类丰富的功能物性。比如，电荷掺杂的锰氧化物中会出现不同电子态在空间上分离的情况，进而伴随不同区域的掺杂位点间发生有序–无序转变，这一现象称为"电子相分离"。不同的电子相分别具有绝缘态和金属态的特性，且二者之间的转变势垒较低，能被外加磁场所诱发，这就是锰氧化物中著名的巨磁阻效应[1]。又比如，多铁材料中存在一类由电荷有序诱发的铁电极化，也是电子–晶格关联作用的衍生物态。具体表现为近邻原子之间的电子云分布存在周期性差异，导致不同位点上的离子实位置发生不同程度的畸变，体系的正负电荷中心不再重合，形成长程有序排布的电偶极矩，最终贡献了铁电极化，这一机制称为 "电子铁电性"[2]。由此可见，当体系中存在强烈的电子–晶格关联作用时，处在平衡位置的原子位点会产生不同程度的重构，与此同时，晶格重构又会进一步影响电子云的分布情况，二者相互作用，最终孕育了诸多功能物态。

8.4.2 LuFeO 中晶格重构的测量

理解电子–晶格关联作用与各种衍生物态之间的关系，一直以来都是凝聚态物理和材料科学领域的重点研究方向之一，其中精确地探测由电子–晶格关联作用诱导的晶格重构是理解这一科学问题的关键一环。

球差校正透射电子显微镜被广泛运用于点阵序参量的测量，尤其是在缺陷、异质结界面和晶界附近的晶格重构现象 [3-5]。然而电子–晶格相互作用所诱导的晶格重构是十分微弱的 [6]，超越了传统成像模式的分辨率及测量精度，使得传统的点阵序参量方法无法精确捕捉这一细微的晶格重构现象 [7]。

本书第 3 章详细介绍了电子叠层衍射技术 (electron ptychography)，近年来随着阵列式电子探测器的发展 [8,9]，这一技术已经被成功地运用于电子显微镜的实验中，并且获得了远高于传统成像模式的空间分辨率与测量精度 [10-13]。在这一技术的帮助下，一些具有复杂晶体结构的材料体系能够被正确解析，如图 8.4.1(a) 展示了一类稀土铁氧化物 ($Lu_7Fe_{14}O_{34}$)，传统的扫描透射电子显微镜–高角环形暗场像 (STEM-HAADF) 技术受限于探测器的收集范围，无法完全区分矩形框所标识的近邻 Fe 原子位点 (图 8.4.1(c))。运用电子叠层衍射技术重构图像后，可以极大提升图像的分辨率及衬度 (图 8.4.1(b))，原来无法完全区分的 Fe 原子位点均可被清晰地分辨 (图 8.4.1(d))，这为后续的定量测量奠定了基础 [13]。

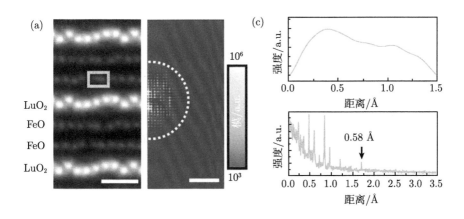

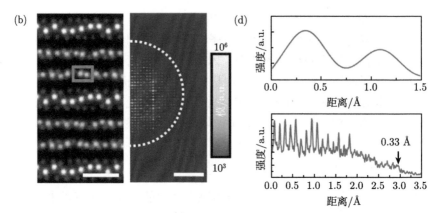

图 8.4.1　利用多片层电子叠层衍射重构获得更高的空间分辨率和测量精度
(a) 传统的扫描透射电子显微镜–高角环形暗场像技术获得的图像，样品为 $Lu_7Fe_{14}O_{34}$，右侧为相应的快速傅里叶变换结果，白色虚线半圆代表信息分辨率；(b) 电子衍射叠层重构后获得的图像，右侧为相应的快速傅里叶变换结果，其中，实空间中的标尺为 0.5nm，倒空间中的标尺为 $10nm^{-1}$；(c) 黄色矩形框中提取的强度分布图；(d) 蓝色矩形框中提取的强度分布图 [13]

8.4.3　电子–晶格关联作用诱导的晶格重构

　　本书第 3 章中详细介绍了点阵序参量的各种测量方法，这里主要是运用高斯拟合的方法确定每个原子的精确位点，进而提取精确的点阵序参量的信息。图 8.4.2(a) 展示了一张大面积的电子叠层衍射重构结果图；图 8.4.2(b) 为确定原子精确位置后所提取的 c 轴晶格常数在实空间的分布情况，显示了测量区域中 c 轴晶格常数存在明显的变动。通过数据统计 (图 8.4.2(d)) 可以进一步确定测量区域中 c 轴晶格常数的分布存在两个期望值。

　　为了研究 c 轴晶格常数差异的来源，就需要对每个单胞内部的晶格畸变情况进行更加细致的分析。图 8.4.2(c) 展示了相邻 [FeO] 层中近邻 Fe 原子位点之间的间距测量结果，结果表明：测量区域中相邻 [FeO] 层中 Fe 原子的位点同样存在差异。具体表现为在晶格常数较小的区域，相邻层 Fe 原子的位点存在反演对称关系，而在晶格常数较大的区域，相邻层之间 Fe 原子位点不再满足反演对称操作。这一特征同样可以在图 8.4.2(d) 所展示的统计结果中得到验证。

　　借助电子叠层衍射技术的三维空间分辨能力，可以进一步获得表征区域的三维信息。图 8.4.2(e)～ (f) 表明，在垂直 c 轴的方向，c 轴晶格常数和 Fe 原子位置畸变在空间中呈现均匀分布，晶格常数和 Fe 原子位置的变化仅沿着 c 方向出现。以上的分析结果证明，$Lu_7Fe_{14}O_{34}$ 中存在不同的晶格重构情况，不同晶格重构的区域虽然具有相同的化学计量比，然而却具有截然不同的对称性。c 轴晶格常数小的物相维持了反演对称性，而在 c 轴晶格常数大的物相中，中心反演对称性则被打破。

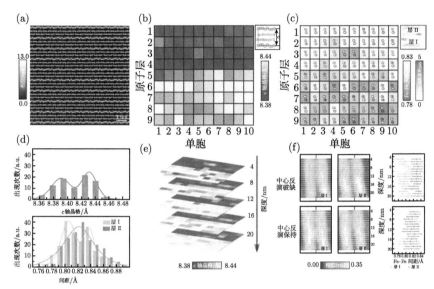

图 8.4.2　　Lu₇Fe₁₄O₃₄ 点阵序参量的测量结果

(a) 大面积的电子叠层衍射重构结果；(b)c 轴晶格常数的测量结果；(c) 近邻 Fe 原子位点之间间距的测量结果；
(d)c 轴晶格常数和 Fe 原子位点间距的统计分布图；(e)c 轴晶格常数的三维测量结果；
(f)Fe 原子位点间距的三维测量结果 [13]

实验上观测到的不同晶格重构现象得到了理论计算的支持。图 8.4.3(a) 和 (b) 为结构搜索方法得到的两种稳定结构，通过对称性分析可以进一步判断，二者分别对应于中心反演对称性保持与破缺的情况。通过仔细分析两种结构的差异，可以发现其对称性变化源于一类氧原子沿 c 轴的移动，在图 8.4.3(a) 中以黄色小球表示。氧原子沿着 c 轴方向的移动会导致 [FeO] 层中 Fe 原子位点的变化，图 8.4.3(a) 和 (b) 中的插图展示了 Fe 原子在层内的移动，这与实验上所观察到的现象是高度一致的。晶体结构的完全确定进一步给出了这一物相的精确化学计量比，为 Lu₇Fe₁₄O₃₄(LuFe₂O₄.₈₆)。

进一步，理论计算揭示了两种不同对称性物相的电子态构型。其中声子谱的结果表明 (图 8.4.3(c) 和 (d))，两种对称性物相的结构稳定性强烈依赖于体系的电子数。对于原始电中性的状态，两种物相均具有明显的光学支虚频。当分别对二者进行单个空穴/电子掺杂后，原本的虚频被完全抑制，两种对称性结构在能量空间中也由原先所处的鞍点落入了基态。同时不同的电子掺杂效应会导致两个体系发生从金属态到绝缘态的转变，带隙的打开进一步为体系贡献能量收益，帮助稳定各自的对称性构型。

这一理论模型很好地诠释了电子–晶格相互作用在影响 Lu₇Fe₁₄O₃₄ 基态晶格构型方面的作用，也得到了电子能量损失谱表征的验证。图 8.4.3(g) 展示了低能损失边的测量，结果表明两种对称性结构均具有明显的带隙，利用线性拟合的方法可以确定二者的带隙宽度在 2 eV 附近，与理论计算相一致。芯部能级损失边的测量结果证明了两种对称性结构中 Fe 原子价电子数目存在差异，具体表现为 Fe 的 L_3 峰存在明显的化学位移 (图 8.4.3(i))，且位移的趋势与理论计算的结果之间具有很高的吻合度。

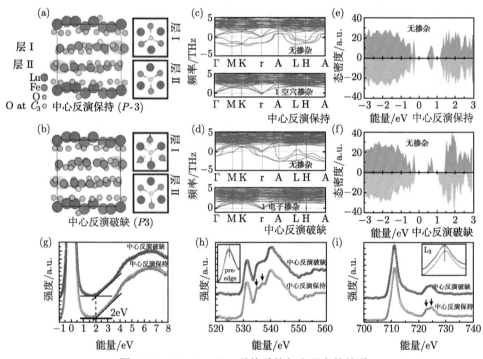

图 8.4.3　$Lu_7Fe_{14}O_{34}$ 晶格重构与电子态的关联

(a)、(b) 结构搜索方法给出的两种对称性结构；(c)、(d) 非极化和极化结构的声子谱与电子态之间的关联，上方为未掺杂的声子谱结果，下方为空穴/电子掺杂后的声子谱；(e)、(f) 两种对称性结构掺杂后的态密度结果，其中虚线为未掺杂的结果；(g) 低能损失边结果，黑色实线为线性拟合的带隙宽度；(h)、(i) 氧的 K 边和 Fe 的 L 边谱线，插图为氧的预电离精细结构 (pre-edge) 和铁的 L_3 边放大图 [13]

为了进一步研究实际材料中电子态与晶格重构之间的联系，图 8.4.4 展示了理论计算中所构造的一个模型体系，含有两倍的单元层构型。在经历自发的电子态和结构弛豫后，两层单元层会自发演变为中心反演对称性破缺和稳定的状态，同时伴随单元层之间自发的电荷转移现象。这一模型体系进一步证明，$Lu_7Fe_{14}O_{34}$ 中电子的分布情况会强烈影响体系的晶格结构，不同的电子态会诱发不同的晶格重构现象，这是 $Lu_7Fe_{14}O_{34}$ 中强电子–晶格相互作用的直接体现。

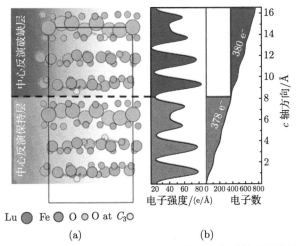

图 8.4.4 Lu$_7$Fe$_{14}$O$_{34}$ 中电子–晶格相互作用对体系基态结构的影响

(a) 沿 c 轴方向扩充两倍的超胞在弛豫后的具体结构；(b) 沿着 c 轴方向的电子束积分结果 [13]

8.4.4 LuFeO 中电子–晶格关联作用所诱导的晶格重构——探测实空间的电子态分布

在实空间直接探测电子分布情况，一直是凝聚态物理与材料科学领域关心的研究方向。目前常用的表征技术诸如扫描隧道显微镜 (STM) 和纳米角分辨光电子谱仪 (nano-ARPES) 受到测试条件的影响，只能探测表面附近的电子态分布，并且需要样品具有非常干净的表面状态 [14,15]。这在很大程度上限制了这两项技术的应用范围，尤其是针对一些氧化物薄膜，干净的表面状态往往是非常难获取的。基于电子–晶格关联作用，通过对晶格重构现象的直接探测，有希望能够间接反映不同电子态在实空间的分布情况。

由于 Lu$_7$Fe$_{14}$O$_{34}$ 中两种晶格重构对应截然不同的电子态构型，实验上利用电子叠层衍射技术在三维空间的分辨能力，有希望能够分辨 Lu$_7$Fe$_{14}$O$_{34}$ 中两种电子态在三维空间的分布情况，这在图 8.4.2(e) 和 (f) 中已有相应展示。进一步分析三维空间的分布情况，这一体系中的电荷转移方向展现出了显著的择优取向，整个体系更倾向于沿着 c 轴方向发生结构和电子态分离的情况。为了理解这一现象，需要从该体系不同能量项之间的竞争关系开始考虑。图 8.4.5(b) 展示了影响体系电子态分布的四个主要能量项，分别为发生电荷转移后的能量收益、电荷转移后的库仑能消耗，以及所诱发的不同晶格重构之间的晶格失配耗散 (分为面内失配和面外失配)。结合第一性原理计算，除了库仑能之外，其余三种能量项均可以被精准确定，图 8.4.5(c) 中展示了这三种能量项的具体数值。通过数值比对可以判断，面外的晶格失配能远大于面内方向，因此为了降低晶格重构后所发生的能量耗散，电荷转移会更加倾向于沿着 c 轴方向发生，以此来降低体系能量。为了进一步探究库仑能对体系电子态分布的影响，蒙特卡罗 (Monte Carlo) 模拟的方法能够提供相应的理论支持。通过构建合适的多粒子系统，图 8.4.4(d) 展示了体系电子态分布与库仑能之间的演变关系。随着库仑能的增加，当其与面外晶格失配能相互比拟时，体系中的电荷转移方向便不再具有择优取向，电子态的分布也由层状排布转变为三维无序排布。

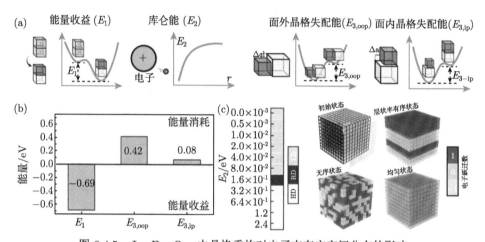

图 8.4.5　$Lu_7Fe_{14}O_{34}$ 中晶格重构对电子态在实空间分布的影响

(a) 影响体系电子态分布的四个能量项示意图；(b) 不同能量项的数值计算结果；(c) 蒙特卡洛模拟结果演示库仑能对体系电子态的影响 [13]

8.4.5　小结

借助电子叠层衍射技术，本节实现了对电子–晶格关联作用诱导的晶格重构的实空间测量，解析了新型铁氧化物 $Lu_7Fe_{14}O_{34}$ 中晶格重构与电子态重构之间的关联，发现了新奇的实空间电子态分布。这一结果不仅为电子–晶格关联作用提供了原子尺度的认知，同时也强调了电子叠层衍射技术在分析细微晶格重构方面的能力。

参 考 文 献

[1] Milward G, Calderón M, Littlewood P. Electronically soft phases in manganites. Nature, 2005, 455: 607-610.

[2] Efremov D, van den Brink J, Khomskii D. Bond-versus site-centred ordering and possible ferroelectricity in manganites. Nature Materials, 2004, 3: 853-856.

[3] Xu K, Zhang L, Godfrey A, et al. Atomic-scale insights into quantum-order parameters in bismuth-doped iron garnet. Proc. Natl. Acad. Sci. USA, 2021, 118(20): e2101106118.

[4] Zhang Y, Si W L, Jia Y L, et al. Controlling strain relaxation by interface design in highly lattice-mismatched heterostructure. Nano. Lett., 2021, 21: 6867-6874.

[5] Wei J K, Feng B, Ishikawa R, et al. Direct imaging of atomistic grain boundary migration. Nat. Mater., 2021, 20: 951-955.

[6] Senn M, Wright J, Attfield J. Charge order and three-site distortions in the Verwey structure of magnetite. Nature, 2011, 481: 173-176.

[7] Yankovich A, Berkels B, Dahmen W, et al. Picometre-precision analysis of scanning transmission electron microscopy images of platinum nanocatalysts. Nat. Commun., 2014, 5: 4155.

[8] Mir J, Clough R, MacInnes R, et al. Characterisation of the Medipix3 detector for 60 and 80keV electrons. Ultramicroscopy, 2017, 182: 44-53.

[9] Tate M, Purohit P, Chamberlain D, et al. High dynamic range pixel array detector for scanning transmission electron microscopy. Microsc Microanal, 2016, 22: 237-249.

[10] Sha H Z, Cui J Z, Yu R. Deep sub-angstrom resolution imaging by electron ptychography with misorientation correction. Science Advance, 2022, 8: eabn2275.

[11] Chen Z, Jiang Y, Shao Y T, et al. Electron ptychography achieves atomic-resolution limits set by lattice vibrations. Science, 2021, 372: 826-831.

[12] Jiang Y, Chen Z, Han Y M, et al. Electron ptychography of 2D materials to deep sub-ångström resolution. Nature, 2018, 559: 343-349.

[13] 张扬. 基于晶格序参量的调控探索新型功能氧化物. 北京: 清华大学, 2021.

[14] Zhang H Y, Pincelli T, Jozwiak C, et al. Angle-resolved photoemission spectroscopy. Nature Reviews Methods Primers, 2002, 2: 54.

[15] Zeljkovic I, Xu Z J, Wen J S, et al. Imaging the impact of single oxygen atoms on superconducting $Bi_{2+y}Sr_{2-y}CaCu_2O_{8+x}$. Science, 2012, 337: 320-323.

8.5 BiFeO₃ 中极化拓扑结构的化学调控及外电场响应的关联性研究

拓扑结构是将拓扑学引入量子材料中而产生的概念，本书第 7 章中已经对其作了详细论述。拓扑结构普遍存在于空间/时间反演对称破缺的材料体系中，譬如铁性材料中共性的涡旋 [1,2]、泡泡 [3,4]、斯格明子 [5,6]、半子 [7,8] 等。铁电材料中的拓扑结构称为极化拓扑结构，相比于已作为存储原型器件的磁拓扑结构，极化拓扑结构由于尺寸更小，近年来才随着高分辨表征技术的发展而逐渐进入研究者的视野；又因其尺寸优势以及低能耗驱动的特点，在先进存储领域展现出了独特的优势，成为铁电领域的热门研究方向之一 [9]。

铁电材料的稳定畴构型是体系朗道自由能、畴壁自由能、弹性能、静电能这几项能量相互竞争的结果，极化拓扑结构的形成也基于此。在本节中，研究者们着眼于一种基于表面化学调控铁电畴结构的新方法，结合先进电子显微学探究多铁材料铁酸铋中的极化拓扑结构及其在外电场作用下的响应，从原子尺度理解其关联性及应用潜力。

8.5.1　铁酸铋中的极化拓扑结构

铁酸铋 (BiFeO₃, BFO)[10] 是一类经典的单相多铁材料,具有高于室温的居里温度 (T_C=1103 K) 和奈尔 (Néel) 温度 (T_N=643 K),在多功能电子器件、新型存储技术、磁电转换等领域展现出了广阔的应用前景,具有很高的研究价值。BFO 块体材料在室温下的晶体结构为菱方相 (空间群 $R3c$),其赝立方单胞是由立方钙钛矿结构沿着 ⟨111⟩ 方向拉伸所得 (图 8.5.1(a)),铁离子 (Fe^{3+}) 位于赝立方晶胞内部,铋离子 (Bi^{3+}) 占据赝立方体的 8 个顶点,氧离子 (O^{2-}) 位于赝立方体的六个面心,构成沿 ⟨111⟩ 方向旋转的氧八面体。BFO 晶体结构畸变及铁电性来源于 Bi^{3+} 的 $6s^2$ 孤对电子与 O 的 2p 轨道的杂化作用。BFO 的菱方相特征决定了其沿 ⟨111⟩ 方向的极化位移,因此 BFO 具有八种等效的极化方向,具体可以用符号 $r_{1,2,3,4}^{\pm}$ 来表示,其中 $r_{1,2,3,4}$ 表示四种畸变类型,而 $\pm$ 表示极化向上或向下。八种极化方向的铁电畴可能形成三种类型的铁电畴壁 (71°、109°、180°),这也是铁电材料中最常见的拓扑结构,畴壁类型通过两侧铁电畴极化方向的夹角确定,如图 8.5.1(b) 所示。

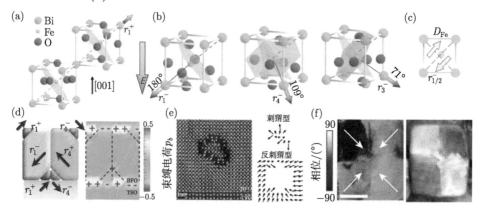

图 8.5.1　铁酸铋的极化构型

(a) 铁酸铋的赝立方单胞;(b) 图 (a) 中的铁酸铋受电场作用形成的三种畴壁类型;(c) 铁酸铋原子极化的面内投影;(d) 铁酸铋中的涡旋畴构型 [12];(e) 铁酸铋中的刺猬型畴构型 [13];(f) 铁酸铋中的中心型畴构型 [14]

BFO 块体材料具有复杂的畴结构,高质量的薄膜制备技术及先进显微技术的发展,为复杂畴结构和相关性质的研究提供了助益。研究者们 [11] 可以通过外场 (如电场、应力场、磁场等) 手段来翻转铁电极化、调控相应性能。此外,铁电极化还受到材料本身表面、界面及内部元素、缺陷等因素的诱导作用,因此可以通过对应变和静电边界条件的精细控制获得特定类型的铁电畴结构,甚至极化拓扑结构,具体包括涡旋 (vortex) 畴、刺猬 (hedgehog) 型畴、中心 (center) 型畴等。

涡旋畴,即极化矢量围绕核心形成闭合回路。BFO 中的涡旋畴结构于 2011 年被首次报道,Nelson 等 [12] 利用球差校正电镜在 BFO 薄膜界面处观察到 109°

畴壁附近形成的三角形闭合畴，如图 8.5.1(d) 所示。原子尺度极化表征结合相场模拟证明，涡旋畴形成的驱动力为绝缘衬底界面处的局域静电能。

刺猬型畴，顾名思义，就是极化矢量围绕核心形成刺猬状，如图 8.5.1(e) 中电镜图像及示意图所示，Li 等[13] 在内嵌氧化铁纳米缺陷的 BFO 薄膜中直接观察到指向缺陷的 (反) 刺猬型畴结构。对于 BFO 这样的经典位移铁电体，利用原子分辨电镜图像进行高斯寻峰可以直接获得铁电极化的大小和方向 (图 8.5.1(c))，从而定量获取铁电序参量信息。Li 等进一步结合缺陷处的化学配比说明其存在负电荷聚集，因此在内建电场驱动下，极化自发指向负电荷中心。

中心型畴，即极化矢量都指向或背离中心的极化构型。Ma 等[14] 通过合适的生长窗口在铝酸镧 (LAO) 衬底上制备了高密度自组装的 BFO 纳米岛，并且观察到每个岛上存在由中心型畴形成的十字形带电畴壁。除了利用材料的表面能实现纳米岛的自组装生长外，Liu 等[15] 利用纳米多孔阳极氧化铝 (AAO) 作为模板制备出高密度 BFO 纳米点，同样呈现出空间限域的中心型畴构型。

在连续的高质量 BFO 薄膜中，通过表面化学处理可以构造出受限于顶层结构的极化拓扑态，如图 8.5.2 所示[16]。经过可控的表面化学反应 (实验设置如图 8.5.2(a) 所示) 后，BFO 样品表面形成了高度在 1nm 左右的起伏，并且对应覆盖反应产物的区域 (图 8.5.2(c) 红色区域)，BFO 铁电极化的面外分量完全反转，由初始的完全指向面外变为指向面内，从图 8.5.2(c) 和 (e) 所示的压电力显微镜 (piezoresponse force microscopy, PFM) 图像可以看出，形貌和面外相位有很好的对应关系。

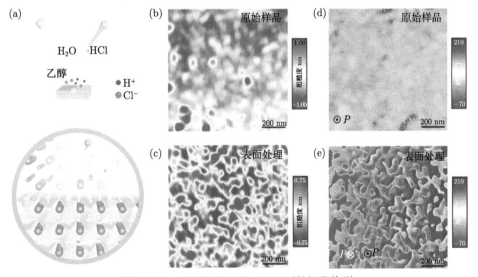

图 8.5.2　表面化学调控 BFO 面外极化构型

(a) 表面化学处理原理示意图；(b)、(c) 表面处理前后的样品形貌图；
(d)、(e) 表面处理前后的面外相位图[16]

　　经表面化学处理的 BFO 在面内极化方向也表现出明显的规律性，如图 8.5.3
所示。图中绿色方框 (实线/虚线) 标记了面外相位图像 (VPFM) 中极化向下的区
域，也即前文中对应覆盖反应产物的区域，可以发现，相应 $\alpha=0°$ 的面内相位图像
(LPFM，图 8.5.3(b)) 均呈现左亮右暗的衬度。需要注意的是，面内极化方向存
在两个自由度，因此将样品旋转 90° 在同一区域再次进行压电力显微分析，就可
以在三维方向上明确铁电畴 (壁) 的类型及分布。而 $\alpha=90°$ 的面内相位图像 (图
8.5.3(d)) 也呈现了相似的规律性，对局部区域做放大处理 (图 8.5.3(e))，可以更
清楚地看出它们的对应关系。结合压电力显微镜对面内面外极化分析的结果，可
以得到表面化学处理后 BFO 的中心发散型拓扑畴结构，如图 8.5.3(e) 中的示意
图所示。进一步分析对应顶层结构边界处的畴壁类型，也即图 8.5.3 中的红色矩
形框区域，可以推测断续分布的顶层结构在 BFO 薄膜中构造出典型的直角梯形
畴结构，直角边和斜边分别代表 109° 和 180° 畴壁，对应于表面反应产物的边界，
如图 8.5.3(f) 所示，这样的畴构型可以由电镜表征给出直接证据。

　　电子显微学的多种方法都可用于铁电畴表征，具体包括基于表面电荷的扫描

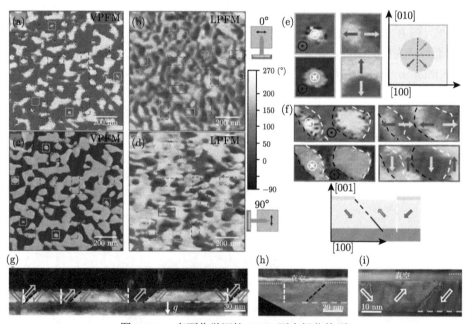

图 8.5.3　表面化学调控 BFO 面内极化构型

(a)~(d) 表面处理后的压电力显微镜面外 (左) 及面内 (右) 相位图，图中插图为面内相位图对应的测试角度示意
图；(e)、(f) 为图 (a)~ (d) 中实线框区域放大图，插图为相应极化构型示意图，图中绿色表示表面反应产物；
(g)(100) 带轴下对应 $g = (00\bar{2})$ 的透射电镜暗场像；(h) 为图 (g) 中局部区域的透射电镜明场像；(i) 对应图
(h) 的扫描透射电镜图像，图中的矢量箭头代表不同极化方向，白/黑色虚线代表 109°/180° 铁电畴壁，绿色虚
线标记表面形成的层状结构，橙色虚线代表 $BFO/La_{0.7}Sr_{0.3}MnO_3(LSMO)$ 界面 [16]

电镜技术, 基于 Howie-Whelan 方程 [17] 的衍衬像技术以及基于原子位移的扫描透射电子显微学技术等。与压电力显微镜相比, 透射电镜截面样品可以给出深度方向的铁电畴分布, 从而得到三维极化构型。图 8.5.3(g) 所示为 (100) 带轴下 $g = (00\bar{2})$ 衍射点对应的暗场像, 由 Howie-Whelan 方程 [17,18] 可知, 极化朝上的铁电畴会呈现明亮的衬度。暗场像直接表明该区域存在多个典型的梯形畴结构, 并且畴壁位置对应于样品表面形成的层状结构 (图 8.5.3(h) 和 (i))。

　　压电力显微镜与透射电镜在不同尺度验证了通过表面化学处理可以构造出受限于顶层结构的极化拓扑态。拓扑结构往往是表面、应变、各向异性效应等能量竞争的结果, 因此需要借助具有高空间分辨的先进电子显微学探究铁酸铋表面反应产物相结构及其对极化调控的作用机制。

8.5.2　铁酸铋顶层结构的原子尺度序参量表征

　　透射电镜是确定新相结构的重要手段, 具体包括确定晶体结构的原子像、确定元素组成及电子结构的 X 射线能谱仪 (EDS) 和电子能量损失谱 (EELS) 等, 相应分析原理可查阅本书前面章节, 这里不作赘述。原子分辨的扫描透射电镜图像可以给出 BFO 经表面化学处理后形成的层状结构, 如图 8.5.4(a) 所示。由于高角环形暗场像中原子柱的强度与相应元素的原子序数 Z 呈正相关, 因此可以通过图像强度推断元素组成, 即图中的亮点代表 Bi 原子柱, 相对较暗的像点代表 Fe 原子柱。可能存在的 Cl 和 O 元素, 由于质量较轻, 在图中几乎不可见。

　　利用电镜确定未知相元素组成时, 一般先通过单点能谱获得一定空间范围内可能的元素种类, 再由面扫能谱确定相应元素的空间分布。根据图 8.5.4(a) 的原子分辨能谱面分布图可知, BFO 顶层层状结构主要由 Bi 元素构成, 还存在一定量的 O 元素, 但是不存在 Fe 元素; 由于 Cl 元素的 K 边与 Bi 元素的 M 边非常接近, 通过 X 射线能谱难以直接获得 Cl 元素的存在情况, 因此需要进一步结合电子能量损失谱分析。

　　由不同带轴的晶体结构、元素组成结合晶体学数据库可以推测 BFO 表面反应产物可能为经典光催化材料 BiOCl[19]。电镜表征结果可以为理论计算提供可能的输入参数, 而理论计算可以进一步验证相关参数的合理性。经过密度泛函理论 (DFT) 计算, 基于电镜图像建立的初始界面结构模型最终弛豫到了图 8.5.4(b) 右图所示的结构。这样的计算结果一方面说明了 BiOCl/BFO 界面的稳定性, 它能够最终收敛到能量最低的状态; 另一方面经过结构弛豫后, BFO 的极化方向由初始设定的极化向下翻转为极化向上, 这也说明了 BiOCl 对 BFO 极化方向的调控作用。

　　为了更准确地验证 BFO 顶层结构, 就需要至少两个带轴的图像互相佐证, 并借助于支持轻元素成像的环形明场像 (ABF) 技术定位 O 和 Cl 元素。(100) 带轴

和 (110) 带轴的高角环形暗场像和相应的环形明场像分别如图 8.5.4(c) 和 (d) 所示，再结合不同带轴下基于弛豫后的原子结构模型模拟的电镜图像作对比，可以发现计算与实验结果一致。由此可以确定，经表面化学处理，BFO 表面 BiO 层的 O 元素被 Cl 元素取代而形成 BiOCl/BFO 异质结构。

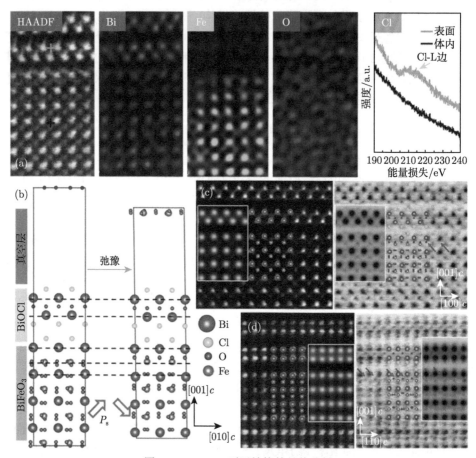

图 8.5.4　BFO 顶层结构的具体分析

(a) 顶层结构原子分辨能谱及电子能量损失谱信号对比；(b)BiOCl/BFO 异质结界面模型及经密度泛函计算优化后在 (100) 带轴下的原子投影图；(c) (010) 带轴及 (d)(110) 带轴下 BiOCl/BFO 界面的原子分辨高角环形暗场像及环形明场像，图中插图为相应带轴的原子模型投影及电镜图像模拟[16]

　　正是因为 Cl 元素取代破坏了 BFO 表层晶胞中的氧八面体，剩余的 O 原子会在晶体结构稳定性驱动下形成 FeO_5 五面体，并带动中心 Fe 原子整体向上运动。而从电荷角度考虑，卤素取代使得 BFO 表面层 Bi 所处的化学环境改变，阴离子有效配位数减少，表面正电荷增加，为了给予表面层足够的负电荷补偿，BFO

表面层单胞内 O 原子向上运动 (如图 8.5.4(c) 和 (d) 中的红色箭头指示)，自发形成向下的铁电极化。并且这种极化翻转会通过长程偶极相互作用逐层向下传递，最终驱动 BFO 薄膜整体极化表现为向下。另外，在顶层 BiOCl 结构的压应力作用下，BFO 的面内极化方向指向自由表面 (真空) 区域，由此形成前文观察到的极化拓扑结构。

8.5.3 拓扑结构的外电场响应

前文从现象和机制两方面说明了通过表面化学方法在 BFO 薄膜中可以构造出规律性的铁电畴构型，为了加深对其结构性能关联性的理解，验证这样的畴结构具有潜在应用价值，则有必要探究其在外场作用下的动态响应。原位透射电镜是帮助研究者们理解材料构效关系的重要手段，在本书第 3 章中对其作了详细介绍。样品制备一直是电镜实验的重要一环，对样品杆特殊的原位电镜尤其需要因势利导。如图 8.5.5(a) 所示的制样方案，可以在传统针尖式原位透射电镜样品杆上实现利用钨针尖对目标样品施加平行电场，这样的电路模型也与铁电存储器的存储结构相近，可以更好地与实际应用相结合。另外，通过对电镜样品合适的分段处理，实验过程中可以实现在一个样品中对不同区域分别加电，这增加了样品的利用率和实验的成功率。

铁电材料中的畴壁种类丰富且具有不同的功能性，按其带电类型可分为中性畴壁 (NDW) 和带电畴壁 (CDW) 两种。中性畴壁由于具有较低的静电能，在铁电材料中最为常见。带电畴壁由于畴壁处存在用于平衡退极化场的自由电荷聚集，具有较高的电子活性，在畴壁器件应用中更具潜力。尤其是直接由 "头对头"(head-to-head, HH) 或 "尾对尾"(tail-to-tail, TT) 的极化构型产生的带电畴壁，可以通过补偿足够多的自由电荷而稳定存在，同时由于自由电荷较高的热激活性，其电导率可以达到块体电导率的上亿倍 [20]，在器件应用方面表现出了明显的优势。

原位电学实验直接证明，可以通过分别施加负偏压和正偏压在表面处理后的 BFO 中创建和擦除带电畴壁，如图 8.5.5 中的示意图以及与电压相对应的一系列电镜暗场像所示，并且这样的带电畴壁可以在负偏压撤去后保持 (图 8.5.5(e))，说明其可以用于实现非易失性存储。之后，对形成带电畴壁的区域进一步施加正偏压，可以发现小三角畴会长大并重新形成直角梯形畴。这样一个从负偏压到正偏压的原位加电过程，验证了利用化学处理后 BFO 中的特征畴结构可以实现带电畴壁的电压写入和擦除，这也说明了其作为存储单元的可行性；并且加电后，顶层 BiOCl 结构仍保持完整，说明强电场不会破坏表面结构，其可稳定地用于实际应用场景。

原位电学透射电镜实验过程中完整的加电过程如图 8.5.5(b) 所示。前文已经证明了特征畴结构可以被负电压写入非易失的带电畴壁，再被正电压擦除，实现一个数据存储的过程。而对这样的特征畴结构进一步施加正偏压时，109° 畴壁和 180° 畴壁都会逐渐向侧面迁移，如图 8.5.5(f) 所示。值得注意的是，当正偏压被撤去后，发生迁移的畴壁又迅速回到初始位置，仍对应着顶层 BiOCl 的边界限制，这直接证明了 BiOCl 结构对铁电畴有很强的钉扎作用，可以利用顶层结构有效限制铁电畴尺寸及分布，有利于实现器件的小型化。

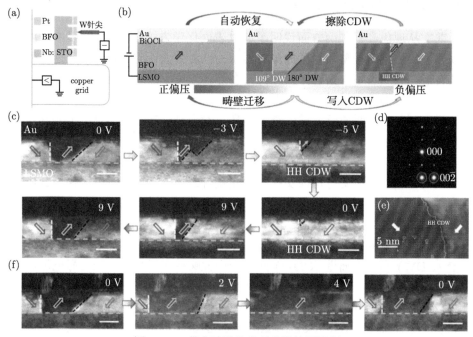

图 8.5.5　带电畴壁的非易失性擦写过程

(a) 针尖式样品台可施加平行电场的样品制备方案示意图；(b) 带电畴壁的正负电压擦写示意图；(c)～(f) 与电压相对应的一系列截面透射电镜暗场像，不同颜色的箭头表示投影在纸面上的极化方向，橙色虚线表示 BFO 和 LSMO 之间的界面；(d) 暗场像对应的双束衍射条件，红色圆圈表示光阑位置；(e) 电场撤去后稳定的带电畴壁[16]

8.5.4　小结

本节在通过对 BFO 多铁异质结表面化学处理实现铁电极化调控的实验基础上，利用先进的电子显微学方法实现多种序参量协同测量及其关联性研究，揭示了表面化学调控的作用机制及应用潜力。Cl 元素通过取代 BFO 表面 O 原子，在晶格和电荷的双重作用下诱导 FeO_5 五面体的形成，并通过长程偶极相互作用驱动 BFO 薄膜整体极化翻转。利用这种表面化学方法结合电学、应力边界条件，可以在 BFO 薄膜中构造出极化拓扑结构。而对 BFO 中拓扑结构外电场响应的直接观察表明，BFO 在顶层结构调控下可以实现带电畴壁的动态非易失性擦写，验证了其在存储器件应用方面的可行性。原子尺度序参量协同测量的实现加深了对材料相互作用本质的认识，对探索实现铁电畴结构及其他相关性能调控的新方法具有重要意义。

参 考 文 献

[1] Wachowiak A, Wiebe J, Bode M, et al. Direct observation of internal spin structure of magnetic vortex cores. Science, 2002, 298(5593): 577-580.

[2] Yadav A K, Nelson C T, Hsu S L, et al. Observation of polar vortices in oxide super-lattices. Nature, 2016, 530(7589): 198-201.

[3] Giess E A. Magnetic Bubble Materials. Science, 1980, 208(4446): 938-943.

[4] Zhang Q, Xie L, Liu G, et al. Nanoscale Bubble Domains and Topological Transitions in Ultrathin Ferroelectric Films. Adv. Mater., 2017, 29(46): 1702375.

[5] Rössler U K, Bogdanov A N, Pfleiderer C. Spontaneous skyrmion ground states in magnetic metals. Nature, 2006, 442(7104): 797-801.

[6] Das S, Tang Y L, Hong Z, et al. Observation of room-temperature polar skyrmions. Nature, 2019, 568(7752): 368-372.

[7] Wintz S, Bunce C, Neudert A, et al. Topology and origin of effective spin meron pairs in ferromagnetic multilayer elements. Phys. Rev. Lett., 2013, 110(17): 177201.

[8] Wang Y J, Feng Y P, Zhu Y L, et al. Polar meron lattice in strained oxide ferroelectrics. Nat. Mater., 2020, 19(8): 881-886.

[9] Wang Y J, Tang Y L, Zhu Y L, et al. Entangled polarizations in ferroelectrics: A focused review of polar topologies. Acta. Mater., 2023, 243: 118485.

[10] Catalan G, Scott J F. Physics and Applications of Bismuth Ferrite. Adv. Mater., 2009, 21(24): 2463-2485.

[11] Liu Y, Wang Y, Ma J, et al. Controllable electrical, magnetoelectric and optical properties of BiFeO3 via domain engineering. Progress in Materials Science, 2022, 127: 100943.

[12] Nelson C T, Winchester B, Zhang Y, et al. Spontaneous vortex nanodomain arrays at ferroelectric heterointerfaces. Nano Lett., 2011, 11(2): 828-834.

[13] Li L Z, Cheng X X, Jokisaari J R, et al. Defect-Induced Hedgehog Polarization States in Multiferroics. Phys. Rev. Lett., 2018, 120(13): 137602.

[14] Ma J, Ma J, Zhang Q, et al. Controllable conductive readout in self-assembled, topologically confined ferroelectric domain walls. Nat. Nanotechnol., 2018, 13(10): 947-952.

[15] Li Z W, Wang Y J, Tian G, et al. High-density array of ferroelectric nanodots with robust and reversibly switchable topological domain states. Sci. Adv., 2017, 3(8): e1700919.

[16] 张琪琪. 钙钛矿氧化物多铁异质结的畴结构调控及电子显微学研究. 北京: 清华大学, 2022.

[17] Howie A, Whelan M J. Diffraction contrast of electron microscope images of crystal lattice defects. III. Results and experimental confirmation of the dynamical theory

of dislocation image contrast. Proceedings of the Royal Society of London Series A Mathematical and Physical Sciences, 1962, 267(1329): 206-230.

[18] Cheng S, Zhao Y, Sun X, et al. Polarization structures of topological domains in multiferroic hexagonal manganites. J. Am. Ceram. Soc., 2014, 97(11): 3371-3373.

[19] Li J, Yu Y, Zhang L. Bismuth oxyhalide nanomaterials: layered structures meet photocatalysis. Nanoscale, 2014, 6(15): 8473-8488.

[20] Sluka T, Tagantsev A K, Bednyakov P, et al. Free-electron gas at charged domain walls in insulating BaTiO3. Nat. Commun., 2013, 4: 1808.

致　　谢

　　本书的顺利完成得益于全体作者的努力，大家是在完成日常繁重的教学、科研任务之余，加班加点写出来的。本书最后繁重的校对工作由叶恒强、王自强和我共同完成。谢谢全体合作作者。

　　本书相当一部分内容源自于我们科研团队成员近二十年的工作积累。这些科研工作得到国家自然科学基金、科技部 973 计划项目 (我们在 2013 年的 973 课题申请书的题目就是 "量子材料序参量的测量和关联性研究")、工信部重大项目和广东省基础与应用基础研究重大项目 (2021B0301030003-02) 等的资助。感谢钢铁研究总院的陆达、邵象华、陈篯、葛明、蔡其鞏等老师和前辈，我的 62 年的电子显微学生涯是在钢铁研究总院起步打的基础。谢谢 J. M. Cowley 教授帮我在 20 世纪 80 年代初很快地赶上了国际电子显微学发展前进的步伐。清华大学多学科的学术氛围、师生们对前沿科学的探索精神、清华大学党政领导对师生们的鼓励和爱护是完成本书的重要保证。

　　我国第一台球差校正电镜 2008 年落户在清华大学北京电子显微镜中心。2006 年初，我们向科技部条财司 (科研条件与财务司) 申请购买球差校正电镜，在王伟中副司长领导下，前后组织了 6 次公开答辩 (答辩委员会主席：叶恒强，每次都由 6~7 位电镜专家组成)。2007 年获得批准，科技部出资一半，另一半由清华大学配套。借此机会，感谢科技部和清华大学，感谢答辩委员会的电镜同行们。电子显微学事业需要大量经费支持，国家有钱，才能支持庞大的仪器装备购置。我们今天取得的所有成绩是由祖国亿万劳动人民的辛勤劳动创造了条件。

　　感谢科学出版社在审阅我们写的第一章的一部分内容和文字后，就和我们签了出版合同，给了我们很大的鼓励和信任。感谢他们逐字逐句地审阅，功不可没。最后，感谢我亲爱的同学们和同事们，感谢你们的陪伴，感谢你们的努力！

朱　静

2023 年 8 月 28 日